浙江省普通本科高校“十四五”重点教材
浙江省一流课程配套教材
浙江省课程思政示范课程配套教材

面向新工科普通高等教育系列教材

电气控制与 S7-1200 PLC 应用教程

主编　方贵盛　王红梅
参编　刘　武　马龙博　陈红亮

机 械 工 业 出 版 社

本书结合应用型人才培养的特点，从工程实际应用出发，通过项目式的课程教学组织方式，采用项目引领、任务驱动、理实结合、虚实结合等方法，帮助学生掌握现代电气控制与 PLC 应用技术。

全书共分三篇，共设置了 17 个教学项目。第一篇为电气控制技术篇，通过 7 个项目案例，重点介绍了常用低压电器元件的作用、结构、原理、型号及选用方法，基本电气控制电路的识图、安装、故障分析与检修，电气控制系统的分析与设计方法等内容；第二篇为 PLC 控制技术篇，以西门子 S7-1200 PLC 为对象，通过 9 个项目案例，重点介绍 PLC 的软硬件组成、指令系统及编程方法、PLC 控制系统的设计方法等；第三篇为综合实践篇（含 1 个项目），通过内置 7 个综合性实践任务，要求学生以小组为单位，利用所学知识完成 PLC 编程、触摸屏组态等工作任务，适合学生课程设计之用。

本书可作为应用型本科高校与职业本科高校自动化、电气工程及其自动化、机械设计制造及其自动化、机器人工程、新能源科学与工程、智能制造工程、机械电子工程等专业的教材，也可作为企业相关技术人员的参考资料和培训教材。

本书是新形态教材，读者可通过扫描书中二维码观看相关知识点和授课视频。同时，本书配有电子教案、教学大纲、习题答案等资源，需要的读者可登录 www.cmpedu.com 免费注册、审核通过后下载使用，或联系编辑索取（微信：18515977506，电话：010-88379753）。

图书在版编目（CIP）数据

电气控制与 S7-1200 PLC 应用教程 / 方贵盛，王红梅主编．-- 北京：机械工业出版社，2024.10．--（面向新工科普通高等教育系列教材）．-- ISBN 978-7-111-77184-5

Ⅰ．TM571.2；TM571.61

中国国家版本馆 CIP 数据核字第 2024DX7850 号

机械工业出版社（北京市百万庄大街 22 号　邮政编码 100037）

策划编辑：尚　晨　　　责任编辑：尚　晨

责任校对：张爱妮　陈　越　　　责任印制：李　昂

北京捷迅佳彩印刷有限公司印刷

2025 年 3 月第 1 版第 1 次印刷

184mm×260mm · 21.25 印张 · 561 千字

标准书号：ISBN 978-7-111-77184-5

定价：79.00 元

电话服务	网络服务
客服电话：010-88361066	机　工　官　网：www.cmpbook.com
010-88379833	机　工　官　博：weibo.com/cmp1952
010-68326294	金　　书　　网：www.golden-book.com
封底无防伪标均为盗版	机工教育服务网：www.cmpedu.com

前　言

近年来我国智能制造领域快速发展。在 5G、人工智能、大数据、机器人等新一代信息技术的驱动下，工业自动化、数字化、智能化成为主要发展方向，受到了各国越来越多的重视。

可编程控制器（Programmable Logic Controller，PLC）作为一种专门用于控制工业自动化系统的电子设备，可通过编程实现机电设备、机器人、自动化生产线或智能制造系统的自动控制和监控，近年来在工业自动化领域得到了广泛应用。PLC 作为整个工业控制系统的核心，为我国制造业从低技术制造向智能制造方向转变提供了很好的动力。应该说，在 21 世纪，掌握了 PLC 技术，就掌握了整个自动化控制的核心，学好后会终身受益。但是 PLC 技术的学习，离不开传统电气控制技术方面的知识。因此在学校课时少的情况下，往往会将传统电气控制技术与现代 PLC 控制技术结合在一起来教学，开设“电气控制与 PLC”课程。

当前市面上各种与“电气控制与 PLC”相关的教材不下几百种，但编者在 20 多年的课程教学过程中，往往一到选教材的环节就感觉很苦恼，发现难以选到一本适合应用型本科层次学生使用的课程教材。有些教材理论性强，学生学了后虽然掌握了很多知识，但是在读研阶段或是去企业做具体的 PLC 控制项目时，就发现很难入手。有些教材则偏重于操作，理论部分讲解少，学生学了后不知其所以然，后续发展受到限制。有些教材选用的 PLC 型号比较旧，不能够适应新时代发展的需要等。

本书紧紧围绕主流的电气控制与 PLC 应用技术，采用“结果导向、项目引领、任务驱动、理实结合、虚实结合”的方式，由浅入深，由易到难，结构新颖、内容丰富、实用性强，并融入“素质拓展”等科技创新思政元素，是编者 20 多年课程教学经验的结晶。本书在内容组织上分为三篇，共设置了 17 个教学项目。第一篇为电气控制技术篇，通过 7 个项目案例，重点介绍了常用低压电器元件的作用、结构、原理、型号及选用方法，基本电气控制电路的识图、安装、故障分析与检修，电气控制系统的分析与设计方法等内容；第二篇为 PLC 控制技术篇，以西门子 S7-1200 PLC 为对象，通过 9 个项目案例，重点介绍 PLC 的软硬件组成、指令系统及编程方法、PLC 控制系统的设计方法等，并融入了触摸屏组态、步进电机控制、变频调速控制、伺服驱动控制等高阶 PLC 控制内容；第三篇为综合实践篇（含 1 个项目），设计了 7 个综合性实践任务，要求学生以小组为单位，利用所学知识完成 PLC 编程、触摸屏组态等任务，适合学生课程设计与毕业设计之用。

本书充分体现了“六性一度”（即工程性、应用性、实践性、综合性、创新性、高阶性和挑战度），可作为应用型本科高校与职业本科高校自动化、电气工程及其自动化、机械设计制造及其自动化、机器人工程、新能源科学与工程、智能制造工程、机械电子工程等专业的教材，也可作为企业相关技术人员的参考资料和培训教材。在实际课程教学过程中，任课教师可根据各专业的课时安排情况，以及学校软硬件条件等，对教学内容进行取舍。

本书由方贵盛、王红梅任主编，参加编写的还有刘武、马龙博、陈红亮等。在编写过程中，参阅了各类相关教材，有些思想或教学案例来自这些教材，在此表示衷心的感谢。另外，还需要感谢宁波元森教育科技有限公司、浙江凯林自动化系统有限公司、西门子（中国）公司浙江分公司等单位对本书编写工作提供的大力支持和帮助。

限于编者的水平，书中难免存在不足和错误之处，恳请读者批评指正。欢迎广大读者通过主编邮箱 823180313@ qq. com 进行交流和探讨。

编　者

目　录

电气控制技术篇

PLC 控制技术篇

综合实践篇

课 程 导 论

一、课程的性质及作用

“电气控制与 PLC 应用”课程是机电类专业的一门专业核心课程，也是一门集电子技术、计算机技术、自动控制技术于一体的必修课程。

本课程将使学生掌握常用低压电器的结构、原理、用途、型号及选用方法，了解和掌握基本电气控制电路的分析与设计方法、常见故障分析与解决方法；掌握 PLC 的工作原理与系统构成、西门子 S7-1200 PLC 指令系统、编程方法、控制系统设计等有关知识，培养学生进行 PLC 控制电路的设计、安装、调试、故障分析处理能力。通过该课程的学习，为学生进行自动化控制系统设计，以及后续专业课程的学习与专业综合实践、毕业设计打下坚实基础。

二、课程的教学目标

对应工程教育专业认证标准，本课程主要对应以下五个教学目标。

【课程目标 1】 能够将 PLC 专业知识应用于复杂机电工程控制问题的解决，具体包括电气控制与 PLC 控制系统的设计、安装与分析调试等。(对应毕业要求中的“工程知识”)

【课程目标 2】 能够运用 S7-1200 PLC 指令，借助编程软件和仿真软件对 PLC 控制系统进行编程与仿真调试。(对应毕业要求中的“使用现代工具”)

【课程目标 3】 通过小组合作，项目成员轮流承担团队负责人、技术员、接线员、质检员等角色，从而具备项目任务分解、计划安排和组织实施的能力，能够与团队其他成员进行有效合作，共同完成目标任务。(对应毕业要求中的“个人和团队”)

【课程目标 4】 具有良好的社会责任感和工匠精神，能够在 PLC 控制工程实践中理解并遵守工程职业道德和规范，履行责任。(对应毕业要求中的“职业规范”)

【课程目标 5】 具有项目组织和管理能力，能够合理选择电气元器件与导线，合理控制项目的进度和成本，以保证项目目标的达成。(对应毕业要求中的“项目管理”)

三、课程的主要教学内容

课程主要教学内容与预期学习目标见表 0-1。

表0-1 课程主要教学内容与预期学习目标

序号	教学内容	预期学习目标	建议课时
1	课程导论 **电气控制技术篇** 项目1 电动机单向运行控制电路分析、安装与调试 任务1.1 电动机单向运行控制电路元器件认知 任务1.2 电动机单向运行控制电气原理图分析 任务1.3 电动机单向运行控制电气安装接线图绘制 任务1.4 电动机单向运行控制电路安装与调试 任务1.5 电动机单向运行控制电路的故障分析与检修 任务1.6 项目拓展——电动机点动与长动混合控制电气原理图分析	1. 理解并记忆刀开关、低压断路器、熔断器、按钮、接触器、热继电器等常用低压电器的结构、工作原理和接线方法； 2. 理解并记忆自锁的概念与应用场合； 3. 能够应用常用低压元器件进行电动机单向运行控制电路的安装与调试； 4. 能够对电路故障进行分析与排除； 5. 能够辨别点动与长动的异同； 6. 在项目实施过程中，养成良好的职业素养	6
2	项目2 具有双重互锁的电动机正反转控制电路设计、安装与调试 任务2.1 具有双重互锁的电动机正反转控制电路设计 任务2.2 具有双重互锁的电动机正反转控制电路安装与调试 任务2.3 具有双重互锁的电动机正反转控制电路故障分析与排除 任务2.4 项目拓展——工作台自动往返控制电路的分析	1. 理解电动机正反转控制电路的工作原理； 2. 理解并记忆互锁的概念与应用场合；能够辨别自锁与互锁概念的异同； 3. 理解并记忆行程开关、接近开关的结构、工作原理和接线方法； 4. 能够应用常用低压元器件进行具有双重互锁的电动机正反转控制电路的安装与调试； 5. 能够对电路故障进行分析与排除； 6. 在项目实施过程中，养成良好的职业素养	3
3	项目3 星-三角减压起动控制电路设计、安装与调试 任务3.1 项目所用元器件认知 任务3.2 星-三角减压起动控制电路分析 任务3.3 星-三角减压起动控制电路安装与调试 任务3.4 项目拓展1——自耦变压器减压起动控制电路分析 任务3.5 项目拓展2——软起动控制电路分析	1. 理解并记忆时间继电器的结构、工作原理和接线方法； 2. 理解电动机星-三角减压起动的工作原理； 3. 能够应用常用低压元器件对电动机星-三角减压起动控制电路进行安装与调试； 4. 能够对电路故障进行分析与排除； 5. 在项目实施过程中，养成良好的职业素养	3
4	项目4 反接制动控制电路分析、安装与调试 任务4.1 速度继电器认知 任务4.2 电动机制动方法认知 任务4.3 反接制动控制电路的安装与调试 任务4.4 反接制动控制电路故障分析与排除	1. 理解并记忆速度继电器的结构、原理和接线方法； 2. 理解电动机反接制动控制电路的工作原理； 3. 能够应用常用低压元器件进行电动机反接控制电路的安装与调试； 4. 能够对电路故障进行分析与排除； 5. 在项目实施过程中，养成良好的职业素养	3
5	项目5 顺序起停控制电路分析、安装与调试 任务5.1 电动机顺序起停控制电路设计 任务5.2 顺序起动逆序停止控制电路的安装与调试 任务5.3 顺序起动逆序停止控制电路故障分析与排除 任务5.4 项目拓展——多地控制与多条件控制	1. 理解电动机顺序控制电路的多种设计方法； 2. 理解电动机顺序起动逆序停止控制电路的工作原理； 3. 能够应用常用低压元器件进行电动机顺序起动逆序停止控制电路的安装与调试； 4. 能够对电路故障进行分析与排除； 5. 理解并记忆多条件控制、多地点控制电路的工作原理； 6. 在项目实施过程中，养成良好的职业素养	3
6	项目6 典型车床电气控制电路分析 任务6.1 CA6140车床电气控制系统分析 任务6.2 C650车床电气控制系统分析	1. 能够分析C6140车床电气控制系统的工作原理； 2. 能够分析C650车床电气控制系统的工作原理	3

（续）

序号	教学内容	预期学习目标	建议课时
7	项目7　送料小车电气控制系统设计 任务7.1　电气控制系统的设计流程与设计方法 任务7.2　送料小车电气控制原理图设计 任务7.3　送料小车电气控制电路工艺设计与安装调试	1. 理解并记忆电气控制系统的设计流程与设计方法； 2. 能够根据任务要求设计简单的电气控制系统，并分析其工作原理	3
8	**PLC控制技术篇** 项目8　电动机单向运行PLC控制系统设计、安装与调试 任务8.1　PLC认知 任务8.2　S7-1200 PLC认知 任务8.3　项目所用PLC基本逻辑指令认知 任务8.4　PLC控制系统设计认知 任务8.5　电动机单向运行PLC控制电路设计、仿真、安装与调试 任务8.6　项目拓展——长动与点动混合PLC控制系统设计	1. 理解并记忆PLC的定义、类型、结构组成、工作原理、应用场合、特点、编程语言等； 2. 理解并记忆S7-1200 PLC的类型、结构、系统配置、编程语言、接线方法等； 3. 理解并记忆S7-1200 PLC基本指令的用法； 4. 能够应用TIA博途软件对电动机单向运行PLC控制程序进行仿真调试； 5. 能够应用常用低压元器件与PLC对电动机单向运行PLC控制电路进行安装与调试； 6. 能够对电路故障进行分析与排除； 7. 在项目实施过程中，养成良好的职业素养	6
9	项目9　电动机正反转PLC控制系统设计、安装与调试 任务9.1　项目所用信号边沿指令认知 任务9.2　电动机正反转PLC控制系统设计 任务9.3　电动机正反转PLC控制系统的安装与调试	1. 理解并记忆边沿指令的功能及使用方法； 2. 能够分析电动机正反转PLC控制系统的工作原理； 3. 能够应用TIA博途软件对电动机正反转PLC控制程序进行仿真调试； 4. 能够应用常用低压元器件与PLC对电动机正反转PLC控制电路进行安装与调试； 5. 能够对电路故障进行分析与排除； 6. 在项目实施过程中，养成良好的职业素养	3
10	项目10　星-三角减压起动PLC控制系统的设计、安装与调试 任务10.1　项目所用定时器指令认知 任务10.2　星-三角减压起动PLC控制系统设计、仿真、安装与调试 任务10.3　电动机延时起动PLC控制系统设计、仿真、安装与调试	1. 理解并记忆定时器指令的功能及使用方法； 2. 能够分析电动机星-三角减压起动PLC控制系统的工作原理； 3. 能够应用TIA博途软件对电动机星-三角减压起动PLC控制程序进行仿真调试； 4. 能够应用常用低压元器件与PLC对电动机星-三角减压起动PLC控制电路进行安装与调试； 5. 能够对电路故障进行分析与排除； 6. 在项目实施过程中，养成良好的职业素养	3
11	项目11　交通灯PLC控制系统的设计与仿真调试 任务11.1　项目所用比较指令认知 任务11.2　指示灯闪烁报警控制梯形图设计 任务11.3　电动机起停控制虚拟触摸屏仿真 任务11.4　交通灯PLC控制系统设计 任务11.5　基于虚拟触摸屏的交通灯PLC控制仿真	1. 理解并记忆比较指令的功能及使用方法； 2. 理解并记忆顺序功能图PLC程序设计方法； 3. 能够分析交通灯PLC控制系统的工作原理； 4. 能够应用定时器指令与比较指令设计PLC控制程序； 5. 能够应用TIA博途软件对交通灯PLC控制程序进行仿真调试	3
12	项目12　舞台流水灯PLC控制系统设计与仿真调试 任务12.1　8盏灯手动点亮控制与仿真调试 任务12.2　8盏灯交替点亮控制与仿真调试 任务12.3　8盏灯循环点亮控制与仿真调试	1. 理解并记忆计数器指令、数据传送指令、移位指令的功能及其使用方法； 2. 能够分析舞台流水灯PLC控制系统的工作原理； 3. 能够应用计数器指令、数据传送指令、比较指令、移位指令进行PLC控制程序的设计； 4. 能够应用TIA博途软件对舞台流水灯PLC控制程序进行仿真调试	3

（续）

序号	教学内容	预期学习目标	建议课时
13	项目13　传送带PLC控制系统设计与仿真调试 任务13.1　项目所用数学运算指令认知 任务13.2　传送带PLC控制系统设计与仿真调试 任务13.3　PLC模块化与结构化程序设计方法	1. 理解并记忆数学运算指令的功能及其使用方法； 2. 能够分析传送带PLC控制系统的工作原理； 3. 能够应用数学运算指令进行PLC控制程序的设计； 4. 能够应用TIA博途软件对传送带PLC控制程序进行仿真调试	3
14	项目14　机械手PLC控制系统设计与仿真调试 任务14.1　顺序功能图设计法认知 任务14.2　机械手PLC控制系统设计与仿真调试 任务14.3　顺序功能图法设计交通灯PLC控制程序	1. 理解并记忆顺序功能图PLC程序设计方法； 2. 能够分析自动送料小车PLC控制系统的工作原理； 3. 能够分析机械手PLC控制系统的工作原理； 4. 能够应用顺序功能图设计方法设计PLC控制程序； 5. 能够应用TIA博途软件对自动送料小车、机械手PLC控制程序进行仿真调试	3
15	项目15　步进电动机驱动的工作台PLC控制系统设计与调试 任务15.1　步进电动机与驱动器认知 任务15.2　高速脉冲输出指令与运动控制指令认知 任务15.3　步进电动机驱动PLC控制系统设计与调试 任务15.4　步进电动机驱动的工作台PLC控制系统设计与调试	1. 理解并记忆高速计数器与高速脉冲输出指令的功能及其使用方法； 2. 能够分析步进电动机PLC控制系统的工作原理； 3. 能够应用TIA博途软件对步进电动机PLC控制程序进行仿真调试； 4. 能够应用常用低压元器件与PLC对步进电动机PLC控制电路进行安装与调试； 5. 能够对电路故障进行分析与排除； 6. 在项目实施过程中，养成良好的职业素养	6
16	项目16　带旋转编码器的工作台PLC控制系统设计与调试 任务16.1　旋转编码器认知 任务16.2　高速计数器指令与中断指令认知 任务16.3　带编码器的步进电动机测速PLC控制系统设计与调试 任务16.4　工作台移动实时测距PLC控制系统设计与调试	1. 熟知旋转编码器的类型、工作原理与使用方法；熟知高速计数器指令的类型、功能与使用方法等； 2. 能够正确绘制带旋转编码器的步进电动机驱动的工作台PLC控制系统的电气原理图，并进行安装接线； 3. 能够利用高速计数器指令编写带旋转编码器的步进电动机驱动的工作台PLC控制程序，并进行调试； 4. 在项目实施过程中，养成良好的职业素养	3
17	**综合实践篇** 项目17　PLC控制系统设计与应用实践 任务17.1　PLC控制系统设计原则与设计步骤 任务17.2　多种液体自动混合PLC控制系统设计 任务17.3　多车道十字路口交通灯PLC控制系统设计 任务17.4　四层电梯PLC控制系统设计 任务17.5　变频调速PLC控制系统设计 任务17.6　气动钢丝绳攀爬机器人PLC控制系统设计 任务17.7　智能交通灯PLC控制系统设计	1. 熟知PLC控制系统的设计原则、设计内容及设计步骤； 2. 能够根据设计要求正确绘制PLC控制系统的电气原理图，并进行安装接线； 3. 能够根据设计要求正确编制PLC控制程序，并进行触摸屏组态； 4. 能够在PLC控制系统联机调试过程中，提高分析解决问题能力和团队协作能力； 5. 在项目实施过程中，养成良好的职业素养	1周

四、课程的主要教学理念与方法

课程深入贯彻落实“以结果为导向、以学生为中心、不断持续改进”的工程教育理念，实施“教学做育·练测评用”八位一体闭环课程教学方法，学生自学与教师讲解辅导相辅相成。课程采用项目制内容组织方式与线上线下混合式教学模式，学生根据每个项目的教学目标任务，先在课外利用教材、PPT 课件和微课视频进行内容自学，然后完成一定量的课内外线上线下作业，学生在课堂上以小组形式完成项目任务分析、安装、调试任务，并进行抽签答辩。教师在课堂上主要就课程项目的重难点进行讲解，并针对项目设计、安装、编程和调试等环节出现的问题进行集中解答和个别辅导，帮助学生提高分析解决实际工程问题的能力。在教学过程中融入课程思政内容，培育学生的家国情怀、责任担当与工匠精神，培养学生遵守职业道德规范等。

五、课程的主要支撑条件

本课程开展项目制教学，需要具备一定的软硬件条件（见图 0-1），如安装有 TIA 博途软件的计算机（内存至少 8 GB 以上）、低压电器套件、三相交流异步电动机、S7-1200 PLC、触摸屏、变频器、步进电动机与编码器、伺服驱动器与伺服电动机、实验台等。如果硬件条件达不到，也可采用软件仿真方式进行课程教学。

a) 低压电器套件

b) PLC实验台

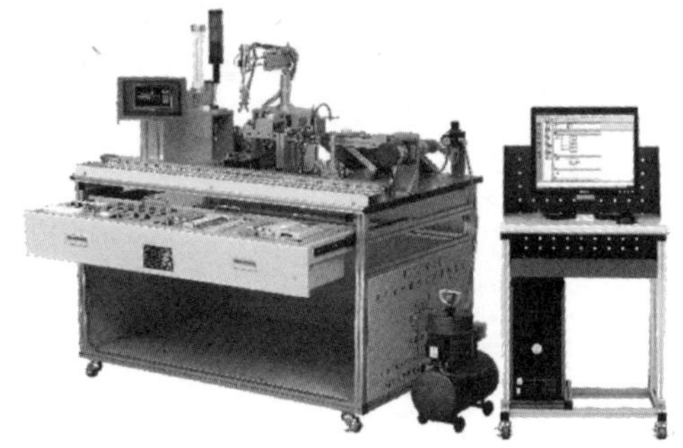

c) 光机电一体化PLC实训装置

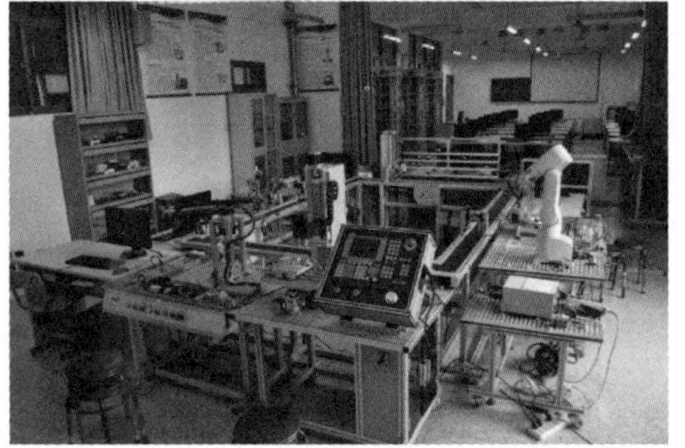

d) 自动化生产线

图 0-1 PLC 课程教学实验条件

六、课程的主要考核方法

本课程采用过程性评价与终结性评价相结合的方式，对学生的学习效果进行考核评价，见表 0-2。表中过程性评价与终结性评价各占比 50%。过程性评价包括了 25%的学习表现与 25%的项目实践成绩，主要对学生的平时表现与项目实践情况进行评价。终结性评价采用期末闭卷考核方式，重点评价学生课程知识掌握情况以及分析解决工程问题的能力。

表 0-2 课程考核评价方式

<table>
<tr><th rowspan="3">课程目标</th><th rowspan="3">考核内容</th><th colspan="3">考核与评价方式及成绩比例</th><th rowspan="3">折合综合成绩分值</th></tr>
<tr><th colspan="2">过程性评价 50%</th><th rowspan="2">期末考试 50%</th></tr>
<tr><th>学习表现 25%</th><th>项目实践 25%</th></tr>
<tr><td>目标 1</td><td>常用电压电器的结构、符号、型号、工作原理；电气控制系统的设计与分析方法；PLC 的结构、功能、类型、特点、应用场合等；PLC 控制系统的设计与分析方法等</td><td>50</td><td>0</td><td>100</td><td>62. 5</td></tr>
<tr><td>目标 2</td><td>应用 TIA 博途软件对 PLC 控制程序进行仿真调试</td><td>40</td><td>0</td><td>0</td><td>10</td></tr>
<tr><td>目标 3</td><td>项目团队操作考核情况，以及个人在项目实施过程中的表现等</td><td>0</td><td>80</td><td>0</td><td>20</td></tr>
<tr><td>目标 4</td><td>社会责任感、工匠精神与职业素养</td><td>10</td><td>10</td><td>0</td><td>5</td></tr>
<tr><td>目标 5</td><td>项目组织实施情况与材料节省情况等</td><td>0</td><td>10</td><td>0</td><td>2. 5</td></tr>
<tr><td colspan="2">各环节原始分合计</td><td>100</td><td>100</td><td>100</td><td>100</td></tr>
<tr><td colspan="2">各环节成绩占综合成绩比例</td><td>25</td><td>25</td><td>50</td><td>100</td></tr>
</table>

电气控制技术篇

项目1　电动机单向运行控制电路分析、安装与调试

【学习目标】

（1）能够阐述刀开关、断路器、接触器、按钮、熔断器和热继电器的结构、工作原理、符号、主要参数、选型与安装方法，以及点动、长动和自锁的概念。

（2）能够分析电动机单向运行控制电路的工作原理。

（3）能够根据电动机单向运行控制电路的电气原理图绘制其电气安装接线图。

（4）能够根据电动机单向运行控制的电气原理图或接线图进行元器件安装接线，并能够用万用表对电气线路进行检测、调试和排故。

（5）在项目实施过程中，养成良好的职业素养，体现良好的工匠精神。

【项目要求】

了解刀开关、断路器、接触器、按钮、熔断器和热继电器的结构、工作原理、符号、主要参数、选型与安装方法；采用常用的低压电器元件完成三相交流异步电动机单向运行控制系统的设计、安装与调试任务。具体控制要求：当按下起动按钮时，电动机起动；当松开起动按钮时，电动机继续运转；当按下停止按钮时，电动机停止。

【项目分析】

要完成上述任务，首先需要对本项目中用到的低压电器元件的结构、功能、工作原理、主要参数、选型方法、安装检测方法有所认知；其次需要了解电气控制线路的设计和分析方法，如主电路、辅助电路、线路保护环节等；再次需要掌握电气控制系统工艺图纸的设计方法，如元件布置图、电气安装接线图等；接着需要掌握电气控制线路的布线原则和安装接线方法，并完成硬件接线；最后需要对线路进行检测和通电调试。

【实践条件】

（1）配置断路器、熔断器、热继电器、按钮、接触器等常用低压电器元件，另外，还需要导线、网孔板、电动机、电工工具、万用表等。

（2）AC 380 V 和 AC 220 V 电源。

【项目实施】

任务1.1　电动机单向运行控制电路元器件认知

电动机的运行控制电路一般由电动机和低压电器连接而成。其中电动机为三相交流异步电

动机，它是工业生产设备拖动的主要原动机，是电气控制的主要控制对象。低压电器是工作在额定电压交流 1200 V、直流 1500 V 及以下，在电路中主要起通断、保护、控制或调节作用的电器。常用的低压电器有刀开关、断路器、接触器、继电器、熔断器、按钮、行程开关等。

1.1.1 三相交流异步电动机

1. 三相交流异步电动机的结构

1-1-1 三相交流异步电动机接线讲解（带片头）

三相交流异步电动机是生产上应用最为普遍的一种异步电动机，它的特点是结构简单、容易制造、价格低廉、运行可靠、使用和维护极为方便，主要用作机床、水泵、通风机、起重机、传送带等设备的动力装置。三相异步电动机主要由定子和转子两部分组成，两部分之间由空气隙隔开。其中小型封闭式三相交流笼型异步电动机外形结构如图 1-1 所示。其中，定子包括机座、定子铁心和定子绕组等。小型和部分中型电机的机座一般由铸铁、铸钢或铸铝制成，中大型电机则常用钢板焊接制成，它的作用主要是固定整机与支撑定子铁心；转子由转子铁心、转子绕组和转轴组成。

a) 小型封闭式三相交流笼型异步电动机外观结构

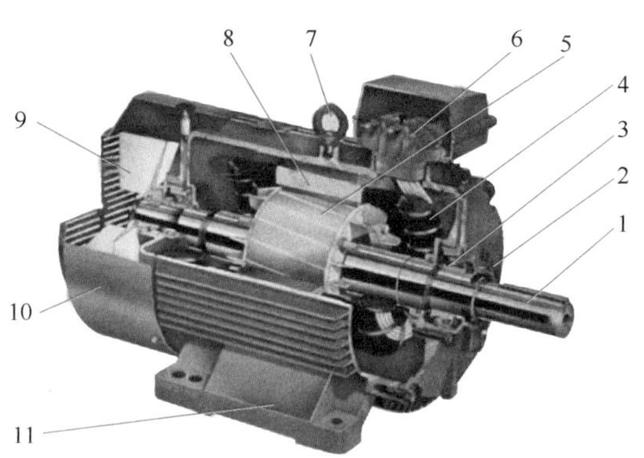

b) 三相交流笼型异步电动机剖视结构

图 1-1 三相交流笼型异步电动机的结构

1—轴 2—端盖 3—轴承 4—定子绕组 5—转子 6—出线盒 7—吊环 8—定子铁心 9—风扇 10—风扇罩 11—机座

2. 三相异步电动机的工作原理

(1) 转子转动原理

转子转动原理如图 1-2 所示，图中 N、S 代表两极旋转磁场的磁极。笼型转子的导条（铜条或铝条）由图中画出的上、下两根导条表示。当旋转磁场以转速 n_1 顺时针转动时，处于磁场中的笼型转子的导条因相对运动而切割磁力线，使得导条两端产生感应电动势，从而在导条中形成感应电流，方向由右手螺旋定则确定。判定结果：上半部分的导条电流流出，而下半部分的导条电流流进。导条电流同时受到电磁力的作用，上半部分导条受到的电磁合力 F_1 方向向右，下半部分导条受到的电磁合力 F_2 方向向左，且两者存在大小相等、方向相反的关系，即 $F_1=-F_2$。这样的一对电磁力相对于转轴形成电磁转矩 T，转矩的方向为顺时针，此转矩带动笼型转子跟着旋转磁场以转速 n 顺时针旋转。

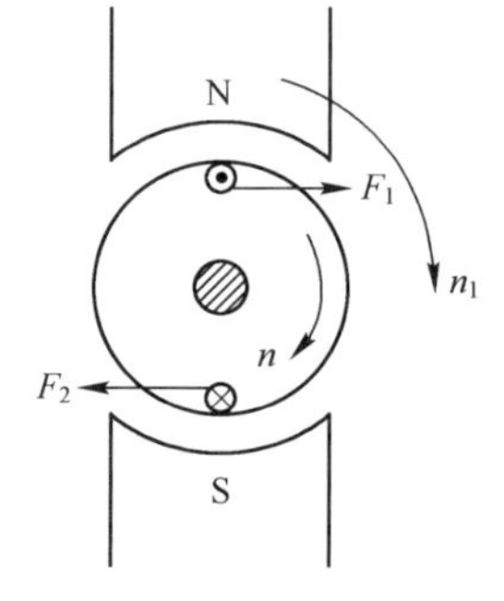

图 1-2 转子转动原理

(2) 转子的转向

旋转磁场的转动方向是由三相对称电源的相序决定的。由转子转动原理的分析可以看出，转子的转动方向与旋转磁场的转向是一致的。也就是说，三相异步电动机转子的转动方向也取决于三相对称电源的相序。改变三相电源的相序，可使三相异步电动机的转向发生变化。

3. 三相异步电动机的铭牌与参数

这里以某品牌三相笼型异步电动机的铭牌为例，如图 1-3 所示，分别介绍几个主要参数的含义。

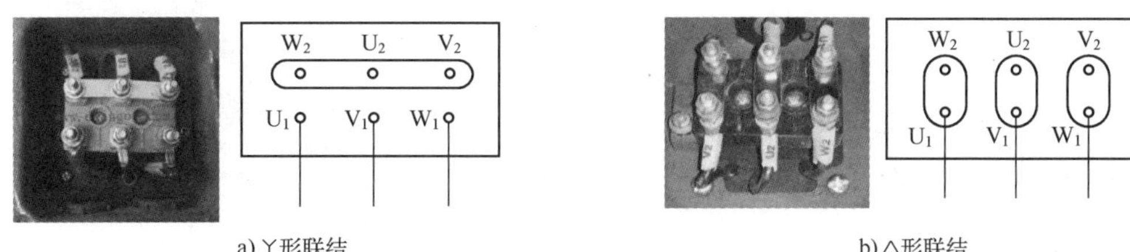

三相笼型异步电动机							
型号	WDJ24-1	电压 U_N(V)	380	接法	Y	转速 n(/min)	1430
功率 P_N(W)	60	电流 I_N(A)	0.35	频率 f(Hz)	50	绝缘等级	E

图 1-3　某品牌三相笼型异步电动机的铭牌

1）电压：指的是加在定子绕组出线端上的线电压。

2）接法：指的是三相定子绕组的接法，一般有Y和△两种，如图 1-4 所示。

a) Y形联结

b) △形联结

图 1-4　接线盒上定子绕组的两种不同接法

3）功率：指的是电动机的输出功率，也是输出的机械功率。

4）电流：指的是在额定状态下运行时，流入电动机定子绕组的线电流。

5）绝缘等级：指的是电动机各绕组及其他绝缘部件所用绝缘材料的等级，一般按耐热性能划分，如今电机常用的可分为 120（E）、130（B）、155（F）、180（H）、200（N）共五个等级，能耐受的安全温度分别为 120℃、130℃、155℃、180℃和 200℃。

1.1.2　刀开关

刀开关在电路中主要用于隔离、转换以及接通和分断电路，一般用于不需经常切断与闭合的交、直流低压（不高于 500 V）电路。在机床上，刀开关主要用作电源开关，但不用来接通或切断电动机的工作电流。刀开关分单极、双极和三极，常用的三极刀开关长期允许通过的电流有 20 A、40 A、100 A、200 A、400 A、600 A 和 1000 A 等几种。

1. 刀开关的类型

常用的刀开关有一般刀开关、HK 型开启式负荷开关、HH 型封闭式负荷开关和 HZ 型组合开关等。

（1）一般刀开关

图 1-5 所示为单掷双板刀开关，图 1-6 所示为双掷三板刀开关。一般刀开关主要用于不频繁地手动接通、断开电路和隔离电源。

（2）开启式负荷开关

开启式负荷开关也称为胶盖开关，主要作为照明电路及较小容量电动机的不频繁带负荷操作的控制开关，也可作为分支电路的配电开关，而且还具有短路保护功能。开启式负荷开关如图1-7所示。

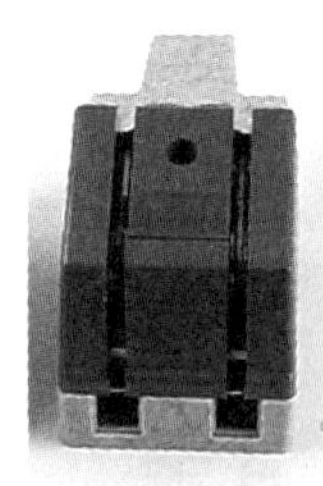
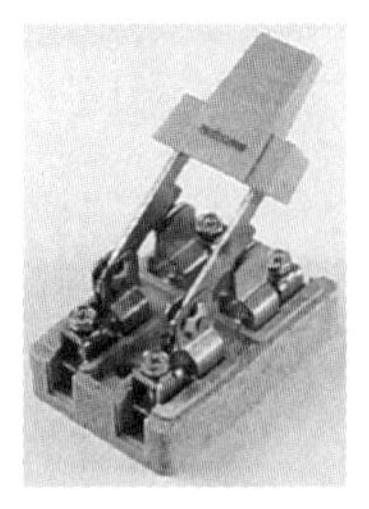
图1-5 单掷双板刀开关

图1-6 双掷三板刀开关

图1-7 开启式负荷开关

图1-8为开启式负荷开关的内部结构，它由一般刀开关和熔断器组成。瓷底板上装有进线柱、静触片、熔丝、出线柱及刀片式动触片，工作部分用胶木盖罩住，以防电弧灼伤人手。当手柄推上时，线路接通；当手柄拉下时，线路断开。

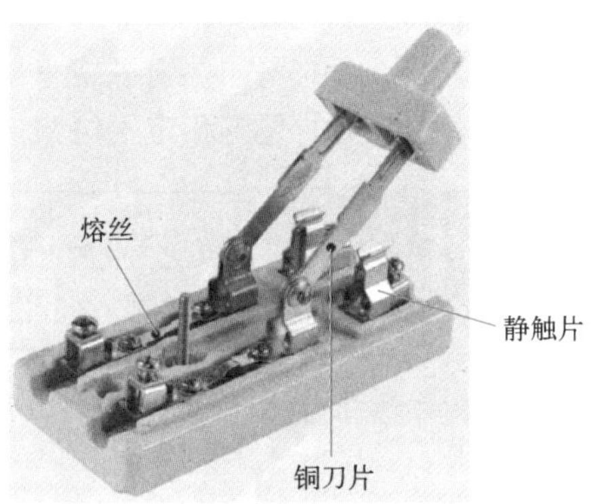

图1-8 开启式负荷开关内部结构

（3）封闭式负荷开关

封闭式负荷开关又称为铁壳开关，是在刀开关基础上改进设计的一种开关。它一般用于电力排灌、电热器及电气照明等设备中，用来不频繁地接通和分断电路，以及全压起动较小容量的异步电机，能工作于粉尘飞扬的场所。

封闭式负荷开关及其内部结构如图1-9所示，主要由刀开关、熔断器、速断弹簧等组成，并装在金属壳内。它一般采用侧面手柄操作，并设有机械联锁装置，使箱盖打开时不能合闸，合闸后箱盖不能打开，保证了用电安全，且速断弹簧使开关通断动作迅速，灭弧性能好。

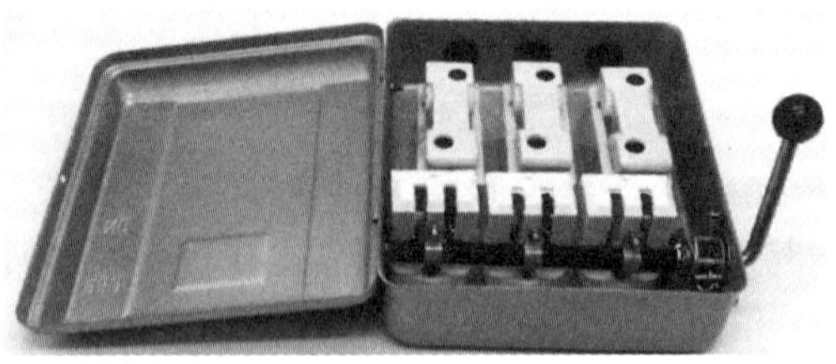
图1-9 封闭式负荷开关及其内部结构

（4）组合开关

组合开关又称转换开关，在电气控制电路中，常被作为引入电源的开关，可以直接起动或停止小功率电动机或使电动机正反转、倒顺等，如图1-10所示。

图1-10 组合开关

组合开关有单极、双极、三极、四极几种，额定电流有10 A、25 A、60 A、100 A等多种。

组合开关一般由动触头（动触片）、静触头

（静触片）、转轴、手柄、定位机构及外壳等部分组成。其动触头、静触头分别叠装于数层绝缘垫板之间，各自附有连接线路的接线柱。当转动手柄时，每层的动触头随方形转轴一起转动，从而实现对电路的接通、断开控制。另外，组合开关内装有速断弹簧，可以加速开关的分断速度。

2. 刀开关的主要参数

刀开关的参数主要包括额定电压、额定电流、通断能力、操作次数等。

1）额定电压：指的是在长期工作中能承受的最高电压。

2）额定电流：指的是在合闸位置允许长期通过的最大工作电流。

3）通断能力：指的是在额定电压下能可靠实现接通和分断的最大电流。

4）操作次数：指的是刀开关的使用寿命，分为机械寿命和电寿命。机械寿命即刀开关在不带电的情况下所能达到的最少操作次数；电寿命即刀开关在额定电压下能可靠地分断额定电流的最少总次数。

3. 刀开关的选用方法

选用刀开关时，主要根据电源种类、电压等级、需要极数以及通断能力等要求选择。极数指的是刀片数，也是能够分合电路的路数。比如用来控制单相电源就选用单极或双极刀开关，用来控制三相电源就选用三极刀开关。

其次，刀开关的额定电压、额定电流应大于或等于电路的实际工作电压和最大工作电流。通常，对于电动机负载，胶盖开关的额定电流不应小于电动机额定电流的3倍，铁壳开关的额定电流可取电动机额定电流的2~2.5倍。

4. 刀开关的安装方法

1）应垂直安装，闭合操作时手柄从下向上为合闸，不允许平装或倒装，以免误动作。

2）上接电源进线，下接负载。

3）安装后应检查闸刀和静触片的接触是否成直线并紧密。

4）更换熔丝必须在开关断开的情况下进行。

5）分闸和合闸操作必须迅速，以尽快熄灭电弧。

5. 刀开关的符号和型号

刀开关的文字符号，旧标准（GB/T 7159—1987）为QS，现行标准（GB/T 20939—2007）为QB，电气符号（GB/T 4728.13—2022）如图1-11所示。根据企业调研情况，目前多数电气工程师还是以使用旧标准符号为主，为与市场接轨，本书的电气原理图中还是沿用旧标准符号。

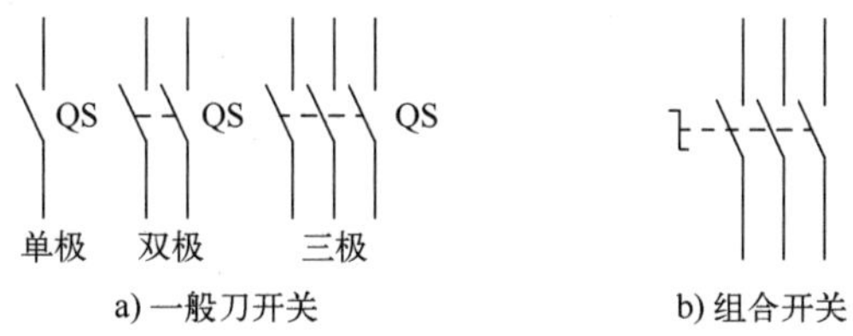

图1-11　刀开关和组合开关的电气图形及文字符号

刀开关的型号一般按照图1-12所示的规则编排。

例如，HK18-32/2代表的是开启式负荷开关，设计序号为18、额定电流为32 A、2极；HH4-100/3代表的是封闭式负荷开关，设计序号为4、额定电流为100 A、3极；HZ10-60/3代表的是组合开关，设计序号为10、额定电流为60 A、3极。

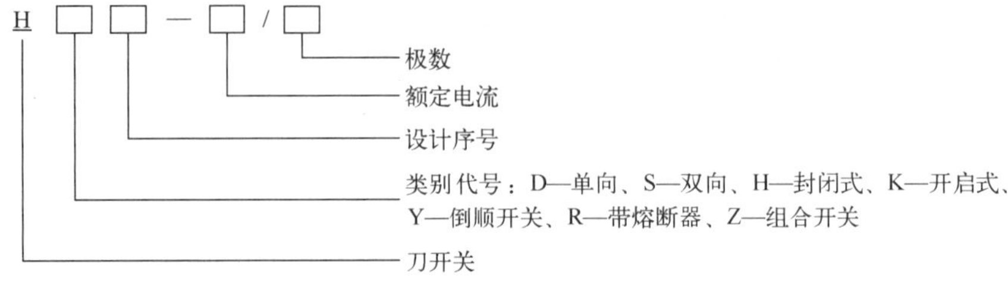

图1-12　刀开关的型号

1.1.3　低压断路器

低压断路器是低压配电网系统和电力拖动系统中非常重要的开关电器和保护电器，主要在低压配电线路或开关柜中作为电源开关使用，并对线路、电气设备及电动机进行保护。低压断路器不仅可以接通和分断正常负载电流、电动机工作电流和过载电流，而且可以不频繁地接通和分断短路电流，相当于刀开关、熔断器、热继电器、过电流继电器和欠电压继电器的组合。因此，低压断路器是一种既能手动开关，又能自动进行欠电压、失电压、过载和短路保护的电器，而且还具有出现故障时自动跳闸，故障排除后不需要更换元件的优点，广泛应用于各种机械设备的电源控制和用电终端的控制和保护。

1. 低压断路器分类

低压断路器常用的有框架式（又称万能式）和塑壳式（又称装置式）两种，分别如图1-13和图1-14所示。在外形尺寸上，框架断路器要大于塑壳断路器，而且框架断路器的电流等级、分断能力等都要大于塑壳断路器，因此，框架断路器和塑壳断路器的应用场合不同，通常框架断路器应用于上级进线，塑壳断路器应用于框架的下级。

图1-13　框架式低压断路器

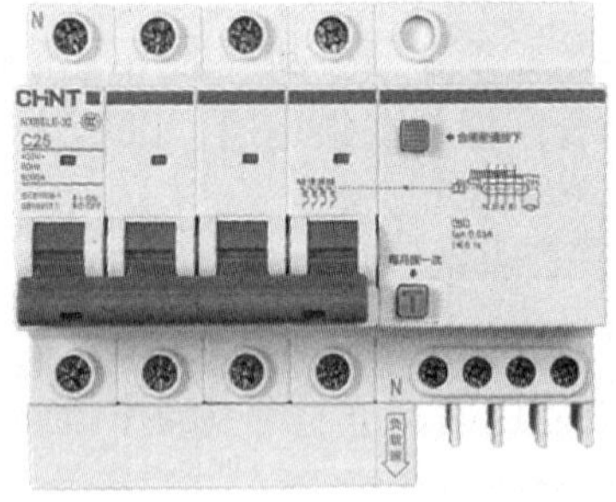

图1-14　塑壳式低压断路器

2. 低压断路器的工作原理

图1-15所示为低压断路器的结构示意图。低压断路器主要由主触点、自由脱扣器、过电流脱扣器、分励脱扣器、热脱扣器、失电压脱扣器等组成。

脱扣器是低压断路器中用来接收信号的元件。若电路中出现不正常情况或由操作员或继电保护装置发出信号时，脱扣器会根据信号的情况通过传递元件使触头动作切断电路。低压断路器的脱扣器一般有自由脱扣器、过电流脱扣器、分励脱扣器、热脱扣器、失电压脱扣器等几种。

过电流脱扣机构与被保护电路串联。当线路中通过正常电流时，过电流脱扣线圈11产生的电磁力小于反作用力弹簧4的拉力，衔铁不能被电磁铁吸动，断路器正常运行。当线路中出现短路故障时，电流超过正常电流的若干倍，电磁铁产生的电磁力大于反作用力弹簧4的作用力，衔铁被电磁铁吸动，通过传动机构推动自由脱扣器2脱开主触点1，主触点在分闸弹簧3的作用下切断电路，从而起到短路保护作用。

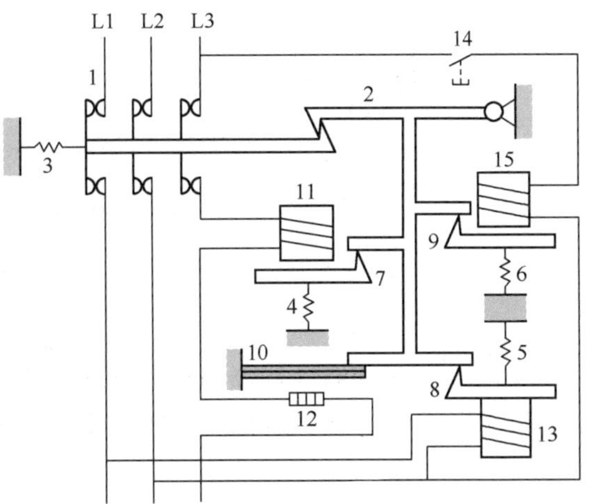

图1-15　低压断路器结构示意图

1—主触点　2—自由脱扣器　3~6—弹簧　7~9—衔铁　10—双金属片　11—过电流脱扣线圈　12—加热电阻丝　13—失电压脱扣线圈　14—按钮　15—电磁线圈

分励脱扣机构用于远距离操作低压断路器的分闸控制。它的电磁线圈15并联在断路器的电源侧。当需要进行分闸操纵时，按动按钮14使分励脱扣器的电磁铁得电，衔铁吸合，通过传动机构推动自由脱扣器2脱开主触点1，使断路器断闸。

热脱扣机构与被保护电路串联。线路中通过正常电流时，加热电阻丝12发热使双金属片10弯曲至一定程度（恰好接触到传动机构）并达到动态平衡状态，双金属片10不再继续弯曲。若出现过载现象，线路中电流增大，双金属片10将继续弯曲，通过传动机构推动自由脱扣器2脱开主触点1，使断路器跳闸，从而起到过载保护作用。

失电压脱扣器接在断路器的电源侧，起欠电压及零电压保护作用。电源电压正常（为额定电压的75%~105%）时，扳动操纵手柄，断路器的主触点1闭合，失电压脱扣线圈13得电，衔铁被电磁铁吸住，自由脱扣机构将主触点1锁定在合闸位置，保证电路可靠工作。当电源侧断电或电源电压过低（低于额定电压的40%）时，失电压脱扣线圈13所产生的电磁力不足以克服反作用力弹簧5的拉力，衔铁被向上拉，通过传动机构推动自由脱扣器2使断路器跳闸，起到欠电压及零电压保护作用。

3. 主要参数

低压断路器的主要参数包括额定电压、额定电流、通断能力、分断时间等。

1）额定电压：指的是指断路器的标称电压，在规定的正常使用和性能条件下，能够连续运行的电压。断路器的电压参数还有额定绝缘电压 U_i，指的是断路器塑料外壳能承受的最高电压值。我国规定在220 kV及以下电压等级，系统额定电压的1.15倍即为最高工作电压；330 kV及以上电压等级是以额定电压的1.1倍作为最高工作电压。断路器能在系统最高工作电压下保持绝缘，并能按规定的条件进行合断。

2）额定电流：指的是断路器长期工作时的允许工作电流。电流等级一般有6 A、10 A、16 A、20 A至数kA等。通常用C表示脱扣电流，即起跳电流，如图1-14中所示的C25，表示起跳电流为25 A。

3）通断能力：断路器的通断能力包括极限短路分断能力（I_{cu}）、运行短路分断能力（I_{cs}）和短时耐受电流（I_{cw}），是指在一定的试验参数（电压、短路电流、功率因数）条件下，经一定的试验程序，能够接通、分断的短路电流。

4）分断时间：是指断路器切断故障电流所需的时间。

4. 符号和型号

低压断路器的旧标准文字符号为QF，新标准符号为QA，电气图形符号如图1-16所示。

低压断路器的型号一般按照图1-17所示的规则编排。

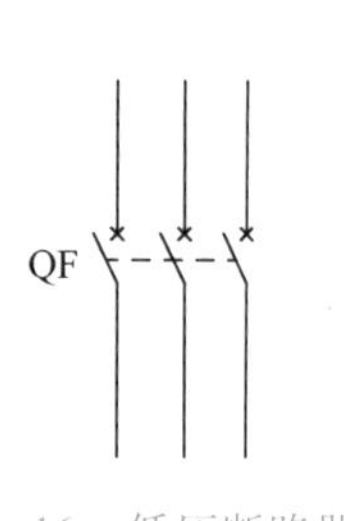

图 1-16　低压断路器电气图形符号

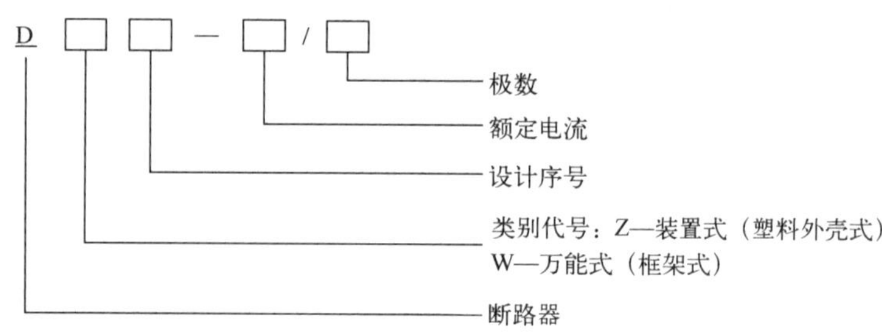

图 1-17　低压断路器的型号

例如，DZ15-100/3 代表的是装置式低压断路器，设计序号为 15、额定电流为 100 A、极数为 3。DW15-630/3 代表的是万能式低压断路器，设计序号为 15、额定电流为 630 A、极数为 3。

5. 选用原则

低压断路器的选用原则如下：

1）根据用途选择断路器的类型和极数，如万能式、装置式等。至于极数，通常有 1P、2P、3P、4P 之分，指的是控制一路、两路、三路、四路电路，具体含义见表 1-1。

表 1-1　低压断路器极数的含义

	电工常见叫法	含义
1P	单片单进单出，单片单极	单极断路器，单进单出，只接相线不接中性线，只断相线，不断中性线，占位 1 位。用于 220 V 的分支回路
2P	总开双极	双极断路器，接相线和中性线，中性线和相线都具有保护功能，占位 2 位。用于 220 V 的总开或分支回路
3P	三相三线	接 3 根相线，不接中性线，占位 3 位。用于 380 V 的分支回路
4P	三相四线	接 3 根相线和中性线，占位 4 位。用于 380 V 的回路

2）断路器额定工作电压和额定电流大于或等于电路的正常工作电压和工作电流。

3）极限分断能力大于或等于电路的最大短路电流。

4）欠电压脱扣器的额定电压与主电路的额定电压一致。

5）热脱扣器的整定电流与电动机的额定电流或负载的额定电流一致。

6）过电流脱扣器瞬时脱扣整定电流大于负载电路正常工作时的尖峰电流，保护电动机取起动电流的 1.7 倍。

7）配电线路中的上、下级断路器的保护特性应协调配合，下级的保护特性应位于上级保护特性的下方且不相交。

8）断路器的长延时脱扣电流应小于导线允许的持续电流。

1.1.4　接触器

接触器是一种用来自动地接通或断开电路的电器。大多数情况下，其控制对象是电动机，也可用于其他电力负载，如电热器、电焊机、电炉变压器等。接触器不仅能自动地接通和断开电路，还具有控制容量大、欠电压与失电压保护、寿命长、能远距离控制等优点，在电气控制系统中应用十分广泛。

1-1-4　交流接触器实物介绍（带片头）

接触器分为直流接触器和交流接触器。直流接触器是指用在直流回路中的一种接触器，主要用来控制直流电路，包括主电路、控制电路和励磁电路等。交流接触器则用于频繁地接通或断开交流主电路及大容量控制电路。在 PLC 控制系统中，接触器常作为输出执行元件。

1. 交流接触器的结构

交流接触器一般由电磁机构、触点系统、灭弧装置、弹簧机构、支架和底座等元件构成，如图 1-18 所示。

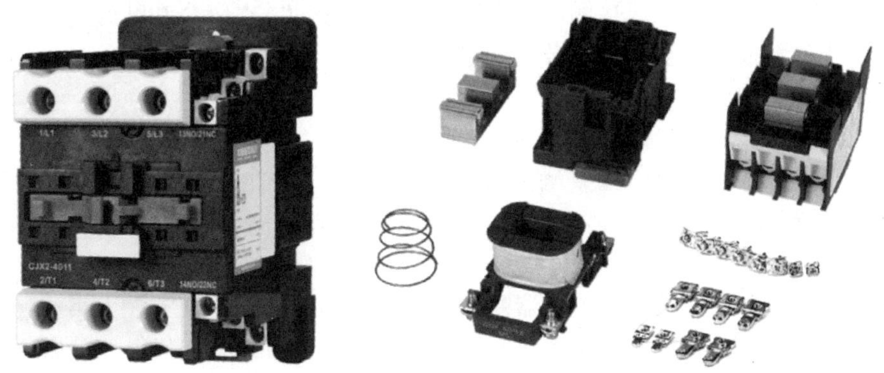

图 1-18　交流接触器及其拆解图

（1）电磁机构

电磁机构由线圈、静铁心、动铁心（又称衔铁）和短路环等组成，如图 1-19 所示，其主要作用是将电磁能转换成机械能。当线圈通电时产生磁场，衔铁被吸向静铁心，带动动触头动作，控制电路的接通与分断；当线圈断电时，磁场消失，衔铁复位，带动动触头复位。通常为了减小磁滞和涡流损失，铁心采用硅钢片叠压铆成。为了减小振动和噪声，在铁心端面上嵌入一只铜环，一般称之为短路环。

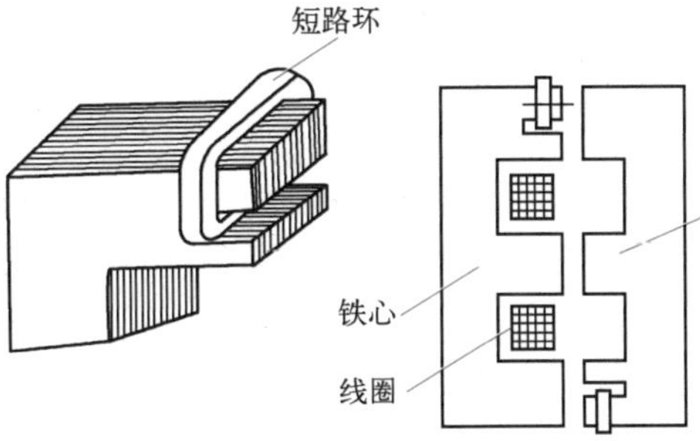

短路环　衔铁　铁心　线圈

图 1-19　电磁机构

（2）触点系统

触点系统包括主触点和辅助触点。根据触点的结构形式，主要分为桥式触点和指型触点两种；根据触点的接触形式，主要分为点接触型、面接触型和线接触型 3 种，如图 1-20 所示。

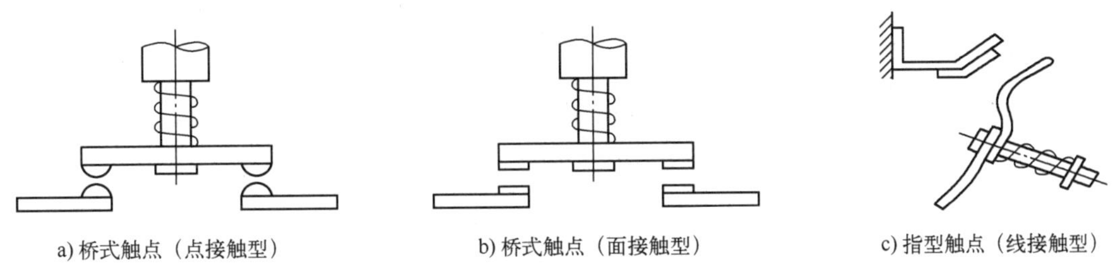

a) 桥式触点（点接触型）　b) 桥式触点（面接触型）　c) 指型触点（线接触型）

图 1-20　触点的 3 种形式

点接触型触点是指两个导体只在一点或者很小的面积上发生接触的触点（如球面对球面、球面对平面）。这种触点单位面积上承受的压力较大，适用于小电流的低压电器，如 10 A 以下的继电器、接触器和断路器的联锁触点等。

面接触是指两个导体有着较大的接触面积（如平面对平面）。由于这种触点在开闭过程中接触面间无相对滑移，不能清除触头表面的氧化膜等高电阻物质，所以，需要在触头表面覆上银片。此外，面接触的接触电阻很不稳定，当外界对接触面稍有一些破坏或者装配不当，都会使接触电阻大大增加，所以面接触型触点应用较少，仅用于大电流或接触压力大的场合，如大容量的接触器和断路器的主触点。刀开关也常采用这种形式的触点。

线接触是指两个导体的接触处为线状的接触形式。这种触点常做成指型形式，适用于通断频繁、电流大的场合。另外，线接触的触点间有滑动和滚动，在闭合和断开的过程中可以消除触点表面的氧化膜，又可缓解触点闭合时的撞击，常用于中等容量的电器，如接触器、断路器及高压开关电器的主触点等。

（3）灭弧装置

开关电器切断电流电路时，如果触点间电压超过某一数值（根据触点材料不同，其值在 12~20 V 间），被断开的电流超过某一数值（根据触点材料不同，其值在 0.25~1 A 间），在触点间隙（也称弧隙）中通常产生一团温度极高、发出强光且能够导电的近似圆柱形的气体，这就是电弧。电弧的存在延长了开关电器断开故障电路的时间，加重了电力系统短路故障的危害。电弧产生的高温，将使触头表面熔化和蒸化，烧坏绝缘材料，降低电器的寿命。对充油电气设备，电弧还可能引起着火、爆炸等危险。再者，由于电弧在电动力、热力作用下能移动，很容易造成飞弧短路和伤人，或引起事故的扩大等，因此应采取措施迅速熄灭电弧。

灭弧措施主要有将电弧分隔为多个串联短弧、冷却电弧、增大电弧长度和改善灭弧介质等，常用的灭弧方法有机械灭弧法、窄缝（纵缝）灭弧法、栅片灭弧法、磁吹灭弧法等。

2. 工作原理

交流接触器的工作原理结构示意图如图 1-21 所示。当线圈两端加交流电压（称线圈得电）时，线圈铁心产生电磁吸力，吸引衔铁通过连杆带动触头向左移动，使之与左右两侧静触点接触（吸合），主触点闭合，电动机接通电源运转。当线圈断电时，电磁吸力消失，在反力弹簧的作用下，动触头与静触头分离（释放），主触点复位，电动机断开电源停止运转。

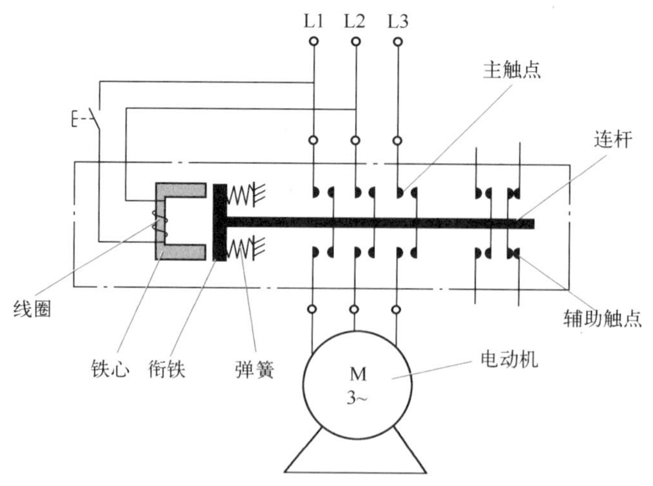

图 1-21　交流接触器的工作原理结构示意图

3. 接触器的符号

接触器的旧标准文字符号为 KM，新标准文字符号为 QA，电气符号如图 1-22 所示，包括线圈、主触点和辅助触点三种不同符号。

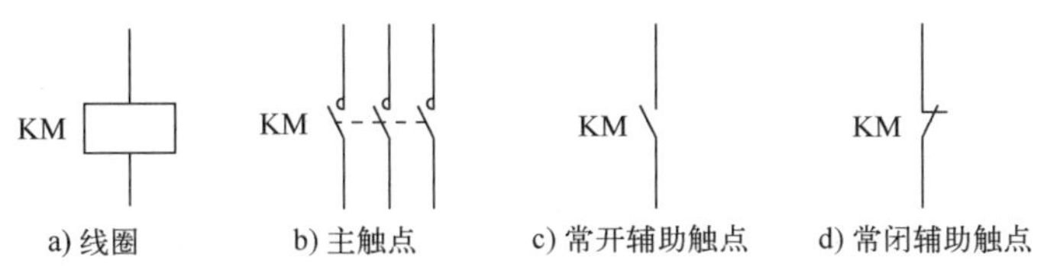

图 1-22　接触器的电气符号

接触器的线圈工作电压分直流和交流两种，电压等级：直流常见的有 12 V、24 V、36 V、63 V、220 V 等，交流常见的有 36 V、220 V、380 V、660 V 等。如图 1-23 所示，A1 和 A2 为接触器的电磁线圈接线端，工作电压为 AC 220 V，实际使用时要与这个电压等级一致。

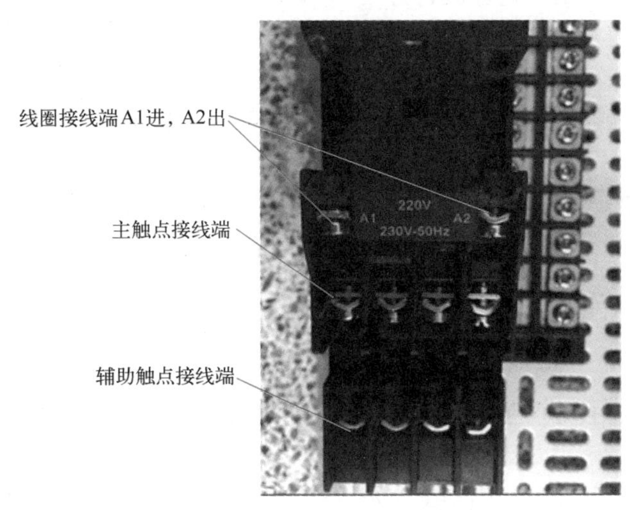

图 1-23　交流接触器的接线端

主触点用于接通和分断主电路，可以通过大电流。如图 1-24b 所示，L1-T1、L2-T2、L3-T3 为 3 组主触点。

辅助触点和线圈用于控制电路，只允许小电流通过。辅助触点又分为常开和常闭两种。“常”指的是接触器没有通电时的状态，常开触点是断开的，当接触器通电工作，它变成闭合的，所以常开辅助触点又称为动合辅助触点，常闭辅助触点也就是动断辅助触点，与常开触点刚好相反。如图 1-24c 实物所示，NO 为常开辅助触点，NC 为常闭辅助触点。

当接触器线圈通电时，常闭触点先断开，常开触点后闭合。当线圈断电时，在反力弹簧的作用下，常开触点先恢复断开，常闭触点后恢复闭合。

a) 线圈

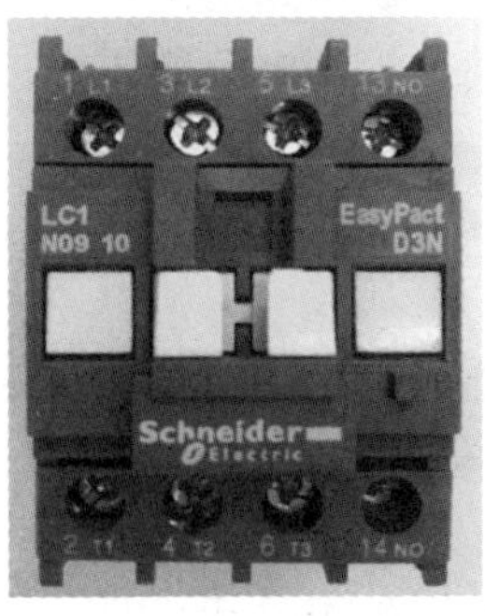

b) 主触点

c) 辅助触点

图 1-24　接触器的线圈与触点

4. 常用型号

接触器常见的国产品牌有德力西、正泰、人民电器等，国外的品牌主要有西门子、施耐德、ABB等。

接触器常见型号国产的有CJ20、CJ40、CJX2，进口的有德国西门子3TB、3TF系列，施耐德的LC1-D系列等。国产交流接触器的型号一般按照图1-25所示的规则编排。

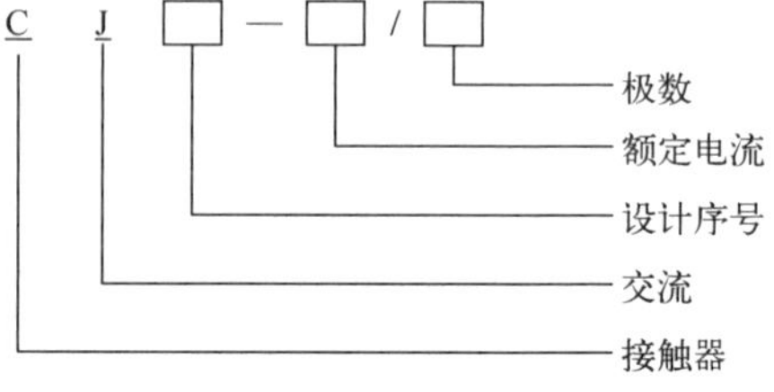

图1-25 国产交流接触器的型号

例如，CJ20-40/3代表设计序号为20、额定电流为40 A、极数为3的交流接触器。CJX2-1210中的CJ代表交流接触器、X为小型、2为设计序号、12表示额定电流为12 A、10表示辅助触点数量的状况，第一位表示常开触点，1表示有一个常开触点，第二位表示常闭触点，0表示常闭触点数量为0。即该接触器带3个主常开触点，1个辅助常开触点。

5. 主要技术指标

交流接触器的主要技术指标包括额定电压、额定电流、吸引线圈电压、操作频率等。

1）额定电压：在规定条件下，保证接触器正常工作时的主触点电压。常用的额定电压值为220 V、380 V、600 V、660 V等。

2）额定电流：在额定工作条件下主触点的电流值。常用的额定电流值为5 A、10 A、20 A、40 A、60 A、100 A、150 A、250 A、400 A、630 A等。

3）吸引线圈电压：接触器正常工作时，吸引线圈上所加的电压值，一般等于控制电路的电压值。

4）操作频率：每小时的操作次数，如600次/h；频率过高，则线圈会严重发热，影响寿命。

6. 选用原则

接触器作为通断负载电源的设备，其选用除了额定工作电压要与被控设备的额定工作电压相同外，被控设备的负载功率、使用类别、操作频率、工作寿命、安装方式、安装尺寸等都是选择的依据。主要选用原则如下：

1）根据电路中负载电流的种类选择接触器的类型，控制交流负载选用交流接触器，控制直流负载选用直流接触器。

2）接触器主触点的额定电压应大于或等于所控制电路的额定电压。

3）接触器主触点的额定电流应大于或等于被控主回路的额定电流。

4）吸引线圈的额定电压应与所接控制电路的额定电压等级一致。

5）接触器的触点数量和种类应满足控制电路的要求。

7. 检测方法

接触器在使用前应先进行外观检查和性能检测。外观检查主要看外壳有无裂纹、各接线桩螺栓有无生锈、零部件是否齐全等。

性能检测，可借助万用表检测接触器各引脚间（包括线圈间、常开触点间、常闭触点间）的阻值，或者在工作状态下，当线圈未得电或得电时，通过检测触点所控制电路的通、断状态来判断接触器的性能好坏，如：

1）检查交流接触器的电磁机构动作是否灵活可靠、有无衔铁卡阻等不正常现象。可以在未通电时，借助工具将衔铁强行压下，检查触点是否能可靠接通或断开。

2）用万用表检查吸引线圈的通断情况。线圈直流电阻若为零或很小，则线圈短路；若为

∞，则线圈断路，这两种情况均不能使用。

除此之外，还应核对接触器的电压等级、电流容量、触点数目及开闭状况等。

1.1.5　按钮

按钮是一种结构简单、控制方便、应用广泛的主令电器。在低压控制电路中，按钮用于手动发出控制信号、短时接通和断开小电流的控制电路。

1. 按钮的种类

按钮的结构种类很多，可分为蘑菇头式、自锁式、自复位式、旋柄式、带指示灯式、钥匙式等；也有单钮、双钮、三钮复合式。图 1-26 所示为部分常见按钮的实物图。

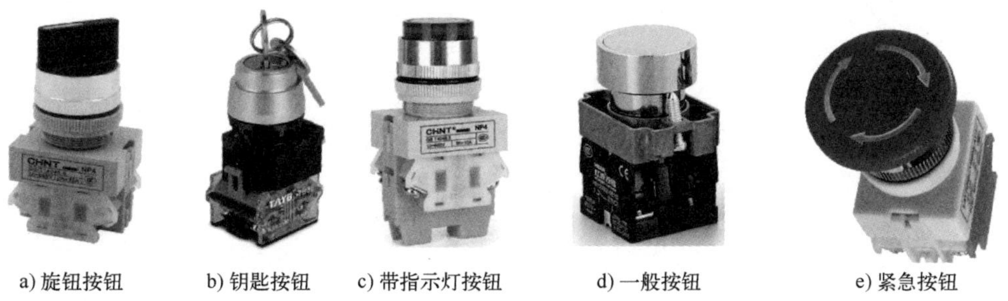

a) 旋钮按钮　b) 钥匙按钮　c) 带指示灯按钮　d) 一般按钮　e) 紧急按钮

图 1-26　常见按钮

2. 按钮的结构

按钮的结构如图 1-27 所示，主要由按钮帽、复位弹簧、桥式动静触头等组成，图中所示分别为常闭按钮、常开按钮和复合按钮。

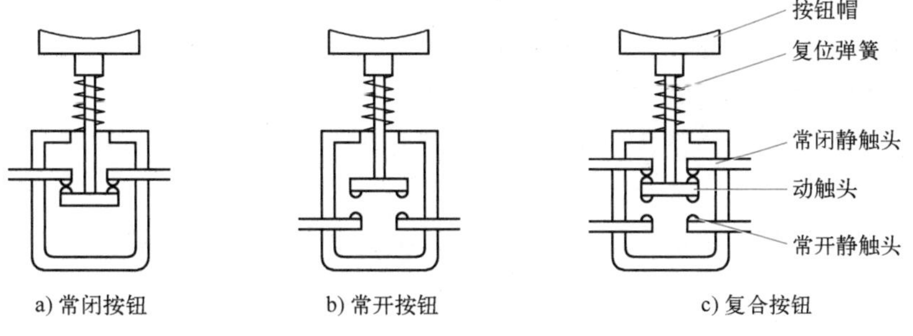

a) 常闭按钮　b) 常开按钮　c) 复合按钮

图 1-27　按钮的结构

对于常闭按钮，如图 1-27a 所示，当按下按钮帽，动触桥带动触头与静触头分开，电路断开。当松开按钮帽，在弹簧的作用下，动触头复位，触点恢复闭合。

按钮常做成复合式，即同时具有一个常开（动合）触点和一个常闭（动断）触点，如图 1-27c 所示。按下按钮帽时，常闭触点先断开，然后常开触点闭合，即先断后合。如图 1-28 为复合按钮的实物图，其中 NC（1-2）为常闭触点，NO（3-4）为常开触点。

按钮的旧标准文字符号为 SB，新标准符号为 SF，电气符号如图 1-29 所示。

3. 按钮的型号

按钮的常用型号有 LA18、LA19、LA20、LA25、LA38、LA39、LA101、LAY1、LAY3、LAY4、LAY6、LAY37 等，其型号的编排规则如图 1-30 所示。按钮不同于其他低压电器元件，它主要用于小电流的控制电路（一般为 5 A），因此其型号中没有额定电流，其关键技术参数主要包括外观形式、安装孔尺寸、触点数量等。

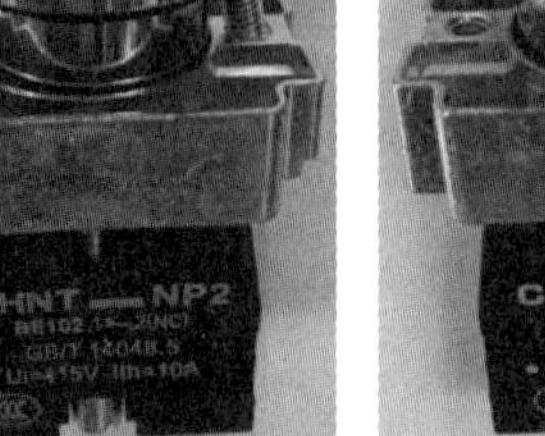

a) 常闭按钮　　b) 常开按钮　　c) 复合按钮

图 1-28　按钮触点实物图

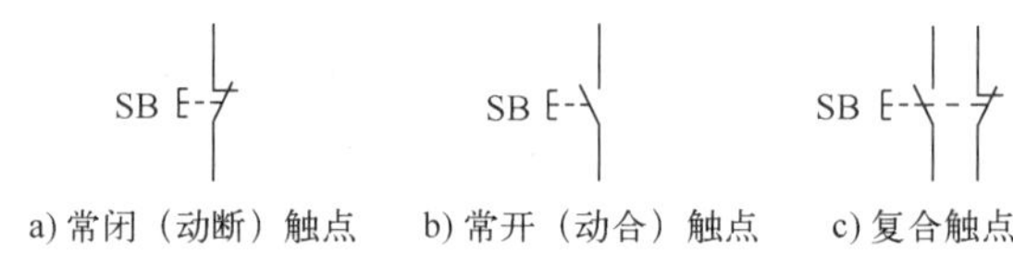

a) 常闭（动断）触点　b) 常开（动合）触点　c) 复合触点

图 1-29　按钮的符号

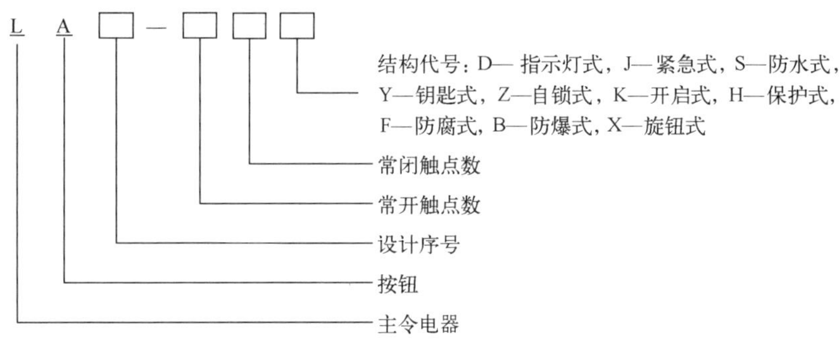

图 1-30　按钮的型号

例如，LA20－22DJ 代表设计序号为 20、常开触点 2 个、常闭触点 2 个的带灯急停式按钮。

4. 按钮的选用

按钮在选用时，首先根据用途和使用场合，确定合适的形式和种类。再根据控制电路的需要，选择触点对数、颜色、是否需要带指示灯等。表 1-2 为按钮的颜色和功能说明。

表 1-2　按钮的颜色和功能说明

序号	功能要求	颜色	额外描述
1	停止、断电、事故	红色	
2	起动、通电	绿色	绿色优先。允许黑色、白色、灰色
3	点动	黑色	黑色优先。允许白色、灰色、绿色，不能用红色
4	复位	蓝色	
5	一钮双用，“起动”与“停止”或“通电”与“断电”，交替按压后改变功能	黑色、白色、灰色	不能用红色、绿色

5. 按钮的检测与安装

通常使用万用表电阻档或通断档对按钮进行检测。将触头两两测量查找，如果触点上方有 NO 和 NC 标记，直接检查不按按钮和按下按钮时它们的状态是否正常；如果触点上方没有 NO 和 NC 标记，可以用万用表电阻档或通断档测量。检测时，未按下按钮时阻值为∞，而按下按钮时阻值为 0 的一个为常开触点；相反，不按时阻值为 0，而按下时阻值为∞的一个为常闭触点。

按钮安装时，应布置整齐、排列合理、间距为 50~100 mm；同一设备部件的几种工作状态（如上下、前后、左右、松紧等）应使每一个相反状态的按钮安装在一起；总停按钮应装在显眼且容易操作的地方，最好采用红色蘑菇头按钮。

1.1.6　熔断器

熔断器是一种结构简单、使用方便、价格低廉的保护电器，主要用作电路的短路保护和严重过载保护。

1-1-6　熔断器实物介绍（带片头）

熔断器主要由熔体、熔座（熔管）和支座 3 部分组成，如图 1-31 所示。熔体的材料分为低熔点和高熔点两种，低熔点材料有铅和铅锡合金，适用于低分断能力的熔断器；高熔点材料有铜和银，适用于高分断能力的熔断器。

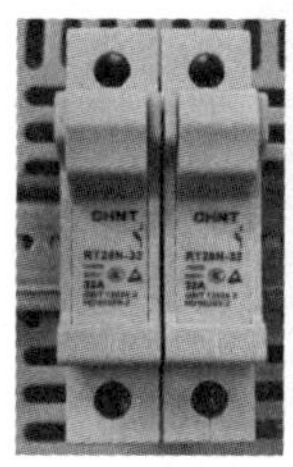

图 1-31　熔断器的外观及拆解图

1. 工作原理

熔断器串联使用于电路中。当电路正常工作时，流经熔断器的电流所产生的发热温度低于熔体的熔化温度，熔体长期工作不会熔断；当电流大于熔体所规定的电流值时，熔体温度急剧上升并超出其熔点而被熔断，从而断开电路起到保护作用。图 1-32 所示为熔断器的安秒特性曲线。图中 I_R 是熔断器的最小熔化电流或临界电流，熔体工作在这个电流下，能够长期工作不会熔断。流经熔断器的电流超出其额定值越大，熔体熔断的速度就会越快，具体可见表 1-3。

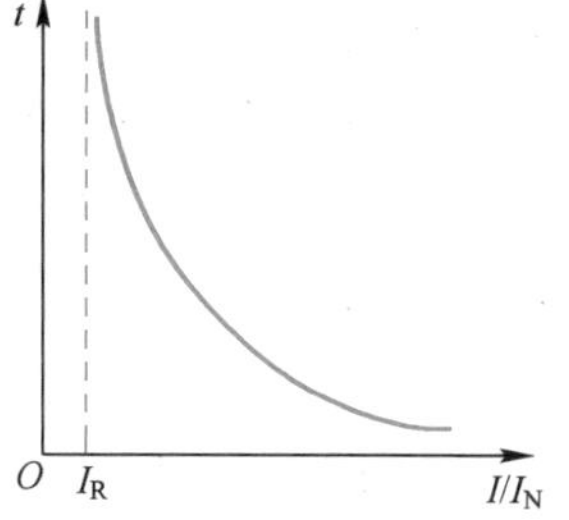

图 1-32　熔断器安秒特性曲线

I_R—最小熔化电流或临界电流

I_N—熔断器额定电流

表 1-3　熔体电流与熔断时间对应表

熔体电流	熔断时间
(1.25~1.3) I_N	∞
$1.6I_N$	1h
$2I_N$	40 s
$2.5I_N$	8 s
$3I_N$	4.5 s
$4I_N$	2.5 s

2. 熔断器的分类

熔断器根据其结构可分为瓷插入式熔断器、螺旋式熔断器、无填料封闭管式熔断器、有填料封闭管式熔断器、快速熔断器、自复式熔断器等多种类型。

（1）瓷插入式熔断器

瓷插入式熔断器主要由瓷座、瓷盖、静触头、动触头和熔丝等组成。图 1-33 所示为目前市场上还在用的 RC1A 系列瓷插入式熔断器。它结构简单、价格低廉、更换方便，常用于 380 V 及以下电压等级的线路末端，作为配电支线或电气设备的短路保护用。

（2）螺旋式熔断器

图 1-34 所示为 RL 系列的螺旋式熔断器。它主要由绝缘管、绝缘座、带红点的熔断指示器组成。熔丝熔断时，指示器会马上弹出脱落，可透过瓷帽上的玻璃孔观察看到。它分断能力较大、结构紧凑、体积小、更换熔体方便，且工作可靠，熔丝熔断后有明显指示，常应用于控制箱、配电柜、机床设备及振动较大的场合，另外也可用在交流额定电压 500 V、额定电流 200 A 及以下的电路中作为短路保护用。

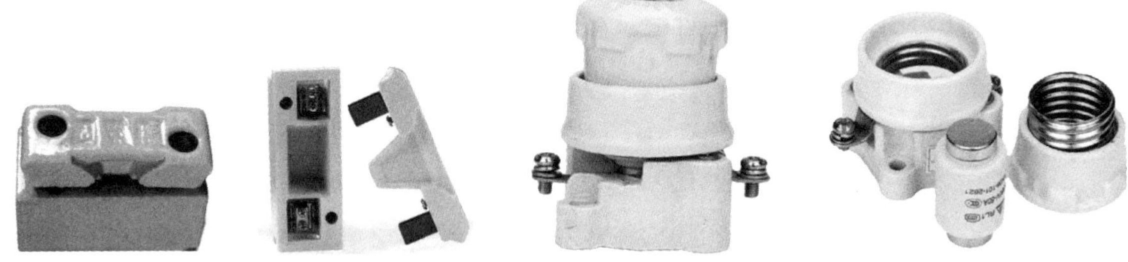

图 1-33　RC1A 系列瓷插入式熔断器　　图 1-34　RL 系列螺旋式熔断器

（3）无填料封闭管式熔断器

无填料封闭管式熔断器的结构如图 1-35 所示。它的熔体形状比较特殊，采用变截面的锌合金片制成，而且熔管采用纤维物制成。当发生短路故障时，熔体在最细处熔断，并且多处可同时熔断，这样有助于提高分断能力。熔体熔断时，电弧被限制在封闭管内，不会向外喷出，使用安全，另外，在熔断过程中，纤维熔管的部分纤维受热而分解，产生高压气体，使得电弧很快熄灭，进一步提高了分断能力。

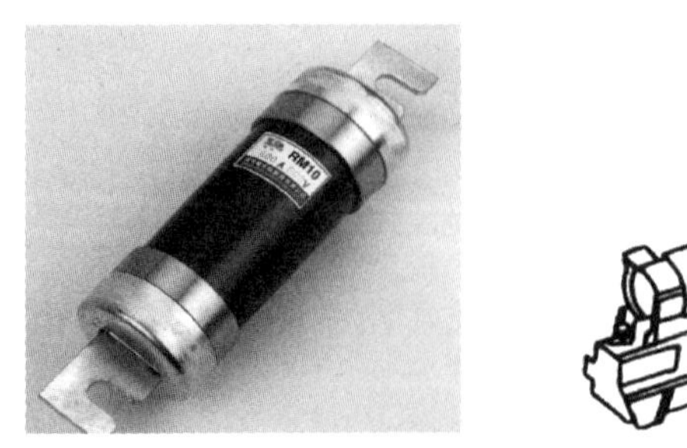

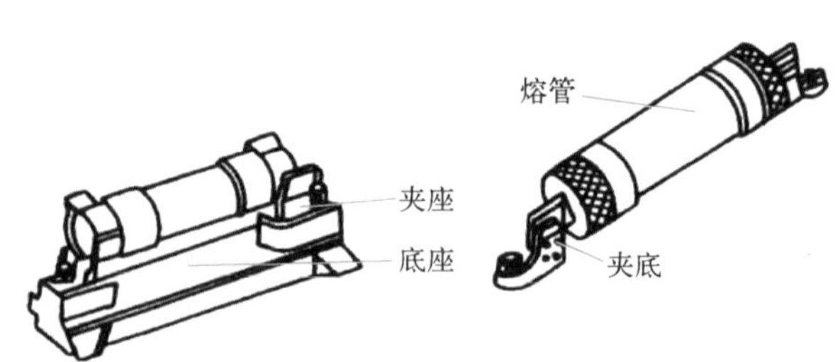

图 1-35　无填料封闭管式熔断器及其结构

无填料封闭管式熔断器一般与刀开关组成熔断器式刀开关使用，用于交流额定电压 380 V 及以下、直流 440 V 及以下、电流不超过 600 A 的电力线路中，作为电缆及电气设备的短路和连续过载保护。

（4）有填料封闭管式熔断器

有填料封闭管式熔断器如图 1-36 所示。它的熔体一般采用纯铜箔冲制的网状熔片并联而成，熔管内充满了石英砂填料，能起到冷却和灭弧的作用，使得分断能力比同容量的无填料式熔断器大 2. 5~4 倍。有填料封闭管式熔断器主要用于交流额定电压 380 V 及以下、短路电流较大的电力输配电系统中，作为电缆及电气设备的短路和连续过载保护。

图 1-36　有填料封闭管式熔断器

（5）快速熔断器

快速熔断器通常简称“快熔”，其特点是熔断速度快、额定电流大、分断能力强、限流特性稳定、体积较小。它主要用于半导体整流元件或整流装置的短路保护。由于半导体元件的过载能力很低，只能在极短时间内承受较大的过载电流，因此要求短路保护具有快速熔断的能力。快速熔断器如图 1-37 所示。

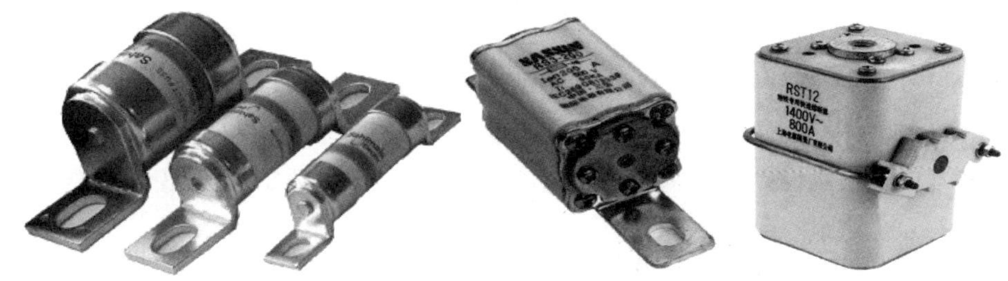

图 1-37　快速熔断器

快速熔断器的结构和有填料封闭式熔断器基本相同，但熔体材料和形状不同。快速熔断器的熔体是用银片冲制的有 V 形深槽的变截面熔体。快速熔断器的灵敏度高，当电路电流一过载，熔丝迅速发热，迅速断开熔丝。快速熔断器的熔断时间可达 10 ms 甚至更短。

（6）自复式熔断器

自复式熔断器如图 1-38 所示，它是一种采用气体、超导体或液态金属钠等作为熔体的限流元件。在故障短路电流产生的高温下，熔体瞬间呈现高阻状态，从而限制了短路电流。当故障消失后，温度下降，熔体又自动恢复至原来的低阻导电状态。自复式熔断器具有限流作用显著、动作时间短、动作后不必更换熔体、能反复使用等优点，常用于镇流器、变压器、电池、充电器、遥控电动玩具车中。

3. 熔断器的符号和型号

熔断器的旧标准文字符号为 FU，新标准文字符号为 FA，电气图形符号如图 1-39 所示。

国产熔断器的常用型号有 RCA1、RL1、RL5、RL30、RT14、RT18、RT29、RM10、RS15、RS16、RS17、RS31 等，其型号编排规则如图 1-40 所示。

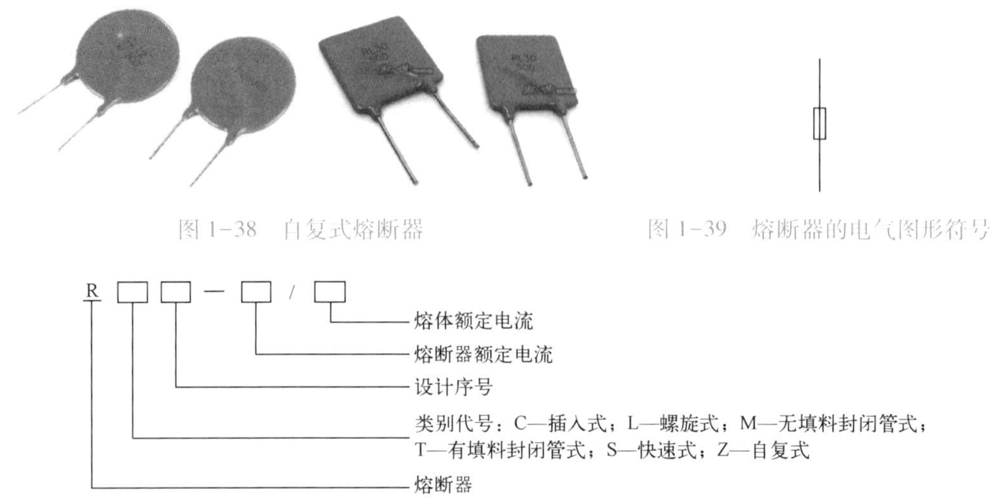

图 1-38 自复式熔断器

图 1-39 熔断器的电气图形符号

图 1-40 熔断器的型号

例如，RL1－60/40 代表的是螺旋式熔断器、设计序号为 1、熔断器额定电流为 60 A、配用熔体额定电流为 40A。RT14－10/6 代表的是有填料封闭管式熔断器、设计序号为 14、熔断器额定电流为 10 A、配用熔体电流为 6 A。

4. 熔断器的主要参数

熔断器的主要参数有熔断器额定电压、熔断器额定电流、熔体额定电流和熔断器的极限分断能力等。

（1）熔断器额定电压

熔断器的额定电压是熔断器长期工作和分断时能正常使用耐受的电压，一般大于或等于电器设备的额定电压，否则在熔断器熔断时会出现持续飞弧和被电压击穿的危险。熔断器的额定绝缘电压是熔断器支持件的绝缘电压等级，熔体的额定电压是熔断器允许的工作电压等级。

（2）熔断器额定电流

熔断器的额定电流是熔断器能长期通过且正常工作的电流，取决于熔断器各部分长期工作时的容许温度。熔断器的额定电流，除了受底座铜件影响外，主要受熔体的影响。

（3）熔体额定电流

熔体额定电流指的是熔体允许长期通过而不致发生熔断的最大工作电流。它取决于熔体的最小熔断电流，可以根据需要分成多个等级。通常，一个额定电流等级的熔断器可以配用多个额定电流等级的熔体，但熔体的额定电流不能超过与之配合的熔断器的额定电流。

（4）熔断器的极限分断能力

熔断器的极限分断能力指的是熔断器在故障条件下能可靠分断的最大短路电流，它是熔断器很重要的一个技术指标参数。

5. 熔断器的选择

熔断器选用的一般原则如下：

1）根据使用条件确定熔断器的类型。熔断器主要根据负载的情况和电路短路电流的大小来选择类型。例如，对于容量较小的照明线路或电动机的保护，宜采用 RCIA 系列插入式熔断器或 RM10 系列无填料封闭管式熔断器；对于短路电流较大的电路或有易燃气体的场合，宜采用具有高分断能力的 RL 系列螺旋式熔断器或 RT 系列有填料封闭管式熔断器；对于保护硅整流器件及晶闸管的场合，应采用快速熔断器。

2）选择熔断器的规格时，应首先选定熔体的规格。通常熔断器的额定电流必须大于或等于所装熔体的额定电流，选择熔体额定电流应遵循以下规则：

① 上、下级电路保护熔体的配合，电流比值不小于 1.6∶1；

② 照明或阻性负载，熔体额定电流 $I_{fN} \geqslant I$；

③ 单台电动机：$I_{fN} \geqslant (1.5 \sim 2.5) I_N$；

④ 多台电动机不同时起动：$I_{fN} \geqslant (1.5 \sim 2.5) I_{Nmax} + \sum I_N$；

式中　I_{fN}——熔体额定电流；

I_N——电机额定电流；

I_{Nmax}——额定电流最大的电机的额定电流；

$\sum I_N$——除额定电流最大的电机外、其他电机的额定电流之和。

3）熔断器的保护特性应与被保护对象的过载特性有良好的配合；

4）在配电系统中，各级熔断器应相互匹配，一般上一级熔体的额定电流要比下一级熔体的额定电流大 2~3 倍。

5）对于保护电动机的熔断器，应注意电动机起动电流的影响，熔断器一般只作为电动机的短路保护，过载保护应采用热继电器。

6）熔断器的额定电流应不小于熔体的额定电流；额定分断能力应大于电路中可能出现的最大短路电流。

1.1.7　热继电器

热继电器也称热过载继电器，是一种用于电动机或其他电气设备、电气电路过载保护的保护电器。当电路中出现电动机不能承受的负载时，热继电器断开电动机控制电路，实现断电停车，热继电器主要用于电动机的过载保护、断相保护、电流不平衡运行保护，常和交流接触器配合组成电磁起动器，广泛应用于三相交流异步电机的长期过载保护。

1-1-7　热继电器实物介绍（带片头）

1. 分类

按照热元件及动作原理，热继电器主要分为双金属片式、热敏电阻式和易熔合金式 3 种。双金属片式是利用双金属片受热弯曲去推动推板使触头动作，热敏电阻式是利用电阻值随温度变化而变化的特性制成，易熔合金式是利用过载电流发热使易熔合金熔化而使继电器动作。

按照相数来分，热继电器分为单相、两相和三相 3 种类型，每种类型按照发热元件的额定电流又有不同的规格型号。

按照热继电器的职能来分，分为带断相保护和不带断相保护两种。

2. 工作原理

图 1-41 所示为热继电器的结构图。工作时，图 1-41c 中热元件 3 接到电动机主电路。如果电动机长时间过载，主双金属片 2 被加热，因为主双金属片是采用两种膨胀系数不同的金属片压制而成的，受热后，双金属片发生弯曲变形，推动导板 4 向左运动，断开热继电器的常闭触点 6，使得控制电路断开，可以实现电动机断电停车的目的。由于热继电器的热元件具有热惯性，不同于熔断器，它不能用作瞬时过载保护，更不能用作短路保护。

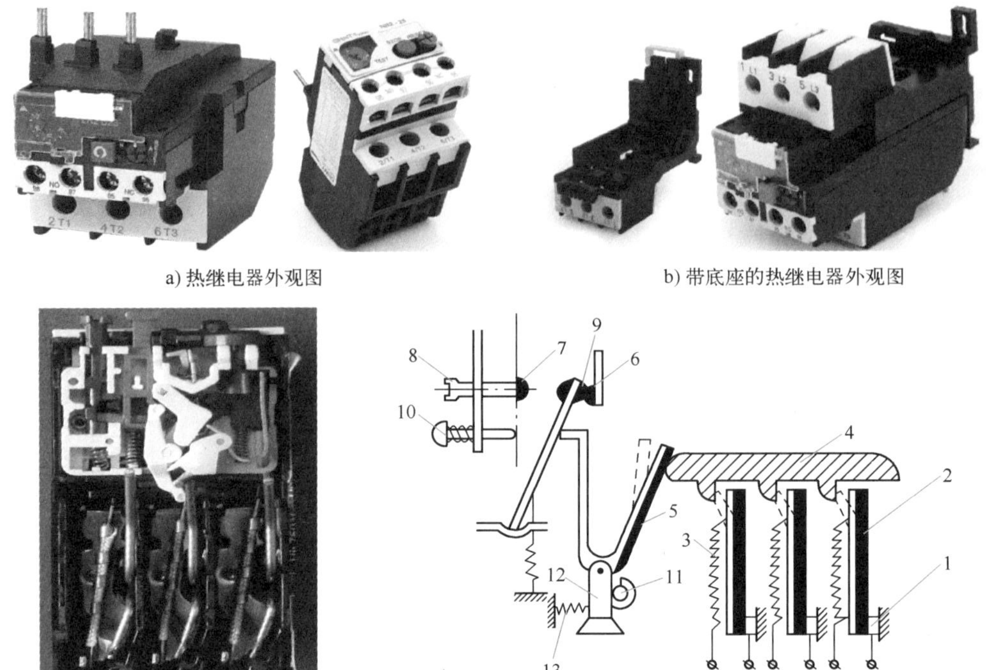

a) 热继电器外观图　　b) 带底座的热继电器外观图

c) 热继电器内部结构图

图 1-41　热继电器的结构

1—接线端子　2—主双金属片　3—热元件　4—推动导板　5—补偿双金属片　6—常闭触点　7—复位调节螺钉　8—复位螺钉　9—动触头　10—复位按钮　11—偏心轮　12—支撑件　13—弹簧

3. 符号和型号

热继电器的旧标准文字符号为 FR，新标准文字符号为 BB，电气图形符号如图 1-42 所示。热继电器的型号编排规则如图 1-43 所示。

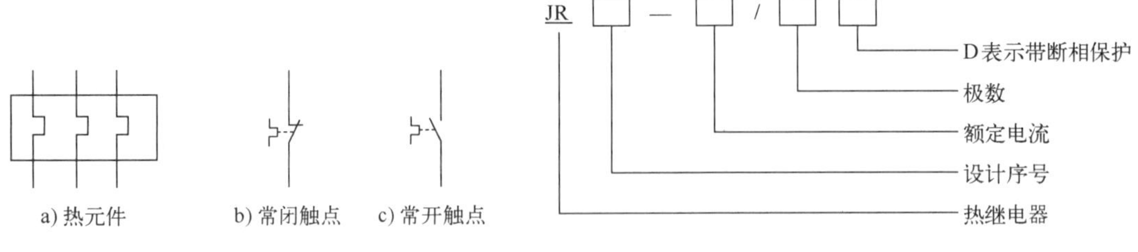

a) 热元件　b) 常闭触点　c) 常开触点

图 1-42　热继电器的电气图形符号

图 1-43　热继电器的型号

例如，JR36-20/3D 代表的是热继电器，设计序号为 36，额定电流为 20 A，极数为 3，带断相保护。

4. 主要参数

热继电器的主要技术参数包括额定电压、额定电流、相数、整定电流、脱扣等级等。

1）额定电压：指的是热继电器能够正常工作的最高电压值，一般为交流 220 V、380 V、600 V。

2）额定电流：指的是某一等级热继电器的额定工作电流，它不是热元件的额定电流，更不是热继电器触头的额定电流。通常，对于任一等级的热继电器都配有若干个电流等级的热元件。例如，JRS1D-25 型热继电器，“25”是指热继电器的额定工作电流为 25 A 等级。这个等级的热继电器配有 1～14 共 14 个热元件编号，详见表 1-4。每个热元件对应一个热元件的额定电流，如 1 号热元件的额定电流为 0.1~0.16 A，可在一定范围内通过凸轮调节旋钮进行调节。

表 1-4　热继电器的主要参数

序号	型号	壳架额定电流/A	整定电流/A
1	JRS1D-25	25	0.1~0.16
2			0.16~0.25
3			0.25~0.4
4			0.4~0.63
5			0.63~1
6			1~1.6
7			1.6~2.5
8			2.5~4
9			4~6
10			5.5~8
11			7~10
12			9~13
13			12~18
14			17~25

3）整定电流：指的是长期通过热元件而不致使热继电器动作的最大电流。当通过热元件的电流超过整定电流值的 20%时，热继电器应在 20 min 内动作。热继电器的整定电流大小可通过整定电流旋钮来调节。选用和整定热继电器时一定要使整定电流值与电动机的额定电流一致。

4）脱扣等级：热继电器脱扣等级共分 4 个等级，即 10 A、10、20、30，规定了从冷态开始，对称的三相负载在 7.2 倍整定电流时的最大脱扣时间。不同的脱扣等级具有不同的最大脱扣时间，10 A 指脱扣时间为 2~10 s，10 指脱扣时间为 4~10 s，20 指脱扣时间为 6~20 s，30 指脱扣时间为 9~30 s。

5. 热继电器的选择

热继电器选用的一般原则如下：

1）热继电器额定电流应等于或大于电动机的额定电流，以此确定热继电器的电流等级。

2）根据需要的整定电流值选择热元件的编号。

① 一般情况下，整定电流调整到电动机额定电流的 0.95~1.05 倍；

② 如果电动机拖动的是冲击性负载或起动时间较长以及拖动的设备不允许停电的场合，整定电流取电动机额定电流的 1.1~1.5 倍；

③ 如果电动机的过载能力较差，整定电流取电动机额定电流的 0.6~0.8 倍；

④ 在不频繁的起动场合，若电动机起动电流为其额定电流的 6 倍以及起动时间不超过 6 s 时，整定电流可按电动机的额定电流选取热继电器；如果电动机起动时间较长，整定电流可以调节到电动机额定电流的 1.1~1.5 倍。

3）根据电动机定子绕组的连接方式选择热继电器的结构形式。

① Y联结：选用普通的三相结构的热继电器；

② △联结：选用带断相保护功能的热继电器。

6. 热继电器的安装与接线

热继电器有两种安装方法，一种方法是配合底座，另一种方法是直接和接触器配合安装。图 1-44 所示为热继电器的安装与接线说明。电源为上进下出，上方接三相主线，下方的 T1、T2、T3 为三相主线输出，接至电动机。这里重点说明下左上角表盘的含义。表盘上的最小数字与最大数字就是配用热元件的整定电流范围，使用时，根据电路需要将箭头指向所需电流即可。

a) 热继电器的安装方法

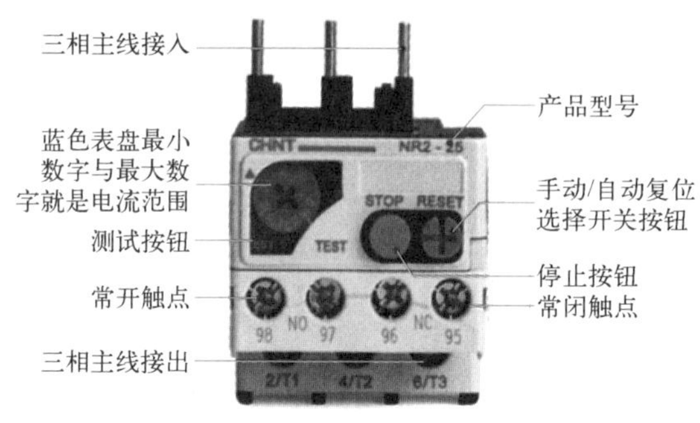

b) 热继电器的接线方法

图 1-44　热继电器的安装与接线

任务 1.2　电动机单向运行控制电气原理图分析

1.2.1　电气控制系统图的组成

电气控制系统一般称为电气设备二次控制回路，不同的设备有不同的控制回路，而且高压电气设备与低压电气设备的控制方式也不相同。具体来说，电气控制系统是指由若干电气元件组合，用于实现对某个或某些对象的控制，从而保证被控设备安全可靠地运行。

电气控制系统图主要包括电气原理图、电气元件布置图和电气安装接线图 3 种图。

（1）电气原理图

电气原理图是用图形符号、文字符号和导线连接起来描述全部或部分电气设备工作原理的电路图，其目的是便于阅读和分析控制线路，应根据结构简单、层次分明清晰的原则，采用电器元件展开形式绘制。它包括所有电器元件的导电部件和接线端子，但并不按照电器元件的实际布置位置来绘制，也不反映电器元件的实际大小。

电气原理图一般分为主电路和辅助电路（控制电路）两部分。主电路是电气控制线路中大电流流过的部分，包括从电源到电动机之间的电器元件，一般由电源开关、熔断器、接触器主触点、热继电器的热元件和电动机等组成。辅助电路是控制线路中除主电路以外的电路，包括控制电路、照明电路、信号电路和保护电路，其流过的电流比较小。其中控制电路由按钮、接触器和继电器的线圈及辅助触点、热继电器触点、保护电器触点等组成。

图 1-45 所示为 CA6140 型车床的电气原理图。该电气原理图由主电路、控制电路和辅助

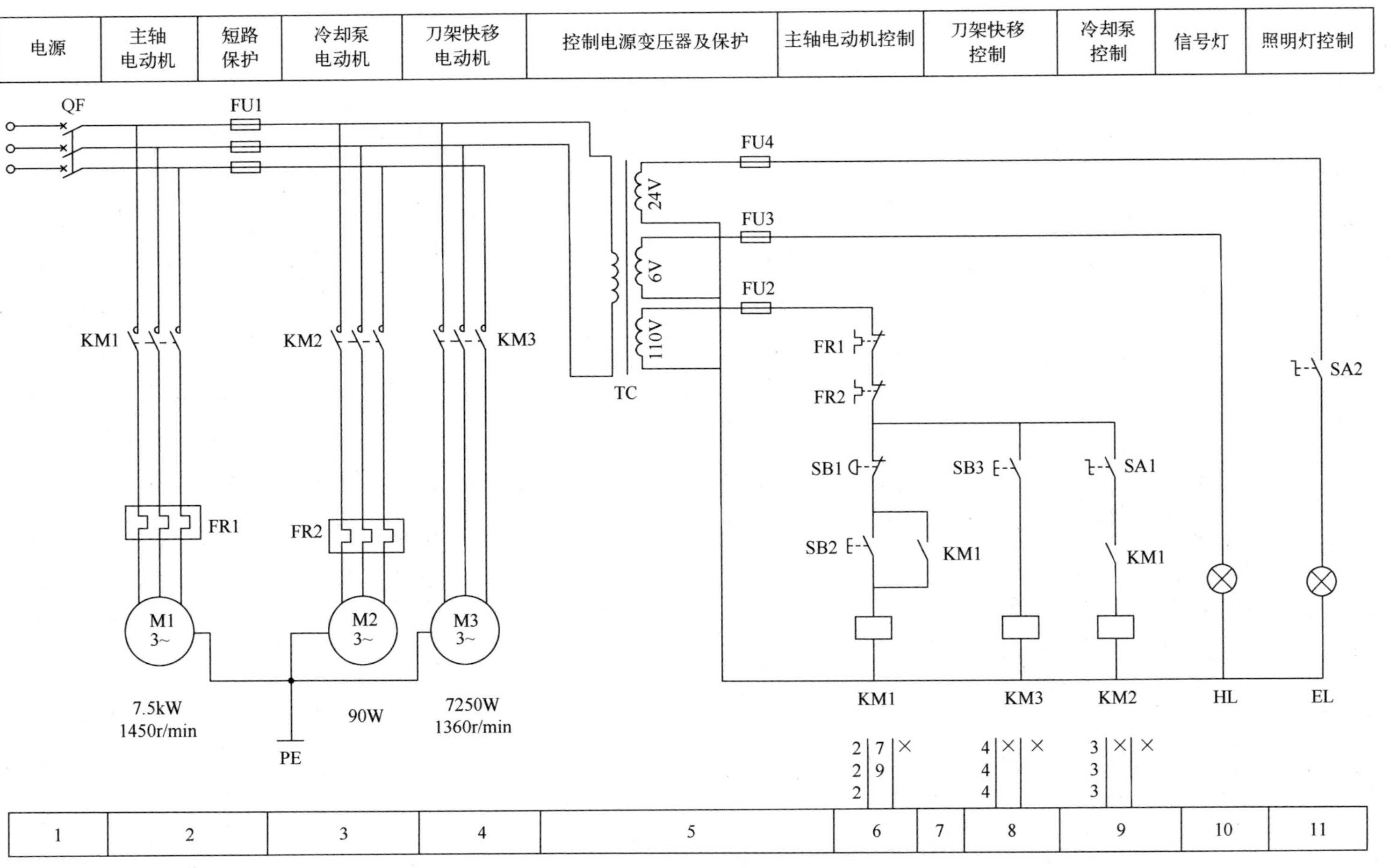

图 1-45　CA6140 型车床的电气原理图

电路构成。主电路有主轴、冷却泵、刀架快移三台电动机；控制电路通过变压器，以及相关按钮、接触器等对 3 台电动机进行控制，另外还有照明与信号指示等。

绘制电气原理图的基本规则如下：

1）电气原理图中所有电器元件都应采用国家标准中统一规定的图形符号和文字符号表示。

2）电气原理图中电器元件的布局，应根据便于阅读原则安排。主电路安排在图面左侧或上方，辅助电路安排在图面右侧或下方。无论主电路还是辅助电路，均按功能布置，尽可能按动作顺序从上到下、从左到右排列。

3）电气原理图中，当同一电器元件的不同部件（如线圈、触点）分散在不同位置时，为了表示是同一元件，要在电器元件的不同部件处标注统一的文字符号。对于同类器件，要在其文字符号后加数字序号来区别。如两个接触器，可用 KM1、KM2 文字符号区别。另外，电气原理图中，所有电器的可动部分均按没有通电或没有受到外力作用时的状态画出。

4）对于继电器、接触器的触点，按其线圈未通电时的状态画出；控制器按手柄处于零位时的状态画出；对于按钮、行程开关等触点按未受外力作用时的状态画出。

5）电气原理图中，应尽量减少线条和避免线条交叉。各导线之间有电联系时，在导线交点处画实心圆点。根据图面布置需要，可以将图形符号旋转绘制，一般逆时针方向旋转 90°，但文字符号不可倒置。

6）将电气原理图分成若干图区，上方为该区对应电路的用途和作用，下方为图区号。在继电器、接触器线圈下方列有触点表，用以说明线圈和触点的从属关系，其含义如图 1-46 所示，如果出现“X”表示该类型的触点在图中没有使用。

接触器
主触点所在图区
常开辅助触点所在图区
常闭辅助触点所在图区
继电器
常开辅助触点所在图区
常闭辅助触点所在图区

图 1-46　接触器和继电器触点表的含义

（2）电气元件布置图

电气元件布置图主要用来详细表明电气原理图中所有电器元件的实际安装位置，采用简化的外形符号（如正方形、矩形、圆形等）而绘制的一种简图，为生产机械电气设备的制造、安装提供必要的资料。电气元件布置图不表达各电器元件的具体结构、作用、接线情况以及工作原理，主要用于电器元件的布置和安装。图中各电器元件的文字符号必须与电气原理图和安装接线图中标注的一致。如图 1-47 所示为某机床控制电路的电气元件布置图。

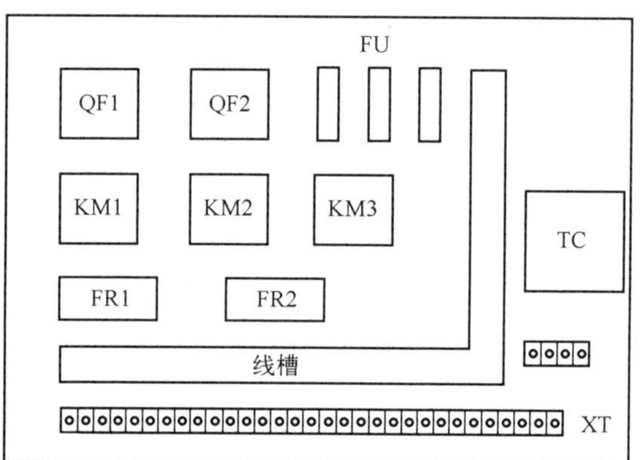

图 1-47　某机床控制电路的电气元件布置图

（3）电气安装接线图

所谓电气安装接线图，是根据电气设备和电器元件的实际位置和安装情况绘制的，只用来表示电气设备和电器元件的位置、配线方式和接线方式，而不明显表示电气动作原理，主要用于安装接线、线路的检查维修和故障处理。如图 1-48 所示为电动机单向运行控制电路的电气安装接线图。

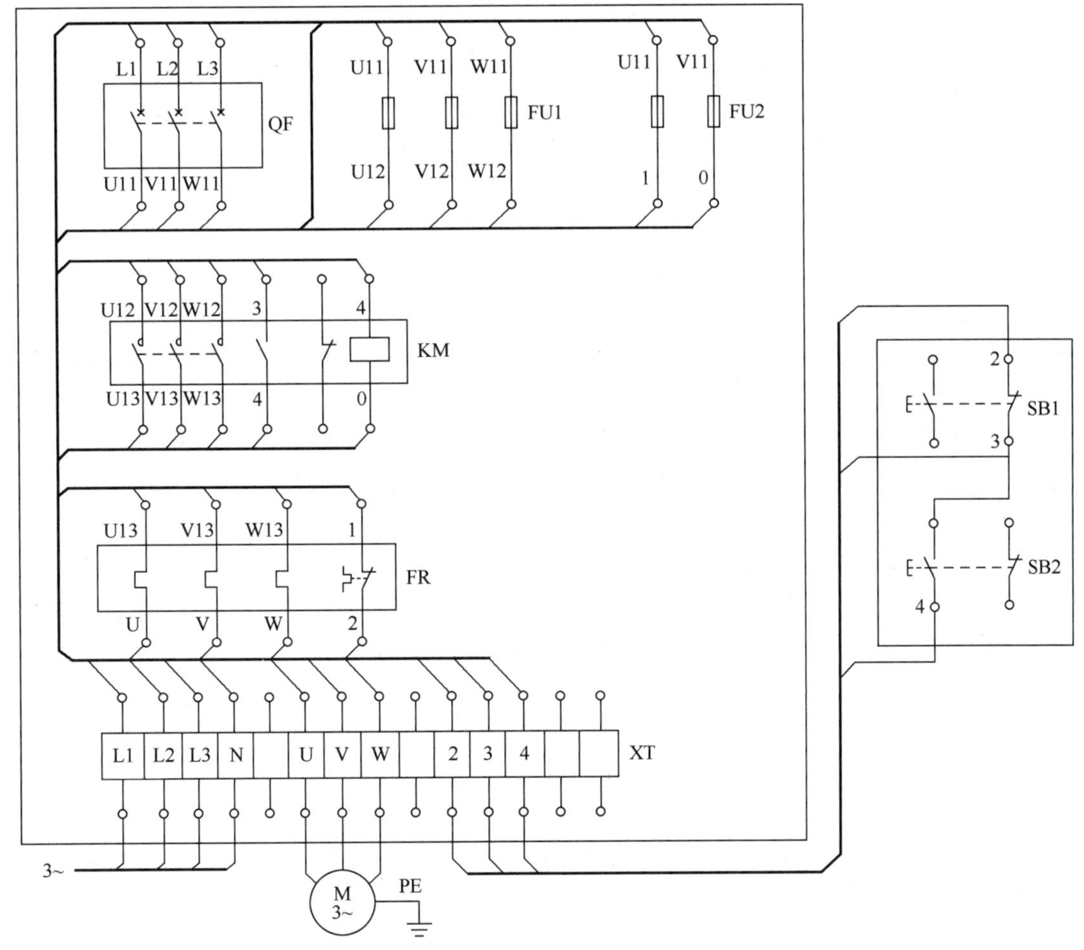

图 1-48　电动机单向运行控制电路的电气安装接线图

绘制电气安装接线图的一般规则如下：

1）电气安装接线图中一般标示出如下内容：电气设备和电器元件的相对位置、文字符号、端子号、导线号等。

2）电气安装接线图中的电器元件按外形绘制（如正方形、矩形、圆形或它们的组合），并与布置图一致，且同一电器元件的各个组成部分，使用与电气原理图相同的图形符号画在一起，并用点画线框上；电气元件内部导电部分（如触点、线圈等）按其图形符号绘制。

3）在电气安装接线图中各电器元件的文字符号、元件连接顺序、接线号都必须与电气原理图一致。接线应符合 GB/T 4026—2019《人机界面标志标识的基本和安全规则 设备端子、导体终端和导体的标识》。

4）接线图中的导线有单根导线、导线组（或线扎）、电缆等之分，可用连续线和中断线来表示。走向相同的导线可以合并，用线束来表示，到达接线端子板或电器元件的连接点时再分别画出。在用线束表示导线组、电缆等时可用加粗的线条表示，在不引起误解的情况下也可部分加粗。

5）除大截面导线外，各部分的进出线都应经过接线端子板，不得直接进出。端子板上各接点按接线号顺序排列，并将动力线、交流控制线、直流控制线分类排列。

1.2.2 电气原理图的读图方法

在了解了电气控制系统的总体结构、电动机和电器元件的分布状况及控制要求等内容之后，便可以阅读分析电气原理图了，电气原理图的分析流程如下。

（1）分析主电路

从主电路入手，根据每台电动机和电磁阀等执行电器的控制要求去分析它们的控制内容，包括电动机起动、方向控制、调速和制动等。

（2）分析控制电路

根据主电路中各电动机和电磁阀等执行电器的控制要求，逐一找出控制电路中的控制环节，利用基本环节的知识，按功能不同划分成若干个局部控制电路来进行分析。

控制电路最基本的分析方法是查线读图法，按照由主到辅、由上到下、由左到右的原则进行。比较复杂的图形，通常可以化整为零，将控制电路化成几个独立环节进行分析，然后串为一个整体进行分析。

（3）分析辅助电路

辅助电路包括电源显示、工作状态显示、照明和故障报警等部分，它们大多由控制电路中的元件控制，所以在分析时，还需对照控制电路进行分析。

（4）分析互锁与保护环节

电气控制线路对于安全性和可靠性有很高的要求，实现这些要求，除了合理地选择拖动和控制方案以外，还设置了一系列电气保护和必要的电气互锁环节。

（5）总体检查

经过“化整为零”，逐步分析了每一个局部电路的工作原理以及各部分之间的控制关系之后，还必须用“集零为整”的方法，检查整个控制电路是否有遗漏。

1.2.3 电动机单向连续运行控制电路的分析

图1-49所示为电动机单向连续运行控制电路。其分析过程如下。

（1）主电路

主电路由断路器QF、熔断器FU1、交流接触器KM、热继电器FR和电动机M组成，如图1-49中虚线左侧部分所示。当合上QF，若KM主触点闭合，则电动机M通电运转；若KM主触点断开，则电动机M断电停止运转。

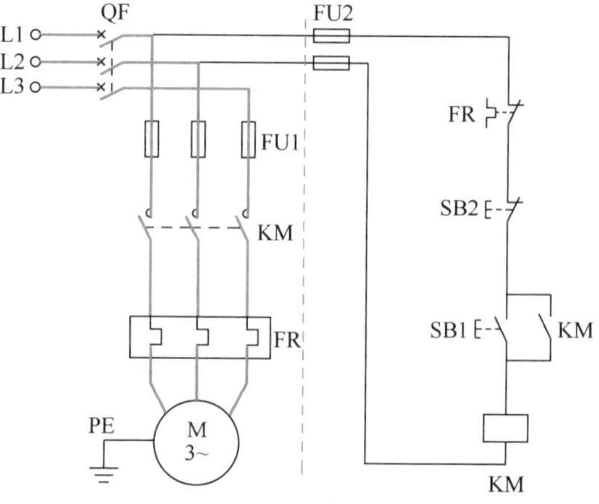

图1-49 电动机单向连续运行控制电路

（2）控制电路

控制电路由熔断器FU2、热继电器FR、按钮SB1和SB2以及交流接触器KM与辅助常开触点构成，如图1-49中虚线右侧部分所示。合上QF，按下起动按钮SB1，KM线圈通电并自锁，KM主触点闭合，M通电运转。松开SB1，KM线圈持续通电，电动机持续运转。按下停止按钮SB2，切断KM线圈电流并打开自锁电路，使主回路的KM主触点断开，电动机M断电停止工作。

（3）保护环节

FU1 对主电路做短路保护，FU2 对控制电路做短路保护。FR 对电动机做过载保护。接触器 KM 实现线路的欠电压和失电压保护。由于本电路中，断路器 QF 作为电源开关，它除了通断线路电源外，还具有短路、过载、欠电压等保护功能。

1.2.4　知识点-自锁

凡是接触器（或继电器）利用自己的常开辅助触点来保持线圈继续得电而不释放的，这种工作状态称为自锁，这个触点就称为自锁触点，它起自锁作用。在图 1-49 中，并联在 SB1 旁边的 KM 触点就是自锁触点。当 KM 线圈通电电动机起动后，KM 自锁触点处于闭合状态，即使松开 SB1，该自锁触点也可以使 KM 线圈持续通电。

自锁环节通常用于电动机需要“长动”（连续运转）的场合。

任务 1.3　电动机单向运行控制电气安装接线图绘制

电气安装接线图是根据电气设备和电器元件的实际位置和安装情况绘制的，只用来表示电气设备和电器元件的位置、配线方式和接线方式，而不明显表示电气动作原理，主要用于安装接线、线路的检查维修和故障处理。

电气安装接线图是根据电气原理图和电器元件布置图进行绘制的。电气安装接线图的绘制应符合国标 GB/T 6988.1—2008《电气技术用文件的编制　第 1 部分：规则》的规定。在电气安装接线图中要表示出各个电气设备的实际接线情况，标明各连线从何处引出连向何处，即各线的走向，并标注出外部接线所需的数据。

下面将以图 1-49 所示的电动机单向连续运行控制电路为例，介绍电气接线图的绘制步骤。

1.3.1　标线号

（1）主回路线号的编写

三相电源自上而下编号为 L1、L2 和 L3，电动机上 3 根电源线的编号为 U、V、W。经电源开关后出线上依次编号为 U11、V11 和 W11，每经过一个电器元件，接线编号要递增，如 U11、V11 和 W11 递增后为 U12、V12 和 W12，或 U21、V21 和 W21 等。

1-3-1　电动机单向运转电气安装接线图绘制（带片头）

如果是多台电动机的编号，为了不引起混淆，可在字母的前面冠以数字来区分，如 1U、1V 和 1W，2U、2V 和 2W 等。

（2）控制回路线号的编写

通常是从上至下、由左至右依次进行编写。每个电气接点只有唯一的接线编号，编号可依次递增。如编号的起始数字，控制回路从阿拉伯数字“1”开始，其他辅助电路可依次递增为 2、3、…，线圈回路用数字“0”进行编号。

图 1-49 所示电动机单向连续运行控制电路的线号编好后如图 1-50 所示。

1.3.2　设计电气元件布置图

电气元件布置图用来表明各种电气设备在机械设备上和电气控制柜中的实际安装位置。它不表达各电器的具体结构、作用、接线情况以及工作原理。图中各电器元件的文字符号必须与电气原理图和电气接线图标志的一致。图 1-49 所示电动机单向连续运行控制电路的电气元件布置图如图 1-51 所示。

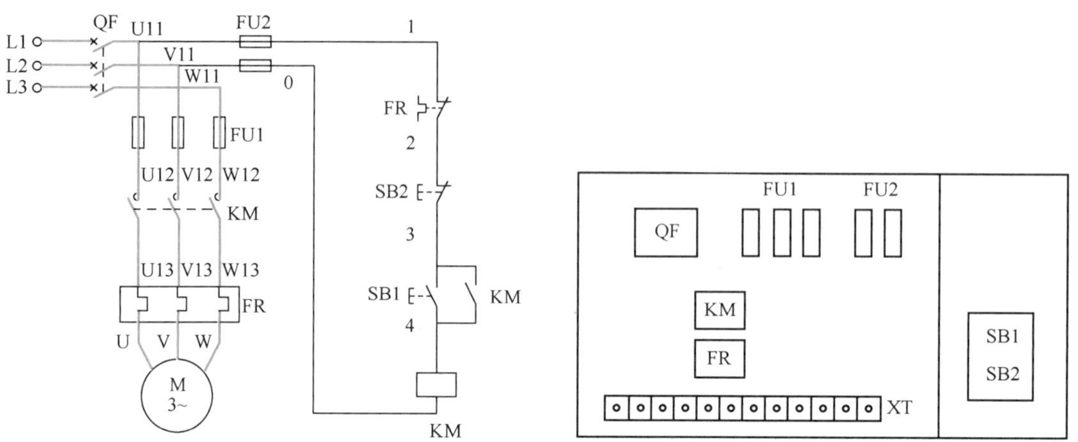

图 1-50　电动机单向连续运行控制电路的线号　图 1-51　电动机单向连续运行控制电路的电气元件布置图

1.3.3　绘制电气安装接线图

1）对照电气元件布置图，绘制每个元件的完整组成部分符号，并用点画线框起来，如图 1-52 所示。

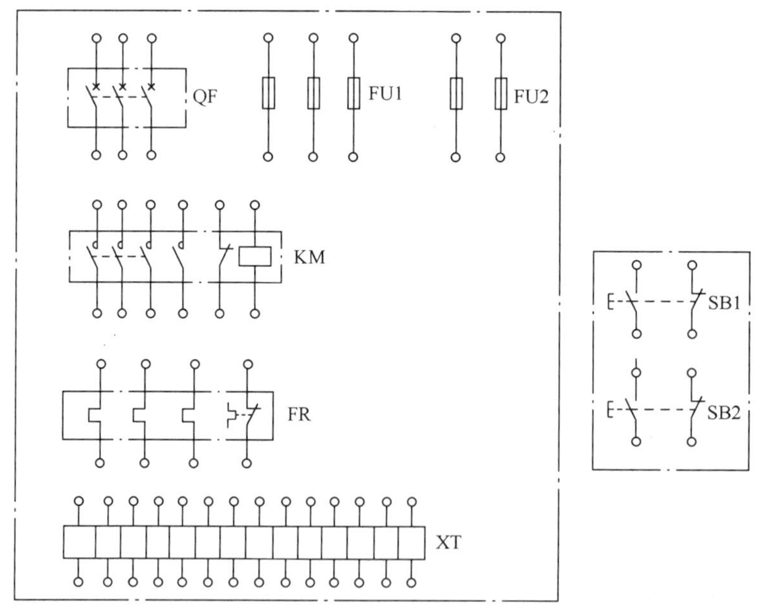

图 1-52　绘制元器件符号

2）标线号。对照电气原理图中的线号，标上电气接线图中每个元件上下两端旁边的线号（未使用的不标），如图 1-53 所示。以接触器 KM 为例，在电气原理图（图 1-49）上，其主触点上下两端的线号分别为 U12-U13、V12-V13 和 W12-W13，常开触点两端线号为 3-4，线圈两端线号为 4-0，依次在电气接线图上 KM 对应的地方标上线号。

这里需要强调的是，除大截面导线外，电气接线图中各单元的进出线都应经过接线端子排，不得直接进出。在电动机单向连续运行控制电路中，需要经过端子排进出的元件及线号

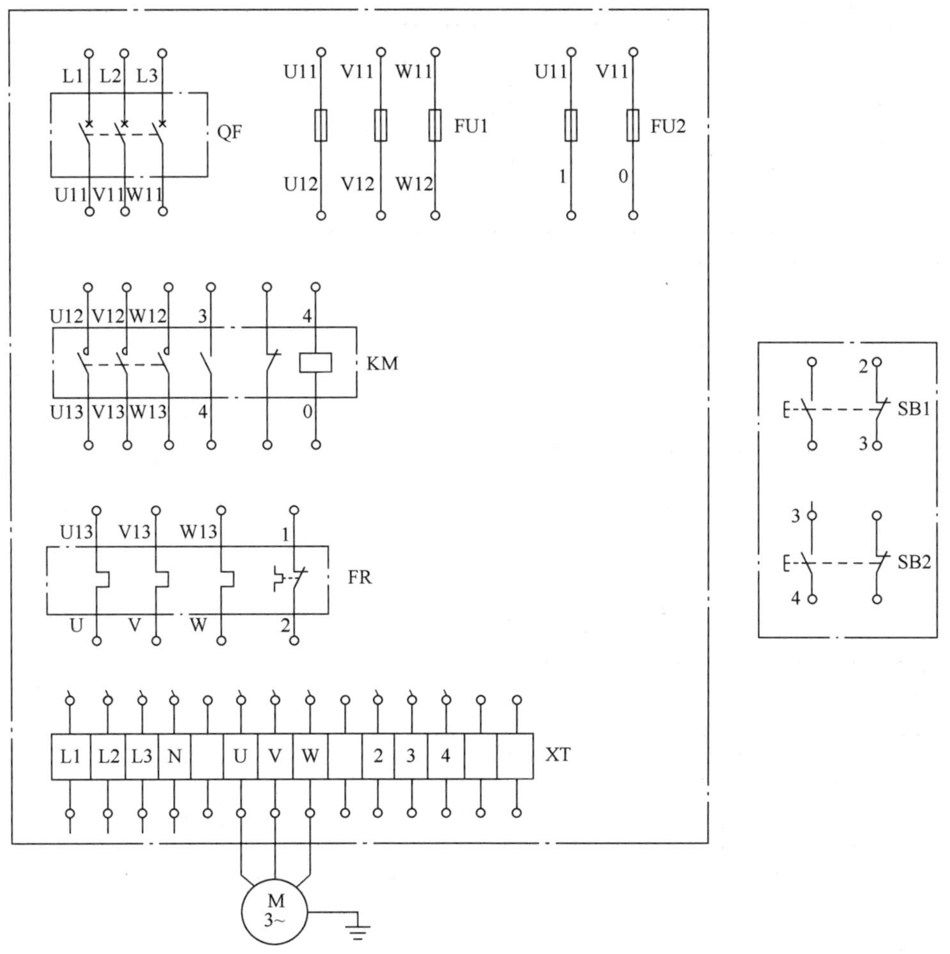

图1-53　标线号

有：三相电源L1、L2、L3、N，电动机U、V、W，按钮2、3、4，将这3组线号在端子排上依次标注。另外，如果系统中还有限位开关、接近开关、报警器、指示灯、传感器等元件，也需要通过端子排连接。

3）画线束。将每个元件的端子引线汇合至线束，线束用粗实线表示，没有用到的元件端子悬空不用引出。电动机单向连续运行控制电路的电气接线图绘制完成后，如图1-54所示。

1.3.4　电气接线图的绘制规则总结

1）各元件均按实际安装位置绘出，元件所占图面按实际尺寸以统一比例。

2）元件的图形、文字符号应与电气原理图中的标注完全一致。同一元件的各个部件必须画在一起，并用点画线框起来。

3）各元件上凡需接线的部件端子都应绘出，控制板内外元件的电气连接一般要通过端子排进行，各端子的标号必须与电气原理图上的标号一致。

4）走向相同的多根导线可用单线或线束表示。

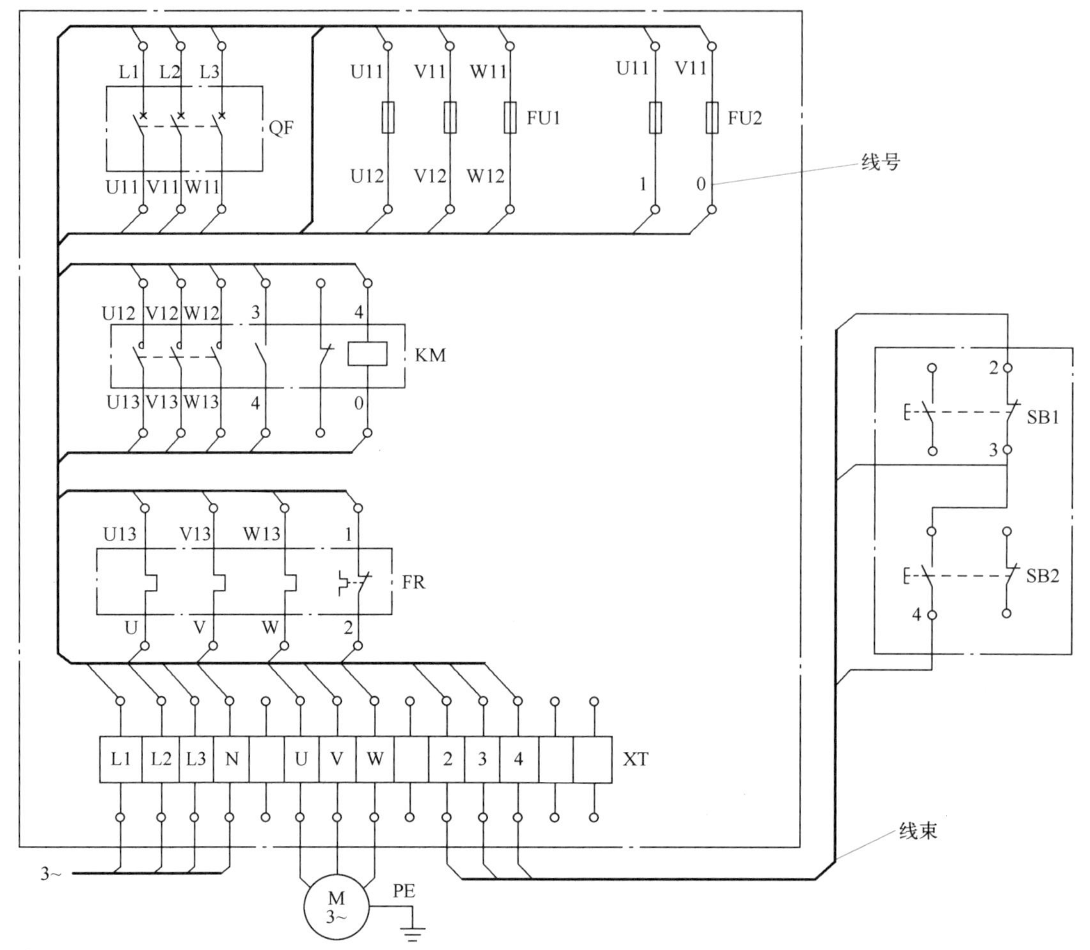

图 1-54　电动机单向连续运行控制电路的电气接线图

任务 1.4　电动机单向运行控制电路安装与调试

电动机单向运行控制电路前期工作完成后，将进行线路的安装与调试。本任务需要的设备和器材详见表 1-5。

表 1-5　任务所需设备和器材一览表

序号	名称	型号与规格	单位	数量
1	网孔板	60 cm×60 cm	块	1
2	工具	验电笔、螺钉旋具、尖嘴钳、万用表、剥线钳等	套	1
3	低压断路器	NXB-63，20 A	只	1
4	熔断器	RT14-20/4 A	只	5
5	按钮	LAY39B 红色、绿色	只	2
6	接触器	CJX2-2510 AC220V	只	1
7	热继电器	JRS1D-25	只	1
8	导线	BVR-1.5，BVR-0.5	米	若干
9	电动机	由实验室提供	台	1

1.4.1　安装元器件的要求

1）各电器元件的安装位置应整齐、匀称、间距合理和便于更换。

2）电源开关、熔断器的受电端子应安装在控制板的外侧。

3）紧固各元器件时，用力均匀，紧固程度应适当。

4）若需要导轨固定的元器件，应先固定好导轨，并将低压断路器、熔断器、接触器、热继电器等安装在导轨上。

1-4-1　电动机单向运转电气元器件安装与检测（带片头）

5）低压断路器应正装，即向上合闸为接通电路。

6）熔断器安装时应使电源进线端在上方。

1.4.2　布线原则

1-4-2　电动机单向运转电气系统接线与检测（带片头）

1）走线通道应尽量少，同时并行导线按主电路、控制电路分类集中，单层平行密排，紧贴敷设面。

2）同一平面上的导线应高低一致或前后一致，不能交叉。若必须交叉，该根导线应在接线端子引出时，水平架空跨越，还必须走线合理。

3）布线应横平竖直，分布均匀，变换走向时应垂直。

4）布线时，严禁损伤线芯和导线绝缘层。

5）布线顺序以不妨碍后续布线为原则，一般以接触器为中心，由里向外，由低至高，按先控制线路、后主电路的顺序进行。

6）在每根剥去绝缘层的导线两端套上编码套管，线路简单可不套编码套管。

7）从一个接线端子（桩）到另一个接线端子（桩）的导线必须连续，中间无接头。

8）导线与接线端子（桩）连接时，应不反圈、不压绝缘层和不露铜过长，同时做到同一元器件、同一回路的不同接点的导线间距保持一致。

9）一个电器元件接线端子上的连接导线不能超过两根，每节接线端子板的连接导线一般只允许连接一根。

最后，安装完毕的控制电路板，必须经过认真检测后才允许通电试车，包括：

1）检查导线连接的正确性。按原理图或接线图从电源端开始，逐段核对接线端子处线号是否正确，有无漏接、错接之处。检查导线接点是否符合要求，压接是否牢固等。

2）用万用表检查线路的通断情况。使用万用表检测安装好的电路，万用表选择合适档位并进行欧姆调零，如果测量结果与正确值不符，应根据电气原理图和电气接线图检查是否有错误接线。

任务 1.5　电动机单向运行控制电路的故障分析与检修

1.5.1　排除故障的一般步骤

线路出现故障时，应先断电停车检修，可以按照下面的流程进行：

1）详细询问操作者，观察故障现象和各种指示及报警记录，并了解设备的运行历史或曾经发生过的故障。

2）询问现场操作人员故障发生时曾经出现的情况。如果设备仍然在工作，可以通过看、听、闻、摸等，发现是否存在破裂、杂声、异味、过热等特殊现象。

3）对照电气原理图，利用仪器仪表对电气设备进行测量，找出故障原因，是电气故障还是机械故障？是直流回路还是交流回路？是主电路、控制电路还是辅助电路？是电源部分还是负载部分？是控制线路部分还是参数调整不合适造成？至此缩小故障范围。

4）修复故障，并进行必要的检查和测量，确保故障得到排除。

5）清理现场，通电试车，应该先空载试车再负载试车，试车完成后应完成故障检修报告，作为设备档案保存。

1.5.2　电气线路的检测方法

电气线路的检测方法主要有电阻法、电压法、电流法、替换法、短接法、直接检查法、仪器测量法、逐步排除法、调整参数法等。

1-5-2　电动机单向运转电气系统调试与排故（带片头）

1）电阻法：通常是借助于万用表的电阻档测量线路。有时也用万用表或者电桥测量线圈的阻值是否符合标称值，也用绝缘电阻表测量相与相、相与地之间的绝缘电阻等。测量时要注意选择合适的量程，一般测量通路时，选择较低档位。要注意有没有其他回路，以免引起误判。更要注意严禁带电测量。

2）电压法：是指利用万用表相应的电压档测量电路中电压值的方法，测量时要注意万用表的档位选择，选择合适的量程，测量直流电时要注意正负极性。

3）电流法：即通过测量线路中的电流是否符合正常值以判定故障原因。在弱电回路，常采用电流表或万用表电流档串接在电路中测量。在强电回路，常采用钳形电流表检测。

4）替换法：在怀疑某个器件有故障但不能确定时，用代用件替换做实验，看故障是否恢复。

5）短接法：适用于低电压小电流回路。使用时必须确定短接时不会造成短路，不会造成危害，初学者不宜采用。

1.5.3　电压测量和电阻测量的使用方法

这里重点介绍电压测量和电阻测量的使用方法，测量前需要对电气原理图进行分析，明确线路正常工作的测量值，以及出现某个故障时的故障值，依次对比从而确定故障点的位置。

（1）电压测量法——分阶测量法

测量检查时，首先把万用表置于交流电压挡位上，然后按一定顺序进行测量。如表 1-6 所示，测量时一只表笔处于 0 号线位置保持不变，另一只表笔向上（或下）台阶一样依次测量电压，所以叫电压分阶测量法。

表 1-6　电压分阶测量法

故障现象	测量线路及状态	3-0	4-0	5-0	故障点
按下 SB1，KM 不吸合	FU2　1　220VAC　0　2　FR　3　SB2　4　SB1　KM　5　V　V　V　KM	220 V	0	0	SB2 接触不良或接线脱落
		220 V	220 V	0	SB1 接触不良或接线脱落
		220 V	220 V	220 V	KM 线圈开路或接线脱落

（2）电压测量法——分段测量法

如表1-7所示，电压分段测量时，按照线路的走向，从上至下（或从下至上）分段连续测量电压，如1-2、2-3、3-4、4-5、5-0等。

表1-7　电压分段测量法

故障现象	测量线路及状态	3-4	4-5	5-0	故障点
按下SB1，KM不吸合	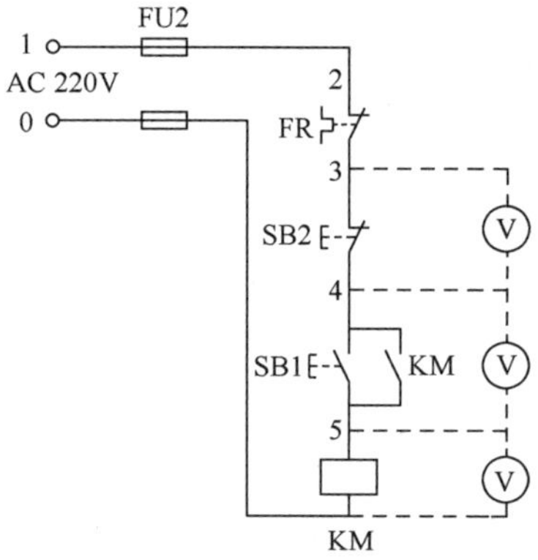 FU2；1；AC 220V；0；2；FR；3；SB2；4；SB1；KM；5；KM	220 V	0	0	SB2接触不良或接线脱落
		0	220 V	0	SB1接触不良或接线脱落
		0	0	220 V	KM线圈开路或接线脱落

（3）电阻测量法——分阶测量法

电阻分阶测量法见表1-8，其与电压分阶测量法相似。注意的是，使用万用表测量电阻时线路必须断电。表中“R”为接触器线圈正常电阻值。

表1-8　电阻分阶测量法

故障现象	测量线路及状态	3-0	4-0	5-0	故障点
按下SB1，KM不吸合	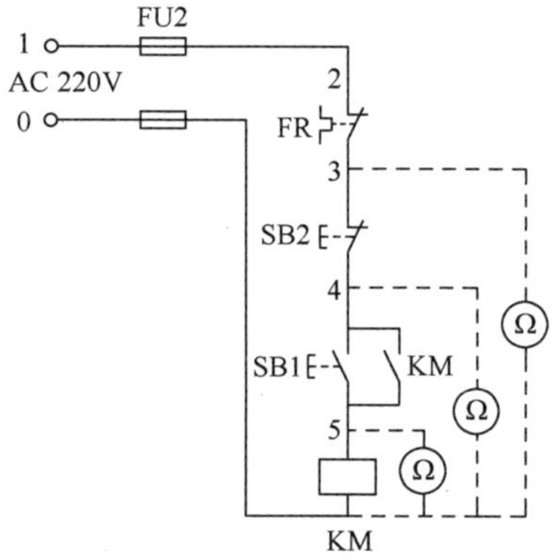 FU2；1；AC 220V；0；2；FR；3；SB2；4；SB1；KM；5；KM	∞	R	R	SB2接触不良或接线脱落
		∞	∞	R	SB1接触不良或接线脱落
		∞	∞	∞	KM线圈开路或接线脱落

（4）电阻测量法——分段测量法

电阻分段测量法见表1-9，其与电压分段测量法相似。注意的是，使用万用表测量电阻时线路必须断电。表中“R”为接触器线圈正常电阻值。

表 1-9 电阻分段测量法

故障现象	测量线路及状态	3-4	4-5	5-0	故障点
按下 SB1，KM 不吸合	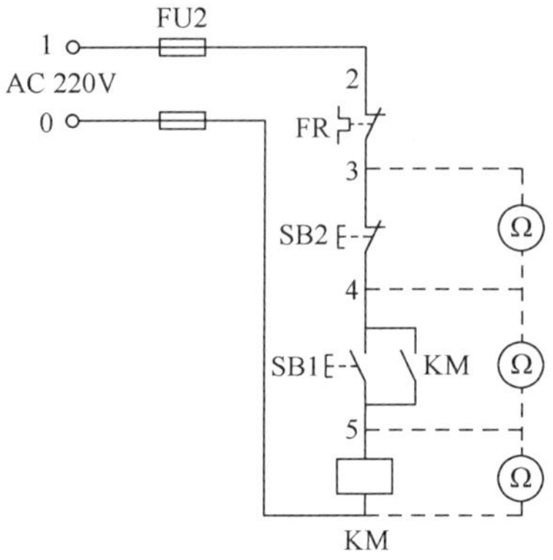 FU2 1 AC 220V 0 2 FR 3 SB2 4 SB1 KM 5 KM Ω Ω Ω	∞	0	R	SB2 接触不良或接线脱落
		0	∞	R	SB1 接触不良或接线脱落
		0	0	∞	KM 线圈开路或接线脱落

1.5.4 单向连续运行电路检测

下面对单向连续运行电路的电路进行检测，这里采取断电测量电阻的方法。

（1）主电路的检测

主电路的检测见表 1-10。

表 1-10 主电路的检测

操作方法		正确值	测量值
合上 QF，断开 FU2，分别测量接线端子的 L1 与 L2、L2 与 L3、L3 与 L1 之间的阻值	常态下，不动作任何元器件	均为∞	
	压下 KM 的可动部分	阻值均为电动机 M 的直流电阻	

（2）控制电路的检测

控制电路的检测见表 1-11。

表 1-11 控制电路的检测

操作方法	U11-V11 电阻	说明
常态下不动作任何元件	∞	U11-V11 不通，控制电路断开
按下按钮 SB1	KM 线圈直流电阻	U11-V11 接通，控制电路 KM 线圈可得电
按下接触器可动部分	KM 线圈直流电阻	U11-V11 接通，控制电路 KM 线圈可得电
按下接触器可动部分，并按下 SB2	∞	U11-V11 断开，控制电路断开

任务 1.6 项目拓展——电动机点动与长动混合控制电气原理图分析

1.6.1 点动控制电路

点动控制就是当点动按钮按下时，电动机运转；点动按钮松开时，电动机停止运转，从而实现“一点就动，松开不动”的功能。图 1-55 所示为电动机的点动控制电路。

这个电路的工作过程如下：合上断路器 QF，当按下按钮 SB1 时，KM 线圈通电，KM 主触点闭合，电动机 M 通电运转；当松开按钮 SB1 时，KM 线圈断电，KM 主触点断开，电动机 M 断电停止。

点动控制多用于机床刀架、横梁、立柱等快速移动和机床对刀等场合，用于电动机的短时运行控制，因此在图 1-55 所示电路中，未使用热继电器对电动机做过载保护。

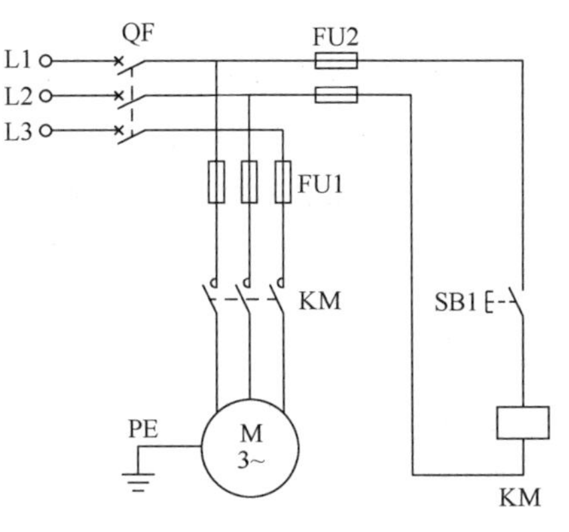

图 1-55　点动控制电路

1.6.2　点动与长动混合控制电路

在电动机常见控制电路中，点动与长动混合控制电路是一种既可点动控制，又能实现连续运行控制的电动机控制电路。图 1-56 所示为常见的几种点动与长动混合控制电路。

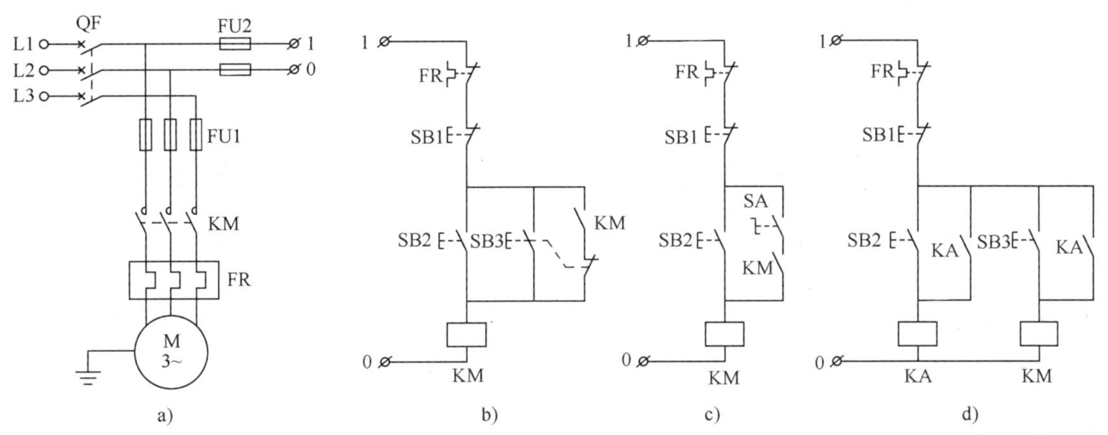

图 1-56　常见点动与长动混合控制电路

图 1-56b 中，SB2 为长动按钮，KM 具有自锁回路，SB3 复合按钮为点动按钮，SB1 为停止按钮。

图 1-56c 中，采用旋转开关 SA 使 SB2 具备长动和点动两种功能。当 SA 闭合时，SB2 为长动按钮；当 SA 断开时，SB2 为点动按钮。

图 1-56d 中，采用了中间继电器 KA，当按下 SB2 时，KA 通电自锁，KM 得电不释放，因此 SB2 为长动按钮。若只按下 SB3，KM 不具有自锁回路，SB3 为点动按钮。

【思考与练习】

1. 三相交流异步电机Y联结和△联结中电压和电流有什么关系？

2. 低压断路器有哪些脱扣装置？请分析各个脱扣装置的工作原理。

3. 两个同型号的交流接触器，线圈额定工作电压均为 AC 110 V，能否串联工作于 AC 220 V 的线路中？

4. 熔断器和热继电器有何异同？能否在线路中只装热继电器，不装熔断器？

5. 熟悉 KM、QF、QS、FU、FR、SB 等元件符号的含义，并绘出所代表的低压电器元件的电气符号。

6. 试绘图并归纳长动和点动控制环节的异同。

7. 图 1-49 所示电动机单向运行控制电路中，若按下起动按钮 SB1，接触器 KM 能吸合工作，但是电动机不运转，试分析可能存在的故障原因。

8. 试画出图 1-56a 和图 1-56b 组成的长动与点动混合控制电路的电气安装接线图。

【项目测评】

本项目目标达成度测评采用项目考核与个人考核相结合的方式，具体考核细则见表 1-12。考核成绩达到 70 分，就可以认定该学生达成了本项目的预期学习目标。

表 1-12 项目目标达成度测评评分办法

考核目标	考核方法	成绩占比（%）
目标 1、2	雨课堂测试、课外作业	30
目标 3、4	项目分组操作考核×个人参与度	60
目标 5	考勤、课堂表现评分	10

【素质拓展】

干在实处、走在前列、勇立潮头——中国低压电器之都“温州乐清”

2023 年 9 月 20~21 日，习近平在浙江考察时强调，要始终干在实处、走在前列、勇立潮头，奋力谱写中国式现代化浙江新篇章。浙江省作为中国经济大省之一，一直以来都以其卓越的发展成就和得天独厚的地理位置而备受瞩目。在这片富饶的土地上，各个地区的发展相对均衡，每一个城市都享有良好的生活条件。

浙江省温州市下辖的县级市乐清，地处东南沿海地区，是以“小商品、大市场”经济发展格局著称的“温州模式”的主要发祥地，是典型的专业功能县。乐清民营经济发达，拥有高低压电气和电子元器件等 10 多个优势特色产业集群、“中国低压电器之都”等“国字号”金名片，拥有正泰、人民、德力西等多家“中国民营企业 500 强”企业。在 2022 年工业和信息化部正式公布的 45 个国家先进制造业集群中，温州市乐清电气产业集群榜上有名，是唯一入榜的县域集群。

项目2　具有双重互锁的电动机正反转控制电路设计、安装与调试

【学习目标】

（1）熟知行程开关的结构、符号、工作原理、安装方法，以及互锁的基本概念。

（2）能够分析电动机正反转控制电路与工作台自动往返控制电路的工作原理。

（3）能够根据电动机正反转控制电路电气原理图绘制电气安装接线图；能够根据具有双重互锁的电动机正反转控制电路电气原理图或接线图进行元器件安装，能够熟练使用万用表对电气线路进行检测、调试、故障分析与排除。

（4）在项目实施过程中，养成良好的职业素养，体现良好的工匠精神。

【项目要求】

用低压电器元件完成具有双重互锁的三相交流异步电动机正反转控制系统的设计、安装与调试任务。具体控制要求：当按下正转起动按钮时，电动机正转；当按下反转起动按钮时，电动机反转；当按下停止按钮时，电动机停止。

【项目分析】

要完成上述项目任务，首先需要对本项目中用到的低压电器元件的结构、功能、工作原理、主要参数、选型方法、检测安装方法有所认知；其次需要了解电气控制线路的设计和分析方法，如主电路、辅助电路、线路保护环节等；再次需要掌握电气控制系统工艺图纸的设计方法，如元件布置图、电气接线图等；接着需要掌握电气控制电路的布线原则和安装接线方法，并完成硬件接线；最后需要对电路进行检测和通电调试，并完成报告文档撰写。当出现故障时，需要分析故障原因并进行排除，直至线路工作正常。

【实践条件】

（1）配置断路器、熔断器、热继电器、按钮、接触器等常用低压电器元件，另外还需要导线、网孔板、电动机、电工工具、万用表等。

（2）AC 380 V 和 AC 220 V 电源。

【项目实施】

任务2.1　具有双重互锁的电动机正反转控制电路设计

2.1.1　电动机正反转控制原理

根据电动机的工作原理，电动机转向取决于加在电动机定子绕组中电源的相序。如需改变

电动机转向，只要改变任意两相的相序即可。如图2-1所示，不管是星形联结，还是三角形联结，只需将U1和V1两相输入电源的相序进行手动调换，便可使电动机转向。

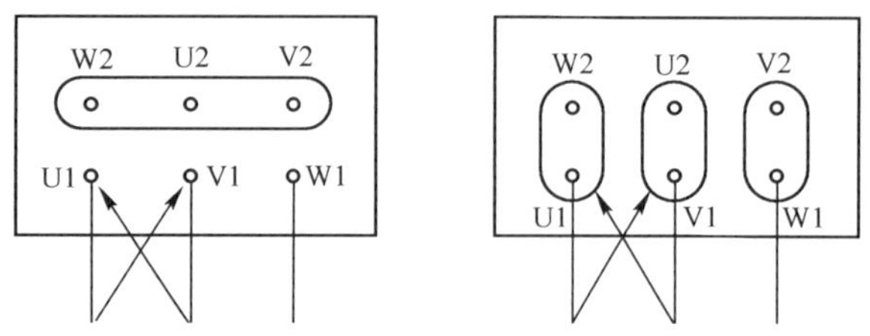

图2-1 电动机定子绕组电源相序切换思路

2.1.2 电动机正反转控制电路设计

（1）主电路设计

在电动机实际控制过程中，无法直接通过手动调换来改变电动机输入电源的相序，因此需要借助其他元器件进行控制。根据项目1中电动机单向运转的控制电路，可设计出电动机正反转控制的主电路，如图2-2所示。在图2-2a中，当接触器KM1主触点闭合时，电动机正转；在图2-2b中，当接触器KM2主触点闭合时，第一相与第三相输入电源的相序发生了改变，电动机反转；图2-2c将正反转控制电路组合到了一起，用KM1来控制电动机正转，用KM2来控制电动机反转。在实际控制过程中，需要避免KM1与KM2主触点同时闭合，导致线路短路，图中隔离开关QS也可以用断路器QF进行替换。

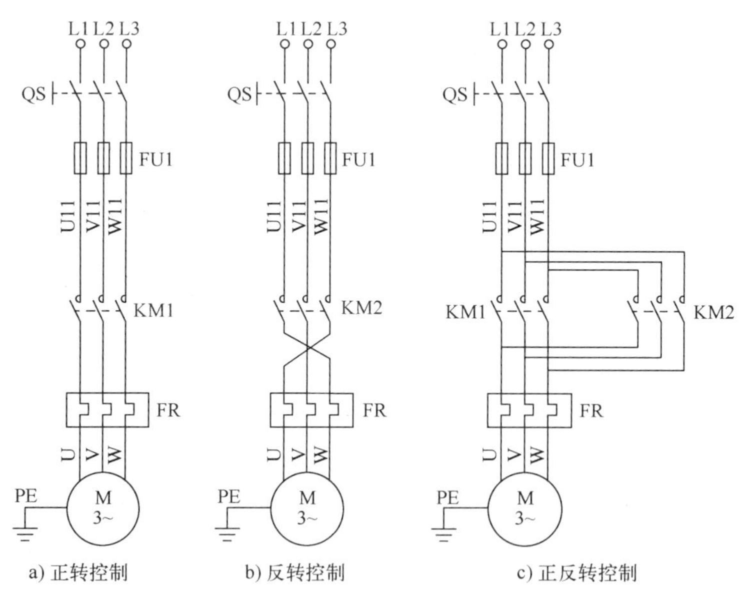

图2-2 正反转控制主电路设计思路

（2）控制电路设计

为了实现电动机主电路的正反转控制，需要根据电动机单向运转的控制电路来设计电动机正反转控制的控制电路。正转控制如图2-3a所示，反转控制如图2-3b所示。将正反转控制电路合并在一起，去掉相同的元器件，可得如图2-3c所示的电路。

图2-3所设计的控制线路能够实现正反转控制，但是存在两个问题：一是不安全，如果操作不当，KM1和KM2可以同时工作，容易造成短路；二是操作不方便，正反转切换时必须

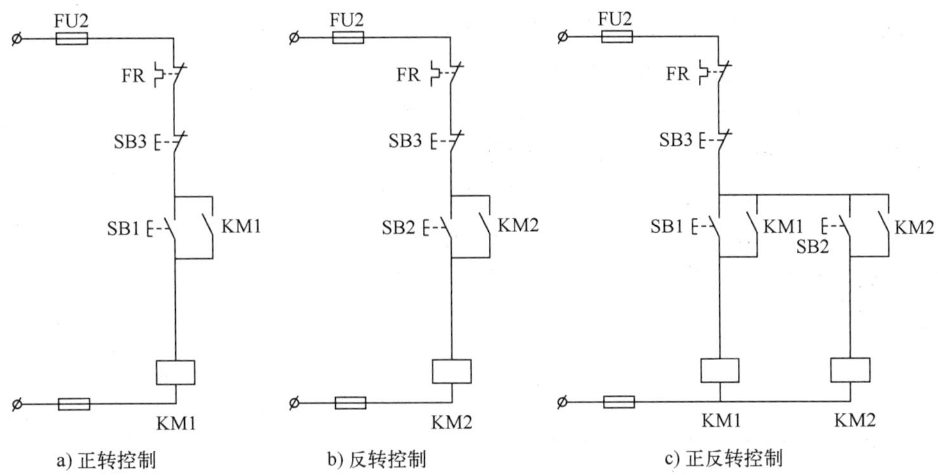

图 2-3　正反转控制电路设计思路

先按下停止按钮。因此，需要想办法对上述控制电路进行改进。

改进思路之一是在控制电路中加入接触器互锁触点，使得控制电路中任意时刻只允许一个接触器工作。改进后的控制电路如图 2-4 所示。在 KM1 接触器线圈的上方串入了 KM2 的常闭触点，在 KM2 接触器线圈的上方串入了 KM1 的常闭触点，这样当 KM1 接触器线圈得电时，KM2 的常闭触点断开，保证了 KM2 接触器线圈不会因 SB2 按钮按下而得电。同理，当 KM2 接触器线圈得电时，KM2 的常闭触点断开，保证了 KM1 接触器线圈不会因 SB1 按钮按下而得电。

接触器之间这种相互制约的作用称为接触器互锁。互锁是为了防止两个不能同时得电的接触器同时得电，分别在对方的控制电路中串接自身接触器的一对辅助常闭触点，这样，当一个接触器得电动作时，通过其辅助常闭触点的断开使另一个接触器不能动作。

上述电路虽然能够解决电动机因操作不当造成短路问题，但是操作不方便，正反转切换时必须先按下停止按钮。改进思路之二是采用按钮互锁，如图 2-5 所示。利用 SB1、SB2 两个复合按钮来实现正反转直接切换控制。在电动机正转过程中，当按下 SB2 复合按钮时，其左侧的常闭触点先断开，切断正转控制电路，而后其右侧的常开触点闭合，接通反转控制电路。在电动机反转过程中，若按下 SB1 复合按钮时，则其右侧的常闭触点先断开，切断反转控制电路，而后其左侧的常开触点闭合，接通正转控制电路。

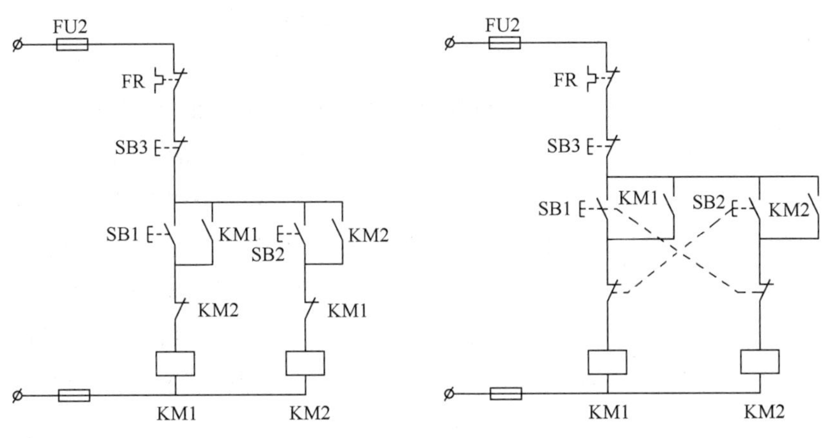

图 2-4　接触器互锁改进控制电路　　图 2-5　按钮互锁改进控制电路

采用按钮互锁理论上能够实现正反转控制，也可实现正反转互锁功能，但是在实际使用过程中，会因线路电流过大造成按钮触点熔焊，导致复合按钮常闭触点无法及时断开，造成线路短路，因此需要做进一步改进，以免事故发生。改进思路是采用按钮与接触器双重互锁，其结果如图 2-6 所示。在双重互锁的控制电路中，即使元器件触点发生了熔焊，只要有一个接触器得电，另一个接触器就不会得电，从而避免了短路现象的发生。

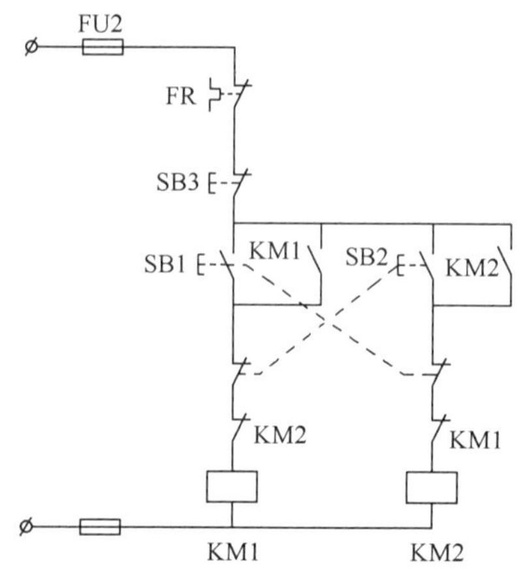

图 2-6　双重互锁改进控制电路

(3) 工作原理分析

双重互锁的电动机正反转控制电路如图 2-7 所示。

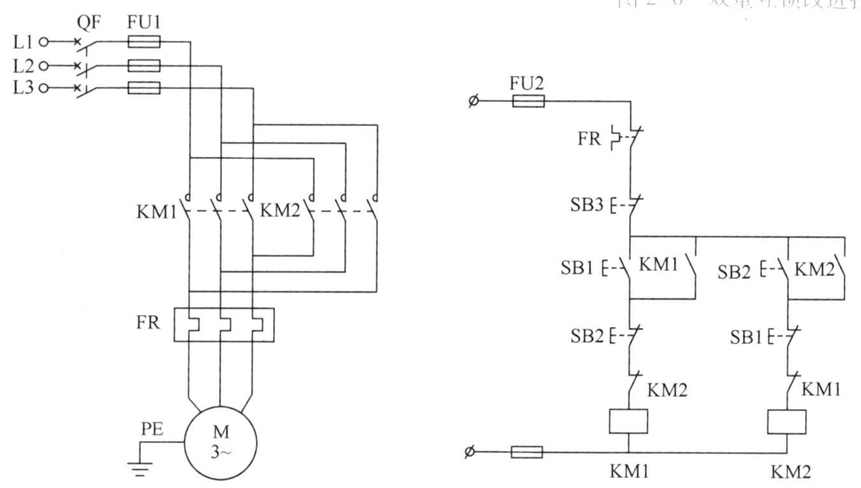

图 2-7　双重互锁的电动机正反转控制电路

工作原理分析如下。

合上断路器 QF，接通电源；

正转控制：按下 SB1
- → SB1 常闭触点先断开，对 KM2 线圈进行互锁
- → SB1 常开触点后闭合 → KM1线圈得电
  - → KM1主触点闭合 → 电动机正转
  - → KM1常闭触点断开 → 对KM2线圈互锁
  - → KM1常开触点闭合 → KM1线圈自锁

反转控制：按下 SB2
- → SB2 常闭触点先断开 → KM1 线圈失电
  - → KM1主触点断开 → 电动机停转
  - → KM1常闭触点闭合 → 解除互锁
  - → KM1常开触点打开 → 解除自锁
- → SB2常开触点后闭合 → KM2线圈得电
  - → KM2 主触点闭合 → 电动机反转
  - → KM2 常闭触点断开 → 对 KM1线圈互锁
  - → KM2 常开触点闭合 → KM2 线圈自锁

停止控制：按下SB3，整个控制电路断电，KM1或 KM2 主触点断开，电动机M断电停止转动。

任务 2.2　具有双重互锁的电动机正反转控制电路安装与调试

2.2.1　器材准备

具有双重互锁的电动机正反转控制电路设计完成后，将进行线路的安装与调试。本任务需要的设备和器材详见表 2-1。

表 2-1　任务所需设备和器材一览表

序号	名称	型号与规格	单位	数量
1	网孔板	60 cm×60 cm	块	1
2	工具	验电笔、螺钉旋具、尖嘴钳、万用表、剥线钳等	套	1
3	低压断路器	NXB-63，20 A	只	1
4	熔断器	RT14-20/4 A	只	5
5	按钮	LAY39B 红色、绿色、黄色	只	3
6	接触器	CJX2-25 AC380V	只	2
7	热继电器	JRS1D-25	只	1
8	导线	BVR-1.5，BVR-0.5	米	若干
9	电动机	由实验室提供	台	1

按表 2-1 配齐所用电器元件，并进行质量检验，确保电器元件完好无损，各项技术指标符合规定要求，否则需要予以更换。

2.2.2　电路安装

（1）线号标注

根据线号标注规则，在电气原理图上标注线号，如图 2-8 所示。

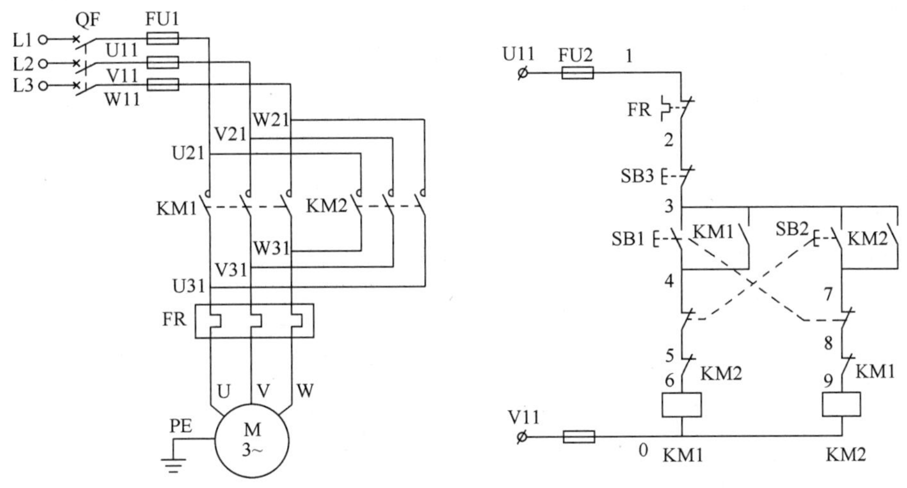

图 2-8　双重互锁电动机正反转控制电路线号标注

（2）绘制元器件布置图

根据电气原理图绘制元器件布置图，如图 2-9 所示。

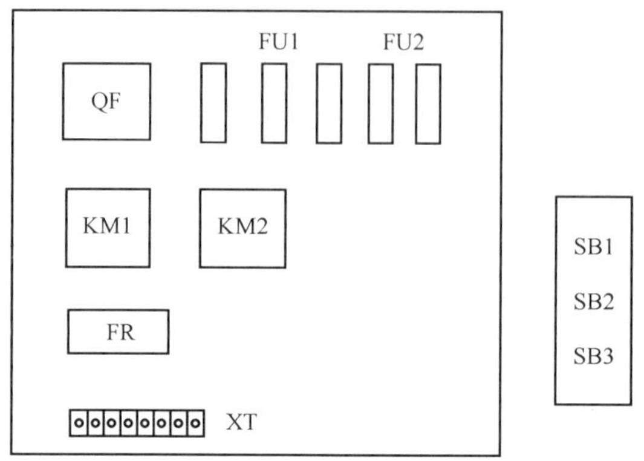

图 2-9 双重互锁电动机正反转控制元器件布置图

（3）绘制电气接线图

根据电气原理图和元器件布置图绘制接线图，如图 2-10 所示。

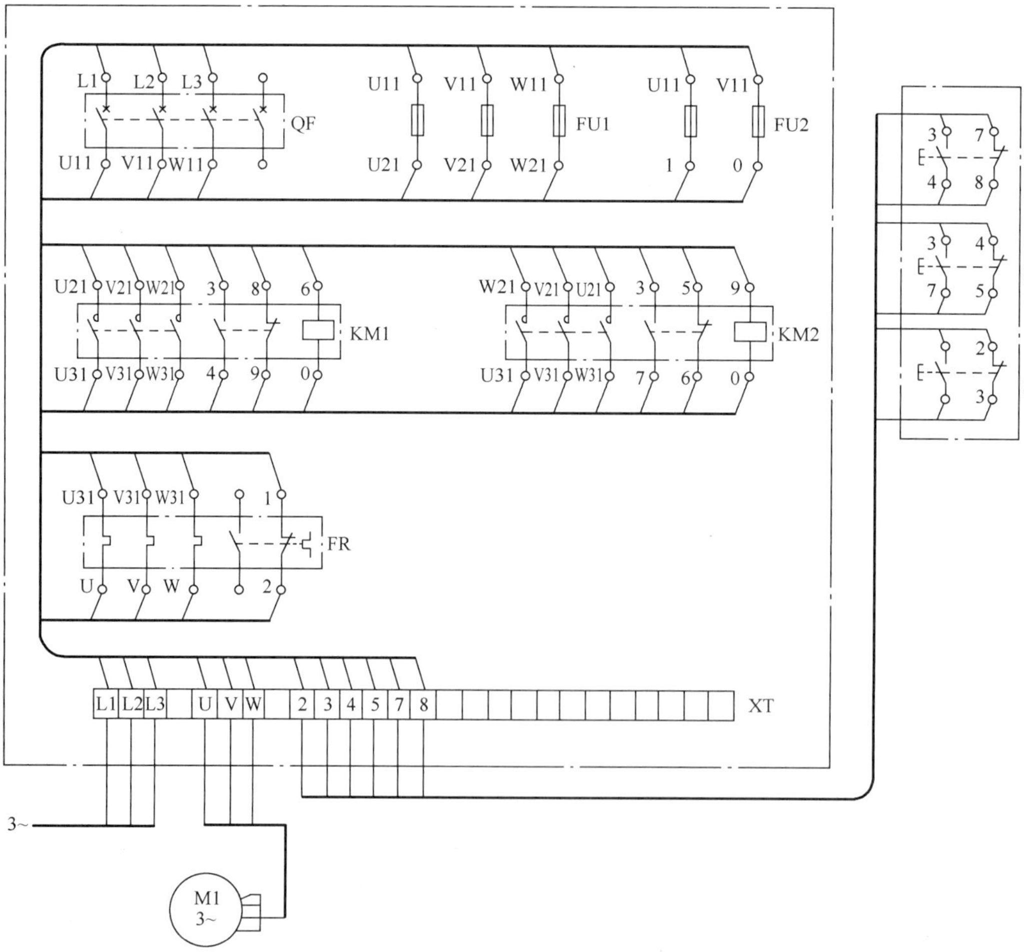

图 2-10 双重互锁电动机正反转控制电气接线图

（4）安装接线

根据线路安装工艺要求对控制电路进行安装。安装时要求各电器元件的安装位置应整齐、匀称、间距合理和便于更换，低压断路器应正装，熔断器应使电源进线端在上方。结果如图 2-11 所示。

图 2-11 双重互锁电动机正反转控制安装接线图

（5）线路调试

安装完毕的控制电路板，经过仔细检查，确定无误后才能通电试车。通电试车时，先接入电动机线，再接入电源线，如图 2-12 所示。电动机采用星形联结。通电试车时，一定要注意人身与设备的安全，要在任课教师在场监护下，才可接通电源进行调试，并随时记录通电试车的情况。操作时要遵守安全操作规定，不得随意触碰带电部位。出现故障时，要及时切断电源，待找到问题所在，才可重新通电试车。

图 2-12 双重互锁电动机正反转控制线路通电调试图

（6）线路拆卸

通电试车成功后，需要将安装好的线路进行拆除，并将工具、电线、元器件等放归原处，摆放整齐，做到“8S”管理。

任务 2.3 具有双重互锁的电动机正反转控制电路故障分析与排除

2.3.1 常见故障

在接线过程中，如果对电气原理图理解不透，或对电气元器件实物认识不清晰，均会导致所连接的电气控制线路在调试时出现各种故障。常见的故障有以下几种。

故障1：当按下正转或反转起动按钮时，电动机未转动起来。

故障2：当按下正转或反转起动按钮时，线路熔断器烧坏或断路器跳闸。

故障3：当按下正转或反转起动按钮时，电动机起动，当松开按钮时，电动机自动停止。

故障4：无论是正转还是反转，电动机始终处于同一方向运转。

故障5：当按下正转或反转起动按钮时，接触器发出“劈啪劈啪”的响声，并不断吸合断开。

2.3.2 故障原因分析

当出现故障时，需要根据电气原理图或接线图对线路进行仔细检查。检查尽量在非通电状态下执行，以万用表电阻档或通断档检测为主。只有在不通电状态下找不出问题原因时，才采用通电检测方式，此时可用万用表电压档进行线路检测。对于上述常见的5个故障，可能存在的原因描述如下。

故障1可能存在的原因：①电路中有元器件损坏。比如正转起动按钮损坏，当按下按钮时，其常开触点不闭合；接触器主触点损坏不闭合；熔断器损坏等。②线路接错。比如FR热继电器或停止按钮常闭触点接错，接成了常开触点；接触器互锁触点接成了常开触点等。③导线接头铜线露出较短，导致线路接触不良。

故障2可能存在的原因：控制电路中KM1或KM2线圈短路。一般接触器线圈有三个接头，即一个A1、两个A2接头，如果线圈接了两个A2接头，则通电时会短路，导致线路熔断器烧坏或断路器跳闸。

故障3可能存在的原因：控制电路中KM线圈的自锁触点未接上或KM1与KM2自锁触点相互接错位置，导致线路未能自锁。

故障4可能存在的原因：主电路中KM2主触点未实现换相连接或经过两次换相连接。

故障5可能存在的原因：控制电路中KM1与KM2互锁触点相互接错位置，导致接触器常闭触点对自身接触器进行了互锁控制。

任务 2.4 项目拓展——工作台自动往返控制电路的分析

机械设备中如磨床、铣床、组合机床的工作台都需要在一定距离内能自动往返，以使工件能连续加工。工作台自动往返一般通过行程开关或接近开关来实现控制。

2-4-1 行程开关与接近开关实物介绍（带片头）

2.4.1 行程开关认知

行程开关又称位置开关或限位开关，它是一种利用生产机械某些运动部件的撞击来发出控制信号的小电流主令电器。行程开关广泛应用于电梯、各类机床和起重机械，用于控制运动部件的位置或进行终端限位保护。行程开关的外形如图 2-13 所示。

图 2-13　行程开关的外形

行程开关的种类较多，但其内部结构基本相似，都由操作机构、触头系统和外壳组成，如图 2-14 所示。行程开关的工作原理与按钮类似。区别在于它不是靠手的按压，而是利用生产机械运动部件的碰压而使触点动作来发出控制指令。行程开关的触点符号如图 2-14c 所示，文字符号旧标准为 SQ，新标准为 BG。

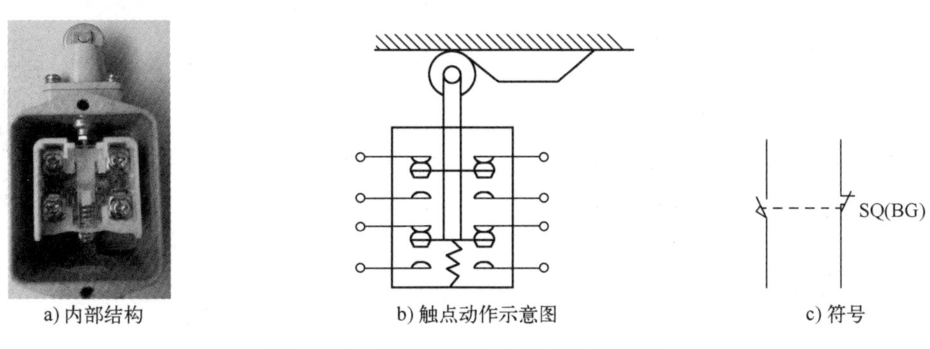

a) 内部结构　b) 触点动作示意图　c) 符号

图 2-14　行程开关的内部结构与符号

2.4.2　接近开关认知

接近开关是一种无触点行程开关，它可以代替有触点行程开关来完成行程控制和限位保护，还可以用于高频计数、测速、液位控制等。由于其具有非接触式控制、动作速度快、重复定位精度高、工作性能稳定、寿命长等众多优点，在机床、纺织、印刷等工业生产中得到广泛应用。

接近开关按工作原理可分为电感式、电容式、光电式、热释电式、超声波式、霍尔效应式等。按电源种类不同，接近开关分为交流和直流两大类，而交流有两线制、五线制，直流有两线制、三线制、四线制和模拟量输出型。晶体管输出型有 NPN 和 PNP 两种，外形有方型、槽型和分离型等多种。不同类型的接近开关有不同的工作用途，常用的有电感式、电容式和光电式三种接近开关，如图 2-15 所示。

电感式接近开关是利用导电物体在接近高频振荡器的线圈磁场时，使物体内部产生涡流。这个涡流反作用到接近开关，使开关内部电路参数发生变化，由此识别出有无导电物体移近，进而控制开关的通断。这种接近开关所能检测的物体必须是导电体。

电容式接近开关是通过物体移向接近开关时，使电容的介电常数发生变化，从而利用电容量的变化来感知测量，由此识别出有无物体接近，进而控制开关的通或断。电容式接近开关对任何介质都可检测，包括导体、半导体、绝缘体，甚至可以用于检测液体和粉末状物料。

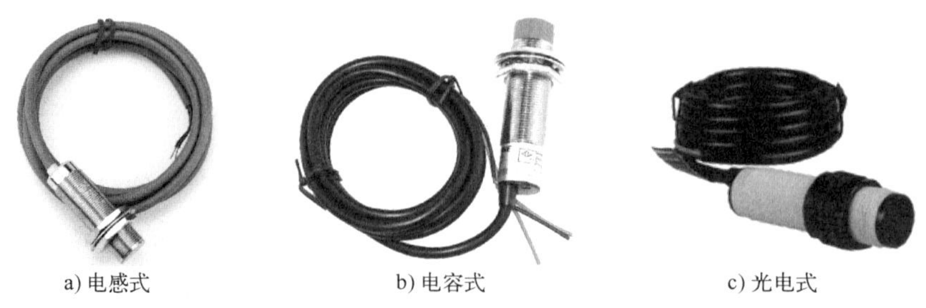
a) 电感式　　b) 电容式　　c) 光电式

图 2-15　三种类型的接近开关外观结构

光电式接近开关又称为光电传感器。其工作原理是利用被检测物对光束的遮挡或反射，再同步回电路，从而对物体实行检测作用。光电式接近开关不限于金属，所有能够反射光线或对光线有遮挡作用的物体均可以被检测。

三种接近开关的使用场合：当检测开关不便于靠近检测物体时或靠近被检测物体易被损坏时、空间受限时、被测物体较小时，可使用光电式接近开关，它不分金属和非金属。当检测开关便于接近被测物体且不易被损坏时，可用电容式或电感式接近开关，检测金属物体用电感式，检测非金属物体用电容式。

2-4-3　工作台自动往返控制电路分析（带片头）

2.4.3　工作台自动往返控制

铣床或磨床的工作台等机械设备都需要在一定距离内实现自动往返，因此需要安装行程开关，如图 2-16 所示。

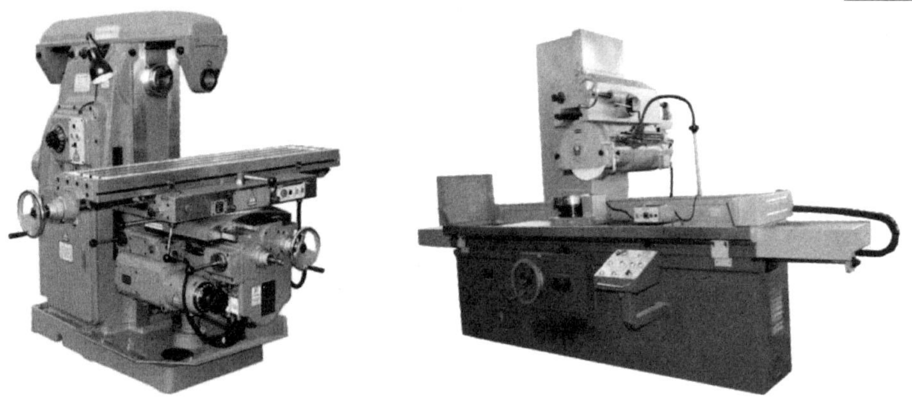

图 2-16　安装有行程开关的铣床与磨床工作台

自动往返工作台示意图如图 2-17 所示。其中 SQ1 和 SQ2 行程开关用于工作台动作行程控制，SQ3 和 SQ4 行程开关用作限位保护功能。

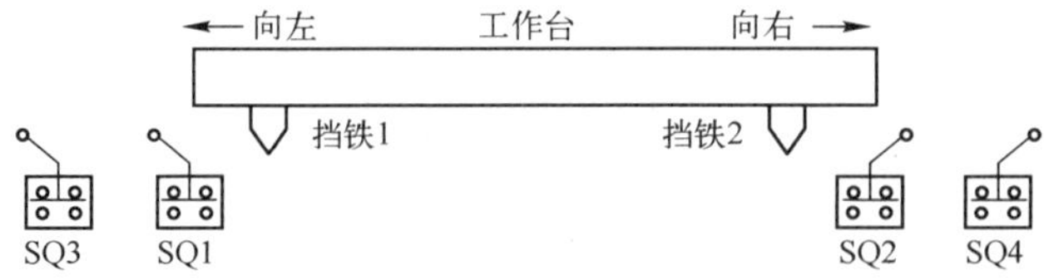

图 2-17　安装有行程开关的自动往返工作台示意图

工作台自动往返控制的电路电气原理图如图 2-18 所示。该电气原理图是在具有双重互锁的电动机正反转控制电路的基础上，增加了四个行程开关而形成的电路。行程开关 SQ1、SQ2 采用的是常开、常闭复合触点，用来发出到位切换信号；SQ3、SQ4 采用的是单对常闭触点，用来进行限位保护。当 SQ1、SQ2 因故障失去作用，工作台超程时，会造成 SQ3、SQ4 被压下，其常闭触点断开，导致 KM1 或 KM2 接触器失电，使电动机停车。

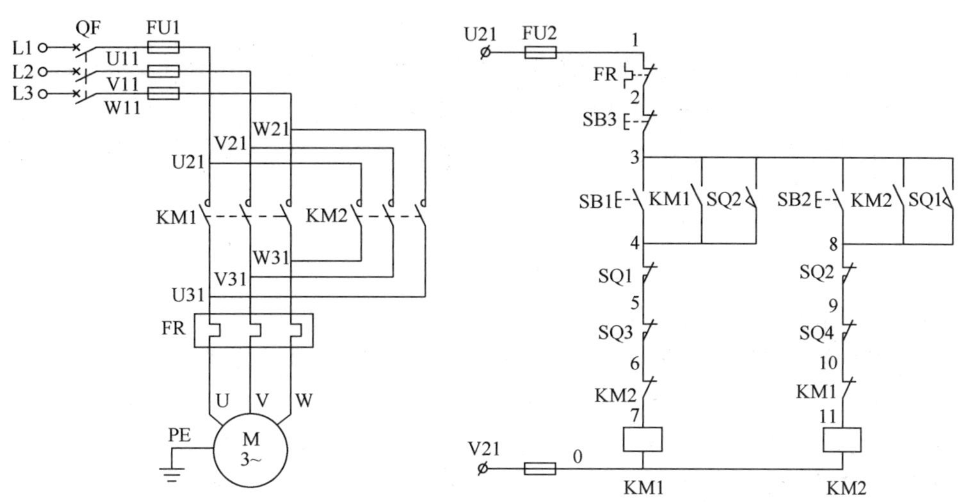

图 2-18　工作台自动往返控制电路电气原理图

工作台自动往返控制电路的工作原理分析如下：

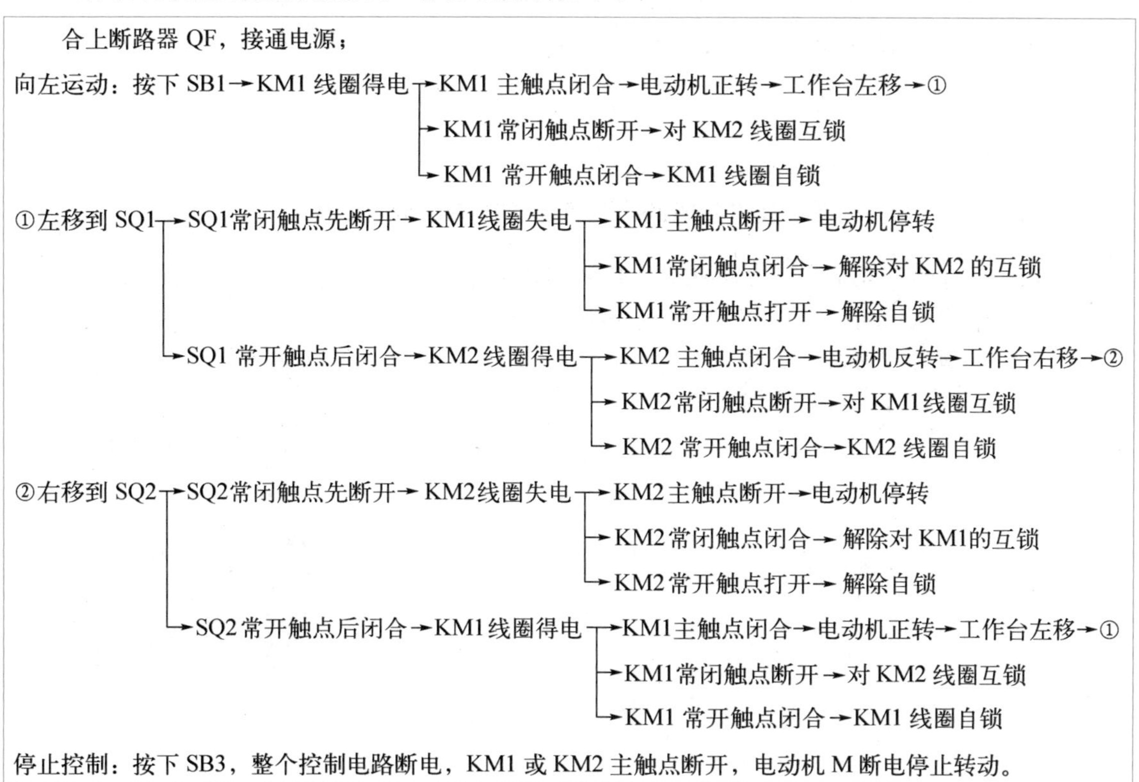
合上断路器 QF，接通电源；

向左运动：按下 SB1→KM1 线圈得电→KM1 主触点闭合→电动机正转→工作台左移→①
→KM1 常闭触点断开→对 KM2 线圈互锁
→KM1 常开触点闭合→KM1 线圈自锁

①左移到 SQ1→SQ1常闭触点先断开→KM1线圈失电→KM1主触点断开→电动机停转
→KM1常闭触点闭合→解除对 KM2 的互锁
→KM1常开触点打开→解除自锁
→SQ1 常开触点后闭合→KM2线圈得电→KM2 主触点闭合→电动机反转→工作台右移→②
→KM2常闭触点断开→对 KM1线圈互锁
→KM2 常开触点闭合→KM2 线圈自锁

②右移到 SQ2→SQ2常闭触点先断开→KM2线圈失电→KM2主触点断开→电动机停转
→KM2常闭触点闭合→解除对 KM1的互锁
→KM2常开触点打开→解除自锁
→SQ2常开触点后闭合→KM1线圈得电→KM1主触点闭合→电动机正转→工作台左移→①
→KM1常闭触点断开→对 KM2 线圈互锁
→KM1 常开触点闭合→KM1 线圈自锁

停止控制：按下 SB3，整个控制电路断电，KM1 或 KM2 主触点断开，电动机 M 断电停止转动。

工作台向右运动控制工作原理可自行分析。

【思考与练习】

1. 什么是自锁？什么是互锁？各用在什么场合？

2. 要求工作台自动往返控制先向右运动，再向左往返运动，该如何实现控制？请分析其工作原理。

3. 根据电动机接触器互锁正反转控制电气原理图，画出其元器件布置图和电气安装接线图。

4. 根据工作台自动往返控制电气原理图，画出其元器件布置图和电气安装接线图。

5. 在安装调试具有双重互锁的电动机正反转控制电路过程中出现以下故障：当按下正转按钮 SB1 时，电动机能够起动并运转；当按下反转按钮 SB2 时，电动机不能实现反转控制。请分析电路中可能存在的原因。

【项目测评】

本项目目标达成度测评采用项目考核与个人考核相结合的方式，具体考核细则见表 2-2。考核成绩达到 70 分，就可以认定该学生达成了本项目的预期学习目标。

表 2-2 项目目标达成度测评评分办法

考核目标	考核方法	成绩占比（%）
目标 1	雨课堂测试、课外作业	20
目标 2	课堂提问	10
目标 3	项目分组操作考核×个人参与度	60
目标 4	考勤、课堂表现评分	10

【素质拓展】

用中医“望闻问切”四诊方法查找电路故障

望诊——即通过观察分析电路状态变化来判断电路状况。
闻诊——即通过闻到的气味来判断电路状况。
问诊——通过与同组成员交流来判断电路状况。
切诊——即通过万用表检测来判断电路状况。

项目 3　星-三角减压起动控制电路设计、安装与调试

【学习目标】

（1）熟知时间继电器和中间继电器的结构、符号、工作原理、安装方法。

（2）能够分析电动机星-三角、自耦变压器减压起动控制电路的工作原理。

（3）能够根据电动机星-三角减压起动控制电气原理图绘制电气安装接线图；能够根据电气原理图或接线图进行元器件安装，能够熟练使用万用表对电气线路进行检测、调试、故障分析与排除。

（4）在项目实施过程中，养成良好的职业素养，体现良好的工匠精神。

【项目要求】

某水泵用三相交流异步电动机进行拖动，其电动机功率为 55 kW，要求采用星-三角减压起动，如图 3-1 所示，请设计其控制电路，分析其工作原理，并用低压电器元件完成线路的安装与调试任务。具体控制要求：当按下起动按钮时，电动机采用星形接法起动；经过一段时间，电动机切换成三角形接法运行；当按下停止按钮时，电动机停止。

图 3-1　水泵电动机与星-三角减压起动控制柜

【项目分析】

要完成上述任务，首先需要对本项目中用到的低压电器元件的结构、功能、工作原理、主要参数、选型方法、检测安装方法有所认知；其次需要了解电气控制线路的设计和分析方法，如主电路、辅助电路、线路保护环节等；再次需要掌握电气控制系统工艺图纸的设计方法，如元件布置图、电气接线图等；接着需要掌握电气控制线路的布线原则和安装接线方法，并完成

硬件接线；最后需要对线路进行检测和通电调试，并完成报告文档撰写。当出现故障时，需要分析故障原因并进行排故，直至线路工作正常。

【实践条件】

（1）配置断路器、熔断器、热继电器、按钮、接触器、时间继电器等常用低压电器元件，另外还需要导线、网孔板、电动机、电工工具、万用表等。

（2）AC 380 V 和 AC 220 V 电源。

【项目实施】

3-1-1 时间继电器实物介绍（带片头）

任务 3.1 项目所用元器件认知

3.1.1 时间继电器认知

有些工作场合需要电动机或其他工作设备延时起动或延时断开，这时就需要用到时间继电器。时间继电器是一种利用电磁原理或机械动作原理实现触点延时接通或断开的自动控制电器，它的特点是从吸引线圈得到信号到触点动作有一个延迟。时间继电器在控制电路中用作延时控制，即按预定时间接通或断开电路。按延时方式，时间继电器可分为通电延时与断电延时两种。通电延时是当线圈通电时，时间继电器开始计时，当延时时间到，其延时触点发生动作；当线圈断电时，延时触点瞬间恢复原状。断电延时是当线圈通电时，时间继电器延时触点马上动作；当线圈断电时开始计时，当延时时间到，其延时触点恢复原状。

时间继电器目前常见的型号有电子式与数字式。早期的时间继电器还有空气阻尼式、电动式、电磁式等，最新的时间继电器有无线非接触式与多功能式等。电子式与数字式时间继电器的外形如图 3-2 所示。电子式时间继电器采用晶体管或集成电路和电子元件等构成，利用电子信号来控制电路的开关，具有体积小、重量轻、延时精度高、延时范围广、可靠性好等优点，广泛应用于各种高精度时间控制的场合，如空调、灯光控制等。数字式时间继电器是一种基于数字电路实现的时间控制设备。它通常使用数字集成电路和微处理器等数字电路元件，通过数字信号来控制电路的开关。与电子式时间继电器相比，数字式时间继电器具有更高的可编程性和灵活性。数字式时间继电器被广泛应用于需要复杂时间控制的场合，如电子钟、电梯控制、自动售卖机等。

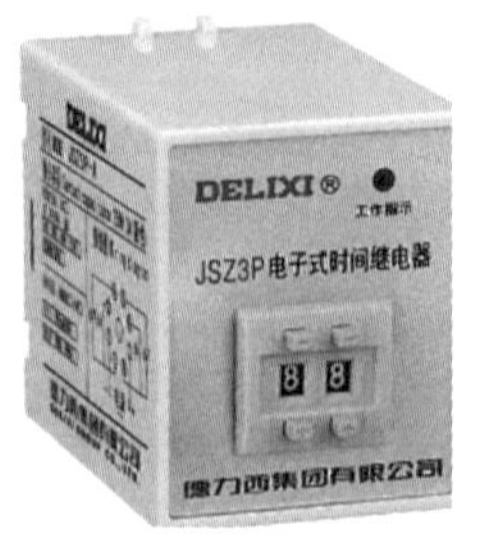

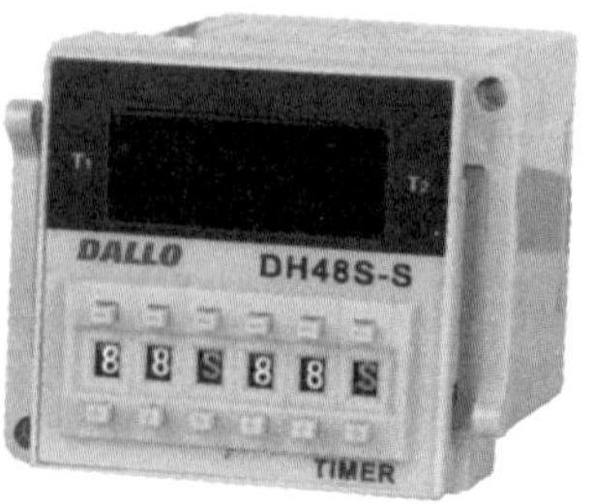

图 3-2 电子式与数字式时间继电器外形

时间继电器的文字符号，旧标准是 KT，新标准是 KF。图形符号相对比较复杂，通电延时与断电延时的线圈与触点符号不一样，如图 3-3 所示。

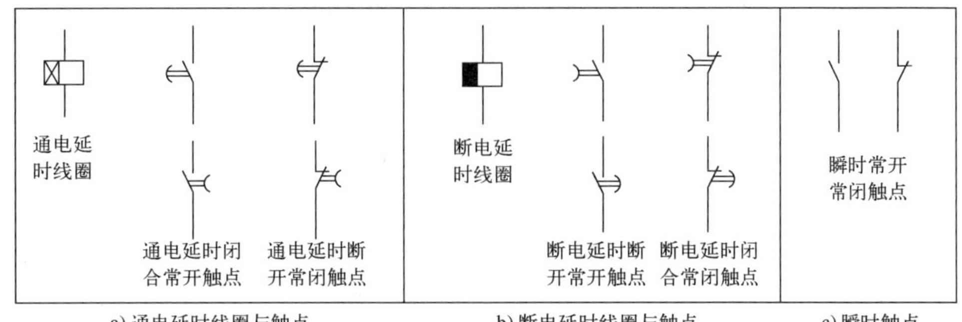

图 3-3　时间继电器的图形符号

电子式与数字式时间继电器通常由底座和控制元件组成，如图 3-4 所示。两者可拆卸，以方便接线。底座上有 8 个接线柱，分别标有①~⑧8 个数字。控制元件侧面标有接线示意图。图中②与⑦为线圈电源输入端，①和④、⑤和⑧为延时断开常闭触点，①和③、⑥和⑧为延时闭合常开触点。

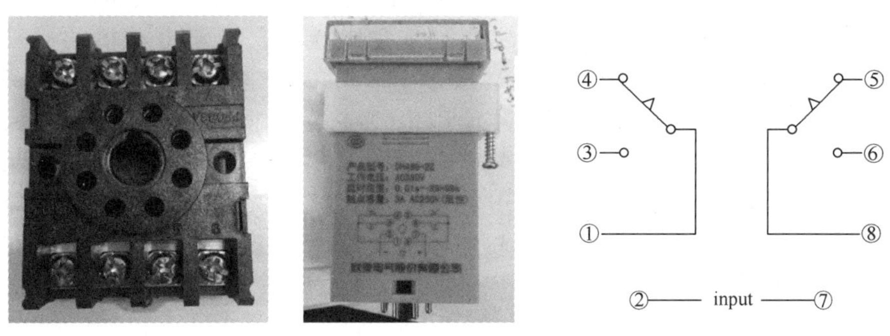

图 3-4　时间继电器的安装接线

时间继电器时间的整定可通过旋钮或拨码开关来设置。

3.1.2　中间继电器认知

当控制电路中元器件的触点不够或需要进行电压转化时，可用中间继电器进行控制。中间继电器通常用来传递信号和扩展触点数量，也可用来直接控制小容量电动机或其他电气执行元件。中间继电器的结构和工作原理与交流接触器基本相同，与交流接触器的主要区别是中间继电器只有辅助触点，没有主触点。中间继电器的触点较多，触点电流容量较小，一般为 5~10 A，所以不能接在主电路中。中间继电器的外形如图 3-5 所示。

3-1-2　中间继电器实物介绍（带片头）

图 3-5　中间继电器的外形

中间继电器的文字符号，旧标准是 KA，新标准是 KF。图形符号较简单，只有线圈和辅助触点，如图 3-6 所示。

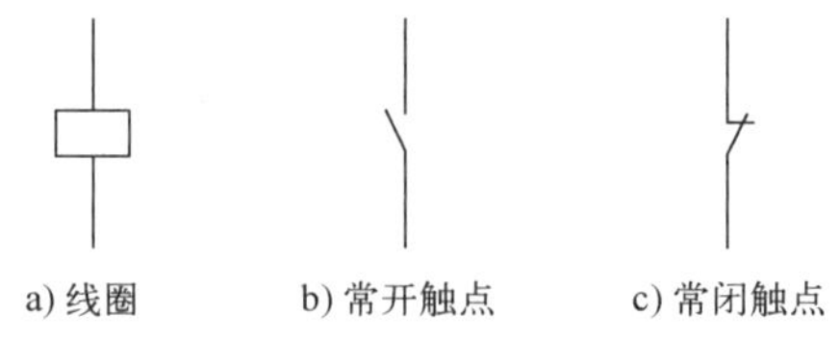

图 3-6 中间继电器的图形符号

任务 3.2 星-三角减压起动控制电路分析

3-2-1 星-三角减压起动控制电路分析（带片头）

3.2.1 减压起动的目的

前面在学电动机控制电路时，都是采用电动机直接起动的。直接起动的优点是所用电器设备少，电路简单；缺点是起动电流大，异步电动机的起动电流是额定电流的 4~7 倍，对容量较大的电动机（大于 10 kW），会使电网电压严重下跌，不仅使电动机起动困难、缩短寿命，而且影响其他用电设备的正常运行。因此，较大容量的电动机需采用减压起动。电动机的起动电流近似与定子的电压成正比，因此要采用降低定子电压的办法来限制起动电流，即为减压起动。采用减压起动，起动电流下降，但是起动转矩也会下降，因此只适合必须减小起动电流，又对起动转矩要求不高的场合。常用的减压起动方式有定子串电阻减压起动、星-三角转换减压起动、自耦变压器减压起动、软起动等。

3.2.2 星-三角减压起动的工作原理

电动机起动时，把定子绕组接成星形，以降低起动电压，限制起动电流；待电动机起动后，再把定子绕组改接成三角形，使电动机全压运行，如图 3-7 所示。

电动机在起动过程中，星形联结每相绕组上所承受的电压为三角形联结的 $1/\sqrt{3}$，起动电流仅为三角形联结时的 1/3，起动转矩也只有三角形联结时的 1/3，因此这种起动方法只适用于空载和轻载起动。

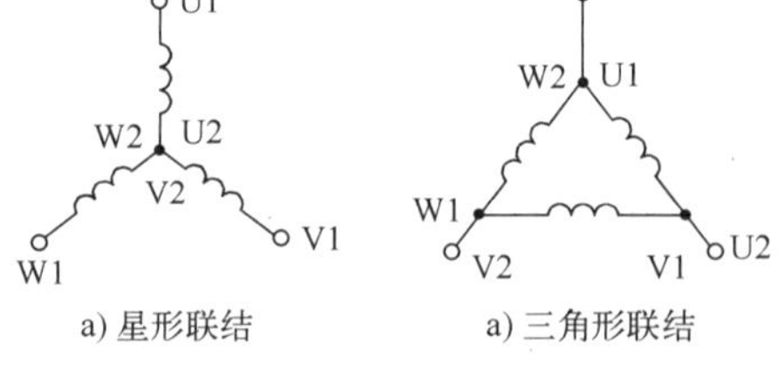

图 3-7 电动机两种不同接法

3.2.3 星-三角减压起动控制电路设计

（1）主电路设计

在电动机实际控制过程中，无法直接通过手动调换来改变电动机的不同接法，因此需要借助其他元器件进行控制。在图 3-8a 中，通过 KM 和 KM_{Y} 两个接触器主触点的闭合来实现星形联结控制，其中 KM 给电动机供电，KM_{Y} 将电动机的绕组接成星形。在图 3-8b 中，通过 KM 和 $KM_{\triangle}$ 两个接触器主触点的闭合来实现三角形联结控制，其中 KM 给电动机供电，$KM_{\triangle}$ 将电动机的绕组接成三角形。在图 3-8c 中，则是采用了三个接触器来实现电动机的星-三角转换控制。起动时，KM 和 KM_{Y} 主触点闭合，$KM_{\triangle}$ 主触点断开，电机绕组接成星形；正常运行时，

KM 和 $KM_{\triangle}$ 主触点闭合 KM_{Y} 主触点断开，电机绕组接成三角形。

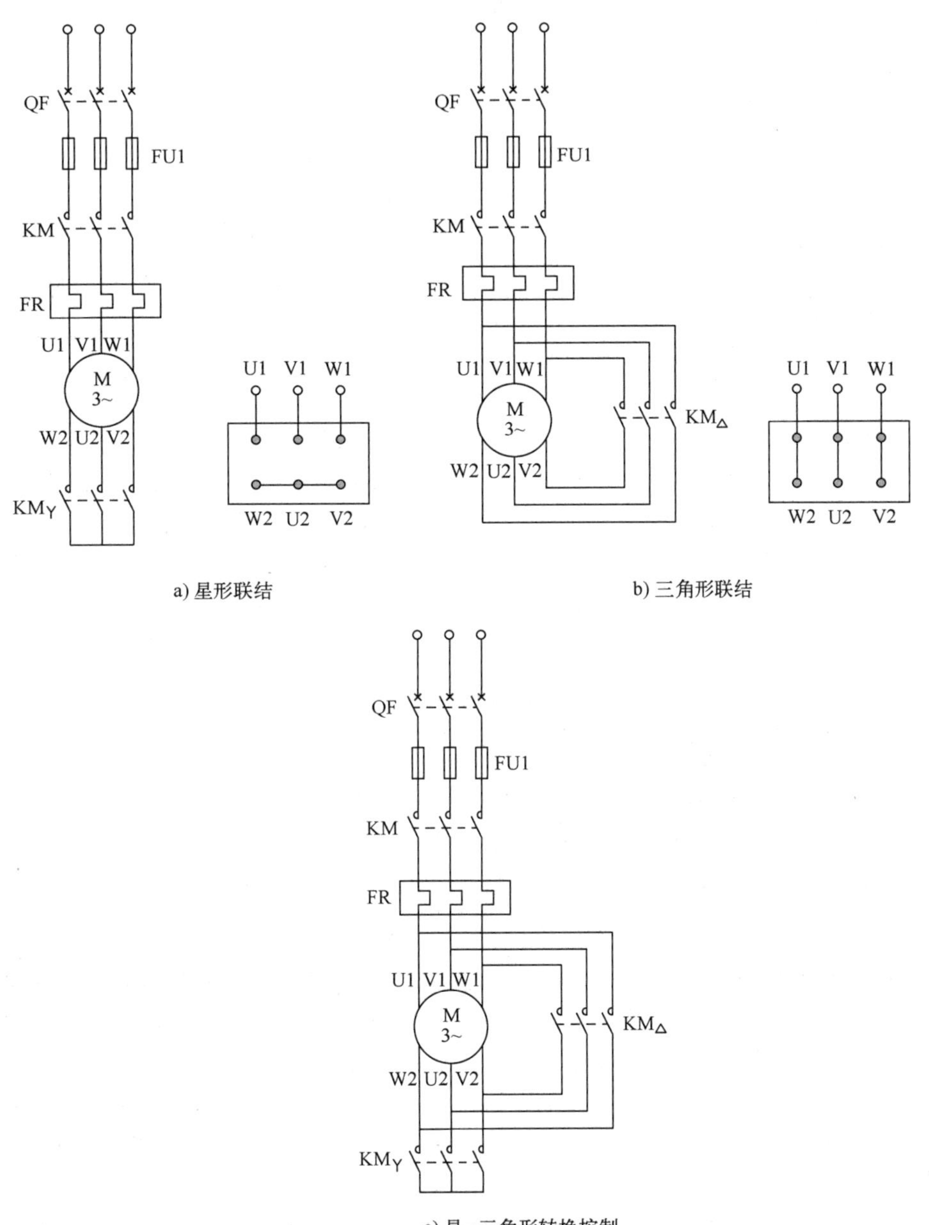

a) 星形联结

b) 三角形联结

c) 星-三角形转换控制

图 3-8 星-三角减压起动控制主电路设计

（2）星-三角减压起动控制电路设计与工作原理分析

为了实现电动机星-三角减压起动控制，需要根据其主电路控制要求来设计控制电路。起动时，要求 KM 和 KM_{Y} 接触器线圈得电，$KM_{\triangle}$ 线圈断电；正常运行时，要求 KM 和 $KM_{\triangle}$ 接触器线圈得电，KM_{Y} 线圈断电。起动时间通过时间继电器来实现控制。为避免短路，$KM_{\triangle}$ 和 KM_{Y} 两个接触器线圈不能同时得电，需要实现互锁。根据上述控制要求，设计完成的控制电路如图 3-9 所示。

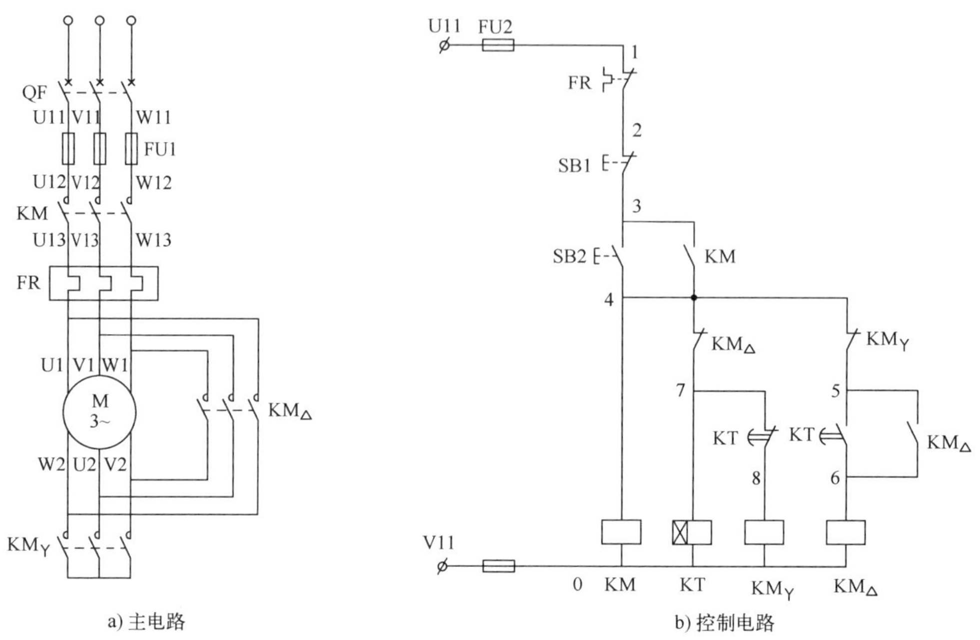

图 3-9 星-三角减压起动控制电路电气原理图

星-三角减压起动控制电路工作原理分析如下。

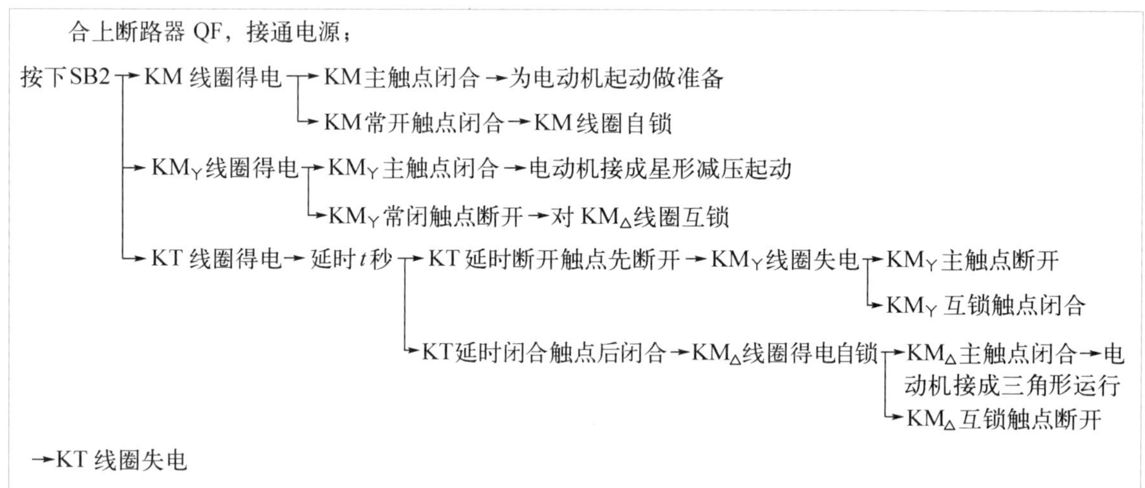

任务 3.3 星-三角减压起动控制电路安装与调试

3.3.1 器材准备

星-三角减压起动控制电路前期工作完成后，将进行线路的安装与调试。本任务需要的设备和器材详见表 3-1。

表 3-1　任务所需设备和器材一览表

序号	名称	型号与规格	单位	数量
1	网孔板	60 cm×60 cm	块	1
2	工具	验电笔、螺钉旋具、尖嘴钳、万用表、剥线钳等	套	1
3	低压断路器	NXB-63，20 A	只	1
4	熔断器	RT14-20/4A	只	5
5	按钮	LAY39B 红色、绿色	只	2
6	接触器	CJX2-25 AC380V	只	3
7	热继电器	JRS1D-25	只	1
8	时间继电器	DH48S-2Z	只	1
9	导线	BVR-1.5，BVR-0.5	米	若干
10	电动机	由实验室提供	台	1

按表 3-1 配齐所用电器元件，并进行质量检验，确保电器元件完好无损，各项技术指标符合规定要求，否则需要予以更换。

3.3.2　电路安装

（1）线号标注

根据线号标注规则，在电气原理图上标注线号。

（2）绘制元器件布置图

根据电气原理图绘制元器件布置图。

（3）绘制电气接线图

根据电气原理图和元器件布置图绘制接线图。

（4）安装接线

根据线路安装工艺要求对控制电路进行安装。安装时要求各电器元件的安装位置应整齐、匀称、间距合理和便于更换，低压断路器应正装，熔断器应使电源进线端在上方。

（5）线路调试

安装完毕的控制电路板，经过仔细检查，确定无误后才能通电试车。通电试车时，先接入电源线，再接入电动机线。

（6）线路拆卸

通电试车成功后，需要将安装好的线路进行拆除，并将工具、电线、元器件等放归原处，摆放整齐，做到“8S”管理。

任务 3.4　项目拓展 1——自耦变压器减压起动控制电路分析

星-三角减压起动控制只能用于正常运行时定子绕组接成三角形的笼型异步电动机，以及轻载或空载场合。对于起动负载较大的场合，可采用自耦变压器减压起动。自耦变压器减压起动，是利用自耦变压器的特性，通过调节自耦变压器的电压比，将电源电压降低至电动机额定电压以下，再逐步升高至额定电压，进而实现电动机起动的一种方法。自耦变压器减压起动的主要作用是减少电动机起动时的电流冲击，保护电网，减少电动机和负载的损坏。

3.4.1　自耦变压器认知

3-4-1　自耦变压器减压起动控制电路分析（带片头）

不同于普通变压器，自耦变压器是指它的一次和二次绕组均在同一条绕组上的变压器。根据结构可细分为可调压式和固定式，其结构如图 3-10 所示。自耦变压器二次绕组是一次绕组的一个组成部分，这样的变压器看起来仅有一个绕组，故也称“单绕组变压器”。

自耦变压器与同容量的一般变压器相比较，具有结构简单、用料省、体积小等优点，在 10 kW 以上异步电动机减压起动中得到广泛使用。自耦变压器的文字符号，旧标准是 TM，新标准是 TA，其外观及图形符号如图 3-10 所示。

图 3-10　自耦变压器外观及图形符号

3.4.2　自耦变压器减压起动控制电路工作原理分析

自耦变压器减压起动控制柜如图 3-11 所示，其电气原理图如图 3-12 所示。

图 3-11　自耦变压器减压起动控制柜

自耦变压器按照星形联结，起动时将电源电压加到自耦变压器的一次侧，电动机定子绕组接到自耦变压器的二次侧，构成减压起动电路，起动一定时间后，转速达到预定值时，将自耦变压器切除，电动机定子绕组直接接到电源电压，进入全压运行。电路工作状态用三个信号灯进行指示，其中 HL1 用于全压运行状态指示，HL2 用于减压起动过程指示，HL3 用于通电停车状态指示。

工作原理分析如下。三盏信号灯的控制可自行分析。

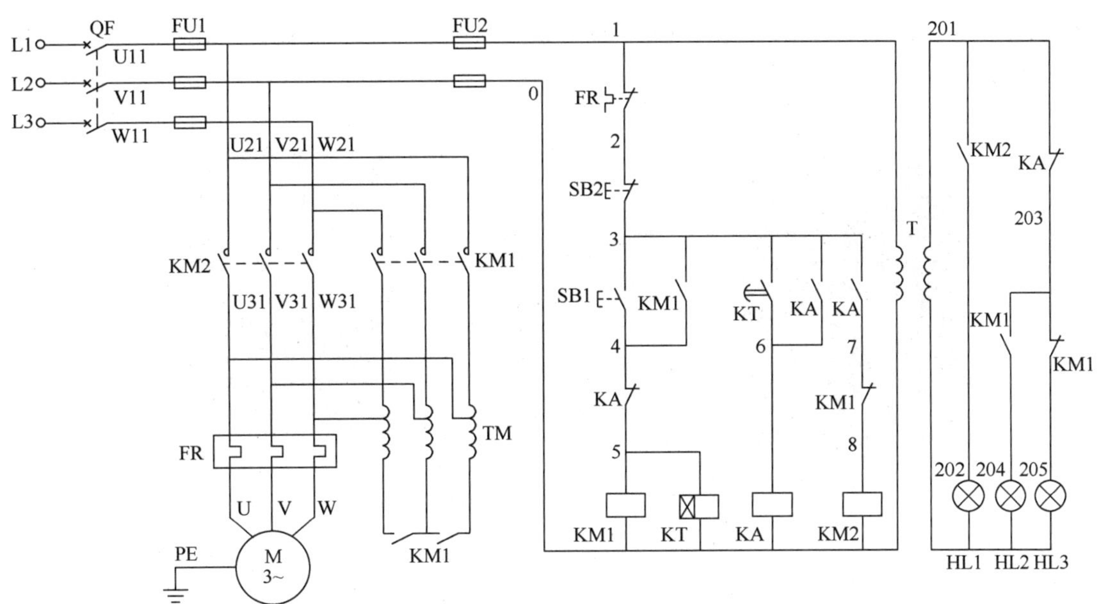

图 3–12　自耦变压器减压起动控制电路电气原理图

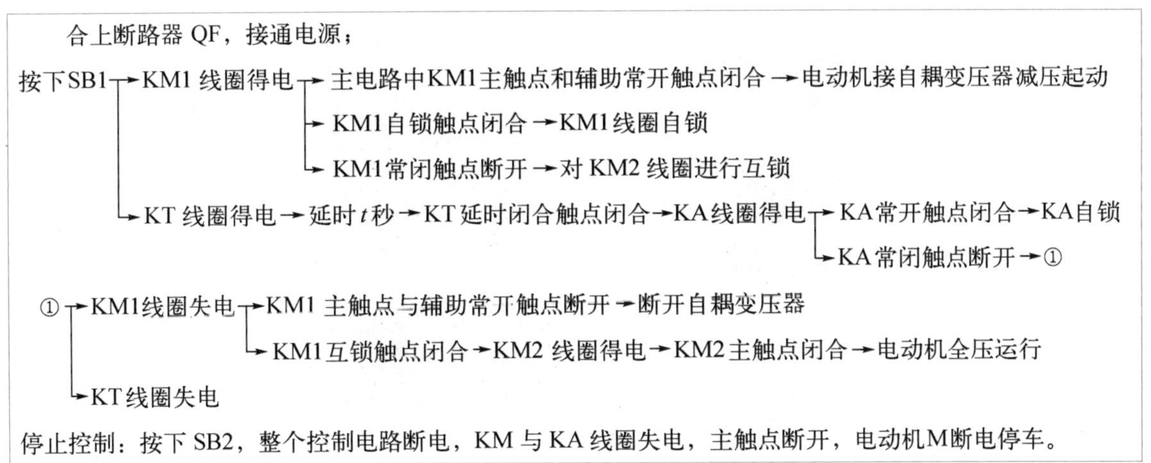

合上断路器 QF，接通电源；
按下SB1→KM1 线圈得电→主电路中KM1主触点和辅助常开触点闭合→电动机接自耦变压器减压起动
→KM1自锁触点闭合→KM1线圈自锁
→KM1常闭触点断开→对 KM2 线圈进行互锁
→KT 线圈得电→延时 t 秒→KT 延时闭合触点闭合→KA线圈得电→KA常开触点闭合→KA自锁
→KA常闭触点断开→①
①→KM1线圈失电→KM1 主触点与辅助常开触点断开→断开自耦变压器
→KM1互锁触点闭合→KM2 线圈得电→KM2主触点闭合→电动机全压运行
→KT线圈失电
停止控制：按下 SB2，整个控制电路断电，KM 与 KA 线圈失电，主触点断开，电动机M断电停车。

任务 3.5　项目拓展 2——软起动控制电路分析

对于大功率电动机，无论是星–三角减压起动还是自耦变压器减压起动，均会存在冲击电流，引起电网电压波动，影响电网其他设备的运行。随着科学技术的发展，越来越多的大功率电动机控制场合采用了软起动技术。

3.5.1　软起动器认知

软起动器是一种集电动机软起动、软停车、轻载节能和多种保护功能于一体的电动机控制装置，实现在整个起动过程中电动机无冲击且平滑，而且可根据电动机负载的特性来调节起动过程中的各种参数，如限流值、起动时间等。它的主要构成是串接于电源与被控电动机之间的三相反并联晶闸管及其电子控制电路。运用不同的方法，控制三相反并联晶闸管的导通角，使被控电动机的输入电压按不同的要求而变化，就可实现不同的功能。软起动器的外观结构如

图 3-13 所示。软起动器除了可实现电动机的软起动、软停车外，还具有过载、缺相、过电压、欠电压等多种保护功能。

图 3-13 软起动器外观

图 3-14 为上海德力西开关有限公司生产的智能型电机软起动器。该软起动器操作面板上有各种按键，如起动、停止、确认、设置及上下箭头等，可用于电动机控制或参数设置。

图 3-14 德力西软起动器与控制面板

3.5.2 软起动控制电路工作原理分析

软起动控制柜及接线方式如图 3-15、图 3-16 所示。三相交流电通过断路器 QF 接到软起动器的 R、S、T 进线端子上，出线 U、V、W 接到电动机上，旁路接触器的输入端分别接 R、S、T 上，输出端分别接到 U、V、W 三个端子上。二次接线，1 和 2 是旁路继电器输出触点，一端通过 FU 接到相线 L3 上，一端通过旁路接触器线圈接到 L2 上。当软起动器完成电动机起动后，旁路继电器常开触点闭合，旁路接触器线圈得电，旁路接触器主触点吸合，把软起动器旁路掉。端子 7 和端子 10 接急停按钮，断开时急停车。8 和 10 是软停车，8 和 10 之间接个停止按钮。9 和 10 是起动端子，9 和 10 之间接起动按钮。端子 10 是公共端。另外为保证安全，软起动器外壳要可靠接地，为保证控制线路不受强电影响，控制线要用屏蔽线。各种软起动器型号不同，接线不一样，接线要以产品说明书为准。

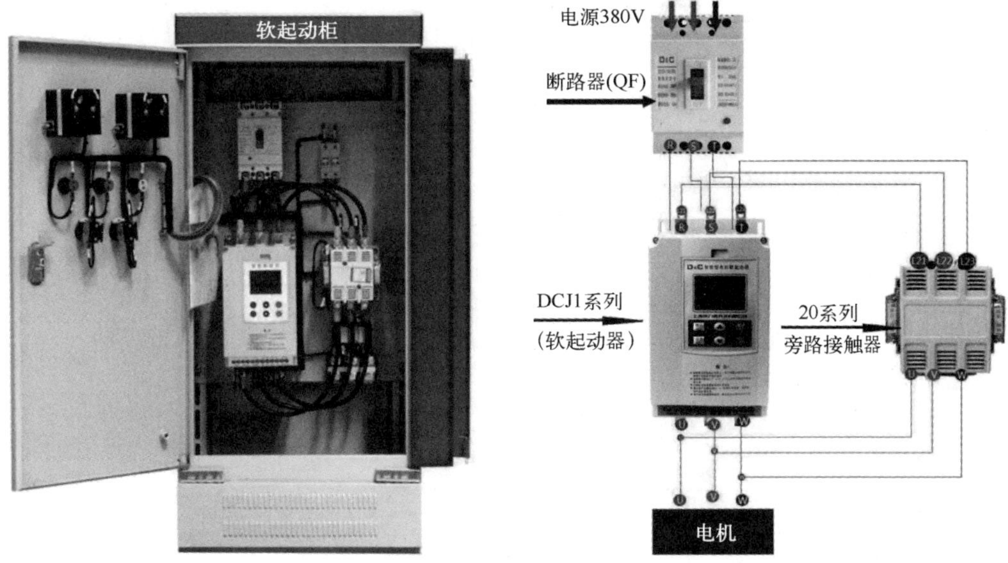

图 3−15　软起动控制柜及主电路接线示意图

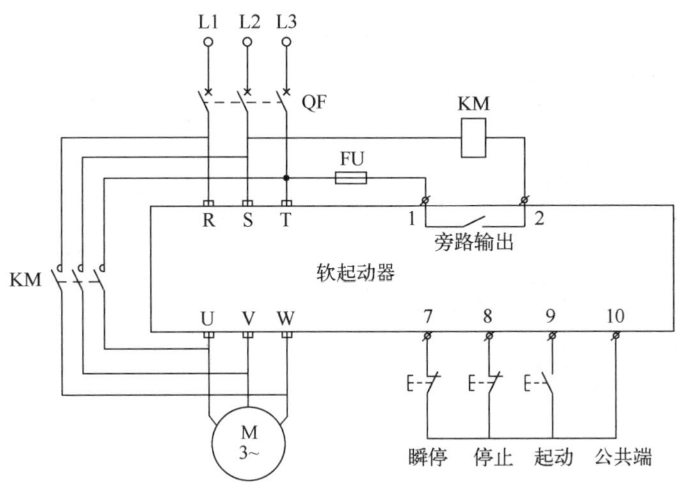

图 3−16　软起动控制电路

【思考与练习】

1. 中间继电器的作用是什么？其与接触器有什么异同点？
2. 电动机减压起动的方法有哪些？各适用哪些场合？
3. 试分析图 3−17 所示电动机延时起动控制电路的工作原理。
4. 试分析图 3−18 所示电动机定子串电阻减压起动控制电路的工作原理。
5. 试设计一个两台电动机起动控制电路。要求当按下起动按钮后，第一台电动机立即起动，第二台电动机经过 10 s 后才起动。当按下停止按钮时，两台电动机立即停止。电路中有必要的保护环节，并需要绘制出其主电路。

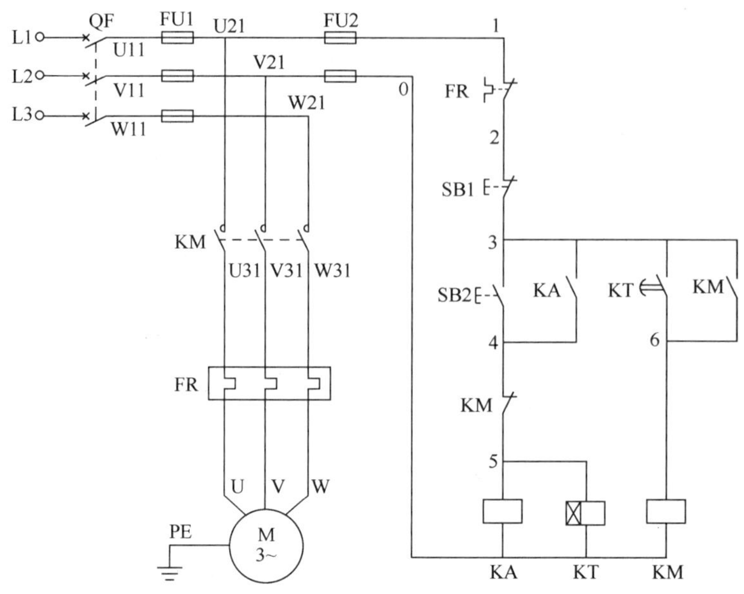

图3-17 电动机延时起动控制电路

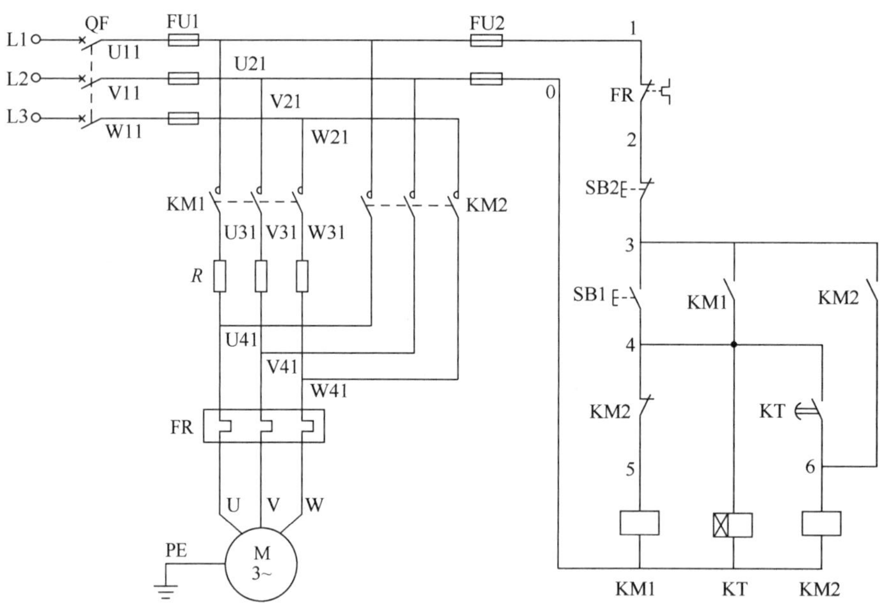

图3-18 电动机定子串电阻减压起动控制电路

【项目测评】

本项目目标达成度测评采用项目考核与个人考核相结合的方式，具体考核细则见表3-2。考核成绩达到70分，就可以认定该学生达成了本项目的预期学习目标。

表3-2 项目目标达成度测评评分办法

考核目标	考核方法	成绩占比（%）
目标1	雨课堂测试、课外作业	20
目标2	课堂提问	10

（续）

考核目标	考核方法	成绩占比（%）
目标3	项目分组操作考核×个人参与度	60
目标4	考勤、课堂表现评分	10

【素质拓展】

学会自我减压——心理调节能力

大功率的电动机都要采取减压起动方式，这样做到既不伤害自己，也不影响他人，同样我们每个人在学习上或工作上也要有张有弛，当压力过大，影响到自己的身体健康时，这时就需要适当减压。采取的方式可以是读书、听歌、散步、运动、看电视、与人交谈等，另外也可以适当降低目标追求，做力所能及的事情。

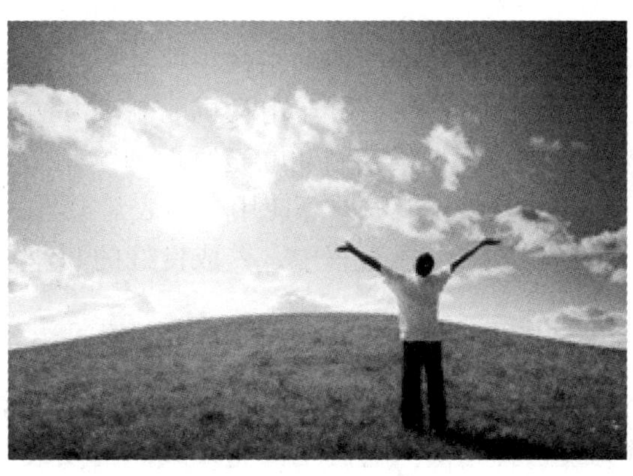

项目4　反接制动控制电路分析、安装与调试

【学习目标】

（1）熟知速度继电器的结构、符号、工作原理、安装方法。

（2）熟知三相交流异步电动机的制动方法，能够分析电动机制动控制电路的工作原理。

（3）能够根据反接制动电气原理图绘制电气安装接线图；能够根据电气原理图或接线图进行元器件安装，能够熟练使用万用表对电气线路进行检测、调试、故障分析与排除。

（4）在项目实施过程中，养成良好的职业素养，体现良好的工匠精神。

【项目要求】

某三相交流异步电动机在按下停止按钮时需要快速准确停车，请设计其控制电路，分析其工作原理，并用低压电器元件完成线路的安装与调试任务。具体控制要求：当按下起动按钮时，电动机起动；当按下停止按钮时，电动机快速停止。

【项目分析】

要完成上述任务，首先需要对本项目中关于电动机的制动方法有所认知；其次，需要对用到的低压电器元件的结构、功能、工作原理、安装检测方法有所认知；再次需要了解电气控制线路的设计和分析方法，如主电路、辅助电路、线路保护环节等；接着需要掌握电气控制系统工艺图纸的设计方法，如元件布置图、电气接线图等；然后需要掌握电气控制线路的布线原则和安装接线方法，并完成硬件接线；最后需要对线路进行检测和通电调试，并完成报告文档撰写。当出现故障时，需要分析故障原因并进行排除，直至线路工作正常。

【实践条件】

（1）配置断路器、熔断器、热继电器、按钮、接触器、速度继电器等常用低压电器元件，另外还需要导线、网孔板、电动机、电工工具、万用表等。

（2）AC 380 V 和 AC 220 V 电源。

【项目实施】

4-1-1　速度继电器实物介绍（带片头）

任务4.1　速度继电器认知

在本项目中将用到一个新的元器件——速度继电器，下面先介绍它的结构、符号、工作原理、安装方法等。

速度继电器（转速继电器）又称反接制动继电器，其外观如图4-1所示。

图4-1 速度继电器外观

速度继电器主要由转子、定子及触点三部分组成，如图4-2所示。

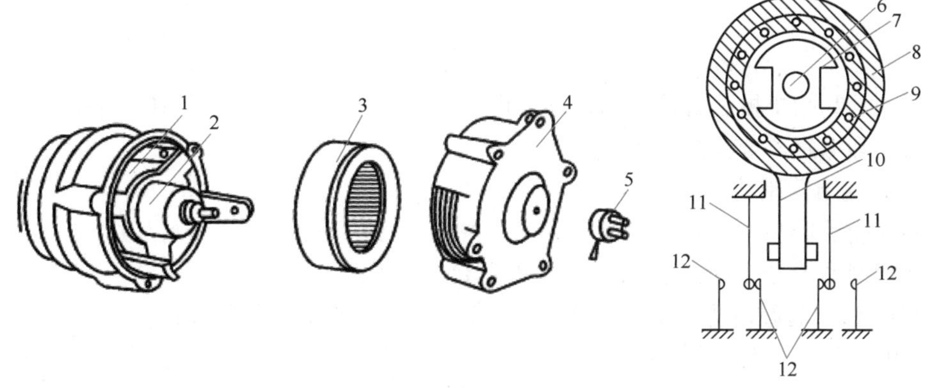

图4-2 速度继电器的结构

1—可动支架 2—转子 3、8—定子 4—端盖 5—连接头 6—转轴 7—转子（永久磁铁）
9—定子绕组 10—胶木摆杆 11—簧片 12—触点

速度继电器的转子是一个永久磁铁，与电动机的转轴连接，随着电动机旋转而旋转。其转子与笼型转子相似，内有短路条，它也能围绕着转轴转动。当转子随电动机转动时，它的磁场与定子短路条相切割，产生感应电动势及感应电流，这与电动机的工作原理相同，故定子随着转子转动而转动起来。定子转动时带动摆杆，摆杆推动触点，使之分断与闭合。当电动机旋转方向改变时，速度继电器的转子与定子的转向也改变，这时摆杆就可以触动另外一组触点，使之分断与闭合。当电动机停止时，速度继电器的触点即恢复原来的静止状态。

常用的速度继电器有JY1型和JFZ0型两种。其中，JY1型可在700~3600 r/min范围内可靠地工作；JFZ0-1型适用于300~1000 r/min，JFZ0-2型适用于1000~3600 r/min。它们具有两个常开触点、两个常闭触点，触点额定电压为380 V，额定电流为2 A。一般速度继电器的触点在转速大于或等于120 r/min即能动作，在转速低于100 r/min时复位。

速度继电器的文字符号，旧标准是KS，新标准是BS。如图4-3所示。如果在电气线路中用到正转和反转两个触点，为了区分，电气符号中的n用“$n>$”表示正转，用“$n<$”表示反转。

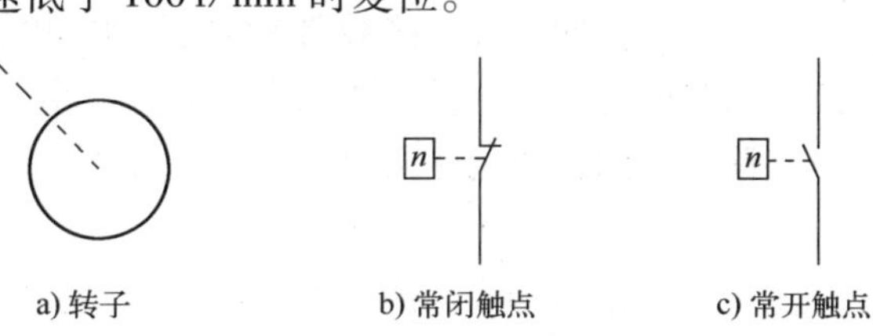

图4-3 速度继电器的电气符号

速度继电器在安装时，需要注意以下几点：

1）速度继电器的转轴应与电动机同轴连接，并使两轴中心线重合。

2）速度继电器的金属外壳应可靠接地。

3）根据电动机的转动方向使用对应的速度继电器触点。

任务 4.2 电动机制动方法认知

三相异步电动机脱离电源之后，由于惯性，电动机要经过一定的时间后才会慢慢停下来，这往往不能适应某些生产机械工艺的要求，如万能铣床、卧式镗床、组合机床以及桥式起重机的行走、吊钩的升降等。无论是从提高生产效率，还是从安全及准确停车等方面考虑，都要求电动机能迅速停车，因此必须对电动机进行制动控制。

三相异步电动机的制动方法可以分为两大类：机械制动和电气制动，下面将逐一介绍。

4.2.1 机械制动

机械制动是利用机械装置使电动机断开电源后迅速停转的方法，常用的机械制动方法有电磁抱闸器制动和电磁离合器制动两种。

（1）电磁抱闸器制动

电磁抱闸制动器的结构如图 4-4 所示，主要由电磁机构、闸轮和闸瓦组成。根据动作特点，电磁抱闸制动器分为断电制动型和通电制动型两种。在电梯、起重、卷扬机等升降机械上，通常采用断电制动，其优点是能够准确定位，同时可防止电动机突然断电或线路出现故障时重物的自行坠落。在机床等生产机械中，通常采用通电制动，以便在电动机未通电时，可以用手扳动主轴以调整和对刀。

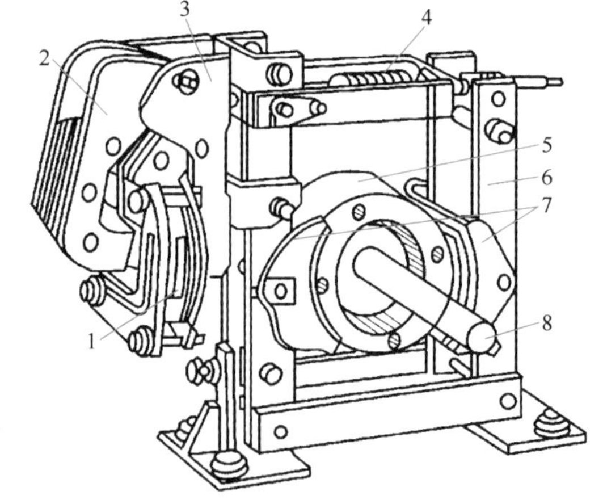

图 4-4 电磁抱闸制动器的结构

1—线圈 2—衔铁 3—铁心 4—弹簧 5—闸轮 6—杠杆 7—闸瓦 8—轴

1）断电制动型电磁抱闸制动器控制电路。断电制动型的制动电磁铁线圈和电动机直接接在一起，当线圈得电时，制动器的闸瓦和闸轮分开，无制动作用；当线圈失电时，闸瓦紧紧抱住闸轮制动。断电制动型电磁抱闸制动器控制电路如图 4-5 所示。

断电制动型电磁抱闸制动器控制电路的工作原理分析如下：

起动运转：

按下起动按钮 SB1，接触器 KM1 线圈得电，其自锁触点和主触点闭合，电动机 M 接通电源，同时电磁抱闸制动器 YB 线圈得电，衔铁与铁心吸合，衔铁克服弹簧拉力，迫使制动杆向上移动，闸瓦与闸轮分开，电动机不受制动正常运转。

制动停转：

按下复合按钮 SB2，接触器 KM1 线圈失电，其自锁触点和主触点分断，电动机 M 失电，同时电磁抱闸制动器 YB 线圈也失电，衔铁与铁心分开，在弹簧拉力作用下，闸瓦紧紧抱住闸轮，使电动机被迅速制动而停转。

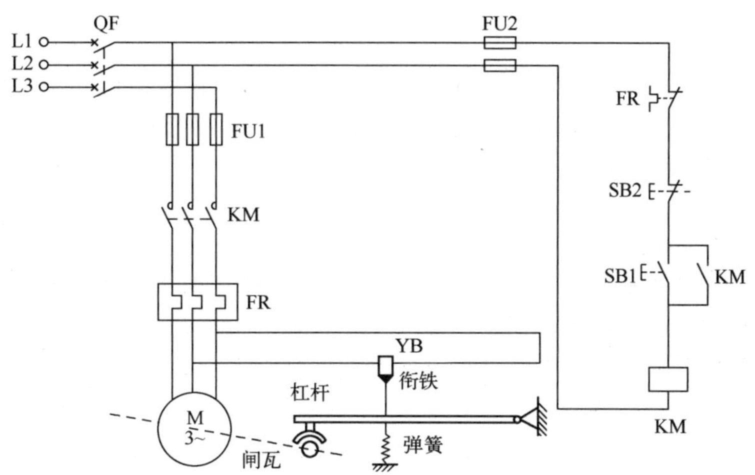

图 4-5　断电制动型电磁抱闸制动器控制电路

断电制动型电磁抱闸制动器在起重机械上被广泛采用，其优点是能够准确定位，可防止电动机突然断电时重物的自行坠落。当重物起吊到一定高度时，按下停止按钮，电动机立即断电，电磁抱闸制动器的线圈断电，使得闸瓦立即抱住闸轮，电动机立即制动停转，重物随之被准确定位。这种制动方法的缺点是不经济，因为电磁抱闸制动器线圈耗电时间与电动机一样长。另外，切断电源后，由于电磁抱闸制动器的制动作用，手动调整工件就很困难。

2）通电制动型电磁抱闸制动控制电路。通电制动与断电制动方法稍有不同，当电动机得电运转时，电磁抱闸制动器线圈断电，闸瓦与闸轮分开，无制动作用；当电动机失电需停转时，电磁抱闸制动器的线圈得电，使闸瓦紧紧抱住闸轮制动；当电动机处于停转状态时，电磁抱闸制动器线圈也无电，闸瓦与闸轮分开，这样操作人员可以用手扳动主轴调整工件、对刀等。通电制动型电磁抱闸制动器控制电路如图 4-6 所示。

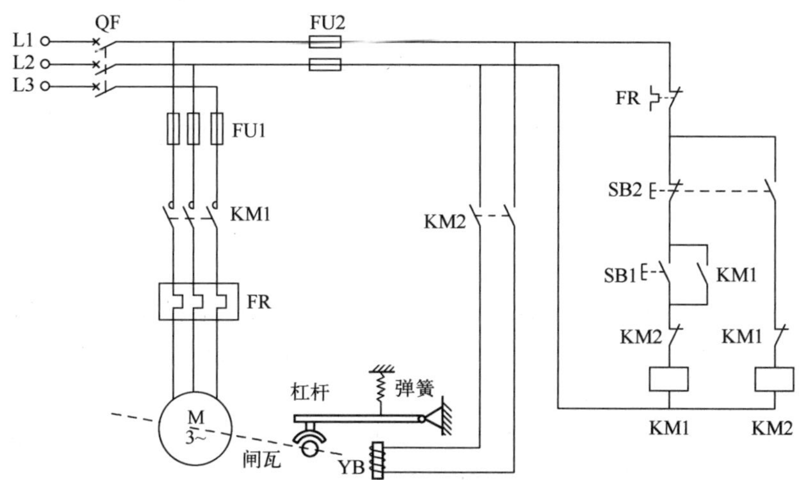

图 4-6　通电制动型电磁抱闸制动器控制电路

通电制动型电磁抱闸制动器控制电路的工作原理分析如下：

起动运转：

按下起动按钮 SB1，接触器 KM 线圈得电，其自锁触点和主触点闭合，电动机 M 接通电源，同时电磁抱闸制动器 YB 线圈得电，衔铁与铁心吸合，衔铁克服弹簧拉力，迫使制动杠杆向上移动，从而使制动器的闸瓦与闸轮分开，电动机正常运转。

制动停转：

按下停止按钮 SB2，接触器 KM 线圈失电，其自锁触点和主触点分断，电动机 M 失电，同时电磁抱闸制动器 YB 线圈也失电，衔铁与铁心分开，在弹簧拉力的作用下，闸瓦紧紧抱住闸轮，使电动机被迅速制动而停转。

（2）电磁离合器制动

电磁离合器又称电磁联轴节，它是应用电磁感应原理和内外摩擦片之间的摩擦力，使机械传动系统中两个旋转运动的部件，在主动部件不停止旋转的情况下，从动部件可以与其结合或分离的电磁机械连接器，它是一种自动执行的电器。电磁离合器可以用来控制机械的起动、反向、调速和制动等。它具有结构简单、动作较快、控制能量小、便于远距离控制；体积虽小，能传递较大的转矩；用作制动控制时，具有制动迅速且平稳的优点，所以电磁离合器广泛地应用于各种加工机床和机械传动系统中。

电磁离合器的外形与结构如图 4-7 所示。

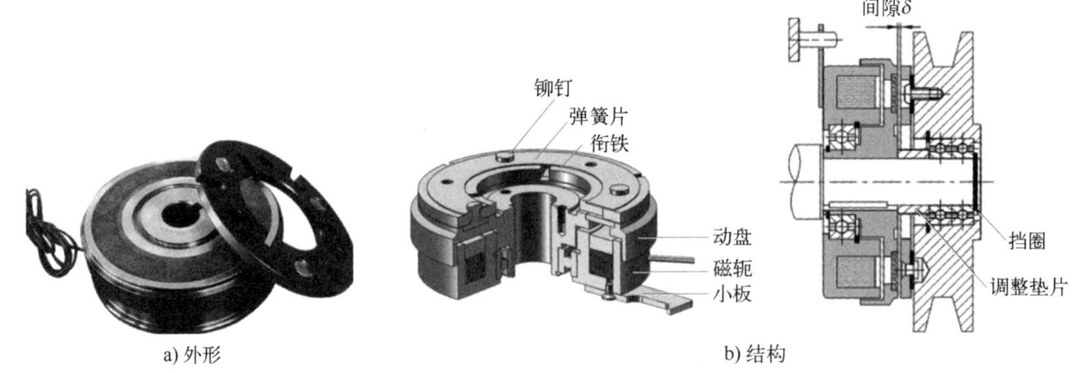

图 4-7　电磁离合器的外形与结构

工作时，当电磁离合器的电磁线圈通电，动、静摩擦片分离，无制动作用；当电磁线圈断电时，在弹簧力的作用下动、静摩擦片间产生足够大的摩擦力而制动。

4.2.2　电气制动

电气制动方法是指在电动机切断电源后，产生一个和电动机实际转向相反的电磁力矩（制动力矩），使电动机迅速停转的方法，常用的电气制动方法有反接制动、能耗制动。

（1）反接制动

反接制动是通过改变电动机定子绕组的电源相序，产生一个与电动机实际转向相反的电磁力矩（制动力矩），使电动机迅速停转的制动方式。

反接制动控制的电路如图 4-8 所示，其工作原理分析如下：

起动时：

先合上电源开关 QF，按下起动按钮 SB2，接触器 KM1 线圈得电，其主触点和自锁触点闭合，电动机 M 起动运行。当电动机 M 转速上升到 120 r/min 以上时，速度继电器 KS 常开触点闭合，为反接制动做准备。

制动时：

按下停止按钮 SB1，SB1 的常闭触点先断开，接触器 KM1 线圈失电，主触点断开，电动机 M 断电惯性运行；同时 SB1 常开触点闭合，接触器 KM2 线圈得电，其主触点闭合，电动机 M 串接限流电阻 R 反接制动。当电动机 M 转速降到 100 r/min 以下时，速度继电器 KS 常开触点断开，接触器 KM2 线圈失电，其主触点断开，反接制动结束。

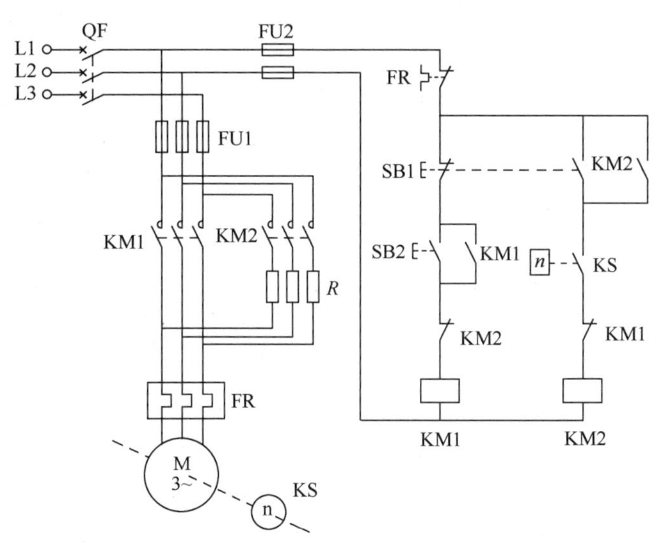

图 4-8　反接制动控制电路

反接制动的优点是制动力强，制动迅速，缺点是制动准确性差，制动过程中冲击力强烈，易损坏传动部件。因此适用于制动要求迅速、系统惯性较大，不经常起动与制动的设备，如铣床、镗床、中型车床等主轴的制动控制。

另外，由于反接制动时，旋转磁场的相对转速很高，感应电动势很大，所以转子的电流比直接起动的电流还大（一般为额定电流的 10 倍），当电动机容量较小时，也可不串接限流电阻，反之，需在主电路中串接限流电阻。

（2）能耗制动

能耗制动又名动能制动，是电动机切断交流电源的同时，给定子绕组的任意两相加一直流电源，以产生静止磁场，依靠转子的惯性转动切割该静止磁场产生制动力矩。

如图 4-9 所示为能耗制动的原理图。正常运行时，将 QS1 闭合，电动机接三相交流电源起动运行。制动时，将 QS1 断开，切断交流电源的连接，并将直流电源引入电动机的 V、W 两相，在电动机内部形成固定的磁场。电动机由于惯性仍然顺时针旋转，则转子绕组做切割磁力线的运动，依据右手螺旋法则，转子绕组中将产生感应电流，又根据左手定则可以判断，电动机的转子将受到一个与其运动方向相反的电磁力的作用，由于该力矩与运动方向相反，称为制动力矩，该力矩使得电动机很快停转。

直流电源的引入，对于 10 kW 以下的小容量电动机可以采用无变压器单相半波整流电路，对于 10 kW 以上容量的电动机，常采用有变压器的单相桥式整流能耗制动控制电路。有变压器的单相桥式整流能耗制动电路如图 4-10 所示。

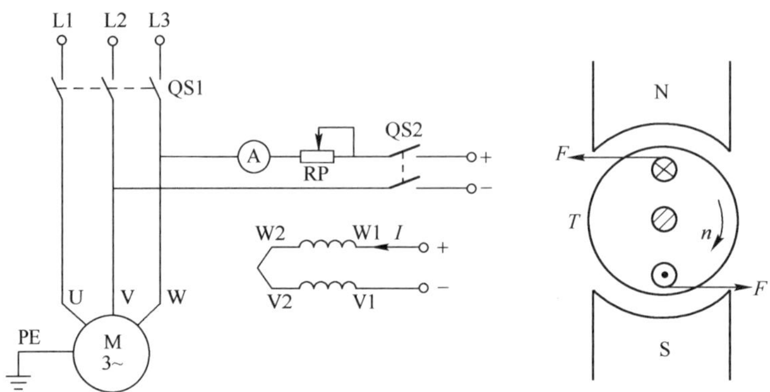

图 4-9 能耗制动原理图

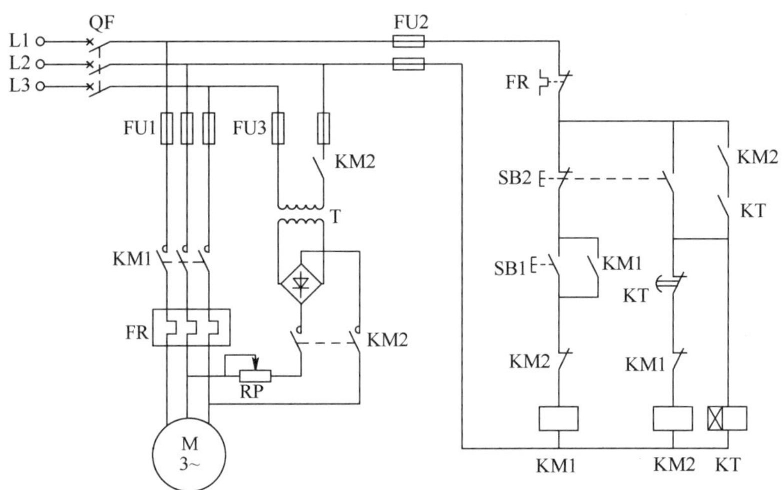

图 4-10 有变压器的单相桥式整流能耗制动电路

其工作原理分析如下：

起动时：

先合上电源开关 QF，按下起动按钮 SB1，接触器 KM1 线圈得电，其主触点和自锁触点闭合，电动机 M 起动运行。

制动时：

按下停止按钮 SB2，SB2 的常闭触点先断开，接触器 KM1 线圈失电，主触点断开，电动机 M 断电惯性运行；同时 SB2 常开触点闭合，接触器 KM2 线圈和时间继电器 KT 得电，其主触点闭合，电动机 M 开始接入直流电开始能耗制动。KT 延时时间到，其常闭触点断开，接触器 KM2 线圈失电，其主触点断开，能耗制动结束。

能耗制动过程中，电动机的动能全部转化成电能消耗在转子回路中，会引起电动机发热，所以一般需要在制动回路串联一个大电阻，以减小制动电流。

能耗制动的特点是制动平稳、准确、能耗低，缺点是需配备直流电源，制动力较弱。因此适用于要求制动准确、平稳的场合，如磨床、立式铣床等这种生产机械中。

任务 4.3　反接制动控制电路的安装与调试

4.3.1　器材准备

反接制动控制电路前期工作完成后，将进行线路的安装与调试。本任务需要的设备和器材详见表 4-1。

表 4-1　任务所需设备和器材一览表

序号	名称	型号与规格	单位	数量
1	网孔板	60 cm×60 cm	块	1
2	工具	验电笔、螺钉旋具、尖嘴钳、万用表、剥线钳等	套	1
3	低压断路器	NXB-63，20 A	只	1
4	熔断器	RT14-20/4 A	只	5
5	按钮	LAY39B 红色、绿色	只	2
6	接触器	CJX2-25 AC380 V	只	2
7	热继电器	JRS1D-25	只	1
8	速度继电器	JY1-2A	只	1
9	导线	BVR-1.5，BVR-0.5	米	若干
10	电动机	由实验室提供	台	1

按表 4-1 配齐所用电器元件，并进行质量检验，确保电器元件完好无损，各项技术指标符合规定要求，否则需要予以更换。

4.3.2　电路安装

（1）线号标注

根据线号标注规则，在电气原理图上标注线号，如图 4-11 所示。

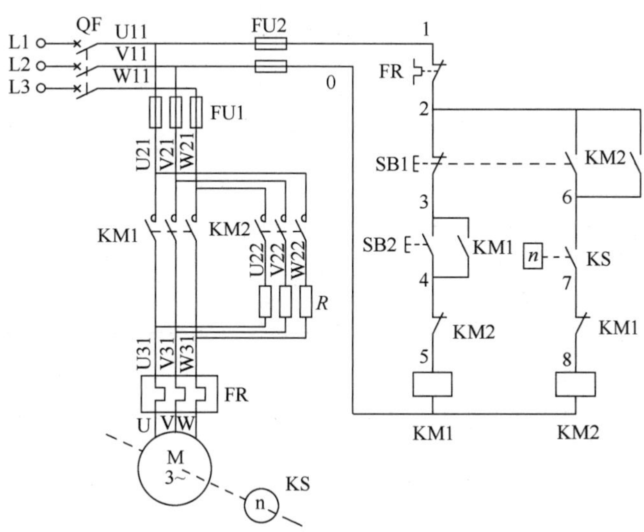

图 4-11　电气原理图（带线号）

(2) 绘制元器件布置图

根据电气原理图绘制元器件布置图，如图 4-12 所示。

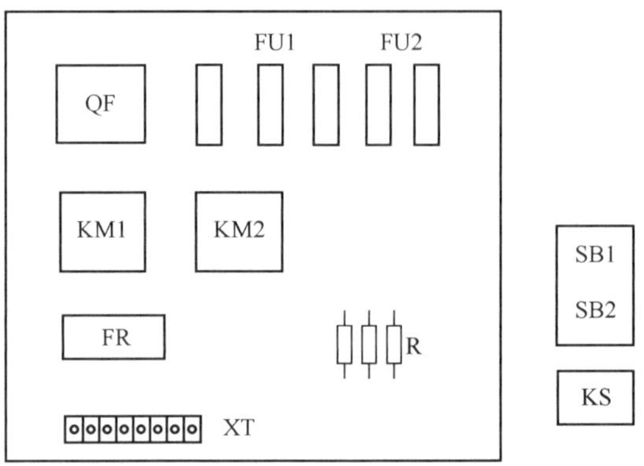

图 4-12 元器件布置图

(3) 绘制电气接线图

根据电气原理图和元器件布置图绘制接线图，如图 4-13 所示。

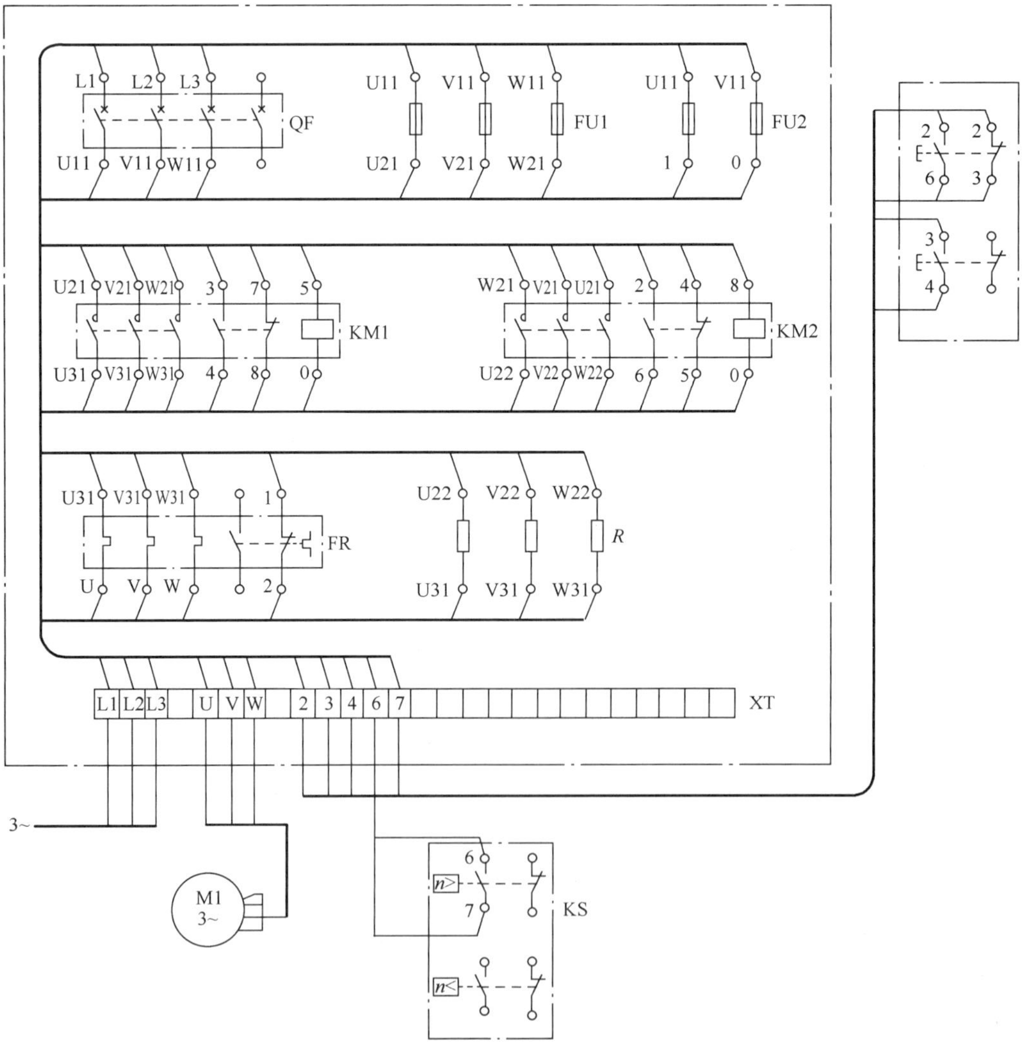

图 4-13 电气接线图

（4）安装接线

根据线路安装工艺要求对控制电路进行安装。安装时要求各电器元件的安装位置应整齐、匀称、间距合理和便于更换，低压断路器应正装，熔断器应使电源进线端在上方。

（5）线路调试

安装完毕的控制电路板，经过仔细检查，确定无误后才能通电试车。通电试车时，先接入电源线，再接入电动机线。

（6）线路拆卸

通电试车成功后，需要将安装好的线路进行拆除，并将工具、电线、元器件等放归原处，摆放整齐，做到“8S”管理。

任务 4.4　反接制动控制电路故障分析与排除

4.4.1　常见故障

在接线过程中，如果对电气原理图理解不透，或对电气元器件实物认识不清晰，均会导致所连接的电气控制线路在调试时出现各种故障。常见的故障有以下两种。

故障 1：按下停止按钮时，KM2 没有吸合就停车。

故障 2：按下停止按钮时，KM2 吸合但是没有停车。

4.4.2　故障原因分析

当出现故障时，需要根据电气原理图或接线图对线路进行仔细检查。检查尽量在非通电状态下执行，以万用表电阻档或通断档检测为主。只有在不通电状态下找不出问题原因时，才采用通电检测方式，此时可用万用表电压档进行线路检测。对于上述常见的故障，可能存在的原因描述如下。

故障 1 可能存在的原因：电动机能够正常起动，说明主电路和控制电路的左半部分工作正常，因此故障出现在控制电路的右半部分，可能原因是①按钮 SB1 的常开触点接触不良，不能可靠接通；②速度继电器损坏，常开触点在转速高于 120 r/min 时不能可靠吸合；③KM1 常闭触点的问题等。

故障 2 可能存在的原因：按下停止按钮时，KM2 吸合但是没有停车，说明主电路和控制电路都能正常工作，但是没有达到反接制动效果，可能原因是①KS 常开触点有问题，当电动机减速低于 100 r/min 时，不能可靠复位；②KM2 吸合了，说明其线圈通电正常，触点动作正常，电动机没有停转，问题可能在主电路上，KM2 的主触点工作时，没有换接相序，使得电动机没有通入反转运行的电流，电动机仍然按照之前的转向工作。

【思考与练习】

1. 速度继电器的作用是什么？在其工作时，不拆开外盖，如何快速判断哪对触点动作？

2. 参考图 4-8，设计电动机正反转的反接制动控制电路，即电动机在正转或反转时，当按下停止按钮，均可实现反接制动。电路中要求有必要的保护环节，并需要绘制出其主电路。

【项目测评】

本项目目标达成度测评采用项目考核与个人考核相结合的方式，具体考核细则见表 4-2。

考核成绩达到 70 分，就可以认定该学生达成了本项目的预期学习目标。

表 4-2 项目目标达成度测评评分办法

考核目标	考核方法	成绩占比（%）
目标 1	雨课堂测试、作业	20
目标 2	课堂提问	10
目标 3	项目分组操作考核×个人参与度	60
目标 4	考勤、课堂表现评分	10

【素质拓展】

牺牲自我，保护他人——熔断器的自我牺牲精神

当电路中电流过高或超过负载电流时，熔断器通过熔断自身的熔丝迅速切断电路，防止电器损坏或发生火灾，对电路起到了很好的保护作用。同样在我们国家，每当国家出现危难时刻，总有人能够挺身而出，舍小家而顾大家，无数革命先烈、英雄模范以青春与热血，无怨无悔，为中华民族伟大复兴而奋斗，做出了卓越贡献。

项目 5　顺序起停控制电路分析、安装与调试

【学习目标】

（1）熟知三相交流异步电动机的顺序起停方法，能够分析电动机顺序起停控制电路的工作原理。

（2）能够根据电动机顺序起动逆序停车电气控制原理图绘制电气安装接线图；能够根据电气原理图或接线图进行元器件安装，能够熟练使用万用表对电气线路进行检测、调试、故障分析与排除。

（3）在项目实施过程中，养成良好的职业素养，体现良好的工匠精神。

【项目要求】

在许多生产机械中，为了保证操作过程的合理和工作的安全可靠，电动机需要按一定的顺序起动或停止。如传送带要求第一台电动机起动后，第二台电动机才可以起动，第二台电动机起动后第三台电动机才可以起动，而且要求逆序停止。

【项目分析】

要完成上述任务，首先需要对本项目中关于电机的顺序起停方法有所认知；其次需要了解电气控制线路的设计和分析方法，如主电路、辅助电路、线路保护环节等；接着需要掌握电气控制系统工艺图纸的设计方法，如元件布置图、电气接线图等；然后需要掌握电气控制线路的布线原则和安装接线方法，并完成硬件接线；最后需要对线路进行检测和通电调试，并完成报告文档撰写。当出现故障时，需要分析故障原因并进行排除，直至线路工作正常。

【实践条件】

（1）配置断路器、熔断器、热继电器、按钮、接触器等常用低压电器元件，另外还需要导线、网孔板、电动机、电工工具、万用表等。

（2）AC 380 V 和 AC 220 V 电源。

【项目实施】

任务 5.1　电动机顺序起停控制电路设计

在有多台电动机驱动的生产设备上，各台电动机的作用不同，为了保证设备操作过程的合理性和可靠性，需要对电动机的起停顺序提出要求。例如车床的冷却泵电动机需在主轴电动机开启后方能起动、铣床工作台的进给电动机必须在主轴电动机起动后才能起动等。实现顺序控

制要求的电路称为顺序控制电路，常用的顺序控制电路有两种，一种是主电路的顺序控制，另一种是控制电路的顺序控制。

5.1.1 主电路的顺序控制

主电路顺序控制电路如图 5-1 所示。主电路中，接触器 KM1 控制 M1 电动机，接触器 KM1 和 KM2 串联控制 M2 电动机。当 KM1 主触点闭合时，M1 起动，若 KM2 主触点也闭合，则 M2 也能起动。如果仅仅 KM2 主触点闭合，M2 不能起动，主电路的这种结构也就说明了 M1 和 M2 两台电动机只能按照先 M1 后 M2 的顺序起动。

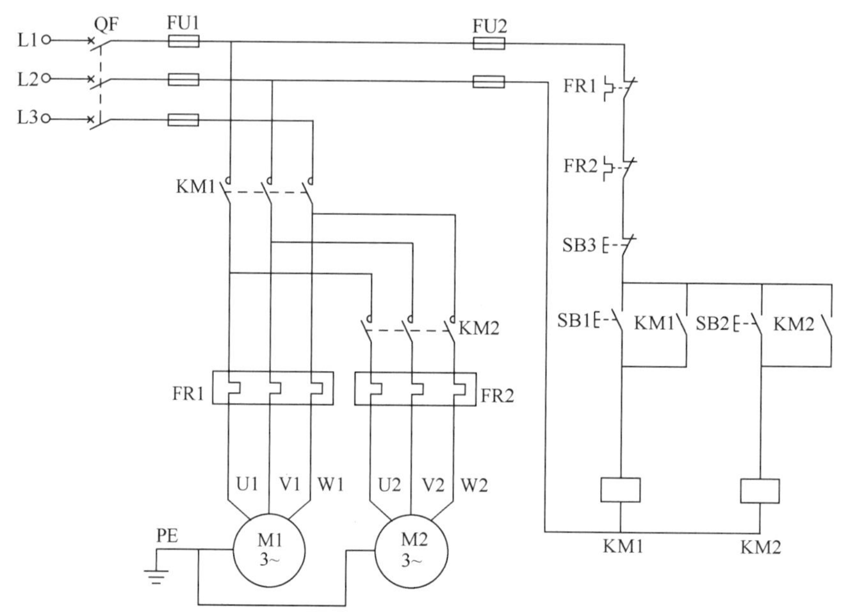

图 5-1 主电路顺序控制电路

其工作原理分析如下。

起动时：

先合上电源开关 QF，按下起动按钮 SB1，接触器 KM1 线圈得电，其主触点和自锁触点闭合，电动机 M1 起动运行；再按下起动按钮 SB2，接触器 KM2 线圈得电，其主触点和自锁触点闭合，电动机 M2 起动运行。

如果先按下起动按钮 SB2，接触器 KM2 线圈得电，其主触点和自锁触点闭合，但此时电动机 M2 不能起动；再按下起动按钮 SB1，接触器 KM1 线圈得电，其主触点和自锁触点闭合，电动机 M1 和 M2 同时起动运行。

停车时：

按下停止按钮 SB3，接触器 KM1 和 KM2 线圈失电，主触点均断开，电动机 M1 和 M2 同时停止。

在图 5-1 所示的主电路顺序控制电路中，由于主电路中 M2 利用 KM1 和 KM2 主触点串联控制，M1 和 M2 可以实现顺序起动或同时起动。如果对该控制电路做一些调整，可以实现 M2 的单独停止，或者 M1 和 M2 的同时停止。但由于主电路的结构限制，将无法实现 M2 的单独起动和 M1 的单独停止。

5.1.2　控制电路的顺序控制

为了增加顺序起停控制电路的灵活性，多数情况将用到控制电路的顺序控制。如图 5-2 所示为控制电路的顺序控制电路。图 5-2a 为主电路，KM1 主触点控制电动机 M1，KM2 主触点控制电动机 M2，在电路连接上，两台电动机的主电路并联连接且相互独立，两台电动机的顺序控制将交由控制电路实现。

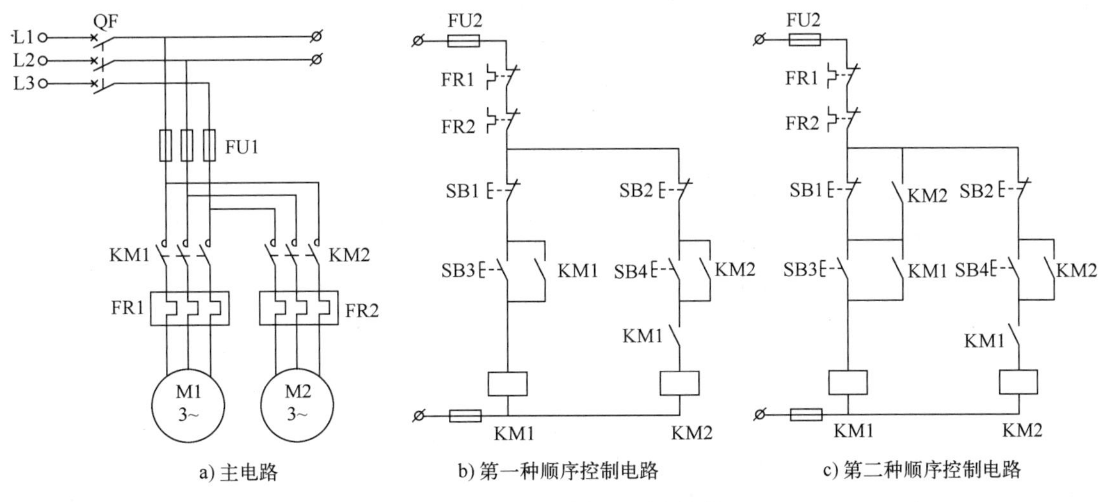

图 5-2　控制电路实现顺序控制

图 5-2b 为第一种顺序控制电路，其工作原理分析如下。

起动时：

先合上电源开关 QF，按下起动按钮 SB3，接触器 KM1 线圈得电，其主触点和自锁触点闭合，电动机 M1 起动运行，KM1 的辅助常开触点也闭合；再按下起动按钮 SB4，接触器 KM2 线圈得电，其主触点和自锁触点闭合，电动机 M2 起动运行。如果先按下起动按钮 SB4，由于 KM2 线圈上方的 KM1 辅助常开触点断开，KM2 线圈无法通电。因此此电路实现了必须先 M1 起动后 M2 再起动的顺序起动控制。

停车时：

若先按下停止按钮 SB1，接触器 KM1 线圈失电，主触点辅助触点均断开，KM2 线圈断电，电动机 M1 和 M2 同时停止。若先按下停止按钮 SB2，KM2 线圈失电，KM2 主触点断开，M2 停止；再按下停止按钮 SB1，KM1 线圈失电，KM1 主触点断开，M1 停止，可以实现先 M2 停止后 M1 再停止的逆序停车。

图 5-2c 为第二种顺序控制电路，其起动工作原理与图 5-2b 完全一样，这里只分析停止工作原理。

在 M1 和 M2 均起动后，控制电路中的 KM1 和 KM2 辅助常开触点均闭合。当按下停止按钮 SB1 时，由于和其并联的 KM2 辅助常开触点仍处于闭合状态，因此不能使得 KM1 线圈断电。当按下停止按钮 SB2 时，KM2 线圈失电，KM2 主触点、辅助常开触点均断开，M2 停止。再按下停止按钮 SB1，KM1 线圈失电，KM1 主触点断开，M1 停止。该电路只能实现顺序起动逆序停车的功能。

任务 5.2　顺序起动逆序停止控制电路的安装与调试

5.2.1　器材准备

顺序控制电路前期工作完成后，将进行线路的安装与调试。本任务需要的设备和器材详见表 5-1。

表 5-1　任务所需设备和器材一览表

序号	名称	型号与规格	单位	数量
1	网孔板	60 cm×60 cm	块	1
2	工具	验电笔、螺钉旋具、尖嘴钳、万用表、剥线钳等	套	1
3	低压断路器	NXB-63，20 A	只	1
4	熔断器	RT14-20/4 A	只	5
5	按钮	LAY39B 红色、绿色	只	4
6	接触器	CJX2-25 AC380 V	只	2
7	热继电器	JRS1D-25	只	2
8	导线	BVR-1.5，BVR-0.5	米	若干
9	电动机	由实验室提供	台	1

按表 5-1 配齐所用电器元件，并进行质量检验，确保电器元件完好无损，各项技术指标符合规定要求，否则需要予以更换。

5.2.2　电路安装

(1) 线号标注

根据线号标注规则，在电气原理图上标注线号，如图 5-3 所示。

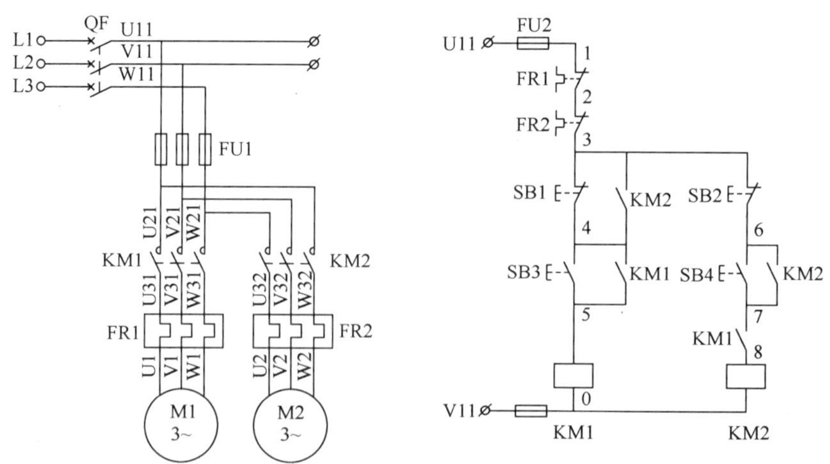

图 5-3　电气原理图（带线号）

(2) 绘制元器件布置图

根据电气原理图绘制元器件布置图，如图 5-4 所示。

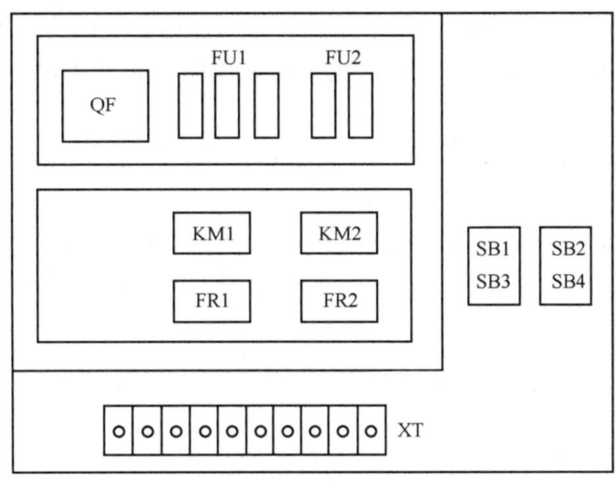

图 5-4　元器件布置图

（3）绘制电气接线图

根据电气原理图和元器件布置图绘制接线图，读者可自行绘制其电气接线图。

（4）安装接线

根据线路安装工艺要求对控制电路进行安装。安装时要求各电器元件的安装位置应整齐、匀称、间距合理和便于更换，低压断路器应正装，熔断器应使电源进线端在上方。

（5）线路调试

安装完毕的控制电路板，经过仔细检查，确定无误后才能通电试车。通电试车时，先接入电源线，再接入电动机线。

（6）线路拆卸

通电试车成功后，需要将安装好的线路进行拆除，并将工具、电线、元器件等放归原处，摆放整齐，做到“8S”管理。

任务 5.3　顺序起动逆序停止控制电路故障分析与排除

5.3.1　常见故障

在接线过程中，如果对电气原理图理解不透，或对电气元器件实物认识不清晰，均会导致所连接的电气控制线路在调试时出现各种故障。本项目中常见的故障有以下四种。

故障 1：按下 SB3、SB4，M1、M2 均不能起动。

故障 2：M1 起动后，按下 SB4，M2 不能起动。

故障 3：不能逆序停止，即 M2 未停车，按下 SB1，M1 停车。

故障 4：M1、M2 均不能停止。

5.3.2　故障原因分析

当出现故障时，需要根据电气原理图或接线图对线路进行仔细检查。检查尽量在非通电状态下执行，以万用表电阻档或通断档检测为主。只有在不通电状态下找不出问题原因时，才采用通电检测方式，此时可用万用表电压档进行线路检测。对于上述常见的故障，可能存在的原因描述如下：

故障 1 可能存在的原因：低压断路器未接通；熔断器熔芯熔断；热继电器未复位。

故障 2 可能存在的原因：KM2 线圈控制电路不通；KM1 常开辅助触头故障；M2 电源缺相或没电；M2 电动机烧坏。

故障 3 可能存在的原因：KM2 辅助常开触点故障，检修 KM2 辅助常开触点及接线，若损坏或脱落需更换或修复。

故障 4 可能存在的原因：立即切断电源 QF，首先检查 SB1 和 SB2 是否被短接物短接或熔焊，拆除短接物或更换按钮；再检查 KM1、KM2 主触头是否熔焊，若熔焊，更换触点。

任务 5.4 项目拓展——多地控制与多条件控制

5.4.1 多地控制

对于大型设备，为了操作方便，减少操作人员的行走时间，提高设备运行效率，常常要求能在多个地点对设备进行控制，这就是多地控制。

多地控制的控制电路如图 5-5 所示。图中 SB1、SB3 为 A 地控制，SB2、SB4 为 B 地控制。当按下 SB3 或 SB4 时，电动机起动；当按下 SB1 或 SB2 时，电动机停止。多地控制的特点是起动（常开）按钮并联，停止（常闭）按钮串联。

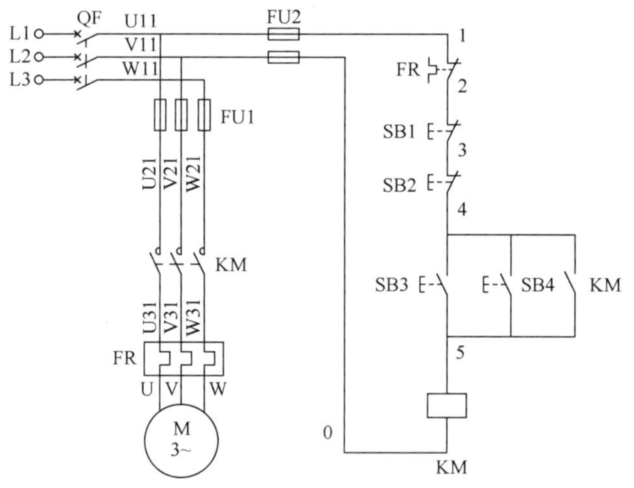

图 5-5 电动机多地控制电路

5.4.2 多条件控制

某些设备，如大型冲床、压力机、桥式起重机等，为了保证操作安全，需要多个条件同时满足时，设备才能起动，这就是多条件控制。

多条件控制的控制电路如图 5-6 所示。图中 SB1、SB2 为停止按钮，SA1 为旋转开关、SB3 为起动按钮。只有当旋转开关 SA1 合上，且按下 SB3 时，电动机才能起动；只有当同时按下 SB1 与 SB2 时，电动机才能够停止。多条件控制的特点是起动（常开）按钮串联，停止（常闭）按钮并联。

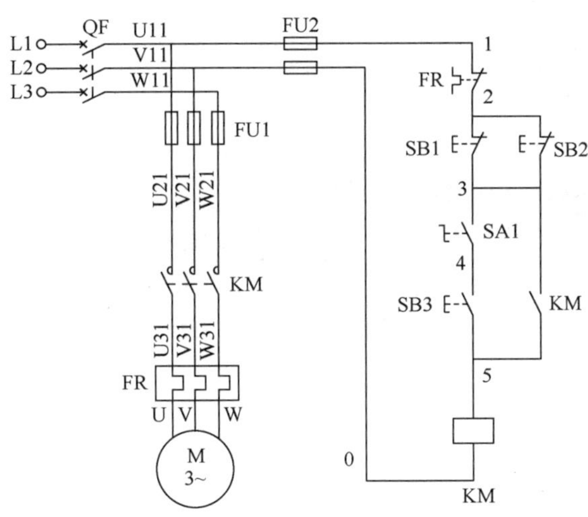

图 5-6　电动机多条件控制电路

【思考与练习】

1. 本项目介绍的顺序起停控制，与按照时间原则顺序起停控制的原理有何不同？

2. 设计一控制线路，控制三台联控电动机，要满足下列要求：①M1、M2 同时起动；②M1、M2 起动后，M3 才能起动；③停止时，M3 必须先停，隔 6 s 后，M1 和 M2 才同时停止；④画出主电路和控制线路；⑤电路中应有必要的保护措施。

【项目测评】

本项目目标达成度测评采用项目考核与个人考核相结合的方式，具体考核细则见表 5-2。考核成绩达到 70 分，就可以认定该学生达成了本项目的预期学习目标。

表 5-2　项目目标达成度测评评分办法

考核目标	考核方法	成绩占比（%）
目标 1	口试、作业	20
目标 2	项目分组操作考核×个人参与度	70
目标 3	考勤、课堂表现评分	10

【素质拓展】

推进中国式现代化要大力弘扬劳模精神、劳动精神、工匠精神

2023 年 9 月 1 日，习近平总书记在给中国航发黎明发动机装配厂“李志强班”职工的回信中，提出“弘扬劳模精神、工匠精神”“努力攻克更多关键核心技术”等殷切期望。

“工匠精神”是一种职业精神，它是职业道德、职业能力、职业品质的体现，是从业者的一种职业价值取向和行为表现。“工匠精神”的基本内涵包括敬业、精益、专注、创新等方面的内容。

项目6 典型车床电气控制电路分析

【学习目标】

（1）能够分析CA6140车床电气控制电路的工作原理。

（2）能够分析C650车床电气控制电路的工作原理。

【项目要求】

对照CA6140车床电气控制箱实物图，进行电气原理图工作原理分析，并进行常见故障原因分析。根据C650车床的电气原理图，分析其工作原理。

【项目分析】

要完成上述任务，首先需要对车床的结构和控制要求有所了解，然后对其电气控制箱进行元器件认知，在此基础上对其电气原理图进行工作原理分析。对于任何一个复杂的电气控制系统，都是由电动机单向运行、正反转、点动控制、顺序控制等一些基本的电气控制环节所组成。因此，在分析机械设备的控制电路时，应根据其控制要求，采用“分而治之”的方法，将整个电气原理图分解成若干个基本控制环节进行分块分析。最后从整体上进行分析，从而达到对整个电气控制系统原理理解的目标。

【实践条件】

CA6140车床。

【项目实施】

任务6.1 CA6140车床电气控制系统分析

6.1.1 CA6140车床认知

车床是机械加工领域使用最广泛的一种金属切削机床，主要用于加工各种回转表面、端面以及车削螺纹等。CA6140是一种普通的卧式车床，其型号中C代表车床，A为结构特性代号，用以区别C6140，6代表卧式，1代表基本型，40代表最大回转直径400 mm。CA6140车床主要由主轴箱、床鞍、刀架、尾座、进给箱、溜板箱、床身等部件构成，其外观结构如图6-1所示。车床的主运动为主轴通过卡盘带动工件的旋转运动；进给运动是溜板带动刀架的纵向和横向直线运动；辅助运动包括刀架的快速移动、工件的夹紧与松开等。

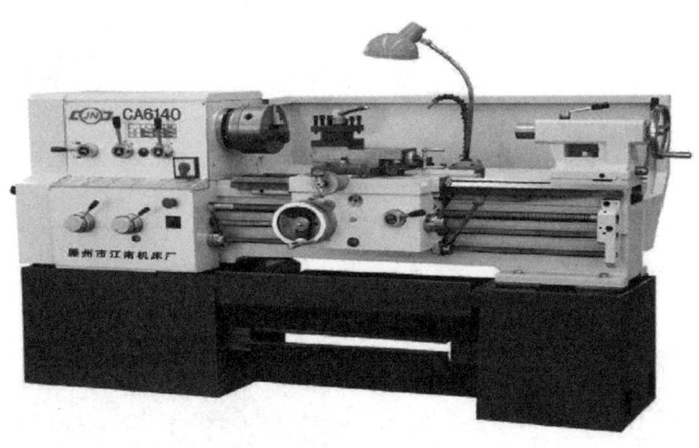

图 6-1　CA6140 车床外观结构

6.1.2　CA6140 车床电力拖动特点及控制要求

CA6140 车床由主轴电动机、冷却泵电动机和刀架快移电动机三个电动机进行拖动，其电力拖动控制要求如下：

1）三个电动机均选用三相笼型交流异步电动机，其中主轴电动机功率为 7.5 kW，冷却泵电动机功率为 90 W，刀架快移电动机功率为 250 W。

2）车床主轴采用齿轮箱进行机械有级调速，不采用电气调速。

3）为车削螺纹，要求主轴能正、反向旋转。CA6140 车床采用了机械传动方法来实现正反转控制，不采用电气方式来实现正反转控制。

4）主轴电动机采用直接起动方式，起动和停止均采用按钮操作方式。

5）冷却泵电动机由旋转开关进行控制，且要求在主拖动电动机起动后，才可选择开动与否，而当主轴电动机停止时，冷却泵电动机也应停止。

6）为减少刀架移动的时间，刀架配备了快速移动电动机，由手柄进行点动操作控制。

7）电路中具有必要的保护环节，如过载保护、短路保护、欠电压和失电压保护环节等。

8）具有照明装置和信号电路。

6.1.3　CA6140 车床电气控制电路分析

CA6140 车床电气控制箱如图 6-2 所示，其元器件包括低压断路器、熔断器、接触器、控制变压器、热继电器等，明细表见表 6-1。

表 6-1　CA6140 车床电气元器件明细表

序号	名称	型号与规格	数量	用途
1	主轴电动机	Y132M-4-B3 7.5 kW，1450 r/min	1	主传动
2	冷却泵电动机	AOB-25，90 W，3000 r/min	1	输送切削液
3	刀架快移电动机	AOS5634，250 W	1	溜板快速移动
4	低压断路器	AM2-40，25 A	1	电源引入开关
5	熔断器	RT14-20/4 A	5	短路保护
6	接触器	CJX2-40，AC110 V	3	电动机控制
7	按钮	LAY39B 红色、绿色	2	电动机起停

（续）

序号	名称	型号与规格	数量	用途
8	热继电器	JR20-10/3R	2	过载保护
9	控制变压器	JBK2-100	1	提供需要的电压
10	旋转开关	LAY3-10X/2	2	M2 和照明灯控制
11	信号灯	ZSD-0	1	电源指示
12	照明灯	JC11	1	工作照明

图 6-2　CA6140 车床电气控制箱

CA6140 车床电气控制原理图如图 6-3 所示。

CA6140 车床电气控制电路工作原理分析如下：

整个控制电路分为主电路、控制电路和辅助电路三个部分。主电路与控制电路及辅助电路由变压器 TC 连接在一起。主电路是电气控制电路中大电流通过的部分，包括从电源到电动机之间的电气元件，如断路器、熔断器、接触器主触点、热继电器热元件、电动机等。控制电路是对电动机进行控制的电路部分，由按钮、接触器和继电器线圈及辅助触点、熔断器及其他元器件构成，通过的电流较小。辅助电路主要用于照明及信号指示等。

为了便于检索电气线路、方便阅读分析，整个电气原理图在其上方根据电路各部分的功能标注出不同的功能区块，如电源开关、主轴电动机、短路保护等，在其下方根据各元器件的位置标注出图区编号，如 1、2、3 等。为方便元器件查找，对于接触器，在其区号上方标注出主触点、辅助常开触点、辅助常闭触点所在的区域。如对于区号 6 所在的接触器 KM1，其三对主触点在 2 区，辅助常开触点一对在 7 区，一对在 9 区。因为没有使用辅助常闭触点，所以用“×”替代。

（1）主电路分析

主电路的三相电源由断路器 QF 引入，用于控制三台电动机，其中 M1 为主轴电动机，M2 为冷却泵电动机，M3 为刀架快移电动机。M1 通过接触器 KM1 进行控制，热继电器 FR1 实现 M1 的过载保护功能。M2 通过接触器 KM2 进行控制，热继电器 FR2 实现 M2 的过载保护功能。M3 通过接触器 KM3 进行控制。因刀架快移电动机属于短时工作，发热不明显，所以未使用热继电器进行过载保护。电路中符号 PE 表示电动机的保护接地。

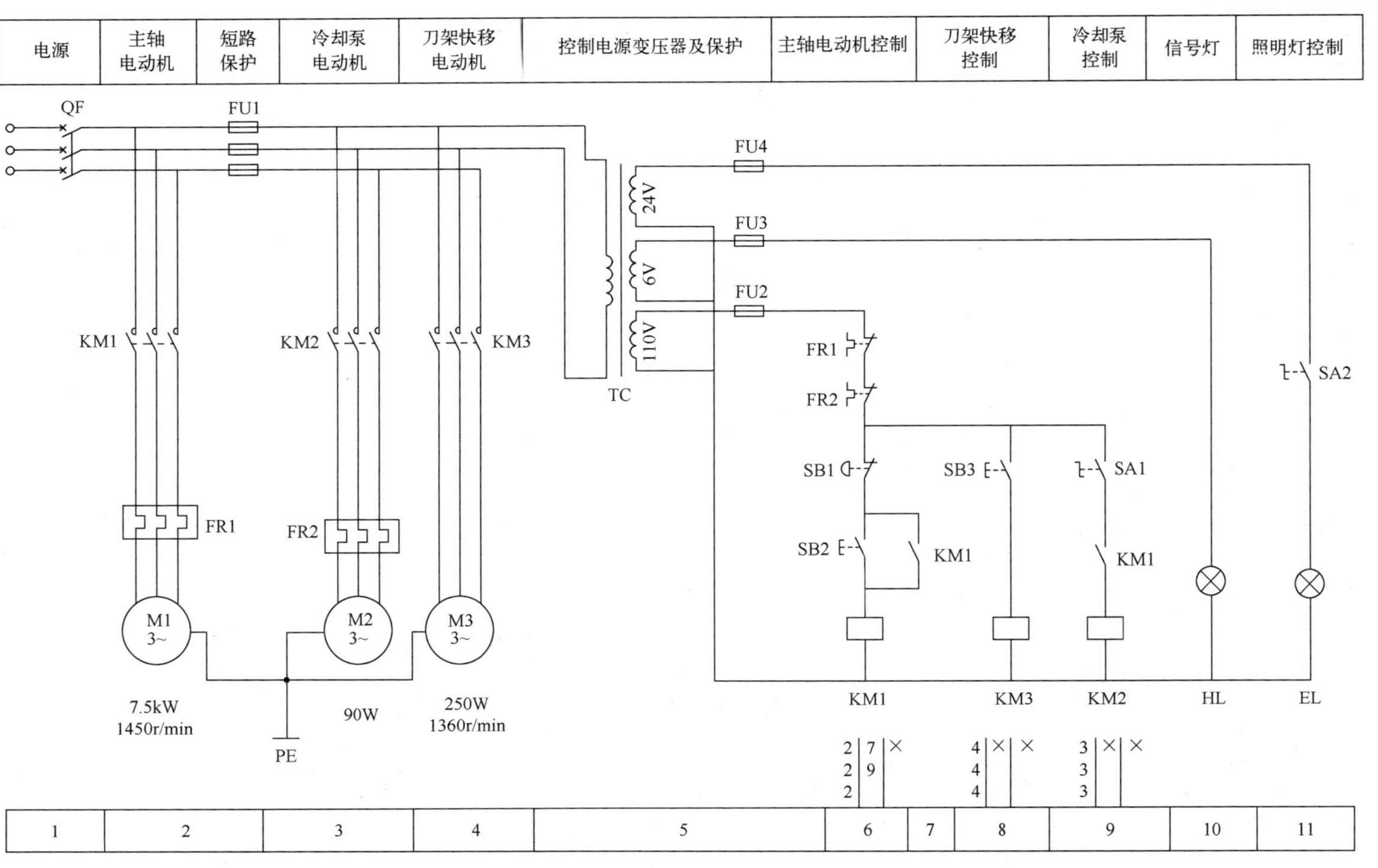

图6-3　CA6140车床电气控制原理图

（2）控制电路分析

控制电路由控制变压器 TC 进行供电，并采用熔断器 FU2 作为短路保护。

1）主轴电动机控制：按下起动按钮 SB2，KM1 接触器线圈得电并自锁，其主触点闭合使 M1 电动机起动，同时 KM1 辅助常开触点闭合为冷却泵电动机起动做好准备。按下急停按钮 SB1，M1 电动机停车。

2）冷却泵电动机控制：当车削过程中需要添加切削液时，合上旋转开关 SA1，使接触器 KM2 线圈得电，其主触点闭合使 M2 电动机通电运行。关闭冷却泵电动机只需断开 SA1 即可。当 M1 电动机停车时，M2 也自动停车，两者实现顺序控制。

3）刀架快移电动机控制：当按下按钮 SB3 时，KM3 接触器得电，其主触点闭合，M3 电动机起动，刀架快速移动；当松开按钮 SB3 时，M3 停止。

（3）辅助电路分析

电源信号灯 HL 和照明灯 EL 分别由控制变压器 TC 二次侧的 6 V 和 24 V 电压进行供电。只要断路器 QF 合上，电源信号灯就点亮。照明灯 EL 由旋转开关 SA2 进行手动控制。

6.1.4　CA6140 车床常见电气控制电路故障分析

CA6140 车床在使用过程中会出现一些常见的电气故障，其原因分析如下。

1）主轴电动机 M1 不能起动：当按下起动按钮 SB2，电动机不能正常起动。当出现此类故障时，首先需要检查主电路电源电压是否正常，熔断器 FU1 有无熔断等。如果这些都没问题，再检查控制电路中变压器 TC 二次侧的 110 V 是否正常，熔断器 FU2 有无熔断，热继电器 FR1 是否已动作，按钮 SB1、SB2 和交流接触器 KM1 本身是否存在问题等。这些故障均排除后，主轴电动机 M1 应能正常起动。

2）M1 缺相运行：若在按下起动按钮 SB2 时，M1 不能起动并发出“嗡嗡”声，且经过一段时间，电动机出现不正常的发热现象，则可判定是电动机发生了缺相故障。当电动机发生缺相时，应立即切断电源，避免损坏电动机。造成缺相的原因可能是主电路中某相电源熔断器熔断，或某相线路因机床运行振动而导致接触不良等。

任务 6.2　C650 车床电气控制系统分析

6.2.1　C650 车床认知

C650 卧式车床属于中型车床，其加工的最大回转直径为 1020 mm，最大工件长度为 3000 mm。C650 车床主要由床身、主轴变速箱、尾座、进给箱、丝杠、光杠、刀架和溜板箱等组成，其外观结构如图 6-4 所示。

6.2.2　C650 车床电力拖动特点及控制要求

C650 车床由主轴电动机、冷却泵电动机和刀架快移电动机三个电动机进行拖动，其电力拖动控制要求如下：

1）三个电动机均选用三相笼型交流异步电动机，其中主轴电动机功率为 30 kW，冷却泵电动机功率为 0.125 kW，刀架快移电动机功率为 2.2 kW。

2）主电动机 M1 因不经常起动，且起动时一般负载很小，因而起动电流并不是很大，故采用直接起动方式；为简化机械结构，要求采用电气方式实现正反两个方向旋转；为对刀和加

图 6-4　C650 车床外观结构

工调整方便，要求具有点动功能。

3）由于加工的工件比较大，加工时其转动惯量也比较大，需停车时不易立即停止转动，必须有停车制动的功能，C650 车床的正反向停车采用速度继电器控制的反接制动方式。

4）加工时为防止刀具和工件的温度过高，用一台电动机驱动的冷却泵供给切削液实现冷却。冷却泵电动机 M2 单向旋转，采用直接起动、停止方式。

5）为减轻工人的劳动强度和节省辅助工时，专设一台 2.2kW 的电动机拖动溜板箱快速运动，刀架快速移动电动机 M3 采用手动方式控制起停。

6）采用电流表检测主轴电动机负载情况。为监测主轴电动机定子大电流，通过电流互感器接入电流表。为防止主轴电动机的起动电流以及反接制动电流对电流表造成冲击，在主轴电动机起动和反接制动时，与电流表并联一个时间继电器的通电延时断开常闭触点。

7）主电动机和冷却泵电动机有短路和过载保护。

8）有安全照明电路。

6.2.3　C650 车床电气控制电路分析

C650 车床电气控制原理图如图 6-5 所示。

C650 电气控制电路工作原理分析如下。

整个控制电路分为主电路、控制电路和辅助电路三个部分，各部分组成类似于 CA6140。

（1）主电路分析

刀开关 QS 将三相电源引入，FU0 为总电路短路保护用熔断器，FU1 为主电动机 M1 的短路保护用熔断器，FR1 为 M1 电动机过载保护用热继电器，*R* 为限流电阻，防止在点动时连续的起动电流造成电动机的过载。通过电流互感器 TA 接入电流表以监视主电动机绕组的电流。KM1、KM2 为电动机 M1 正反转控制接触器，KM3 是用于短接电阻 *R* 的接触器。熔断器 FU4、FU5 分别为 M2、M3 电动机的短路保护，接触器 KM4、KM5 为电动机 M2、M3 起动用接触器，FR2 为 M2 电动机的过载保护，快移电动机 M3 短时工作，所以不设过载保护。PE 是电动机的保护接地。速度继电器 KS 与 M1 电动机主轴相连。

监视主回路负载的电流表是通过电流互感器接入的。为防止电动机起动电流对电流表的冲击，线路中采用一个时间继电器 KT。起动时，KT 线圈通电，而 KT 的延时断开的动断触点尚未动作，电流互感器二次侧电流只流经该触点构成闭合回路，电流表没有电流流过。起动后，KT 延时断开的动断触点打开，此时电流流经电流表，反映出负载电流的大小。

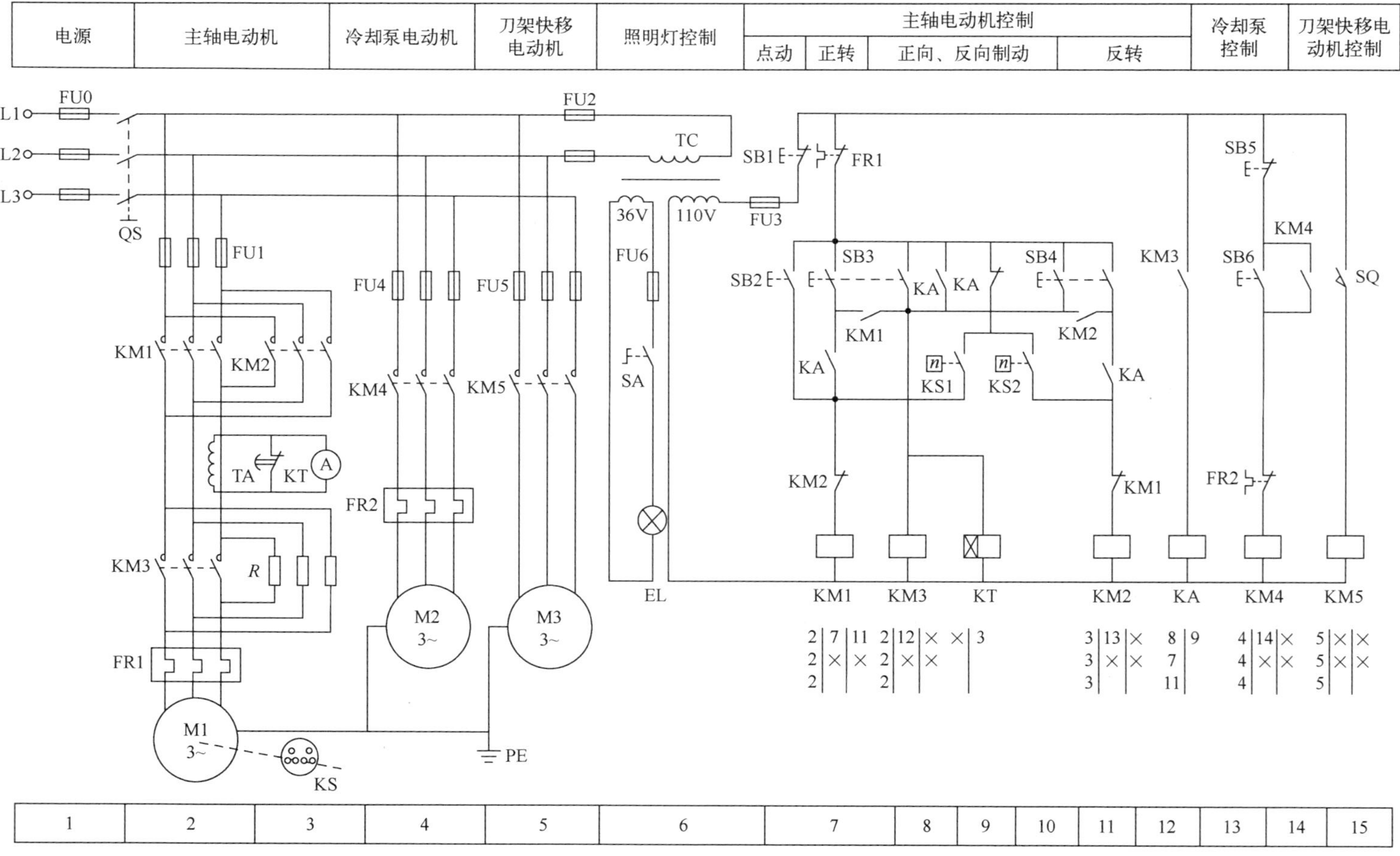

图 6-5 C650 车床电气控制原理图

（2）控制电路分析

控制电路由控制变压器 TC 进行供电，并采用熔断器 FU2 作为短路保护。

1）主电动机 M1 的点动调整。图 6-6 线条标粗部分所示为点动环节的控制线路图。线路中 KM1 为电动机 M1 的正转用接触器，KM2 为 M1 的反转用接触器，KA 为中间继电器。按下点动按钮 SB2，接触器 KM1 得电，其主触点闭合，电动机的定子绕组经限流电阻 *R* 和电源接通，电动机在较低速度下起动。松开按钮 SB2，KM1 断电，M1 停止转动。在点动过程中，中间继电器 KA 线圈不通电，KM1 线圈不会自锁。

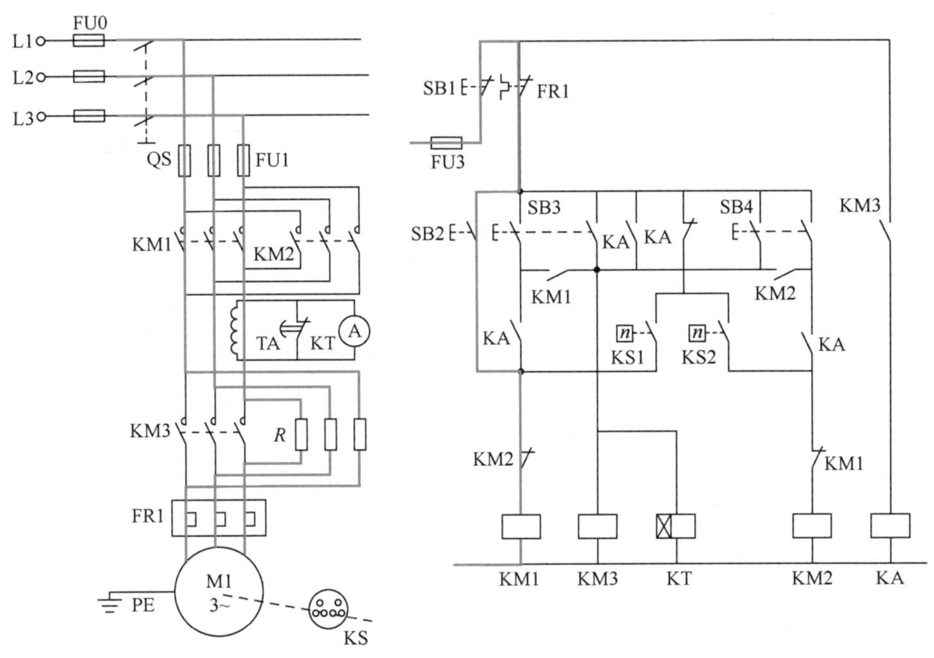

图 6-6 C650 车床点动控制线路

2）M1 的正向长动。按下正向起动按钮 SB3，接触器 KM3 首先得电动作，其主触点闭合将限流电阻 *R* 短接，其辅助常开触点闭合使中间继电器 KA 得电，KA 左侧的辅助常开触点闭合使接触器 KM1 得电，KM1 的主触点闭合使 M1 直接正向起动，KM1 的辅助动合触点和 KA 左侧的两个辅助动合触点的闭合将 KM1 的线圈自锁，实现电动机 M1 正向长动。其控制线路如图 6-7 线条标粗部分所示。

3）M1 的反向长动。按下反向起动按钮 SB4，接触器 KM3 首先得电动作，其主触点闭合将限流电阻 *R* 短接，其辅助触点闭合使中间继电器 KA 得电，KA 辅助触点闭合使接触器 KM2 得电，KM2 的主触点将三相电源反接，电动机在全压下反转起动。KM2 的动合触点和 KA 右侧动合触点的闭合将 KM2 的线圈自锁，实现电动机 M1 反向长动。其控制线路如图 6-8 线条标粗部分所示。KM2 的动断触点和 KM1 的动断触点分别串在对方接触器线圈的回路中，起到了电动机正转与反转的电气互锁作用。

4）主轴电动机 M1 的正转反接制动控制。速度继电器与被控电动机是同轴连接的，当电动机正转时，速度继电器的正转常开触点 KS2 闭合；电动机反转时，速度继电器的反转动合触点 KS1 闭合。当电动机正向旋转时，接触器 KM1 和 KM3、继电器 KA 都处于得电动作状态，速度继电器的正转动合触点 KS2 也是闭合的，这样就为电动机正转时的反接制动做好了准备。需要停车时，按下停止按钮 SB1，接触器 KM3 失电，其主触点断开，电阻 *R*

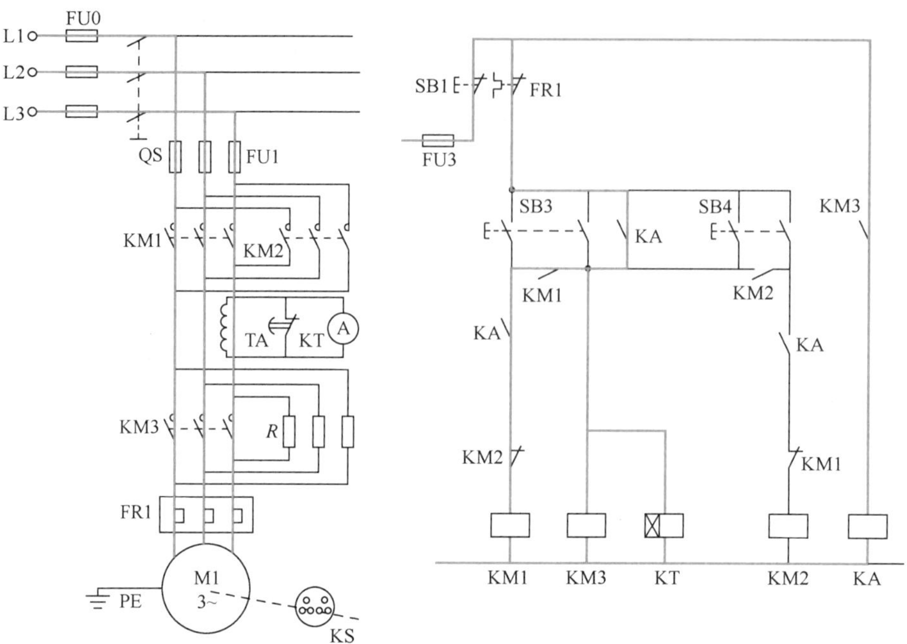

图 6-7　C650 车床正向长动控制线路

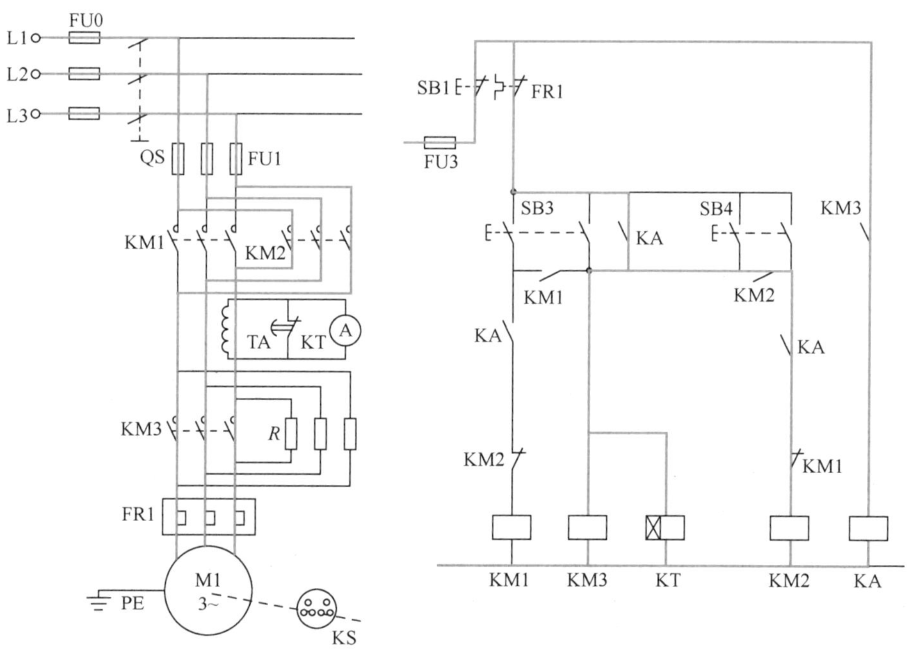

图 6-8　C650 车床反向长动控制线路

串入主回路。同时 KM1 和 KA 也失电，KM1 断开了电动机的电源，KA 失电后其动断触点复位闭合。松开停止按钮 SB1，这样就使反转接触器 KM2 的线圈得电，电动机的电源反接，电动机处于反接制动状态。当电动机的转速下降到速度继电器的复位转速时，速度继电器 KS 的正转动合触点 KS2 断开，切断了接触器 KM2 的通电回路，电动机脱离电源停止。正向反接制动控制线路如图 6-9 线条标粗部分所示。同理，读者可自行分析其反转反接制动的控制过程。

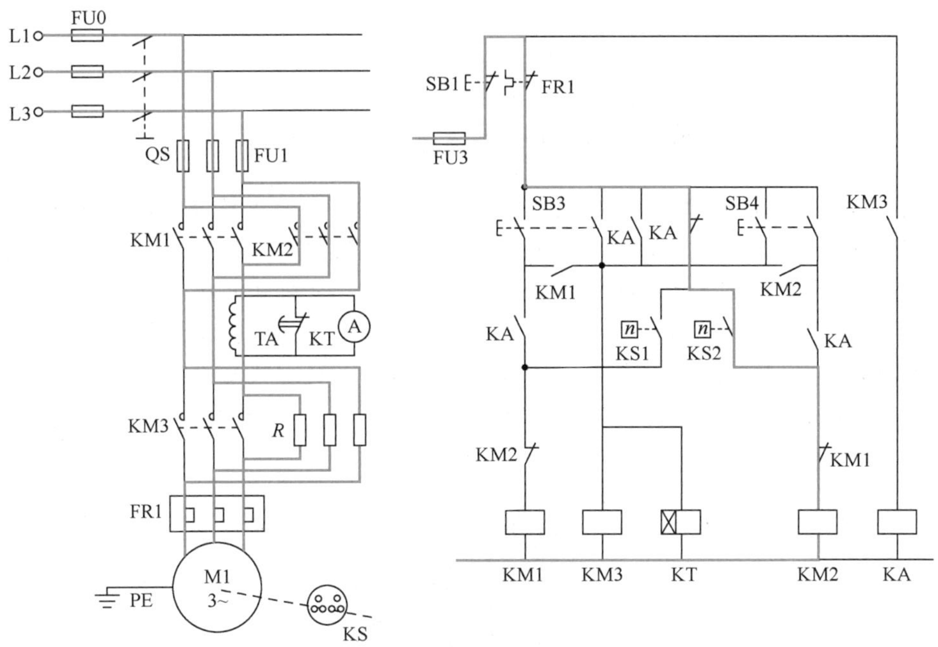

图 6-9　C650 车床正向反接制动控制线路

5）刀架的快速移动和冷却泵控制。刀架的快速移动是由转动刀架手柄压动行程开关 SQ 来实现的。当手柄压下 SQ 后，接触器 KM5 得电吸合，电动机 M3 转动带动刀架快速移动。M2 为冷却泵电动机，其起动与停止是通过按钮 SB6 和 SB5 控制的，读者可自行分析。

【思考与练习】

1. 实地探访学校的工程训练中心，了解金工实习所用车床的型号和电气控制要求，通过理论联系实际，对其电气控制箱元器件进行认知，绘制其电气原理图并进行工作原理分析。

2. CA6140 车床在运行过程中，出现以下故障，请分析其原因：

（1）按下停止按钮 SB1，主轴电动机 M1 不能停车；

（2）合上旋转开关 SA1，冷却泵电动机 M2 不能起动。

3. 分析 C650 车床 M1 电动机反向反接制动控制的工作过程。

【项目测评】

本项目目标达成度测评采用项目考核与个人考核相结合的方式，具体考核细则见表 6-2。考核成绩达到 70 分，就可以认定该学生达成了本项目的预期学习目标。

表 6-2　项目目标达成度测评评分办法

考核目标	考核方法	成绩占比（%）
目标 1	抽签答辩、课外作业	70
目标 2	抽签答辩	30

【素质拓展】

运用“系统思维”分析复杂电气控制线路

客观事物是多方面相互联系、发展变化的有机整体。系统思维就是人们运用系统观点，对对象的互相联系的各个方面及其结构和功能进行系统认识的一种思维方法。先由整体到部分，最后再回到整体。复杂电气控制线路分析过程中，先分析主电路，再分析控制电路，后分析辅助电路，最后融为一体。任何事物都是一个整体，同时又包含各个部分，整体和部分是相互依赖的。整体是由部分构成的，整体依赖于部分，只有深入认识部分才能清晰地把握整体；部分是整体的部分，离开整体的部分，就失去它原有的性质和功能，部分依赖整体，只有从整体中才能真正认识部分。

项目7　送料小车电气控制系统设计

【学习目标】

（1）熟知电气控制系统的设计流程与设计方法。

（2）能够根据机电设备的控制要求，设计出简单可行的电气控制系统。

（3）在项目实施过程中，养成良好的职业素养，体现良好的工匠精神。

【项目要求】

试设计一个小车运行电气控制系统，如图7-1所示，并完成安装与调试。动作要求如下：1）小车由一台三相交流异步电动机进行拖动；2）小车由原位开始前进，到终端后自动停止；3）在终端停留3 s后自动返回原位停止；4）要求能在前进或后退途中任意位置都能停止和再次起动；5）具有短路保护和过载保护功能。

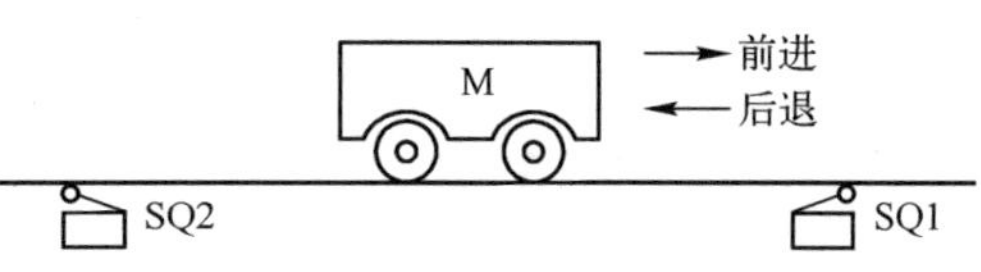

图7-1　小车运行控制示意图

【项目分析】

要完成上述任务，首先需要了解电气控制系统设计的一般工作流程和设计方法，然后根据机电系统的控制要求，进行电气控制原理图设计。在此基础上，进行电气元器件选型、线路安装与调试等，直至满足功能要求。

【实践条件】

（1）配置断路器、熔断器、热继电器、按钮、接触器、时间继电器等常用低压电器元件，另外还需要导线、网孔板、电动机、电工工具、万用表等。

（2）AC 380 V和AC 220 V电源。

【项目实施】

任务7.1　电气控制系统的设计流程与设计方法

对于新开发的机电设备，一般都需要设计电气控制电路，并进行元器件采购、安装、调试等，使其能够满足控制要求。对于简单的电气控制系统或不需要经常改型的电气控制系统，考虑到成本问题，目前还是采用继电器-接触器控制方式。而对于稍微复杂的电气控制系统或需要经常改型的电气控制系统，目前大多采用可编程控制器（PLC）控制方式。本项目只介绍继电器-接触器电气控制系统设计，对于PLC控制系统的设计则在后续项目中进行介绍。

7.1.1 电气控制系统设计的一般流程

电气控制系统设计，一般需要完成以下几个步骤：

1）分析系统设计要求。分析所设计设备的总体要求及工作过程，弄清楚设备生产工艺对电气控制电路的总体要求。

2）确定系统拖动方案和控制方式。系统拖动方案主要包括起动、制动、正反转、顺序控制、延时控制等。控制方式包括了继电器-接触器控制、可编程控制器控制等。

3）进行电气原理图设计。先设计主电路，再设计控制电路，最后进行辅助电路设计。设计完成后，需要进行电气原理图分析，并根据分析结果进行原理图的完善与修改，直到完全满足设计要求为止。

4）进行工艺设计。绘制出电气元件安装位置图、电气安装接线图和电气系统互联图。设计和选择电气元器件，并列出元器件明细表。

5）技术文档整理。编写使用说明书和维修说明书等。

7.1.2 电气控制电路的常规设计方法

电气控制电路设计是电气控制系统设计的重要内容之一。常规的电气控制电路设计方法主要有两种：经验设计法和逻辑设计法。

经验设计法是根据生产工艺的要求，以现有的基本电气控制环节或成熟的控制电路为基础，凭借设计人员的实际经验对其进行整合集成，使之成为所需要控制电路的设计方法。逻辑设计法是一种根据生产工艺的要求，利用逻辑代数来分析、化简、设计电路的方法。经验设计法简单，易于掌握，可直接设计出控制电路，使用广泛，但需要设计者具备一定的设计经验，能够熟练掌握各种基本控制环节，如点动、正反转、制动、顺序控制、多速控制等。逻辑设计法功能强大，所设计出的控制电路合理性好，但是掌握难度较大，只在一些具有复杂生产工艺的控制系统设计时才使用。

7.1.3 电气控制电路设计需要注意的问题

为了使所设计的电气控制电路既简单又能可靠地工作，设计过程中需要注意一些问题。

1）合理选择控制电源。对于控制电路电器较少时，可直接选用 380 V 或 220 V 主电路电源。对于控制电路电器较多时，宜采用控制变压器将控制电压降低到 110 V 以下使用。

2）正确连接电器的线圈。电压线圈不能串联使用，电流线圈不能并联使用。如图 7-2 所示，两个接触器的线圈不能串联使用，而需要并联使用。绘制电气原理图时，尽量将线圈绘制在最下侧（控制电路垂直绘制）或最右侧（控制电路水平绘制）。

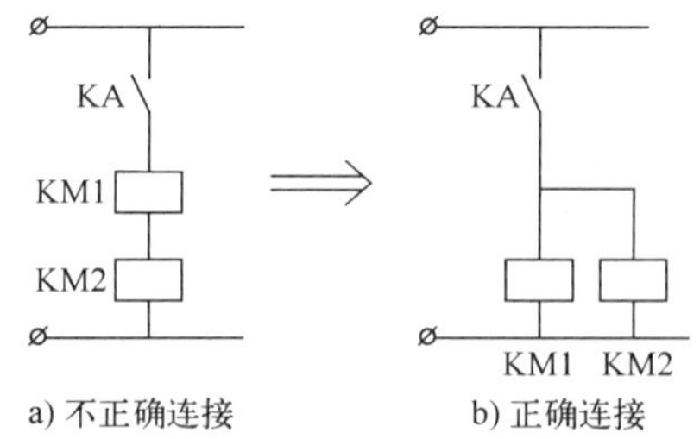

图 7-2 电压线圈应并联接入电路

3）避免许多电器依次动作才能接通另一电器的现象。如图 7-3a 所示，KA3 中间继电器需要通过 KA、KA1、KA2 三个常开触点依次动作才能接通，增加了电路故障的概率。改成图 7-3b 所示电路后，KA3 线圈的接通只需要通过 KA2 一个常开触点，电路可靠性好。

4）避免出现寄生电路。在控制电路动作过程中或事故情况下，意外接通的电路称为寄生回路，如图 7-4 所示。正常情况下，电路能够满足要求，但是当电动机因过载导致 FR 触点断开后，电动机便出现虚线所示的寄生回路，导致 KM1 无法断电，电动机不能得到过载保护。

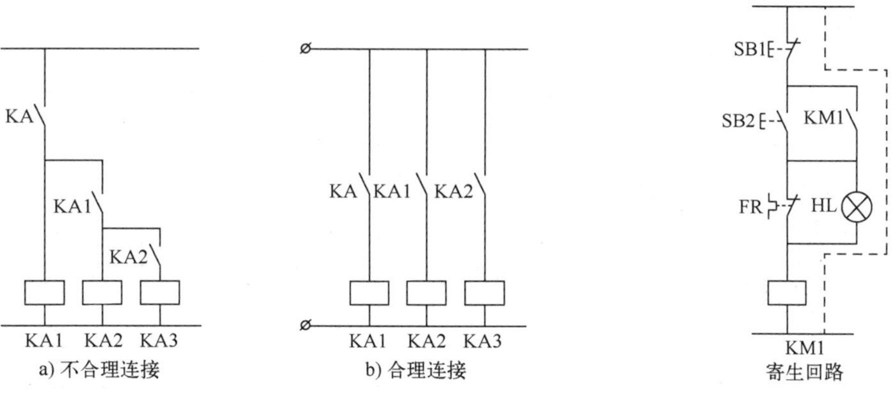

图 7-3　避免许多电器依次动作才能接通另一电器　　图 7-4　寄生回路

5）减少通电电器的数量。正常工作过程中，尽可能减少通电电器的数量，以利于节能、延长电器元件寿命和减少故障等。如在电动机星-三角减压起动控制电路中，当时间继电器完成了计时使命后，就可以将其断电，以避免其长时间工作。

6）电路中应设有必要的保护环节。一般应根据电路的需要选用过载、短路、过电压、欠电压、漏电等保护环节，必要时还应考虑设置合闸、事故、安全等指示信号，以保证即使在误操作情况下也不至于造成事故。

任务 7.2　送料小车电气控制原理图设计

7.2.1　控制要求分析

小车要求前进后退，故需要能够实现电动机正反转控制。小车需要在原位和终端间运动，因此需要利用行程开关来进行位置控制。小车需要在终端停留 3 s，因此需要用时间继电器来进行时间控制。另外小车要求能在前进或后退途中任意位置都能停止和再次起动，所以需要用正反转起动按钮和停止按钮来进行动作控制。系统要求具有短路保护和过载保护功能，故需要用到熔断器、断路器和热继电器等低压电器。

7.2.2　电气控制原理图设计

（1）主电路设计

小车要求能够实现前进后退，可以借用电动机正反转控制的主电路设计方法，由 KM1 接触器主触点控制电机的正转，KM2 接触器主触点控制电动机的反转。结果如图 7-5 所示。

（2）控制电路设计

控制电路的设计可借鉴工作台自动往返控制电路和电动机延时起动控制电路的设计方法进行设计，并进行整合，结果如图 7-6 所示。图中熔断器 FU2 用于控制电路短路保护，按钮 SB1 用于正向起动，SB2 用于反向起动，SB3 用于电动机停止。行程开关 SQ1 用于右侧限位，SQ2 用于左侧限位。时间继电器 KT 用于延时控制。接触器 KM1、KM2 分别用于电动机正反转控制。

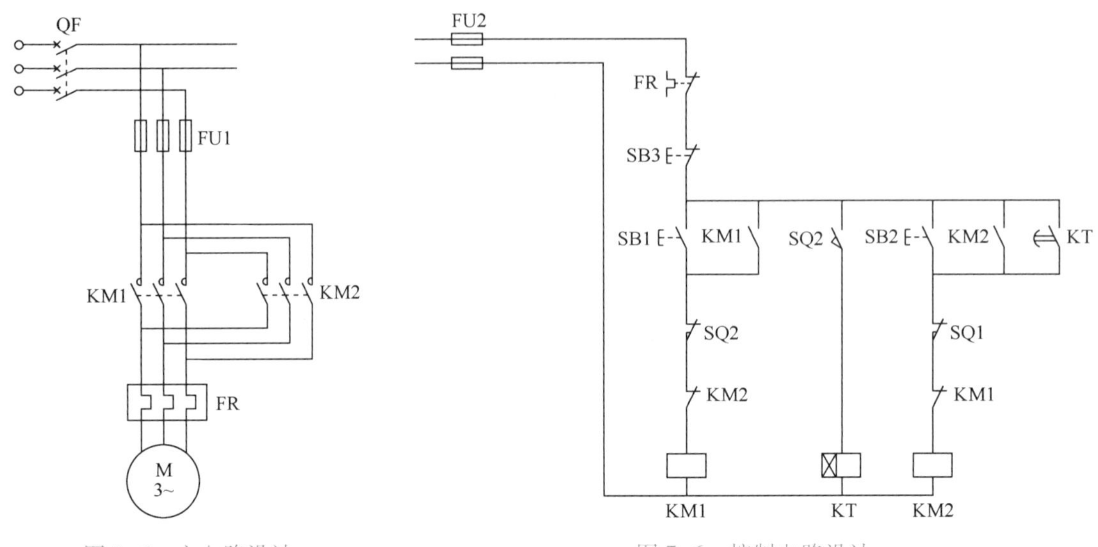

图 7-5　主电路设计　　图 7-6　控制电路设计

（3）工作原理分析

将主电路与控制电路整合在一起（如图 7-7 所示），然后进行工作原理分析，看是否与控制要求相吻合。其工作原理分析如下：合上 QF，接通电源。当按下正向起动按钮 SB1 时，接触器 KM1 得电并自锁，其主电路中 KM1 主触点闭合，电动机正转，小车向左移动。当小车到达左侧限位 SQ2 时，其常闭触点先断开，KM1 接触器线圈断电，KM1 主触点断开，电动机正向停止，而后 SQ2 常开触点闭合，接通时间继电器 KT，延时开始。当 KT 时间到时，其延时闭合常开触点闭合，KM2 接触器线圈得电并自锁，KM2 主触点闭合，电动机反转，小车向右运动。当小车到达右侧限位 SQ1 时，其常闭触点断开，KM1 接触器线圈失电，KM1 主触点断开，电动机停止，小车停留在 SQ1 处。在小车行进或后退过程中，可按 SB3 按钮随时进行停止。停止后可按 SB1 或 SB2 进行再次起动。

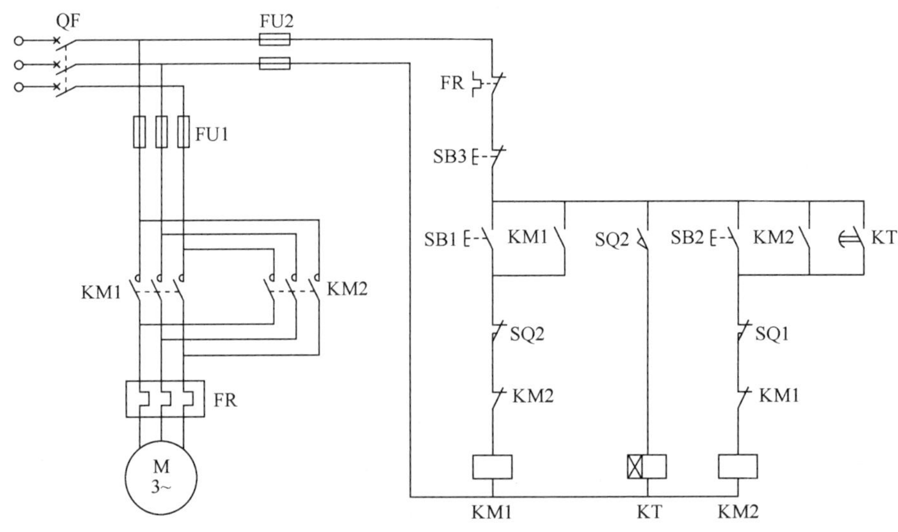

图 7-7　送料小车电气控制原理图

任务 7.3　送料小车电气控制电路工艺设计与安装调试

7.3.1　电气元器件选型

一个电气控制系统往往由多个电气元器件组成，若其中有一个元器件选择出错，就会影响到整个控制系统的正常运行。因此，正确、合理选择各电气元器件是保证系统稳定、安全、经济、可靠的关键。根据所设计的电气原理图，送料小车电气控制系统中需要包括断路器、接触器、熔断器、按钮、行程开关、时间继电器等多个元器件的选型。

（1）断路器的选型

断路器的选择需要按下述原则进行：

1）断路器的额定工作电压和额定工作电流应不小于电路、设备的正常工作电压和工作电流。

2）热脱扣器的额定电流应与所控制的电动机的额定电流或负载额定电流一致。

3）电磁脱扣器瞬时脱扣整定电流应大于负载电路正常工作时的尖峰电流。

4）欠电压脱扣器的额定电压应等于线路的额定电压。

5）分励脱扣器的额定电压应等于控制电源的电压。

6）根据品牌选质量、性价比较高的断路器。

（2）接触器的选型

接触器的选择需要按下述原则进行：

1）根据电路中负载电流的种类选择接触器的类型；交流负载选交流接触器；直流负载选直流接触器。

2）接触器主触头的额定电压应大于或等于所控制线路的额定电压。

3）接触器主触头的额定电流应大于或等于被控主回路的额定电流。

4）吸引线圈的额定电压应与所接控制电路的额定电压等级一致。

5）接触器的触头数量和种类应满足控制线路的要求。

（3）热继电器的选型

热继电器的选择需要按下述原则进行：

1）根据负载电流大小选择适当的额定电流。热继电器的额定电流要大于负载电流，且不能过大，否则会影响电器的正常工作。

2）热元件的整定电流一般为电动机额定电流的 0.95~1.05 倍。

3）根据电动机定子绕组的连接方式选择热继电器的结构形式。用做断相保护时，对丫联结应使用不带断相保护装置的两相或三相热继电器，对△联结应使用带断相保护装置的继电器。

4）在不频繁起动的场合，要保证热继电器在电动机起动过程中不产生误动作。

（4）熔断器的选型

熔断器的选择需要按下述原则进行：

1）熔断器类型的选用。根据使用环境、负载性质和短路电流的大小选用适当类型的熔断器。例如，对于容量较小的照明电路，可选用 RT 系列圆筒帽型熔断器；相对于短路电流相当大或有易燃气体的地方，应选用 RT 系列有填料封闭管式熔断器。

2）熔断器的额定电压必须不小于电路的额定电压；熔断器的额定电流必须不小于所装熔

体的额定电流。熔断器的分断能力应大于电路中可能出现的最大短路电流。

3）熔断器额定电流的选用。对一台不经常起动且起动时间不长的电动机的短路保护，熔体的额定电流应不小于1.5~2.5倍电动机额定电流；对一台起动频繁且连续运行的电动机的短路保护，熔体的额定电流应不小于3~3.5倍电动机的额定电流。

（5）时间继电器的选型

时间继电器的选择一般可遵循下述原则：

1）根据受控电路的需要来决定选择时间继电器是通电延时型还是断电延时型。

2）根据受控电路的电压来选择时间继电器吸引绕组的电压。

3）应根据实际需要确定所需的时间范围和时间间隔来选择时间继电器，以满足控制系统的要求。若对延时要求高，则可选择晶体管式时间继电器或数字式时间继电器；若对延时要求不高，则可选择空气阻尼式时间继电器。

（6）按钮的选型

按钮的选择一般可遵循以下原则：

1）根据使用场合和具体用途选择按钮的型号和形式，如带灯式、紧急式、钥匙操作式等。

2）根据工作状态指示和工作情况要求，选择按钮的颜色，如起动用绿色，停止用红色等。

3）按控制电路的需要，确定按钮的额定电压、额定电流、触点形式和触点的组数，如单联按钮、复合按钮等。

（7）行程开关的选型

行程开关的选择遵循下列四点基本原则：

1）根据应用场合及控制对象选择是一般用途还是起重设备用行程开关。

2）根据安装环境选择采用何种系列的行程开关。

3）根据机械与行程开关的传动形式，是开启式还是防护式。

4）根据控制回路的电流和电压，动力与位移关系选择合适的头部结构形式。

综合以上各种低压元器件的选择原则，确定送料小车电气控制系统所用元器件型号及规格见表7-1。

表7-1 送料小车电气控制系统所用元器件型号及规格

序号	名称	代号	数量	规格型号
1	电动机	M	1	WDJ24-1
2	断路器	QF	1	DZ40LE
3	热继电器	FR	1	JRS1-25
4	熔断器	FU1	3	RT14-10
5	熔断器	FU2	2	RT14-5
6	交流接触器	KM1、KM2	2	CJ20-10
7	起动按钮	SB1、SB2	2	LA20-3H
8	停止按钮	SB3	1	LA20-3H
9	时间继电器	KT	1	DH48S
10	行程开关	SQ1、SQ2	2	LXK3
11	端子排	XT	1	

7.3.2　元器件布置图绘制

根据元器件布置图绘制规则，绘制出如图 7-8 所示布置图。

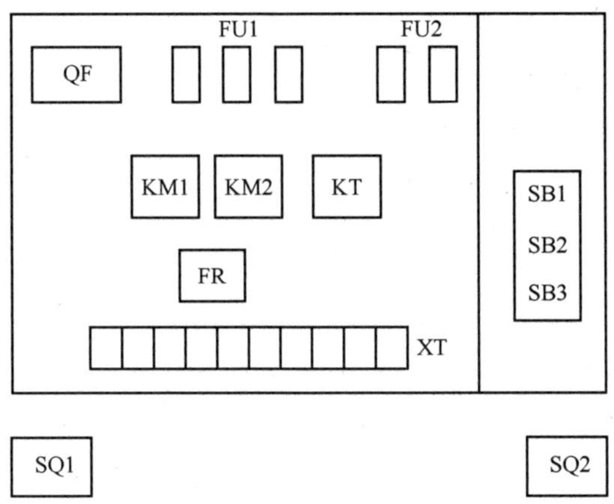

图 7-8　送料小车电气控制系统元器件布置图

7.3.3　接线图绘制

（1）标注线号

根据线号的标注规则在电气原理图上标注线号，如图 7-9 所示。

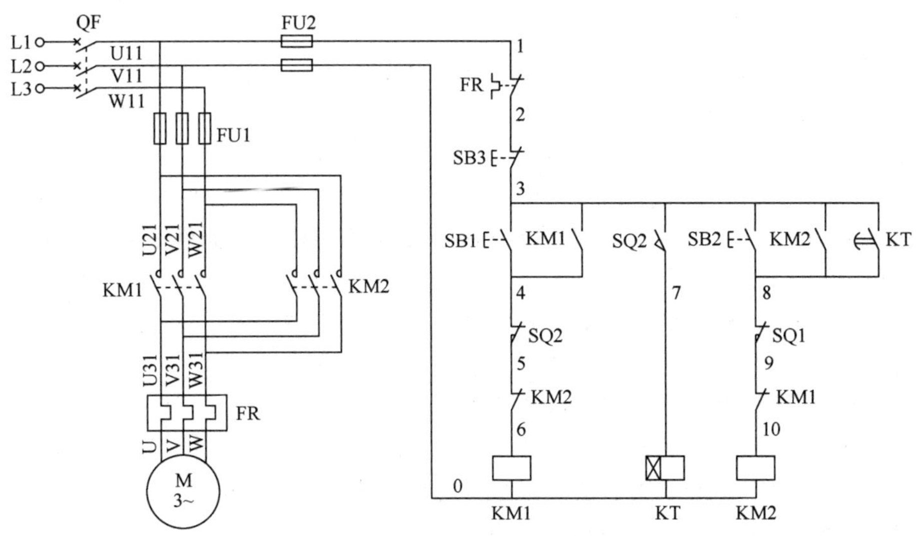

图 7-9　送料小车电气控制系统电气原理图线号标注

（2）绘制接线图

根据接线图的绘制规则，以及电气原理图所标注的线号，绘制出如图 7-10 所示的接线图。

7.3.4　线路安装与调试

按照元器件布置图 7-8 安装电器元件。安装时需要按照元器件的工艺要求，注意各电器

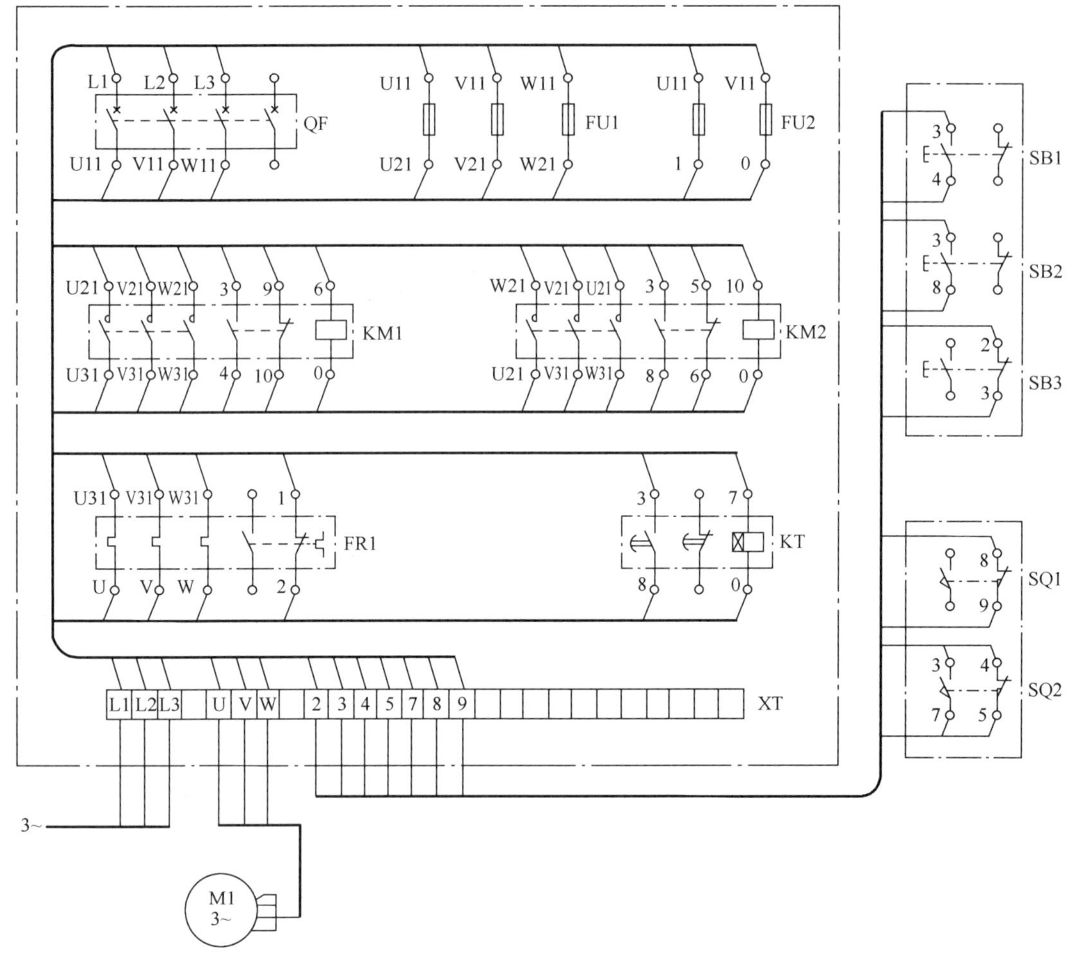

图 7-10 送料小车电气控制系统接线图

元件的安装位置应以整齐、匀称、间距合理和便于更换为原则。元器件安装好后，再按照布线工艺要求进行布线。布线需要注意：

1）在接线与通电调试过程中务必注意安全。

2）主电路与控制电路导线颜色、粗细分开。

3）接线规范，导线尽量不交叉、线头不裸露，按钮区分颜色。

4）每个元件端子上不允许超过 2 根线。

5）安装完毕后的控制电路板，必须经过仔细检查才允许通电试车。

6）若出现故障，请确定排除故障后再通电试车。

7.3.5 线路故障分析

对于初学者来说，在线路安装调试过程中，经常会出现一些故障，导致小车不能正常运行，此时需要根据电路故障的分析方法进行故障原因分析。

【思考与练习】

1. 简述电气控制系统的设计流程与设计方法。
2. 在送料小车电气控制系统设计过程中，如果要求小车能够实现循环运行，电路该如何改进?

3. 试设计一笼型交流异步电动机控制电路，要求可实现正反转，可正向点动，两处起停控制，电路中有必要的保护环节。需要绘制出其主电路与控制电路。

4. 试设计两台笼型交流异步电动机 M1、M2 的顺序起动控制电路，要求：M1 起动后 M2 才可起动，M1 可点动，M2 可单独停止，M1、M2 可同时停止，具有短路和过载保护。

【项目测评】

本项目目标达成度测评采用项目考核与个人考核相结合的方式，具体考核细则见表 7-2。考核成绩达到 70 分，就可以认定该学生达成了本项目的预期学习目标。

表 7-2　项目目标达成度测评评分办法

考核目标	考核方法	成绩占比（%）
目标 1	口试	20
目标 2	课内外作业	70
目标 3	考勤、课堂表现评分	10

【素质拓展】

循序渐进——遵循电气控制系统设计流程

电气控制系统设计需要遵循一定的设计流程。其中流程是一个系统化的工作、行为或事物的步骤，可以使一项任务的执行更加有序、有效。流程可以帮助提高工作的效率。通过组织可以使每个工作过程和步骤定义得更清晰，让每一项工作都有一个具体的执行步骤，可以帮助工作人员更快实现目标。流程可以提高工作的质量。规范流程使过程规范，避免出现不必要的错误和漏洞，从而提高工作质量。流程有助于拓展团队精力。有序的流程能让每个人更加专注于自己的工作，团队共同朝着相同的目标努力。

PLC 控制技术篇

项目 8　电动机单向运行 PLC 控制系统设计、安装与调试

【学习目标】

（1）能够正确阐述 PLC 的定义、结构、特点、型号、应用领域、编程语言与工作原理。

（2）能够正确阐述西门子 S7-1200 PLC 的结构、型号、硬件铭牌符号含义、主要技术指标与编程语言。

（3）能够根据电动机单向运行 PLC 控制原理图正确安装 PLC 控制系统硬件电路，并理解其工作原理。

（4）能够使用博途软件编写 PLC 梯形图程序，并进行仿真调试与在线调试。

（5）在项目实施过程中，养成良好的职业素养，体现良好的工匠精神。

【项目要求】

用低压电器元件与 S7-1200 PLC 完成三相交流异步电动机单向运行控制系统的设计、安装与调试任务。具体控制要求：当按下起动按钮时，电动机起动；当松开起动按钮时，电动机继续运转；当按下停止按钮时，电动机停止。

【项目分析】

要完成上述任务，首先需要对 S7-1200 PLC 的结构组成、工作原理、接线方式及编程方法有所认知；其次需要了解 PLC 控制系统设计的关键步骤，如 I/O 点的分配、PLC 控制原理图的绘制、PLC 梯形图的设计；再次需要根据控制原理图进行硬件接线，并理解其工作原理；最后需要能够使用 TIA 博途软件进行程序编制、下载、仿真调试与在线调试等。

【实践条件】

（1）配置断路器、熔断器、热继电器、按钮、接触器等常用低压电器元件，另外还需要导线、网孔板、电动机、电工工具、万用表、网线等。

（2）S7-1200 PLC。

（3）安装有 TIA 博途软件的计算机。

【项目实施】

任务 8.1　PLC 认知

一项新技术的产生，往往与人类的需求和愿望紧密结合在一起，如中国古代的四大发明，

近代的蒸汽机、电动机，现代的计算机、人工智能、机器人、运载火箭等。从远古到现代，人类发明创造了数不胜数的技术，推动了社会发展与文明进步。

PLC 是英文 Programmable Logic Controller 的简称，中文名为可编程控制器。PLC 技术的产生，跟电气控制技术、计算机技术紧密联系在一起。在 PLC 诞生之前，继电器接触器控制系统在工业控制领域占据主导地位。但是随着工业控制系统的控制要求越来越多，逻辑关系越来越复杂，继电器接触器控制系统的弊端也就逐步显示出来，主要体现为体积大、能耗高、可靠性差、寿命短、适应性弱等。尤其是当一个生产设备的控制工艺要求发生某些改变时，其控制系统就必须拆除重建，造成时间和金钱的浪费。在汽车制造行业，由于汽车更新换代比较频繁，这种问题就更加突显。为了改变这一不利局面，1968 年美国通用汽车制造公司（GM）就提出要研制一种新型的工业控制装置来取代现有的继电器接触器控制装置，以提升自身在汽车制造行业中的竞争力。为此，该公司拟定了新型工业控制装置的十项技术要求，并面向全世界公开招标。

这十项技术要求分别为：

1）编程简单，现场可修改程序；

2）维护方便、采用插件式结构；

3）可靠性高于继电器控制系统；

4）体积小于继电器控制系统；

5）数据可以直接送入计算机；

6）成本可与继电器系统竞争；

7）输入可为市电（交流 115 V，2 A 以上）；

8）输出可为市电，能直接驱动电磁阀、交流接触器等；

9）通用性强、易于扩展；

10）用户存储器大于 4 KB。

这就是著名的“GM 十条”。在通用汽车公司的支持下，1969 年，美国数字设备公司（DEC）根据 GM 公司的要求，首先研制成功世界上第一台可编程序控制器（PLC），并应用在通用汽车的生产线上，取得了成功，从而开创了工业控制的新局面。从此这一技术在工业领域迅速发展起来。自 1969 年第一台 PLC 面世以来，PLC 发展非常迅速，目前已成为一种最重要、最普及、应用场合最多的工业控制器，与机器人、CAD/CAM 技术并称为工业生产自动化的三大支柱。

8.1.1 PLC 的定义

PLC 是在电气控制技术和计算机技术的基础上开发出来的，并逐渐发展成为以微处理器为核心，将自动化技术、计算机技术、通信技术融为一体的新型工业控制装置。

对于 PLC 的定义，国际电工委员会（IEC）于 1987 年 2 月在颁发的可编程控制器标准的第三稿中这样描述：可编程控制器是一种数字运算操作的电子系统，专为工业环境下应用而设计。它采用了可编程序的存储器，用来在其内部存储和执行逻辑运算、顺序控制、定时、计数和算术运算等操作命令，并通过数字式和模拟式的输入和输出，控制各种类型的机械或生产过程。

8.1.2 PLC 的功能与应用领域

PLC 最初是用来替代继电器接触器控制系统的，因此它最基本的功能就是开关量逻辑控制。后来随着计算机技术、微电子技术、网络通信技术的发展，PLC 的功能越来越强大，目前已具备了多方面的功能，如定时/计数功能、运动控制功能、A/D 与 D/A 转换功能、过程控制功能、数据处理功能、通信联网功能等。

正因为 PLC 具有上述强大功能，使得它既可以用于开关量控制，也可用于模拟量控制；既可用于单机控制，也可用于多机、多级控制。目前，PLC 在国内外已广泛应用于钢铁、石油、化工、电力、建材、机械、汽车、轻纺、环保、交通运输与文化娱乐等各个行业。PLC 的应用大致可分为以下几类：

1）用于开关量逻辑控制。PLC 使用“与”“或”“非”等逻辑运算指令来控制触点和线圈的接通与断开，从而可代替传统的继电器接触器实现开关量逻辑控制，变“硬元件”为“软元件”。

2）用于运动控制。PLC 使用专用的运动控制模块，可用于控制步进电动机、伺服电动机和交流变频器等，从而实现对各种机械运动和位置的控制。

3）用于闭环过程控制。PLC 具有模拟量 I/O 模块，能够实现对温度、压力、流量、速度等模拟量进行模/数转换或数/模转换，并对模拟量进行 PID 闭环控制等。

4）用于数据处理。PLC 具有数学运算、数据传送、排序、查表等功能，可以完成数据的采集、分析与处理。

5）用于通信与联网。PLC 具有通信接口，可与其他 PLC、触摸屏、变频器、计算机等外部设备进行联网通信，实现远程 I/O 控制与工厂自动化控制。

8.1.3　PLC 的特点

PLC 之所以一出现便成为工业控制领域的最爱，并能够获得高速发展，主要是因为它拥有以下这些特点。

（1）可靠性高，抗干扰能力强

PLC 的输入输出接口电路采用了光电耦合、滤波、Watchdog（“看门狗”）、循环扫描等多项软硬件技术，能够有效抑制外界干扰，保证 CPU 能够在恶劣的环境中可靠地工作，使其平均故障间隔时间可以达到 4 万~5 万 h，有些甚至能够达到 10 万~30 万 h。

（2）通用性强，适应性好

PLC 不仅具有逻辑运算、定时、计数、顺序控制、数据处理、闭环控制、联网通信等多种功能，而且其产品已实现系列化、模块化，使其组成各种不同控制要求的控制系统，能够适应多种工业控制场合。

（3）编程简单，易学易用

目前大多数 PLC 采用的编程语言是梯形图语言。梯形图与继电器接触器控制线路图相似，形象、直观，很容易被广大工程技术人员学习和掌握。

（4）设计安装简单，使用维护方便

由于 PLC 用软件程序取代了传统电气控制系统的硬件接线，使得控制柜的设计、安装及接线工作量大为减少。另外 PLC 控制系统的软硬件可以分开设计，且 PLC 的程序大部分可在实验室进行模拟调试，从而大大缩短了设计和调试周期。在维护方面，由于 PLC 的故障率极低，维修工作量很小；而且 PLC 具有很强的自诊断功能，如果出现故障，可根据 PLC 上指示灯或编程器上提供的故障信息，迅速查明原因，维修极为方便。

（5）体积小、重量轻、功耗低

由于 PLC 是专为工业控制而设计的，其结构紧凑、体积小巧、占用空间小，易于安装到机械设备内部。另外PLC采用了集成电路，其功耗低。

8.1.4 PLC的分类

目前PLC的生产制造商很多，全世界大概有两三百家，生产的PLC类型也很多，有四五百种。在国外方面，主流的PLC有德国西门子公司生产的S7系列PLC、美国的Allen-Bradley公司生产的PLC-5系列PLC、美国通用电气（GE）公司生产的GE-1系列PLC、日本三菱公司生产的FX系列PLC、日本欧姆龙公司生产的CMP1A系列PLC、日本松下公司生产的FP系列PLC等。国产方面，有北京和利时公司生产的LM系列PLC、台湾台达公司生产的DVP系列PLC、江苏信捷公司生产的XC系列PLC等。

（1）根据I/O点数来分

根据I/O点数来分，PLC可分为微型机、小型机、中型机和大型机。

微型PLC的I/O点数一般在64点以下，其特点是体积小、结构紧凑、重量轻，功能以开关量控制为主，部分产品具有少量模拟量信号处理能力。例如松下公司生产的FP0系列PLC就是微型PLC。

小型PLC的I/O点数一般在64~256点，除了开关量控制外，一般都具有模拟量控制和高速运动控制功能，以及较强的通信能力。例如西门子公司生产的S7-200、S7-1200系列PLC就是小型PLC。

中型PLC的I/O点数一般在256~1024点，其特点是指令系统丰富、内存容量大，有多种特殊功能模板或智能模块，有较强的通信能力。例如西门子公司生产的S7-300、S7-1500系列PLC就是中型PLC。

大型PLC的I/O点数一般都在1024点以上，其特点是软硬件功能特别强大，具有多种网络通信能力，有些还具备多CPU结构，有较强的冗余能力。例如西门子公司生产的S7-400系列PLC就是大型PLC。

（2）根据系统结构来分

根据系统结构来分，PLC可分为整体式、模块式和叠装式。

整体式PLC是将CPU、存储器、输入/输出接口、电源等模块整合在一起，使得PLC结构紧凑、体积小、价格低、安装简单。例如西门子公司生产的S7-200系列PLC、松下公司生产的FP1系列PLC就是整体式PLC。

模块式PLC是将CPU、存储器、输入/输出接口、电源等各单元模块分开制造，然后根据需要进行组合安装。各模块结构上相互独立。例如西门子公司生产的S7-300、S7-400、S7-1500系列PLC就是模块式PLC。

叠装式PLC的CPU、电源、I/O接口等也是各自独立的模块，但它们之间是靠电缆进行连接的，并且各模块可以一层层地叠装。这样，不但系统可以灵活配置，还可做得体积小巧。它集成了整体式PLC和模块式PLC两者的优点。例如西门子公司生产的S7-1200系列PLC就是叠装式PLC。

8.1.5 PLC的组成

PLC本质上是一种工业控制用计算机，和普通计算机有所类似，但是又存在较多不同，它具有更强的与工业过程相连接的接口。PLC硬件由中央处理器（CPU）、存储器、输入/输出单元（I/O接口）、编程通信接口及电源等部分组成。PLC的基本组成如图8-1所示。

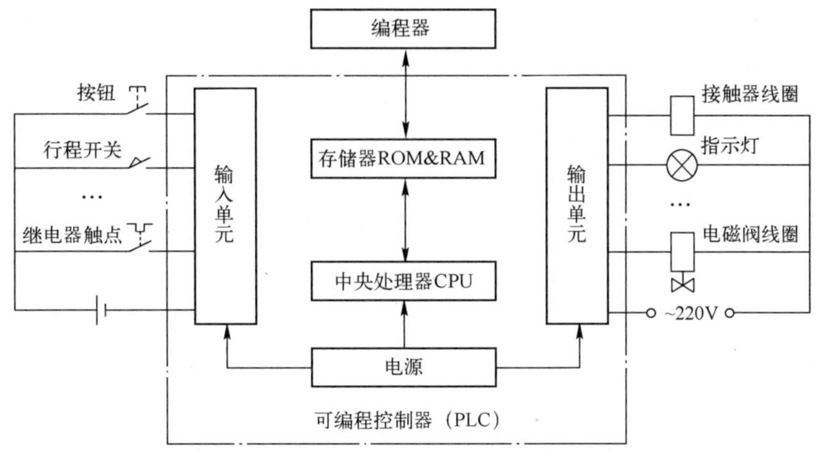

图 8-1　PLC 的基本组成

（1）中央处理器（CPU）

中央处理器是 PLC 的核心部分，主要由微处理器和控制器构成。微处理器是 PLC 的运算和控制中心，主要执行逻辑运算和数字运算工作。控制器主要是控制微处理器的各个部件有条不紊地工作，其基本功能是从内存中读取指令和执行指令。PLC 的微处理器有用于小型 PLC 的 Z80A、8085、8031 等 8 位微处理器或单片机，用于中型 PLC 的 8086、8096 等 16 位微处理器或单片机，用于大型 PLC 的 AMD29W 等高速位片式微处理器。

（2）存储器

PLC 系统具有两种存储器，即系统存储器和用户存储器。系统存储器用于存放系统管理程序，并固化在 ROM 或 EPROM 中，用户不能访问和修改，其功能类似于计算机的操作系统。用户存储器用于存放用户经编程设备输入的应用程序和工作数据状态，分为用户程序区、数据区和系统区三个部分。用户程序区用于存放用户程序；数据区用于存放工作状态数据，如输入/输出数据映像区数据、定时器/计数器预置数和当前值等数据；系统区用于存放 CPU 相关的组态数据，如输入输出组态、高速计数器配置、高速脉冲输出配置和通信组态等。

（3）输入/输出单元（I/O）

输入/输出单元是 PLC 的 CPU 与现场外部输入/输出装置或其他外部设备之间的接口电路。

PLC 的输入单元用来接收和采集现场输入信号的状态（如按钮、开关、继电器触点、传感器等），并把这些状态信息转换成 CPU 能够识别和处理的信号，存储到输入映像寄存器中。PLC 的输入单元有直流、交流和交直流输入三种类型，可接不同的按钮和传感器类型。为防止各种信号干扰，PLC 的输入接口电路中采用了光电隔离措施。

PLC 的输出单元用于驱动负载元件，如接触器、电磁阀等。为适应不同控制的需要，PLC 的输出单元有晶体管输出、继电器输出和晶闸管输出三种类型。其中晶体管输出类型只能用于驱动直流负载，其内部采用晶体管，开关速度高，适合高速控制场合，如数码显示、高速脉冲输出控制步进电动机等。继电器输出类型既可用于驱动交流负载，也可用于驱动直流负载。其内部使用的是继电器触点开关，受继电器触点开关速度的限制，只能满足速度要求不高的控制要求。晶闸管输出类型只能用于驱动交流负载，其内部使用双向晶闸管，动作频率高，适合高速控制场合。

（4）电源

电源是 PLC 的供电系统。它的作用一方面是把外部供应的电源变换成系统内部各单元

（如CPU板、I/O板机扩展单元模块）所需的DC 5 V电源，另一方面还可为外部输入元件提供DC 24 V（200 mA）的电源。

（5）编程器

编程器是PLC最重要的外围设备，它的作用是供用户进行程序编制、编辑、下载与调试，也可用于对PLC内部状态和参数进行在线监控等。编程器以前用的是专用的手持编程器，由于其使用不方便，现在已不再使用。目前编程大多是采用配有专用编程软件包的个人计算机，其功能强大，既可以编制、修改PLC的梯形图程序，又可以监视系统运行、打印文件、系统仿真等。

8.1.6 PLC的工作原理

PLC起源于传统的继电器接触器控制系统，但是其工作方式与继电器接触器控制系统不太一样。继电器接触器控制系统采用并行工作方式，当一个按钮按下后，有可能几个接触器与继电器同时得电。而PLC本质上是一台计算机，在任何时刻它只能做一件事情，如执行一条指令等，属于串行工作方式。

PLC虽然是一种工业控制计算机，但是其工作原理与传统的计算机又有很大不同。个人计算机一般采用等待命令的工作方式，如常见的键盘或鼠标工作方式。PLC采用的是循环扫描的工作方式。每次扫描一般都需要经过读输入（输入采样）、程序执行、写输出（输出刷新）三个环节。工作原理如图8-2所示。

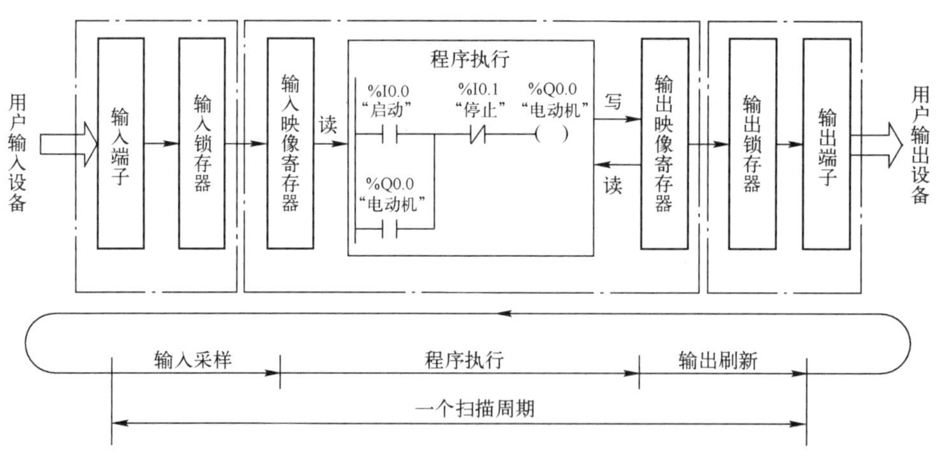

图8-2 PLC的工作原理

（1）输入采样

PLC在执行程序之前，首先扫描输入端子，按顺序将所有输入信号读入输入映像寄存器中。PLC在运行程序时，所需的输入信号不是取输入端子上的信息，而是取输入映像寄存器中的信息。这样在程序执行过程中，即使输入元件的状态发生了变化，输入映像寄存器中的内容也不会改变。输入元件状态的变化只能在下一个扫描周期的输入采样阶段才会被重新读入。

（2）程序执行

PLC完成输入采样后，在无中断或跳转指令的情况下，从梯形图首地址开始按照从上到下、从左到右的顺序，对程序进行逐条扫描执行。执行程序时，梯形图中输入继电器的状态取自于输入映像寄存器的状态，并将程序执行结果保存在输出映像寄存器中。

（3）输出刷新

在执行完用户所有程序后，PLC 将输出映像寄存器中的内容送到输出锁存器中，再通过输出端子去驱动用户设备，输出刷新时间取决于输出模块的数量。

PLC 执行一次扫描的时间称为扫描周期。扫描时间的长短跟输入/输出端子的数量、PLC 的程序有关，一般为几十到一百毫秒。

8.1.7　PLC 的主要性能指标

PLC 生产厂家众多，其生产的 PLC 也各具特色，其性能好坏一般通过一些技术指标来体现。常用的 PLC 技术性能指标有输入/输出点数、存储容量、扫描速度、指令系统、内部寄存器、扩展能力等。

1）输入/输出点数是 PLC 最重要的技术指标，也是 PLC 选型最重要的指标。PLC 面板上外部输入/输出端子的数量，通常称为“点”，用输入/输出点之和来表示。点数越多，PLC 可以访问的输入设备和输出设备越多，控制规模越大。

2）存储容量表示 PLC 可以存放多少用户程序。它通常以千字（KW）、千字节（KB）和千比特（Kbit）表示。这里 1K=1024。有的 PLC 用“步”来测量（一条指令少则 1 步，多则十几步），一步占用一个地址单元。一个地址单元占用两个字节。

3）扫描速度是指 PLC 执行程序的速度，单位为 ms/K 步，即执行 1K 步指令所需的时间。

4）指令系统反映了 PLC 软件功能的强弱。PLC 具有的指令种类越多，说明其软件功能越强大。

5）PLC 内部中有许多继电器和寄存器，用于存储变量、中间结果、数据等，还有很多辅助寄存器供用户使用。因此，寄存器的配置也是衡量 PLC 功能的一个指标。

6）扩展能力也是反映 PLC 性能的重要指标之一。除了主控模块，PLC 还可以配置高性能模块，实现各种特殊功能。例如 A/D 模块、D/A 模块、高速计数模块、高速脉冲输出模块、PID 模块、通信模块等。

8.1.8　PLC 的编程语言

PLC 常用的编程语言有梯形图、指令表、功能块图、结构文本和顺序功能图等。

（1）梯形图

梯形图（Ladder Diagram，LAD）类似于继电器接触器控制系统中的电气原理图（如图 8-3 所示），比较适合于开关量逻辑控制。梯形图直观易懂，易被初学者和熟悉电气原理图的工程技术人员掌握，是目前使用最为广泛的图形化编程语言。

（2）指令表

指令表（Instruction List，IL）类似于单片机汇编语言的助记符（如图 8-4 所示），也称语句表。它由多条语句组成一个程序段，适合于经验丰富的程序员使用。在使用手持编程器时，常需要将梯形图转换为指令表才能输入 PLC。

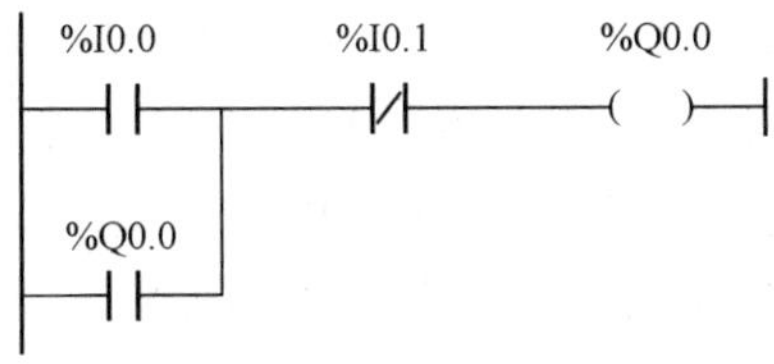

图 8-3　梯形图

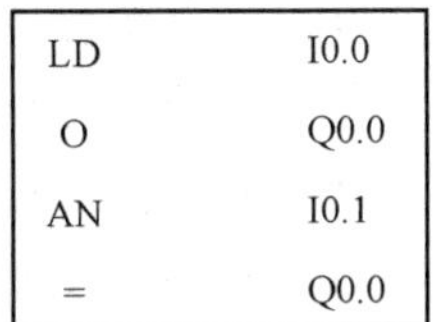

LD	I0.0
O	Q0.0
AN	I0.1
=	Q0.0

图 8-4　指令表

（3）功能块图

功能块图（Function Block Diagram，FBD）类似于电子技术中的数字逻辑门电路（如图 8-5 所示）。它用类似与门、或门的方框来表示逻辑运算关系，容易被熟悉数字逻辑电路的工程技术人员所掌握。

（4）结构文本

结构文本（Structured Text，ST）是为 IEC 61131-3 标准创建的一种特殊的高级编程语言（如图 8-6 所示）。与梯形图相比，它可以实现复杂的数学运算，程序非常简单紧凑。

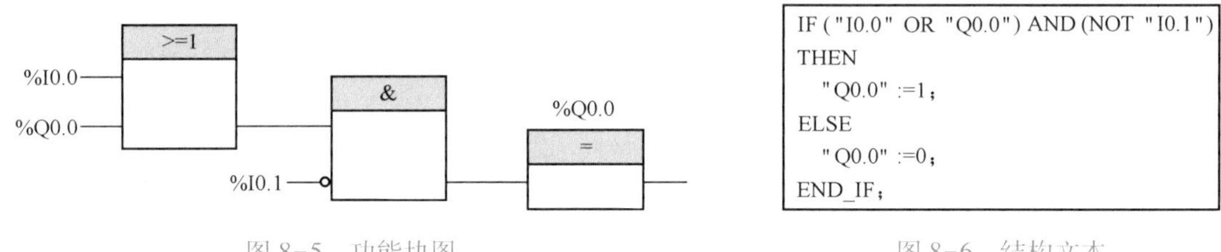

图 8-5　功能块图　　　　图 8-6　结构文本

（5）顺序功能图

顺序功能图（Sequential Function Chart，SFC）是一种专门用来描述工业顺序控制程序的图形（如图 8-7 所示），也称为状态转移图。它把一个复杂的控制过程分解为一些小的工作状态，对这些小的工作状态的功能分别处理后，再依一定的顺序控制要求连接成整体的控制程序。

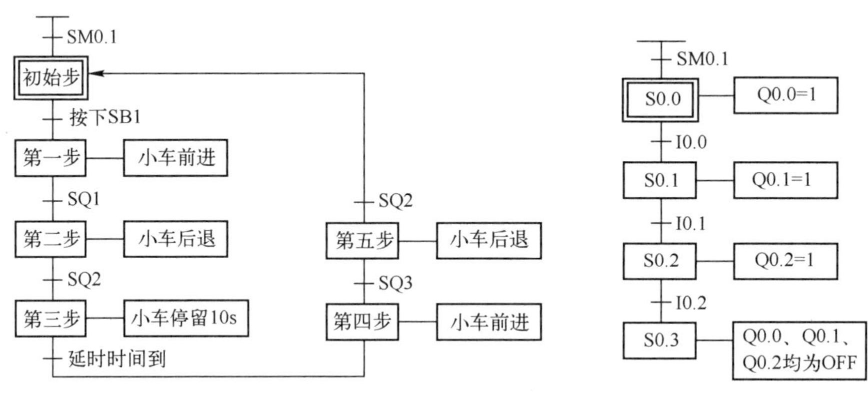

图 8-7　顺序功能图

任务 8.2　S7-1200 PLC 认知

S7-1200 是德国西门子公司 2009 年推出的一款紧凑模块化 PLC，如图 8-8 所示。在 S7-1200 PLC 出来之前，S7-200 一直占据着小型 PLC 的主导地位，但是其通信能力相对较弱。随着全球工业 4.0 推进的逐步深入，工业自动化程度的不断提高，未来的工业自动控制系统逐步向分布式、网络化、智能化方向发展，因此 PLC 的通信能力也就显得更加重要。相比于 S7-200 PLC，S7-1200 PLC 除了在性能方面有所提升外，主要增加了 Profinet 通信功能，可以很容易地跟触摸屏、变频器，以及其他型号 PLC 进行联网通信，以实现更复杂的控制。

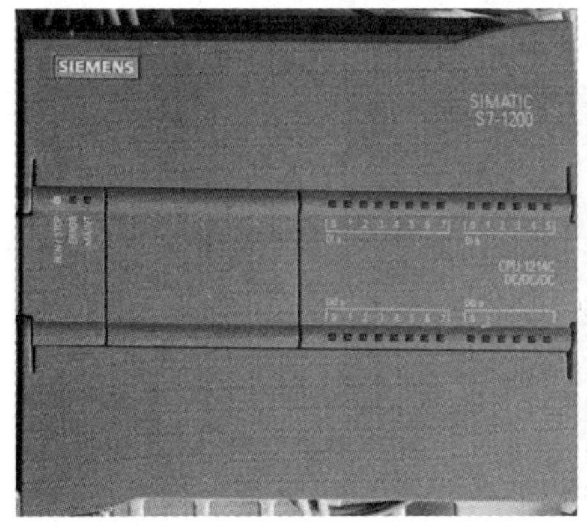

图 8-8　S7-1200 PLC 外观结构

8.2.1　S7-1200 PLC 的硬件系统

S7-1200 PLC 硬件系统包括基本模块（也称 CPU 模块）和扩展模块。扩展模块有信号板、信号模块和通信模块，如图 8-9 所示。

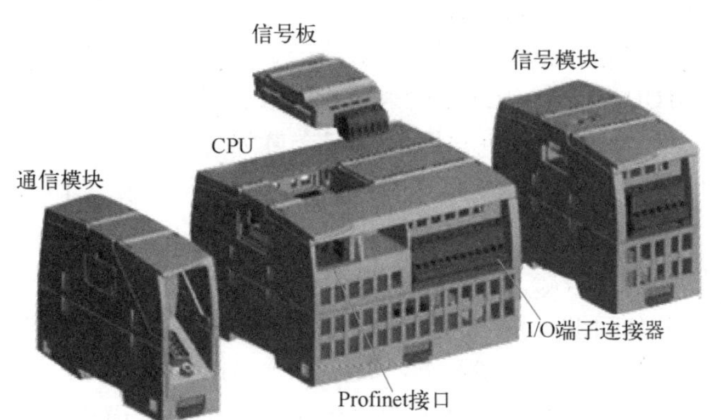

图 8-9　S7-1200 PLC 的硬件系统

8-2-1　S7-1200 PLC 实物讲解（带片头）

S7-1200 PLC 硬件各部分的名称及说明如图 8-10 所示。

1）PLC 供电电源端子。根据 PLC 的型号不同，可以是直流 24 V 供电，或者是交流 220 V 供电。

2）24 V 直流输出电源端子。PLC 提供一个 24 V 电源的输出，可用于给传感器或者模块供电。CPU1211C 和 CPU1212C 可提供 300 mA 电流，CPU 1214C/1215C/1217C 可提供 400 mA 的电流。当使用的传感器或者模块的电流容量超过规定值时，就不能使用这个内置电源了，而是需要外接 24 V 开关电源。

3）数字量输入端子。开关、按钮、传感器、编码器等数字量信号或脉冲量信号可以通过数字量输入端子接入到 PLC。S7-1200 PLC 的输入接法可以支持源型接法和漏型接法。

4）模拟量输入端子。S7-1200 CPU 1214C 支持两路 0~10 V 电压信号的模拟量输入。

5）数字量输出端子。数字量输出端子是用于接外部负载的，比如指示灯、继电器、电磁阀等。根据 PLC 的输出类型不同，接线方式也有所不同。如果是晶体管输出，则接直流负载，如果是继电器输出，则可以接交流也可以接直流负载。

6）输入端口状态指示灯。当有信号输入时，对应的输入指示灯会点亮为绿色。

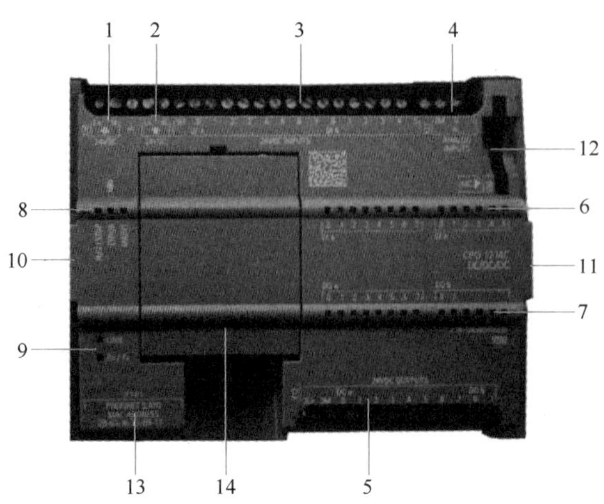

图 8-10 S7-1200 PLC 硬件组成部分及其名称说明

1— PLC 供电电源端子 2—24 V 直流输出电源端子 3—数字量输入端子 4—模拟量输入端子 5—数字量输出端子 6—输入端口状态指示灯 7—输出端口状态指示灯 8—CPU 状态指示灯 9—网络状态指示灯 10—通信模块扩展口 11—信号模块扩展插槽 12—存储卡插槽 13—Profinet 连接端口 14—信号板扩展插槽

7）输出端口状态指示灯。当有信号输出时，对应的输出指示灯会点亮为绿色。

8）CPU 状态指示灯。PLC 上的状态指示灯有三个，RUN/STOP 指示灯、ERROR 指示灯、MAINT 指示灯。RUN/STOP 指示灯为绿色时表示 PLC 处于 RUN 运行模式，为橙色的时候表示 PLC 处于 STOP 停止模式，如果是绿色和橙色之间交替闪烁表示 CPU 正在起动。ERROR 指示灯出现红色闪烁状态时表示有错误，为红色常亮时表示硬件故障。MAINT 指示灯是在每次插入存储卡的时候会出现闪烁的状态。另外在请求维护时，MAINT 的黄灯亮。

9）网络状态指示灯。网络状态指示灯包括 LINK 和 Rx/Tx 指示灯，主要用于显示网络连接状态。如果硬件连接没有问题，LINK 指示灯是常亮的。在进行数据交换的时候，Rx/Tx 指示灯将会闪烁。

10）通信模块扩展口。S7-1200 PLC 最多可以扩展 3 个通信模块。通信模块是需要安装在 CPU 左侧的通信模块扩展口上的。

11）信号模块扩展插槽。信号模块包括数字量输入、数字量输出、数字量输入/输出、模拟量输入、模拟量输出、模拟量输入/输出等模块，这些信号模块是需要安装到这个模块扩展插槽上的。

12）存储卡插槽。S7-1200 PLC 提供专用的 MC 存储卡，作为程序卡、传送卡或者更新硬件固件，以及清除密码、恢复出厂值使用。

13）Profinet 连接端口。这个接口可以支持 PROFINET 通信和以太网通信，可以用于 PLC 与编程软件的通信连接、PLC 与触摸屏/上位机之间的通信连接，以及 PLC 与 PLC 之间的以太网通信等。

14）信号板扩展插槽。S7-1200 PLC 可以扩展信号板，包括数字量输入信号板、数字量输出信号板、数字量输入输出混合信号板、模拟量输入信号板、模拟量输出信号板、通信信号板和电池信号板。

1. S7-1200 PLC 的基本模块（CPU 模块）

目前，西门子公司提供了 CPU1211C、CPU1212C、CPU1214C、CPU1215C、CPU1217C 五种类型的 CPU 模块。各模块的主要技术参数见表 8-1。

表 8-1　CPU 模块的主要技术参数

	CPU1211C	CPU1212C	CPU1214C	CPU1215C	CPU1217C
数字量 I/O 点数 模拟量 I/O 点数	6DI/4DO 2AI	8DI/6DO 2AI	14DI/10DO 2AI	14DI/10DO 2AI/2AO	14DI/10DO 2AI/2AO
工作存储器/装载存储器	50 KB/1 MB	75 KB/1 MB	100 KB/4 MB	125 KB/4 MB	150 KB/4 MB
信号模块扩展个数	无	最多 2 个	最多 8 个	最多 8 个	最多 8 个
最大本地数字量 I/O 点数	14	82	284	284	284
最大本地模拟量 I/O 点数	3	19	67	69	69
高速计数器点数	3	5	6	6	6
脉冲输出	100 kHz	100 kHz 或 20 kHz	100 kHz 或 20 kHz	100 kHz 或 20 kHz	1 MHz 或 100 kHz
外形尺寸	90 mm×100 mm×75 mm	90 mm×100 mm×75 mm	110 mm×100 mm×75 mm	130 mm×100 mm×75 mm	150 mm×100 mm×75 mm

S7-1200 PLC 中的每个 CPU 模块均有三种不同的电源类型：AC/DC/RLY、DC/DC/RLY、DC/DC/DC。

1）AC/DC/RLY 类型其符号含义是：PLC 的供电电源采用外部交流电源 AC220V，PLC 输入端口采用直流 24 V 电源，PLC 为继电器输出型，其输出端口既可采用直流 24 V 电源，也可采用交流 220 V 电源。对于 CPU1214C AC/DC/RLY 型号 PLC，其硬件接线示意图如图 8-11 所示。

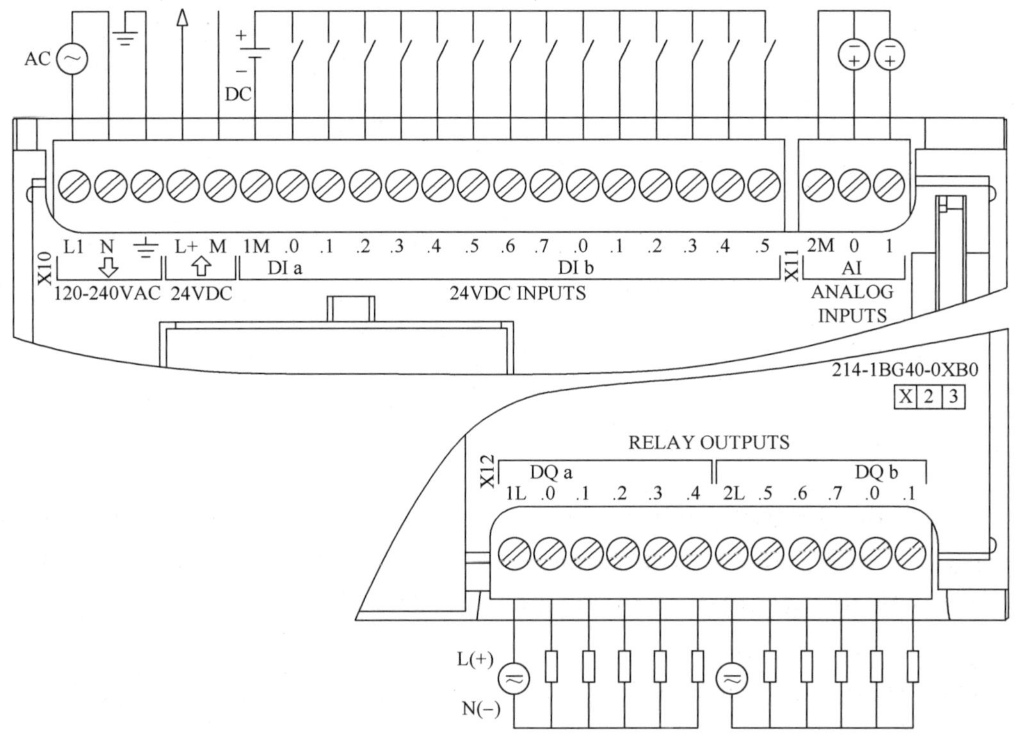

图 8-11　CPU1214C AC/DC/RLY 端子分布及接线示意图

图中各符号的含义为：

L1 与 N 为 PLC 外部电源的输入端口，其中 L1 接外部交流电源的相线，N 接中性线。

L+与 M 为 PLC 提供的 DC 24 V 输出电源端口，其中 L+为内部 24 V DC 电源正极，M 为内部 24 V DC 电源负极。

1M、2M 分别为数字量输入端口和模拟量输入端口的公共端。

1L、2L 为数字量输出端口的公共端，接负载电源。

DI a、DI b 为 PLC 的输入端口，接输入信号。输入端口用 I 表示，采用八进制编号，如 I0. 0~I0. 7。

DQ a、DQ b 为 PLC 的输出端口，接输出信号。输出端口用 Q 表示，采用八进制编号，如 Q0. 0~Q0. 7。

2）DC/DC/RLY 类型其符号含义是：PLC 的供电电源采用 24 V 外部直流电源，PLC 输入端口采用直流 24 V 电源，PLC 为继电器输出型，其输出端口既可采用直流 24 V 电源，也可采用交流 220 V 电源。对于 CPU1214C DC/DC/RLY 型号 PLC，其硬件接线示意图如图 8-12 所示。

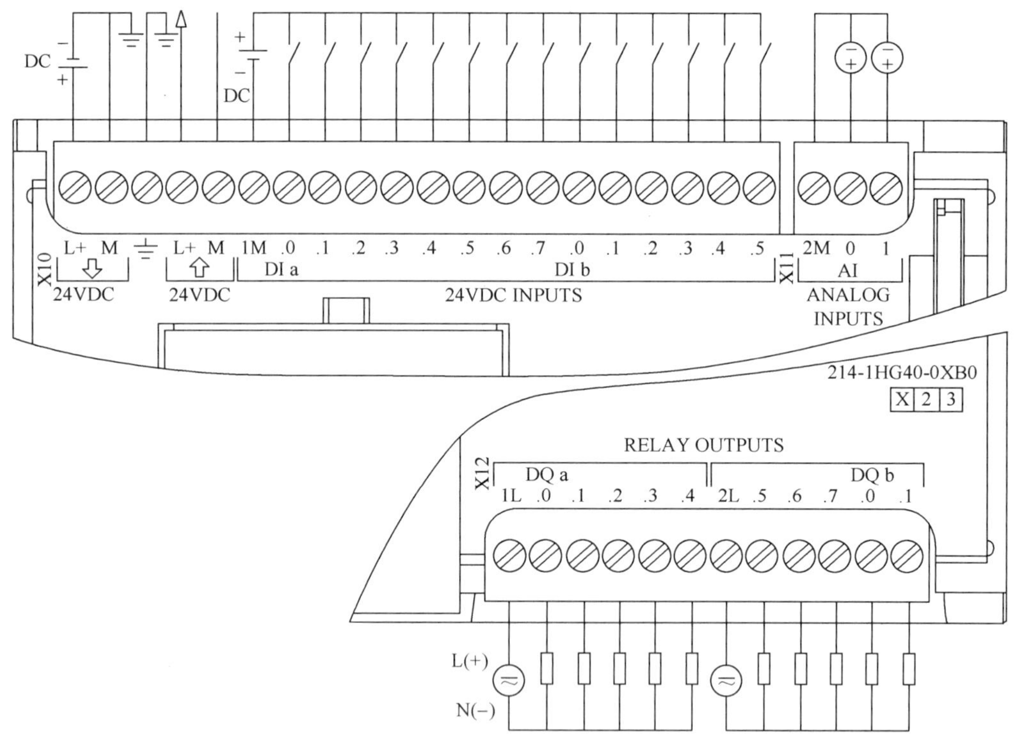

图 8-12　CPU1214C DC/DC/RLY 端子分布及接线示意图

3）DC/DC/DC 类型其符号含义是：PLC 的供电电源采用 24 V 外部直流电源，PLC 输入端口采用直流 24 V 电源，PLC 为晶体管输出型，其输出端口采用直流 24 V 电源供电。对于 CPU1214C DC/DC/DC 型号 PLC，其硬件接线示意图如图 8-13 所示。

2. S7-1200 PLC 的扩展模块

S7-1200 PLC 有三种类型的扩展模块：信号板（SB）、信号模块（SM）、通信模块（CM）。

（1）信号板（SB）

S7-1200 PLC CPU 模块上（正面）可支持扩展一块信号板，用于增加少量的数字量或模拟量 I/O 点数，且不增加系统的安装空间，如图 8-14 所示。

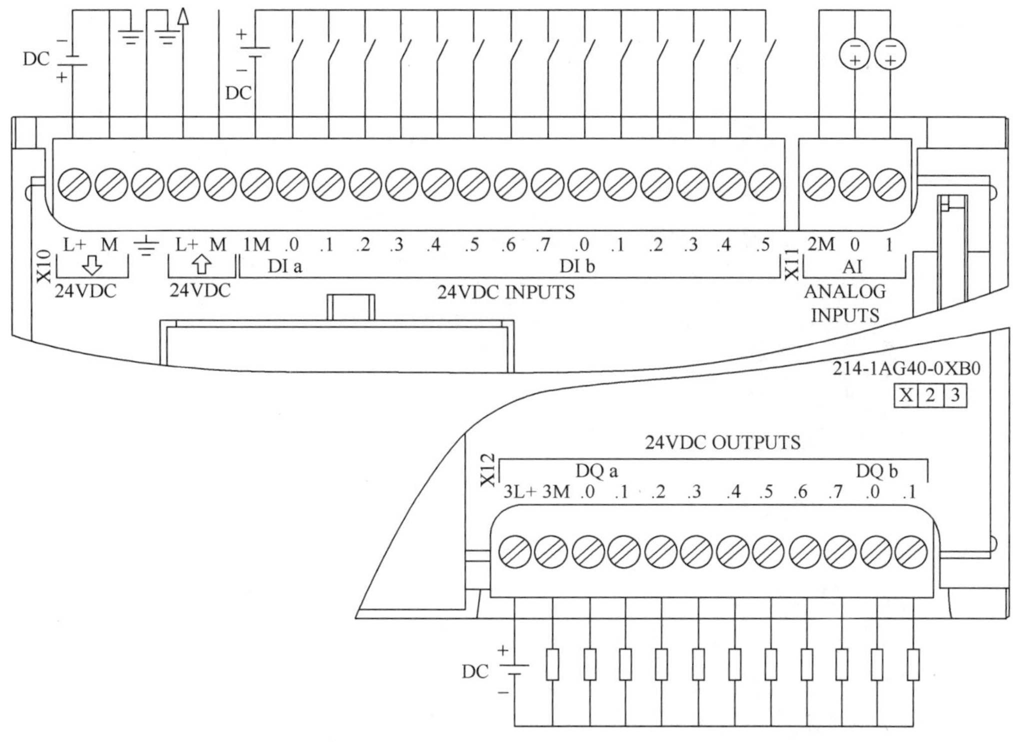

图 8-13　CPU1214C DC/DC/DC 端子分布及接线示意图

图 8-14　S7-1200 PLC 信号板

信号板的类型有以下 5 种。

1）数字量输入信号板 SB1221。有 4 点 5 V DC 输入和 4 点 24 V DC 输入共 2 种产品。

2）数字量输出信号板 SB1222。有 4 点 5 V DC 输出和 4 点 24 V DC 输出共 2 种产品。

3）数字量输入/输出信号板 SB1223。有 2 点 5 V DC 输入/2 点 5 V DC 输出、2 点 24 V DC 输入/2 点 24 V DC 输出（普通型）和 2 点 24 V DC 输入/2 点 24 V DC 输出（支持高速脉冲输出）共 3 种产品。

4）模拟量输入信号板 SB1231。有 1 路 AI、1 路热电阻输入、1 路热电偶输入共 3 种产品。

5）模拟量输出信号板 SB1232。只有 1 路 AO 共 1 种产品。

（2）信号模块（SM）

若 PLC 控制系统所需的数字量或模拟量 I/O 点数较多，单纯依靠信号板还不够，则可在 CPU 模块的右侧增加信号模块来满足要求，如图 8-15 所示。不同 CPU 模块所能添加的信号模块不同，如 CPU1211C 无法扩展信号模块，CPU1212C 可扩展 2 个信号模块，而 CPU1214C、CPU1215C、CPU1217C 最多可扩展 8 个信号模块。

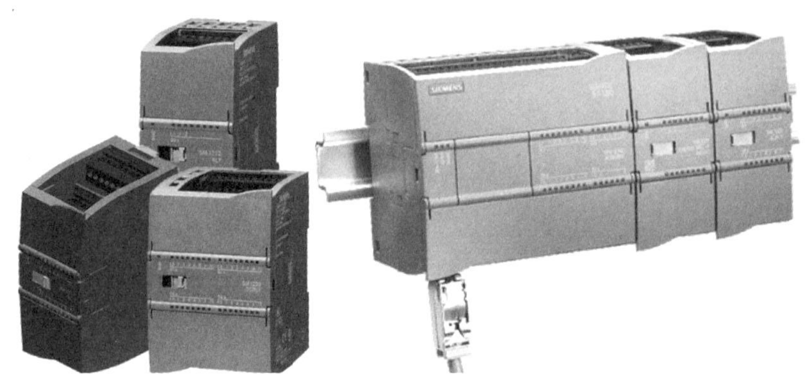

图 8-15 S7-1200 PLC 信号模块

信号模块类型有以下 6 种类型。

1）数字量输入信号模块 SM1221。有 8 点 5 V DC 输入和 16 点 24 V DC 输入共 2 种产品。

2）数字量输出信号模块 SM1222。有 8 点 RLY 输出、8 点 RLY 输出（NC 和 NO 可切换）、16 点 RLY 输出、8 点 24 V DC 输出和 16 点 24 V DC 输出共 5 种产品。

3）数字量输入/输出信号模块 SM1223。有 8 点 24 V DC 输入/8 点 RLY 输出、16 点 24V DC 输入/16 点 RLY 输出、8 点 24 V DC 输入/8 点 24 V DC 输出、16 点 24 V DC 输入/16 点 24 V DC 输出、8 点 120 V（230 V）输入/8 点 RLY 输出共 5 种产品。

4）模拟量输入信号模块 SM1231。有 4 路 13 位输入、4 路 16 位输入、8 路 13 位输入、4 路热电阻（RTD）输入、4 路热电偶（TC）输入、8 路热电阻（RTD）输入、8 路热电偶（TC）输入共 7 种产品。

5）模拟量输出信号板 SM1232。只有 2 路 14 位输出、4 路 14 位输出共 2 种产品。

6）模拟量输入/输出信号模块 SM1234。只有 4 路输入/2 路输出共 1 种产品。

（3）通信模块（CM）

S7-1200 PLC CPU 模块上已集成了 1~2 个 Profinet 以太网通信端口。若实际开发的 PLC 控制系统需要更多的以太网通信端口或其他的 RS485 或 RS232 通信端口，则需要通过扩展通信模块来满足设计要求。S7-1200 CPU 模块最多可扩展 3 个通信模块。通信模块需要安装在 CPU 模块的左侧，如图 8-16 所示。

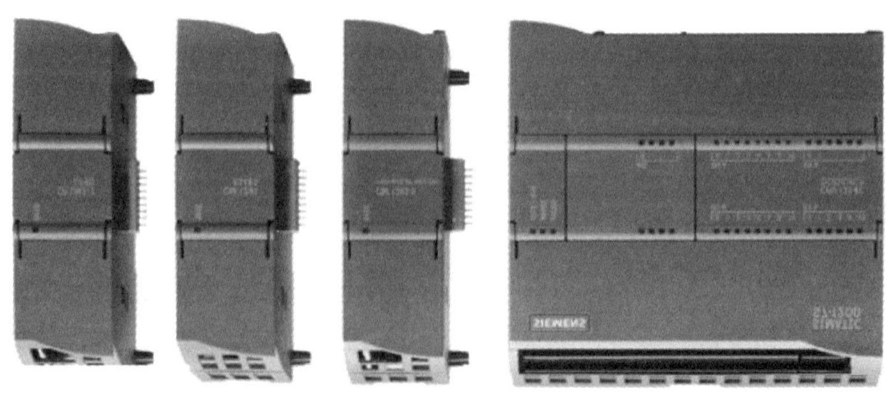

图 8-16 S7-1200 PLC 通信模块

通信模块类型有以下 4 种类型。

1）点到点通信模块 CM1241。有 RS232、RS485、RS422/485 共 3 种产品。

2）Profibus 通信模块。有 CM1242-5、CM1243-5 共 2 种产品。

3）AS-i 通信模块。只有 CM1243-2 通信模块共 1 种产品。

4）工业远程通信模块。有 CP1243-1、CP1243-1 DNP3、CP1243-1 IEC、CP1243-7 GPRS、CP1243-7 LTE 共 5 种产品。

8.2.2　S7-1200 PLC 的软件系统

S7-1200 PLC 提供了梯形图、功能块图和结构化文本三种编程语言，其软件系统包括程序架构、数据类型、存储区与寻址方式等。

1. S7-1200 PLC 的程序架构

S7-1200 PLC 采用了类似于 S7-300/400 的程序架构，在编程时采用“块”的概念，将整个控制程序分解为若干个相互独立的“块”。每个“块”都相当于 C 语言中的一个子程序。

S7-1200 PLC 软件支持组织块（Organization Block，OB）、功能块（Function Block，FB）、功能（Function，FC）、数据块（Data Block，DB）4 种类型的块结构，见表 8-2。

表 8-2　S7-1200 PLC 的块结构

块类型	块功能	块说明
组织块（OB）	OB 是 PLC 操作系统和用户程序之间的接口，可通过对组织块进行编程来控制 PLC 的动作	类似于 C 语言中的主程序 main()
功能块（FB）	FB 是用户编写的程序块，作为子程序被 OB 或其他 FC、FB 调用。FB 具有自己的存储区域（背景数据块）	FB 参数传递的是数据，类似于 C 语言中的子程序调用
功能（FC）	FC 是用户编写的程序块，作为子程序被 OB 或其他 FC、FB 调用。FC 没有自己的存储区域，所使用的局部变量被临时存放在临时数据存储区中，执行结束后，数据将丢失，不具备存储功能	FC 参数传递的是数据的地址，类似于 C 语言中的函数调用
数据块（DB）	DB 是用于存放执行程序时所需数据以及程序执行结果的数据存储区	类似于 C 语言中的全局数据区

2. S7-1200 PLC 的数据类型

S7-1200 PLC 的数据类型有基本数据类型和复杂数据类型两种。

（1）基本数据类型

常用的基本数据类型主要包括位（Bool）、字节（Byte）、字（Word）、双字（DWord）、整数（Int）、双整数（DInt）、实数（Real）等，见表 8-3。

表 8-3　S7-1200 PLC 的常用基本数据类型

类型	符号	位数	取值范围	示例
位	Bool	1	0 或 1；True 或 False	1、True
字节	Byte	8	16#00~16#FF	16#32、16#FA
字	Word	16	16#0000~16#FFFF	16#12FE
双字	DWord	32	16#0000_0000~16#FFFF_FFFF	16#1234_ABCD
字符	Char	8	16#00~16#FF	“A”、“a”
短整数	SInt	8	-128~127	18、-32
整数	Int	16	-32768~32767	123、-321

（续）

类型	符号	位数	取 值 范 围	示例
双整数	DInt	32	-2147483648~2147483647	123456789
无符号短整数	USInt	8	0~255	123
无符号整数	UInt	16	0~65535	12345
无符号双整数	UDInt	32	0~4294967295	123456789
实数	Real	32	$\pm1.18\times10^{-38}\sim\pm3.40\times10^{38}$	12.5、-1.2E+5
时间	Time	32	T#-24d20h31m23s648ms~ T#24d20h31m23s648ms	T#2h_15m_30s、 T#30s_15ms

（2）复杂数据类型

除了基本数据类型外，S7-1200 PLC 还有一些复杂数据类型，如长型日期和时间（DTL）、字符串（String）、数组（Array）、结构（Struct），另外还有 PLC 数据类型（UDT）、参数类型、系统数据类型、硬件数据类型等。

1）长型日期和时间（DTL）。该数据类型使用 12 个字节来保存日期和时间信息，主要用于对系统时钟的设置和读取。12 个字节中含年、月、日、时、分、秒、纳秒。例如 DTL#2022-10-20-10:30:20.1250。

2）字符串（String）。字符串以字节 Byte 为单位进行存储，其存储格式由 3 部分组成：字符串最大长度、字符串的实际长度，字符串中的字符。它包括了 STRING 和 WSTRING 两种格式的字符串，如 STRING Data[16]。

3）数组（Array）。数组表示的是由固定数目的同一数据类型元素组成的一个域。数组格式为：域名:ARRAY[最小索引值.最大索引值] of 数据类型，如 DATA:ARRAY[0.7] of INT。

4）结构（Struct）。Struct 数据类型是指一种数量固定但数据类型不同元素组成的数据结构，其元素可以是基本数据类型，也可以是其他数据类型。

5）PLC 数据类型（UDT）。PLC 数据类型（User-Defined Type，UDT）是由多个不同数据类型元素组成的数据结构，这其中的元素可以是 Struct、Array 等复杂数据类型等。理论上讲，UDT 数据类型是 Struct 类型的升级替代，功能基本完全兼容 Struct 类型。

6）参数类型。各类程序块之间传递数据时，需在块接口中定义形参。这些形参的类型可定义为 Variant 和 Void 两种参数类型。

7）系统数据类型。系统数据类型由系统提供具有预定义的结构，其结构由固定数目的具有各种数据类型的元素构成，用户不能更改。如定时器结构类型 IEC_TIMER、计数器结构类型 IEC_COUNTER 等。

8）硬件数据类型。该类型由 CPU 提供，其数目取决于 CPU 配置。如用于指定硬件中断事件的硬件数据类型 EVENT_HWINT、用于指定发生启动事件时调用的组织块硬件数据类型 OB_STARTUP 等。

复杂数据类型结构比较复杂，一般适用于 PLC 高级应用，具体每个数据类型将在后续应用时再详细介绍，这里只是让各位读者有个初步的了解。

3. S7-1200 PLC 的存储区

S7-1200 PLC CPU 模块提供了全局存储器、数据块和临时存储器，用于用户程序执行期间存储数据。全局存储器包括输入（I）、输出（Q）、位存储器（M）。数据块用于存储程序执行过程中各种类型的数据，包括全局数据块和背景数据块两种。临时存储器用于存储程序块执行期间使用的一些临时数据。

（1）输入过程映像区（I）

根据PLC循环扫描的工作原理，CPU在每个循环周期的开始，都会扫描输入模块的信息，并将这些信息存放到输入过程映像区。S7-1200 PLC使用地址标识符I来表示输入过程映像区。该存储区可以位、字节、字或双字形式进行访问，如I0.0、IB1、IW2、ID0等。

如果在输入地址后面加"：P"，如I0.0：P，则表示立即读，此时PLC操作系统会跳过输入过程映像区，立即读取外部输入端口的工作状态。

（2）输出过程映像区（Q）

CPU在程序执行过程中会将程序中逻辑运算后输出的值存放在输出过程映像区，并在每个循环周期的最后，将输出过程映像区的内容复制到对应的输出模块中。S7-1200使用地址标识符Q来表示输出过程映像区。该存储区可以位、字节、字或双字形式进行访问，如Q0.0、QB1、QW2、QD0等。

如果在输出地址后面加"：P"，如Q0.0：P，则表示立即写，此时PLC操作系统会将程序的运算结果立即输出到外部输出端口，同时更新输出过程映像区。

（3）位存储器（M）

位存储区用于存放程序运行时所需的大量中间变量和临时数据。S7-1200 PLC使用地址标识符M来表示位存储区。该存储区可以位、字节、字或双字形式进行访问，如M0.0、MB1、MW2、MD0等。

（4）数据块存储器（DB）

DB存储器用于存储各种类型的数据。数据块可以分为全局数据块和背景数据块。背景数据块是分配给函数块的数据块。全局数据块是存储所有其他代码块均可使用的数据块。S7-1200 PLC使用地址标识符DB来表示数据块存储区。该存储区可以位、字节、字或双字形式进行存储和访问。按位访问DB区的格式为：DB[数据块编号].DBX[字节地址].[位地址]，如DB1.DBX20.0。按字节、字和双字访问DB区的格式分别为：DB[数据块编号].DB[大小][起始字节地址]，如DB1.DBB20、DB1.DBW2、DB1.DBD10等。

在图8-17中，DB2为全局数据块，DB5为背景数据块。背景数据块DB5可供FB1访问，而全局数据块DB2可供FC10、FC20、FB1等程序块调用。

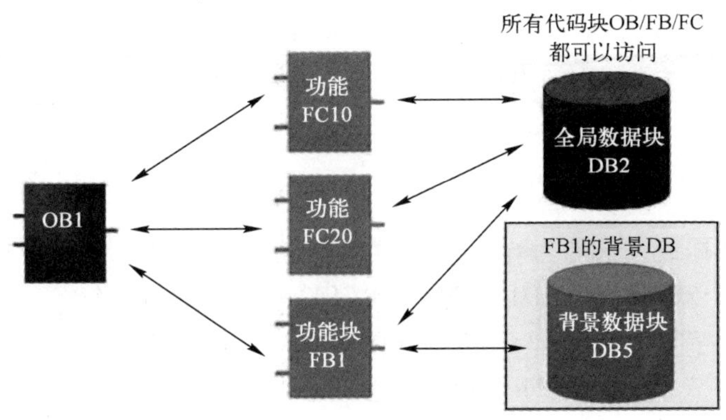

图8-17　S7-1200 PLC CPU的数据块

（5）临时存储器（L）

CPU根据需要分配临时存储器。当程序启动代码块或调用代码块时，CPU会为代码块分配临时存储器，并将这些存储单元初始化为 0。

4. S7-1200 PLC 的寻址方式

西门子 S7-1200 PLC 不同的存储单元都是以字节为单位，每个字节占 8 位，如图 8-18 所示。当数据存入存储器后，如何对其进行访问和读取？这就需要对存储器进行寻址。PLC 的每个存储区均有唯一的地址，寻址即是用户程序寻找这些地址并访问存储区中数据的过程。就像老师到学生宿舍找人一样，需要知道所找同学所在的楼号、楼层号和房间号等，才能快速找到该位同学。

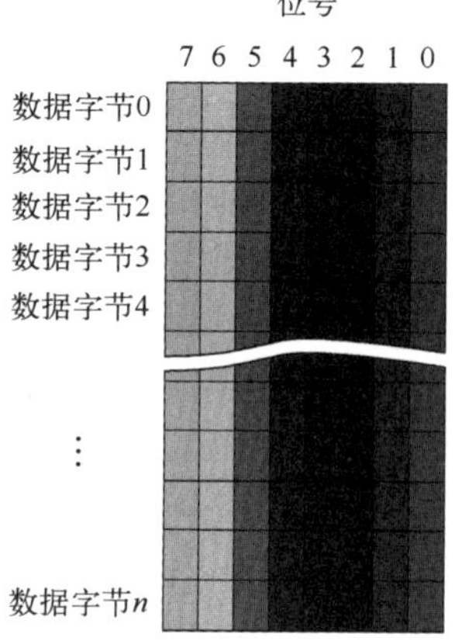

图 8-18　S7-1200 CPU 数据存储方式

S7-1200 PLC 有直接寻址和间接寻址两种方式。而直接寻址又可分为绝对寻址和符号寻址两种方式。

绝对寻址是指直接采用存储区域标识符、数据长度及直接地址来表示的寻址方式，如 I0.3、QB0、MW1 等。常用的有位寻址、字节寻址、字寻址和双字寻址。

PLC 的每个输入输出端只有 0 或 1（开或关、通电或断电）两种状态，可以用 1 位二进制来表示，即位寻址。位寻址由存储区域标识符、字节地址以及位号组成，如 I0.3 表示输入过程映像区 I 中的第 0 个字节的第 3 位，如 Q1.0 表示输出过程映像区 Q 中的第 1 个字节的第 0 位。

PLC 规定 8 位二进制数组成一个字节，其中第 0 位为最低位（LSB），第 7 位为最高位（MSB），如图 8-19 所示。8 位二进制数的寻址即为字节寻址。字节寻址由存储区域标识符、字节地址以及起始字节号组成，如 QB0 表示输出过程映像区 Q 中的第 0 个字节开始的一个字节地址。

一个字节存入的数据最大只能为 255。当数据超过 255 时，就需要用字来读取，PLC 规定两个字节组成一个字，如 MW100 包括 MB100 和 MB101 两个字节，其中 MB100 为高位字节，MB101 为低位字节，如图 8-20 所示。字寻址由存储区域标识符、字节地址以及起始字节号组成，如 MW100 表示位存储区 M 中的第 100 个字节开始的一个字地址，它包括 MB100、MB101 两个字节地址。

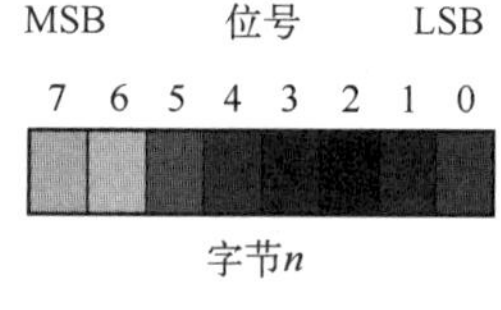

图 8-19　字节寻址方式

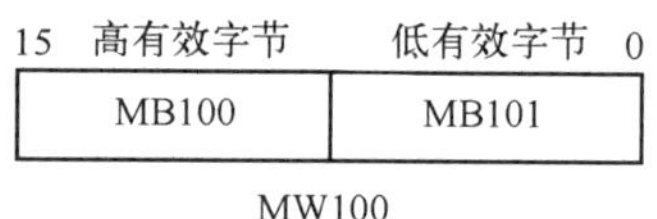

图 8-20　字寻址方式

一个字存入的数据最大只能为 65535。当数据超过 65535 时，就需要用双字来读取，PLC 规定两个字组成一个双字。如 MD100 包括 MW100 和 MW102 两个字，其中 MW100 又包括 MB100、MB101 两个字节，MW102 又包括 MB102、MB103 两个字节，其中 MB100 为高位字节，MB103 为低位字节，如图 8-21 所示。双字寻址由存储区域标识符、字节地址以及起始字节号组成，如 MD2 表示位存储区 M 中的第 2 个字节开始的一个双字地址，它包括 MW2、MW4 两个字地址。

符号寻址是为绝对地址定义一个符号名，并利用该符号名进行寻址。如在电动机单向运转控制梯形图中，将 I0.0 定义为“启动按钮”，将 I0.1 定义为“停止按钮”，将 Q0.0 定义为

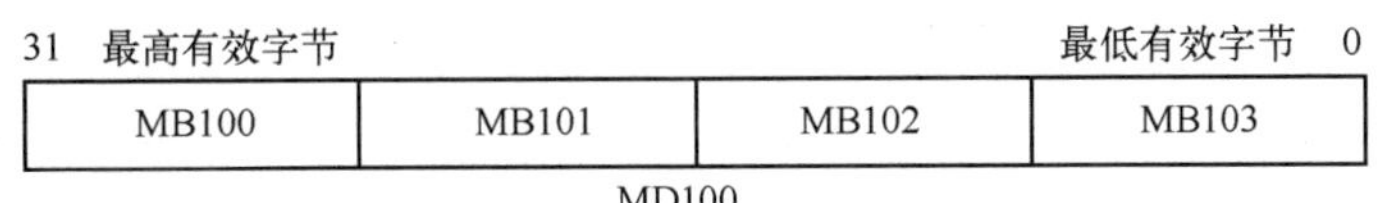

图 8-21　双字寻址方式

“电动机”等，如图 8-22 所示。后续就可以用“起动按钮”“停止按钮”“电动机”三个符号名去访问用户程序中的地址，这样可提高程序的直观性和可读性。

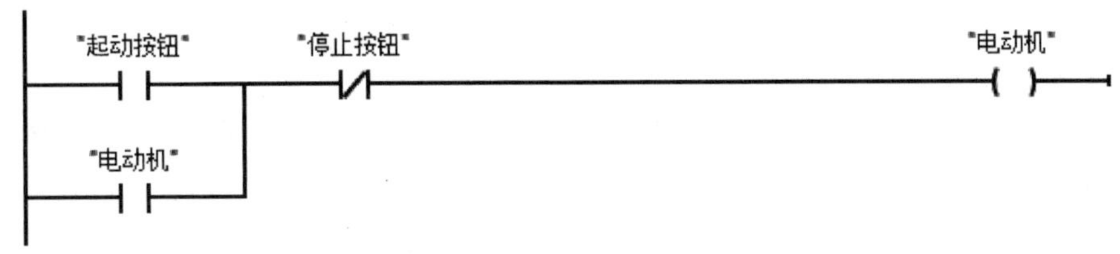

图 8-22　符号寻址方式

间接寻址指的是使用地址指针间接给出要访问的存储器或寄存器的地址，有点类似于 C 语言的指针概念。间接寻址的方式比较复杂，用户可参考其他书籍。

任务 8.3　项目所用 PLC 基本逻辑指令认知

电动机单向运转 PLC 控制系统设计需要用到触点与线圈指令、置位与复位指令、触发器指令等基本逻辑指令。

S7-1200 PLC 的基本逻辑指令主要包括了以下指令，见表 8-4。

表 8-4　S7-1200 PLC 基本逻辑指令及其功能

指令符号	指令名称	指令功能
<??.?> —| |—	常开触点	常开触点在指定的位为“1”状态时闭合，为“0”时断开
<??.?> —|/|—	常闭触点	常闭触点在指定的位为“1”状态时断开，为“0”时闭合
—| NOT |—	取反	对左侧触点的逻辑运算结果进行取反
<??.?> —( )—	输出线圈	当左侧触点的逻辑运算结果为“1”时，输出线圈的结果为“1”；当左侧触点的逻辑运算结果为“0”时，输出线圈的结果为“0”
<??.?> —(/)—	取反输出线圈	当左侧触点的逻辑运算结果为“1”时，输出线圈的结果为“0”；当左侧触点的逻辑运算结果为“0”时，输出线圈的结果为“1”
<??.?> —(S)—	置位	当触发条件满足时，置位指令将一个输出线圈置 1，即，使该线圈通电。当触发条件不再满足时，该线圈的值仍保持接通不变
<??.?> —(R)—	复位	当触发条件满足时，复位指令将一个输出线圈置 0，即，使该线圈断电。当触发条件不再满足时，该线圈的值仍保持断开不变

（续）

指令符号	指令名称	指令功能
<??.?> (SET_BF) <???>	置位位域	当触发条件满足时，置位位域指令将从指定位开始的连续若干个位置 1 并保持
<??.?> (RESET_BF) <???>	复位位域	当触发条件满足时，复位位域指令将从指定位开始的连续若干个位置 0 并保持
<??.?> SR S　Q R1	SR 触发器指令	当 S 输入端为 1，R1 输入端为 0 时，对应的输出位为 1；当 S 输入端为 1，R1 输入端为 1 时，对应的输出位为 0；当 S 输入端为 0，R1 输入端为 1 时，对应的输出位为 0；当 S 输入端为 0、R1 输入端为 0 时，对应的输出位保持前一状态
<??.?> RS R　Q S1	RS 触发器指令	当 R 输入端为 1，S1 输入端为 0 时，对应的输出位为 0；当 R 输入端为 1，S1 输入端为 1 时，对应的输出位为 1；当 R 输入端为 0，S1 输入端为 1 时，对应的输出位为 1；当 S 输入端为 0、R1 输入端为 0 时，对应的输出位保持前一状态
<??.?> |P| <??.?>	上升沿检测触点指令	当操作数出现上升沿时，触点接通一个扫描周期
<??.?> |N| <??.?>	下降沿检测触点指令	当操作数出现下降沿时，触点接通一个扫描周期
<??.?> (P) <??.?>	上升沿检测线圈指令	当线圈输入端出现上升沿时，操作数对应的线圈接通一个扫描周期
<??.?> (N) <??.?>	下降沿检测线圈指令	当线圈输入端出现下降沿时，操作数对应的线圈接通一个扫描周期
P_TRIG CLK　Q <??.?>	扫描 RLO 的上升沿指令	当输入端 RLO 出现上升沿时，操作数对应的线圈接通一个扫描周期
N_TRIG CLK　Q <??.?>	扫描 RLO 的下降沿指令	当输入端 RLO 出现下降沿时，操作数对应的线圈接通一个扫描周期
%DB1 "R_TRIG_DB" R_TRIG EN　ENO false — CLK　Q — false	上升沿检测功能块指令	使能端 EN 输入有效时，启用边沿检测。当 CLK 输入端出现上升沿时，输出 Q 导通一个扫描周期
%DB3 "F_TRIG_DB" F_TRIG EN　ENO false — CLK　Q — false	下降沿检测功能块指令	使能端 EN 输入有效时，启用边沿检测。当 CLK 输入端出现下降沿时，输出 Q 导通一个扫描周期

注意，RLO 指逻辑运算结果（Result of Logic Operation）。

本项目需要用到触点与线圈指令、置位与复位指令、SR 触发器与 RS 触发器指令，故重点介绍这几条指令，其余指令将在后续项目中逐一介绍。

8.3.1　触点与线圈指令

8-3-1　触点与线圈指令应用

触点指令有常开触点、常闭触点和取反触点。线圈指令包括输出线圈和取反线圈。常开触点、常闭触点、线圈类似于继电器的触点与线圈，其功能基本相同，只是画法有所差别。而取反触点与取反线圈是 PLC 特有的一种触点与线圈。

（1）常开触点指令

常开触点在编程软件中用 <??.?> —| |— 来表示。其中<??.?>表示操作数，可以为输入映像寄存器，如 I0.0，可以为输出映像寄存器，如 Q0.0，也可为位存储器，如 M0.0 等。—| |—表示常开触点，类似于继电器常开触点符号—/—。

在梯形图中，常开触点的表示方法为 %I0.0 "SB1" —| |—、%M0.0 "Tag_1" —| |—。符号中“%I0.0”“%M0.0”为绝对地址，“SB1”“Tag_1”为符号地址。

博途软件默认采用的是 IEC 61131-3 标准，其地址用特殊字母序列来标示。字母序列的起始用%符号，后面跟随一个区域标识符，如 I、Q、M 等，再后面跟一个具体的数据类型，如 X（位）、B（字节，8 位）、W（字，16 位）、D（双字，32 位）。如%I0.0 表示输入映像区 I 的第 0 个字节的第 0 位，%QB1 表示输出映像区 Q 的第 1 字节，%MW2 表示位存储区 M 从 2 开始的双字，即包括第 2、第 3 字节。

（2）常闭触点指令

常闭触点在编程软件中用 <??.?> —|/|— 来表示。其中<??.?>表示操作数，可以为输入映像寄存器，如 I0.0；可以为输出映像寄存器，如 Q0.0；也可为位存储器，如 M0.0 等。—|/|—表示常闭触点，类似于继电器常闭触点符号—┴—。

在梯形图中，常闭触点的表示方法为 %I0.1 "停止" —|/|—、%M0.1 "Tag_2" —|/|—。符号中“%I0.1”“%M0.1”为绝对地址，“停止”“Tag_2”为符号地址。

（3）线圈输出指令

线圈在编程软件中用 <??.?> —( )— 来表示。其中<??.?>表示操作数，可以为输出映像寄存器，如 Q0.0；也可为位存储器，如 M0.0 等。—( )— 表示输出线圈，类似于继电器的线圈符号—□—。

在梯形图中，线圈的表示方法为 %Q0.0 "KM" —( )—、%M0.0 "触摸屏指示灯" —( )—。符号中“%Q0.0”“%M0.0”为绝对地址，“KM”“触摸屏指示灯”为符号地址。

触点与线圈指令应用案例如图 8-23 所示。

该梯形图的功能与基于继电器接触器的电动机单向运转控制电路类似，即当 I0.0 为 1 时，Q0.0 接通并保持；当 I0.1 为 1 时，Q0.0 断开。

多个触点可进行串联与并联，以实现更复杂的功能，如图 8-24、图 8-25、图 8-26 所示。

图 8-24 中，当 I0.0 为 1，且 I0.1 为 0 时，Q0.0 才为 1。

图 8-25 中，当 I0.0 为 1 或 I0.1 为 1 时，Q0.1 就为 1。

图 8-23 触点与线圈指令应用案例

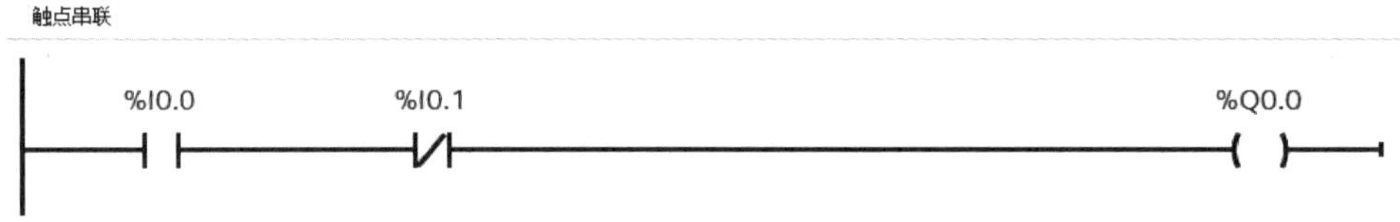

图 8-24 两触点串联应用案例

图 8-25 两触点并联应用案例

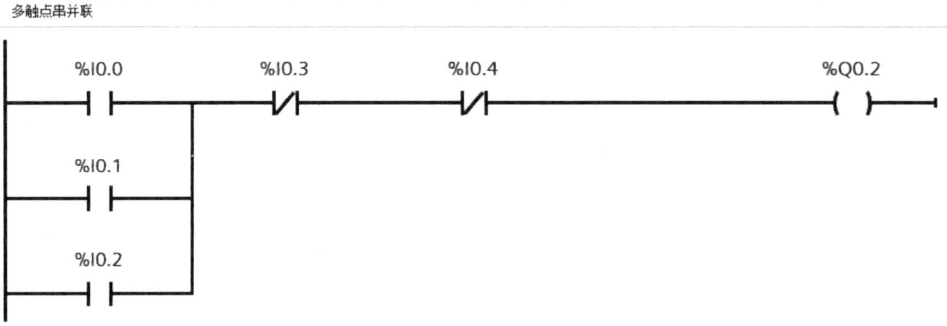

图 8-26 多触点串并联应用案例

图 8-26 中，当 I0.0 为 1 或 I0.1 为 1 或 I0.2 为 1，且 I0.3 与 I0.4 均为 0 时，Q0.2 才为 1。

8.3.2 置位与复位指令

置位与复位指令包括置位输出、复位输出、置位位域和复位位域等指令。

(1) 置位指令

置位指令用 <??.?> —(S)— 表示。其中<?? .?>表示位操作数，可以为 Q、M 等。其功能是当触发条件满足时，置位指令将一个输出线圈置 1，即，使该线圈通电。当触发条件不再满足时，该线圈的值仍保持接通不变。

(2) 复位指令

复位指令用 <??.?> —(R)— 表示。其中<?? .?>表示位操作数，可以为 Q、M 等。其功能是当触发条件满足时，复位指令将一个输出线圈置 0，即，使该线圈失电。当触发条件不再满足时，该线圈的值仍保持断开不变。

置位/复位指令的应用如图 8-27 所示。

该程序段的功能是：当 I0.0 接通时，Q0.1 接通并保持，即使 I0.0 断开，Q0.1 输出状态也不受影响。当 I0.1 接通时，Q0.1 断开并保持，即使 I0.1 断开，Q0.1 输出状态也不受影响。

（3）置位位域指令

置位位域指令用 <??.?> -(SET_BF)- <???> 表示。上方的<?? . ?>表示位操作数，可以为 Q、M 等，下方的<?? . ?>表示置位的个数。其功能是当触发条件满足时，置位位域指令将从指定位开始的连续若干个位置 1 并保持。

（4）复位位域指令

复位位域指令用 <??.?> -(RESET_BF)- <???> 表示。上方的<?? . ?>表示位操作数，可以为 Q、M 等，下方的<?? . ?>表示置位的个数。其功能是当触发条件满足时，复位位域指令将从指定位开始的连续若干个位置 0 并保持。

置位位域与复位位域指令的应用如图 8-28 所示。

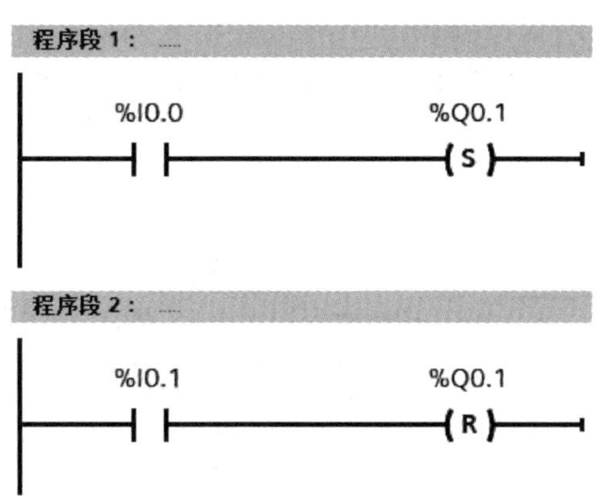

图 8-27　置位/复位指令应用案例

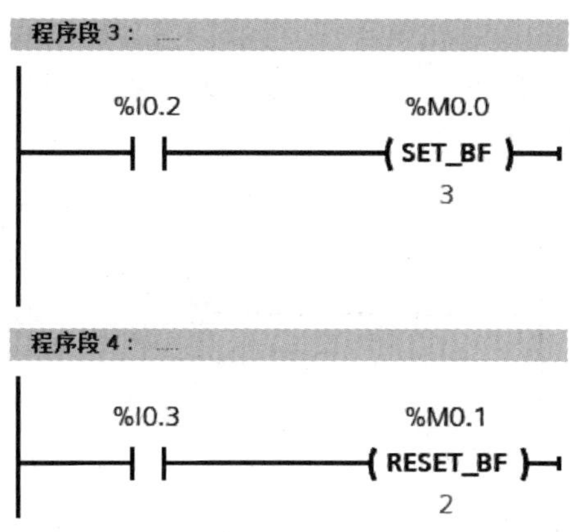

图 8-28　置位/复位位域指令应用案例

该程序段的功能是：当 I0.2 接通时，将从 M0.0 开始的 3 个位置 1 并保持（即 M0.0=1，M0.1=1，M0.2=1），即使 I0.2 断开，M0.0～M0.2 的输出状态也不受影响。当 I0.3 接通时，将从 M0.1 开始的 2 个位置 0 并保持（即 M0.1=0，M0.2=0），即使 I0.3 断开，M0.1 与 M0.2 的输出状态也不受影响。

8.3.3　触发器指令

触发器指令有 SR 触发器、RS 触发器两种，其功能类似于电子技术中的触发器电子元件。

（1）SR 触发器指令

SR 触发器指令如图 8-29 所示，它有置位输入信号 S 与复位输入信号 R1 两个输入端、一个 Q 输出端。S、R1 两个输入端需要连接常开或常闭触点，而 Q 输出端可接其他指令，也可不接。SR 指令上方的<?? . ? >表示位，如 Q0.1 或 M0.0。

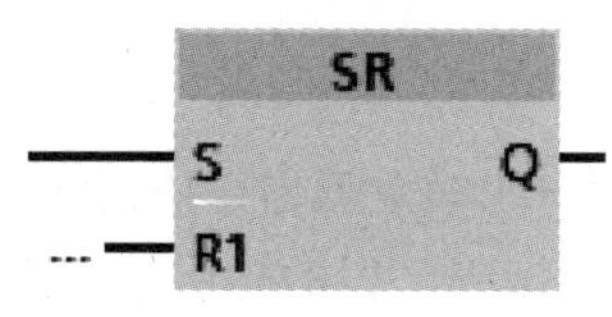

图 8-29　SR 触发器指令

SR 触发器指令是复位优先的指令，其功能是：当 S 输入端为 1，R1 输入端为 0 时，对应的输出位为 1；当 S 输入端为 1，R1 输入端为 1 时，对应的输出位为 0；当 S 输入端为 0，R1 输入端为 1 时，对应的输出位为 0；当 S 输入端为 0，R1 输入端为 0 时，对应的输出位保持前一状态。其对应的真值表见表 8-5。

表 8-5　SR 触发器指令的真值表

S 输入端	R1 输入端	输出
1	0	1
1	1	0
0	1	0
0	0	保持前一状态

SR 触发器指令应用实例如图 8-30 所示。

该程序段的功能是：当 I0.0=1，I0.1=0 时，Q0.0=1；当 I0.0=0，I0.1=1 时，Q0.0=0；当 I0.0=1，I0.1=1 时，Q0.0=0。

（2）RS 触发器指令

RS 指令如图 8-31 所示，它有复位输入信号 R 与置位输入信号 S1 两个输入端、一个 Q 输出端。R、S1 两个输入端需要连接常开或常闭触点，而 Q 输出端可接其他指令，也可不接。RS 指令上方的<??. ?>表示位，如 Q0.1 或 M0.0。

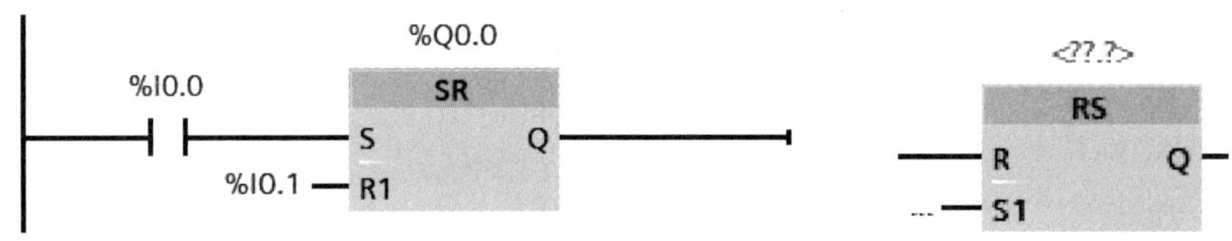

图 8-30　SR 触发器指令应用实例　　图 8-31　RS 触发器指令

RS 指令是置位优先的指令，其功能是：当 R 输入端为 0，S1 输入端为 1 时，对应的输出位为 1；当 R 输入端为 1，S1 输入端为 1 时，对应的输出位为 1；当 R 输入端为 1，S1 输入端为 0 时，对应的输出位为 0；当 R 输入端为 0，S1 输入端为 0 时，对应的输出位保持前一状态。其对应的真值表见表 8-6。

表 8-6　RS 触发器指令的真值表

R 输入端	S1 输入端	输出
1	0	0
1	1	1
0	1	1
0	0	保持前一状态

RS 触发器指令应用实例如图 8-32 所示。

该程序段的功能是：当 I0.0=1，I0.1=0 时，Q0.1=0；当 I0.0=0，I0.1=1 时，Q0.1=1；当 I0.0=1，I0.1=1 时，Q0.1=1。

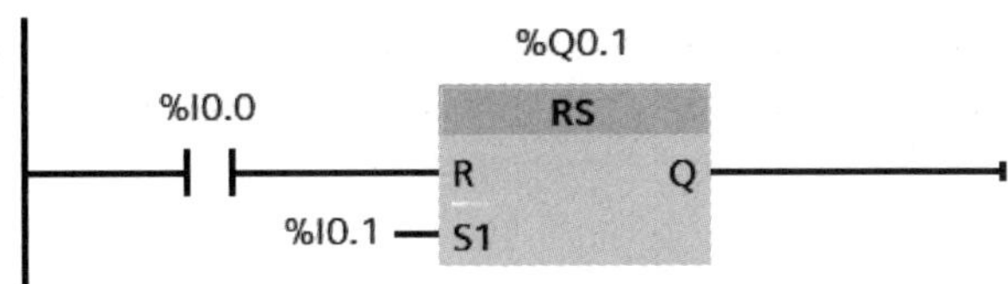

图8-32　RS触发器指令应用实例

任务8.4　PLC控制系统设计认知

要完成一个PLC控制系统的设计，一般需要经过以下几个步骤。

(1) 分析系统的控制要求

通过分析，了解被控对象的工艺过程及工作特点，明确被控设备的工作状态及其相互之间的关系等。对于电动机单向运转控制，其控制要求比较简单，即当起动按钮按下时，电动机起动，当停止按钮按下时，电动机停止。另外当电动机过载时也会自动停止。

(2) 选择PLC机型

明确系统的控制要求后，选择所需要的电气元件及PLC型号。选择PLC型号主要从两个方面来考虑：一是PLC的输入/输出点数，即需要控制多少个按钮或传感器，以及多少个接触器或电磁阀等；二是PLC的输出类型，即选择晶体管型还是继电器型。在根据输入/输出点数确定PLC的型号时，需要考虑在实际需要点数的基础上预留10%~20%的余量，以备日后系统进行更新改造时增加输入/输出信号时使用。

(3) 确定输入/输出元件，编写I/O分配表

明确PLC输入/输出元件的型号、规格、数量及功能，并根据所选的PLC型号，列出输入/输出元件与PLC的I/O地址分配表，以便绘制PLC控制原理图和编制程序。

(4) 设计硬件电路图，并进行实物安装接线

根据国家标准进行PLC控制原理图的设计。控制原理图的设计需要包括主电路设计和控制电路设计。PLC控制系统主电路的设计跟传统继电器接触器控制系统主电路设计相同，控制电路设计需要考虑PLC电源的连接、输入信号的连接，以及输出信号的连接。原理图设计完后，需要采购电气元件及PLC，制作控制柜等，并进行实物安装接线。

(5) 编写PLC梯形图

根据所设计的PLC控制原理图，进行PLC梯形图的设计。梯形图的设计方法有经验设计法、逻辑代数法、时序图设计法、顺序功能图设计法等。不同的设计方法有其特点及使用范围。同一控制要求，可以采用不同的指令进行编程。程序要有可读性，在编程时一般需要添加注释，这样既做到让别人能够看懂，同时也为自己以后修改、升级程序打下良好的基础。

(6) PLC调试

程序设计好后，可进行PLC离线模拟调试。目前很多PLC均开发有仿真调试软件，可对用户编制的程序正确性进行调试。当程序满足控制要求后，再到现场进行联机调试，直到软硬件全部达到要求后，才算调试完毕。

(7) 编制技术文件

系统安装调试完毕后，需要编制与整理相关技术文件，以备存档及为用户或维修人员提供必要的参考。PLC控制系统技术文件主要包括设计说明书、PLC控制原理图、控制程序、元器件清单、产品使用说明书等。

任务 8.5　电动机单向运行 PLC 控制电路设计、仿真、安装与调试

8.5.1　PLC 选型及输入/输出（I/O）信号分配

8-5-1　电动机单向运转 PLC 仿真控制

根据前面的控制要求，本项目要求控制 380 V 三相交流异步电动机，且只有两个输入信号和一个输出信号，因此可选择 CPU1211C AC/DC/RLY 型号 PLC。该 PLC 有 6 个数字量输入端口和 4 个数字量输出端口，能够满足设计要求。当然也可选择其他 AC/DC/RLY 型号 PLC，如 CPU1212C、CPU1214C 等。如果实验室内没有 AC/DC/RLY 型号 PLC，也可以采用 DC/DC/DC 型号 PLC，此时需要采用直流中间继电器进行信号转换。输入/输出（I/O）信号分配表见表 8-7。

表 8-7　电动机单向运转 PLC 控制输入/输出（I/O）信号分配表

输入端口			输出端口		
输入元件	输入信号	作用	输出信号	输出元件	控制对象
按钮 SB1	I0.0	起动	Q0.0	接触器 KM	电动机 M
按钮 SB2	I0.1	停止			

8.5.2　绘制 PLC 控制原理图

8-5-2　电动机单向运转 PLC 控制线路安装（带片头）

当选择 CPU1211C AC/DC/RLY 型号 PLC 时，电动机单向运转 PLC 控制原理图如图 8-33a 所示。当选择 CPU1211C DC/DC/DC 型号 PLC 时，电动机单向运转 PLC 控制原理图如图 8-33b 所示。

在图 8-33a 中，PLC 采用 220 V 电源供电。PLC 的电源进线 L1 端接 L1～L3 三根相线中的任一根，PLC 的 N 端接电源的中性线 N。输入电路采用 PLC 提供的 DC 24 V 电源供电。两个按钮一端接 PLC 的 DC 24 V，另一端分别接 PLC 输入端口 I0.0 与 I0.1。输入信号公共端 1M 与 PLC 的 DC 24 V 电源 0 V 端 M 相连。输出电路采用 AC 220 V 电源。接触器 KM 线圈一端接 PLC 输出端口 Q0.0，另外一端通过热继电器 FR 的常闭触点与电源中性线 N 相接。输出信号公共端 1L 与 PLC 的供电电源线 L1 相连。

在图 8-33b 中，PLC 采用 DC 24 V 电源供电。PLC 的电源进线 L+端接直流电源的 24 V，PLC 的 M 端接直流电源的 0 V。输入电路采用 PLC 提供的 DC 24 V 电源供电。两个按钮一端接 PLC 的 DC 24 V，另一端分别接 PLC 输入端口 I0.0 与 I0.1。输入信号公共端 1M 与 PLC 的 DC 24 V 电源 0 V 端 M 相连。输出电路采用 DC 24 V 电源。直流中间继电器 KA 线圈一端接 PLC 输出端口 Q0.0，另外一端接直流电源的 0 V。输出信号公共端 3L+与 PLC 的 L+相连，3M+与 PLC 的 M 相连。

8.5.3　设计 PLC 控制程序

8-5-3　电动机单向运转 PLC 控制在线调试（带片头）

电动机单向运转控制的 PLC 程序设计方法采用传统的继电器接触器控制思路，其梯形图如图 8-34 所示。其工作原理是：按下起动按钮 SB1，输入信号 I0.0 接通，其常开触点 I0.0 闭合，输出信号 Q0.0 接通并自锁，硬件电路

中与 Q0.0 相连接的接触器 KM 线圈得电，KM 主触点闭合，电动机 M 通电并连续运转。当按下停止按钮 SB2 时，输入信号 I0.1 接通，其常闭触点 I0.1 断开，输出信号 Q0.0 断开并解除自锁，接触器 KM 线圈失电，KM 主触点断开，电动机 M 断电停转。

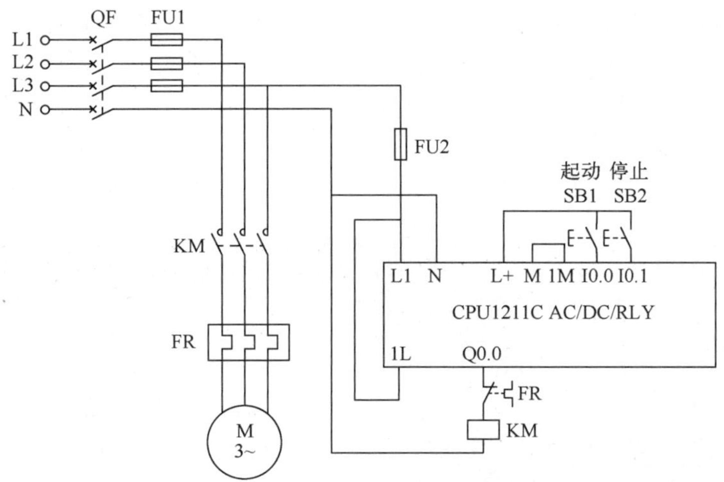

a) CPU1211C AC/DC/RLY型号PLC控制原理图

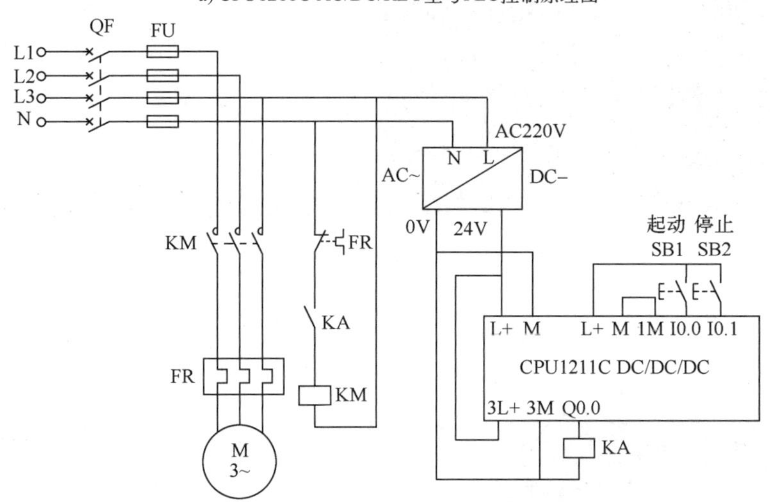

b) CPU1211C DC/DC/DC型号PLC控制原理图

图 8-33　电动机单向运转 PLC 控制原理图

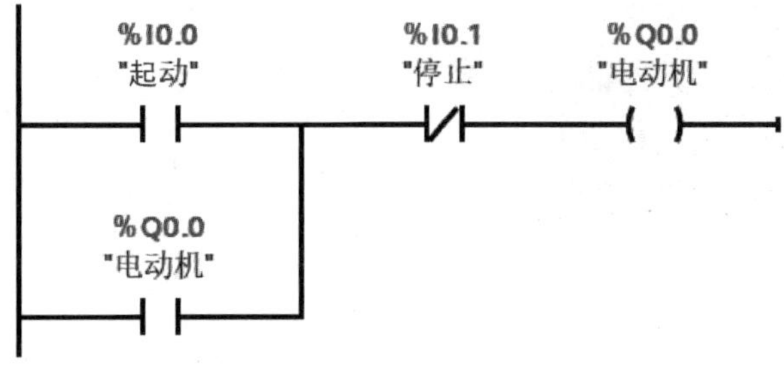

图 8-34　电动机单向运转 PLC 控制梯形图

若通过中间继电器转换，则根据图 8-33b 控制原理图，当梯形图中输出信号 Q0.0 接通后，KA 线圈得电自锁，KA 常开触点闭合，KM 线圈得电，电动机 M 通电并连续运转。当输出信号 Q0.0 断开并解除自锁后，中间继电器 KA 线圈失电，KA 常开触点断开，KM 线圈失电，KM 主触点断开，电动机 M 断电停转。

8.5.4 仿真调试

在进行实物接线与下载程序之前，可以利用博途软件提供的编程与仿真程序进行模拟仿真。仿真正确后再进行系统安装与在线调试，确保设备的安全。博途软件可以帮助用户实施自动化解决方案，其基本操作步骤依次为：创建新项目、添加新设备、硬件组态、添加 I/O 变量表、梯形图设计、程序保存与编译、打开仿真 PLC、程序下载、在线监控与调试等。

步骤 1：创建新项目。

① 双击打开 TIA Protal 软件，进入 Portal（门户）视图界面，如图 8-35 所示。

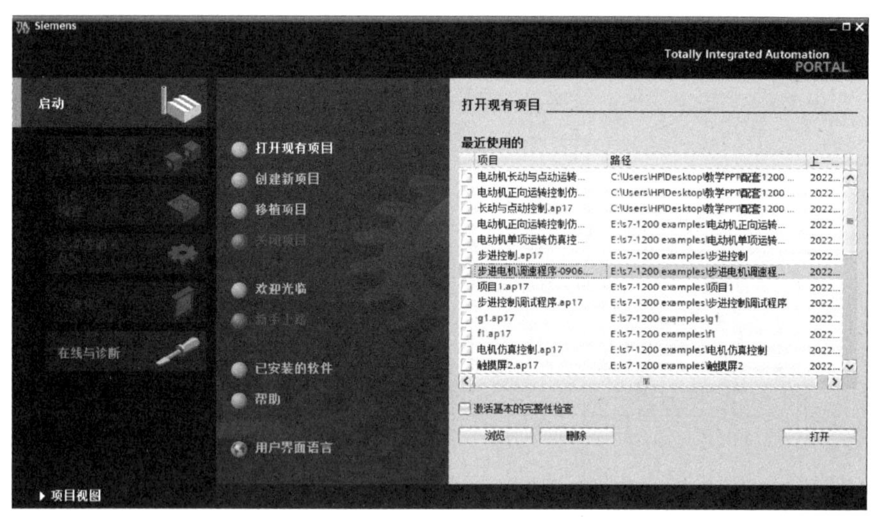

图 8-35 Portal 视图界面

② 单击 Portal 视图界面上的“创建新项目”，弹出“创建新项目”对话框，如图 8-36 所示。

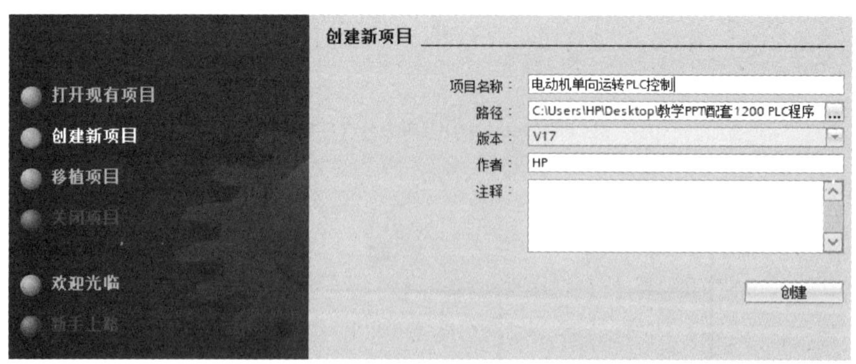

图 8-36 “创建新项目”对话框

③ 在对话框中填入项目名称“电动机单向运转 PLC 控制”，选择项目保存的路径；单击“创建”按钮。等待几秒钟，当项目创建后，系统回到 Portal 门户视图界面，如图 8-37 所示。该门户视图提供了一个面向任务的工具视图，用户可对该项目进行处理，如组态设备、创建 PLC 程序、组态工艺对象、组态 HMI 画面等。门户视图主要是帮助用户完成入门操作和初始步骤。

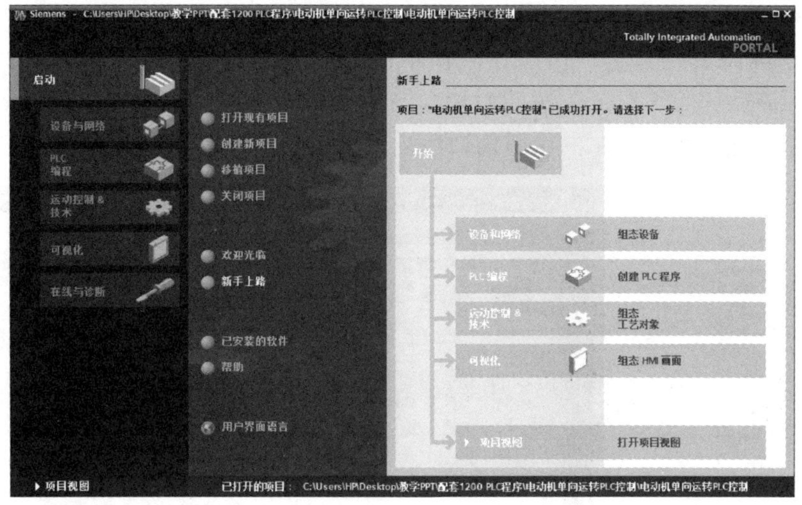

图 8-37　项目创建后的 Portal 视图界面

④ 单击门户视图的左下角“项目视图”，则系统界面转到项目视图，如图 8-38 所示。项目视图是该项目所有组成部分的结构化视图，包括菜单栏、工具栏、项目树、详细视图、工作区、巡视窗口、任务卡等。用户可在此视图内完成程序编制与下载工作。

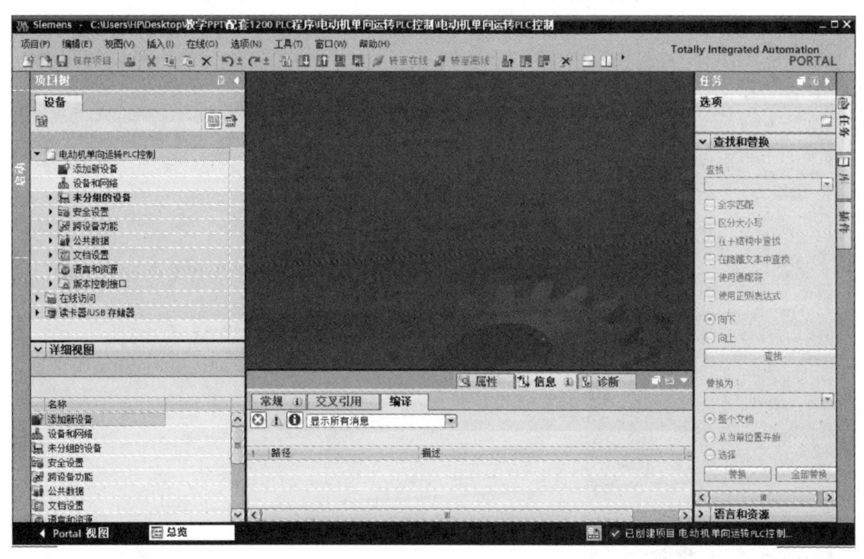

图 8-38　项目视图界面

步骤 2：添加新设备。

① 在项目树的设备栏中双击“添加新设备”，弹出“添加新设备”对话框，如图 8-39 所示。该对话框中可添加控制器、HMI、PC 系统等硬件。编者所用的 PLC 型号为 S7-1200 CPU1214C DC/DC/DC，故本项目添加设备过程为：选择“控制器”→“SIMATIC S7-1200”→“CPU”→“CPU1214C DC/DC/DC”→“6ES7 214-1AG40-0XB0”。单击“确定”按钮，等待几秒钟后，系统弹出 PLC 安全设置对话框，如图 8-40 所示。

② 在“PLC 安全设置”对话框中，取消勾选“保护 TIA Portal 项目和 PLC 中的 PLC 组态数据安全”前的“√”。单击“下一步”按钮，系统进入下一界面“PG/PC 和 HMI 的通信模

式”，如图 8-41 所示。取消勾选“仅支持 PG/PC 和 HMI 安全通信”前的“√”。单击“下一步”按钮，系统进入下一界面“PLC 访问保护”，如图 8-42 所示。在“访问等级（无须密码）”后面的选择项中选择“完全访问权限（无任何保护）”。单击界面上的“完成”按钮，对话框界面关闭。此时在项目树的设备窗口中出现了“PLC_1[CPU 1214C DC/DC/DC]”。

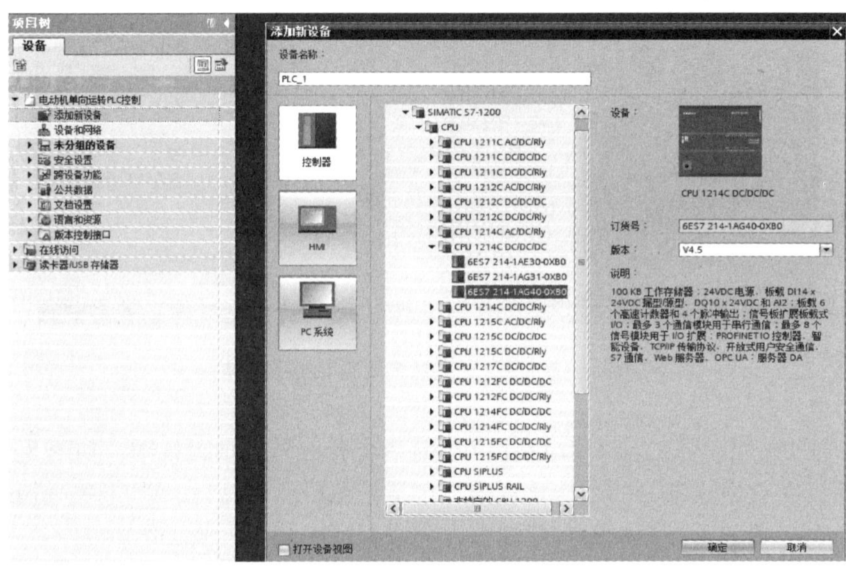

图 8-39 “添加新设备”对话框

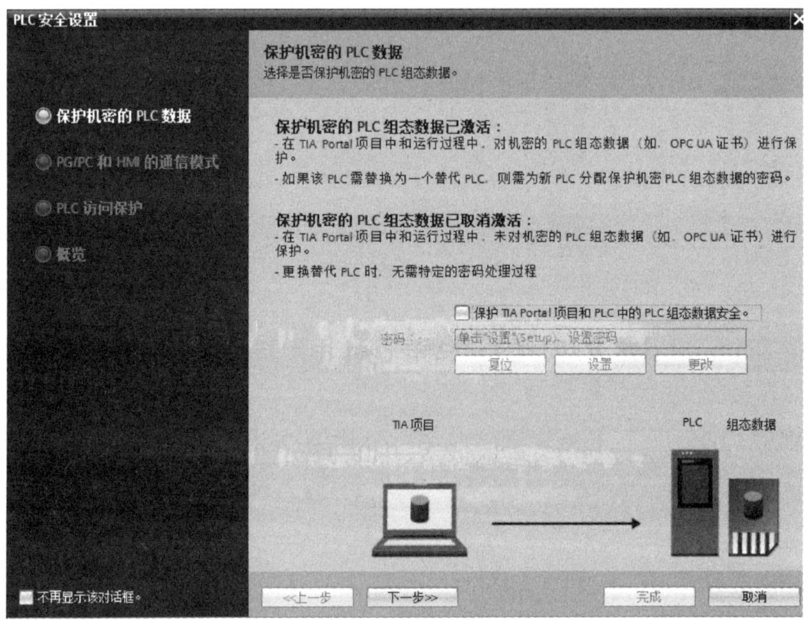

图 8-40 “PLC 安全设置”对话框

③ 双击“PLC_1[CPU 1214C DC/DC/DC]”下面的“设备组态”，在界面中间工作区出现了 PLC 的画面，如图 8-43 所示。PLC CPU 模块被自动安装在 1 号插槽内。其他几个插槽各有其用途，如 101~103 插槽只能放置通信模块，2~9 号插槽只能放置信号模块，CPU 模块上的方形区域只能添加信号板和通信板等。

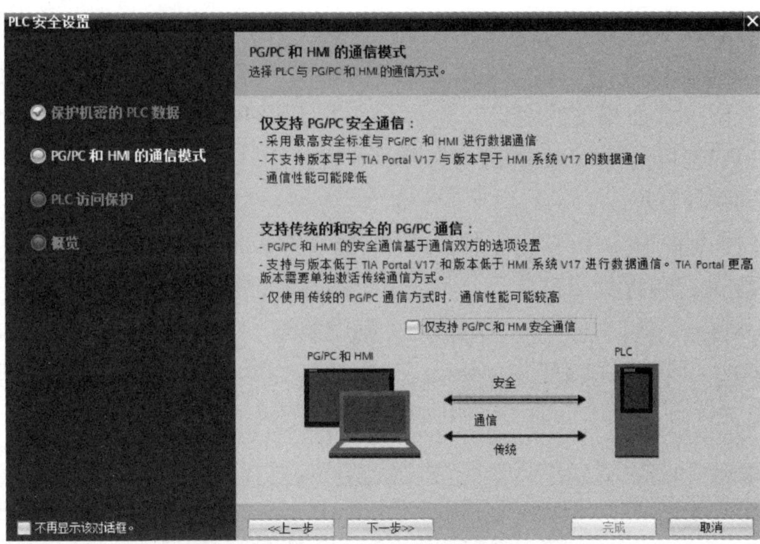

图 8-41　“PG/PC 和 HMI 的通信模式”对话框

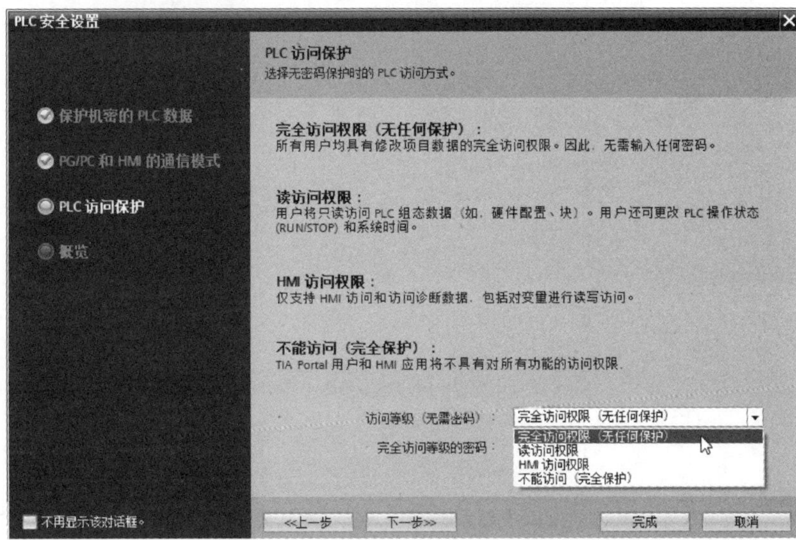

图 8-42　“PLC 访问保护”对话框

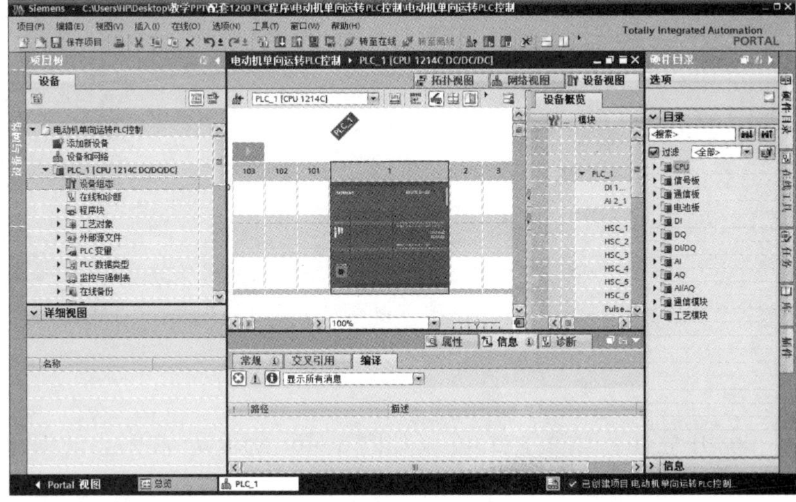

图 8-43　“设备组态”界面

步骤 3：添加 PLC 变量。

单击项目树设备窗口中“PLC 变量”前的箭头，展开 PLC 变量。双击“默认变量表[32]”，在中间工作区添加相关的变量，其名称为 SB1、SB2、KM，数据类型均为 Bool 型，地址分别为%I0.0、%I0.1、%Q0.0，如图 8-44 所示。

步骤 4：编写项目程序。

① 单击项目树设备窗口中“程序块”前的箭头，展开程序块。双击“Main[OB1]”，稍等几秒后，系统进行程序编辑区。

② 在界面右侧指令窗口中，单击收藏夹左侧的符号，显示出最常用的 6 个指令。将常开触点、常闭触点、线圈符号，以及向上连接符号分别拖到程序段 1 中间的横线上，如图 8-45 所示。

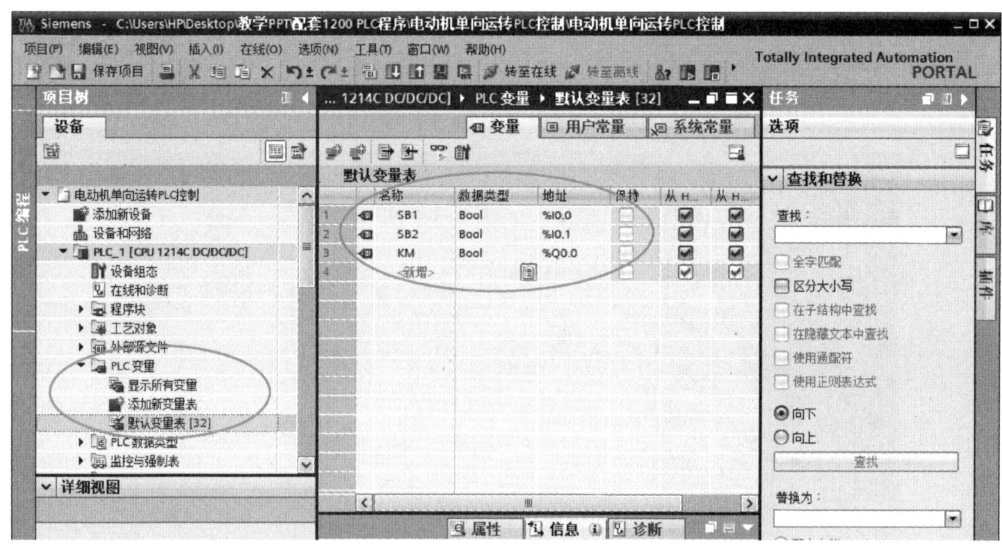

图 8-44　PLC 变量添加界面

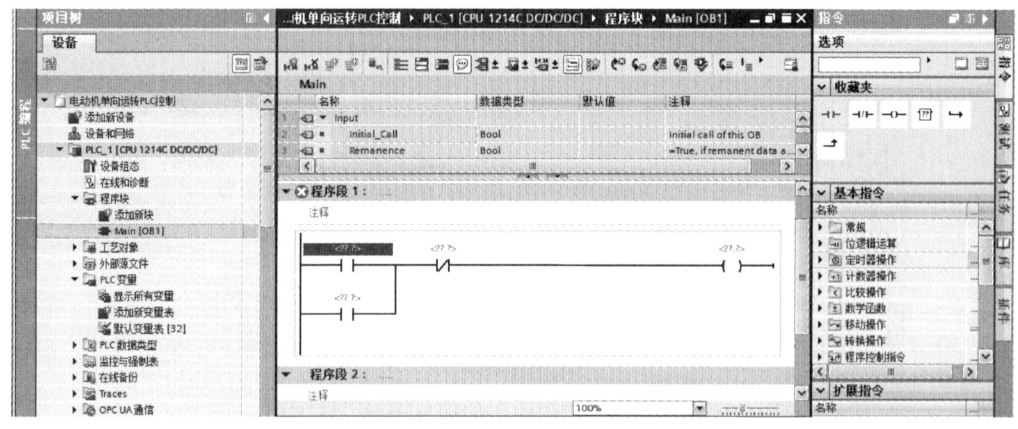

图 8-45　添加指令

③ 双击第一个常开触点上面的“??.?”（如图 8-46a 所示），在弹出的编辑框中单击符号，弹出选择对话框，在其中选择 SB1（如图 8-46b 所示），并按〈Enter〉键，此时常开触点

上出现了“%I0.0 SB1”符号（如图 8-46c 所示）。用同样的方法添加其他符号，结果如图 8-46d 所示。

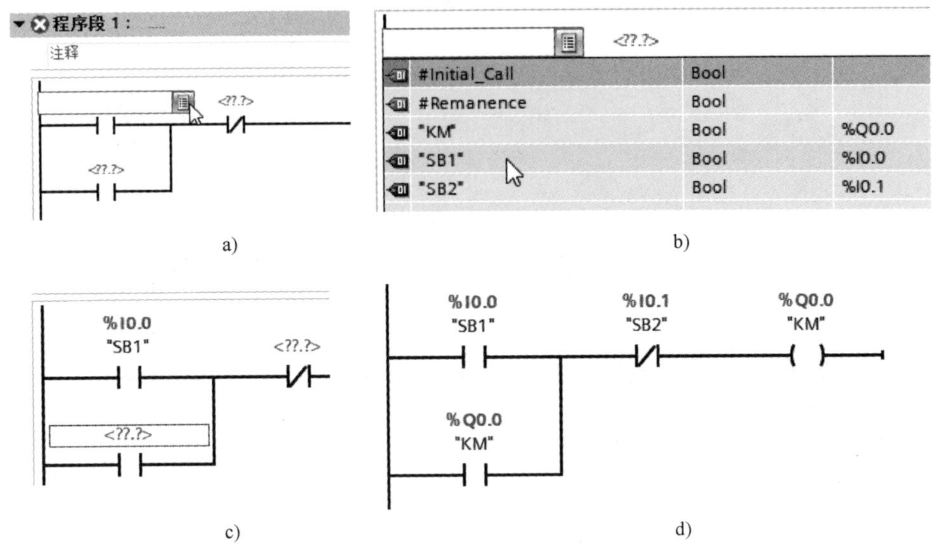

a)　b)　c)　d)

图 8-46　添加变量符号

步骤 5：程序仿真。

单击工具栏上的启动仿真按钮，在弹出的两个“启用仿真支持”对话框中分别单击“确定”按钮，系统弹出“与设备建立连接”对话框（如图 8-47 所示），在其中选择“认为可信并建立连接”按钮。系统分别弹出“准备下载到设备”“下载预览”对话框（如图 8-48 所示）。在“下载预览”对话框中单击“装载”按钮。在弹出的“下载结果”对话框中，将“启动模块”后部的“无动作”选项改为“启动模块”（如图 8-49 所示）。单击“下载结果”对话框中的“完成”按钮，退出对话框，并自动打开 PLCSIM 程序界面。

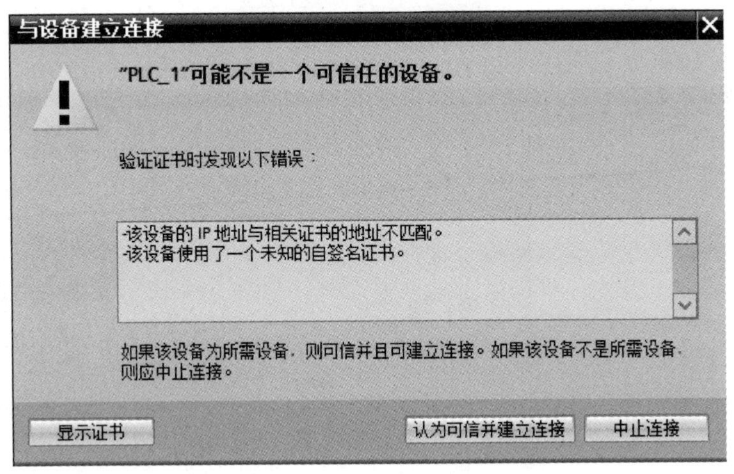

图 8-47　“与设备建立连接”对话框

打开后的 PLCSIM 仿真界面如图 8-50a 所示，该界面为精简视图，用户可单击界面上的“切换到项目视图”图标，将界面切换为项目视图，如图 8-50b 所示。

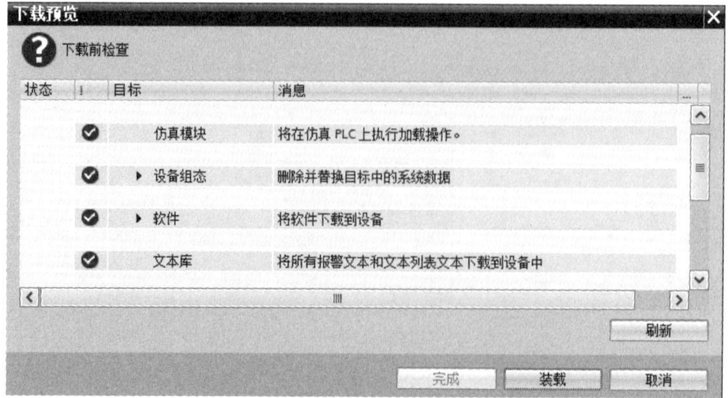

图 8-48 “下载预览”对话框

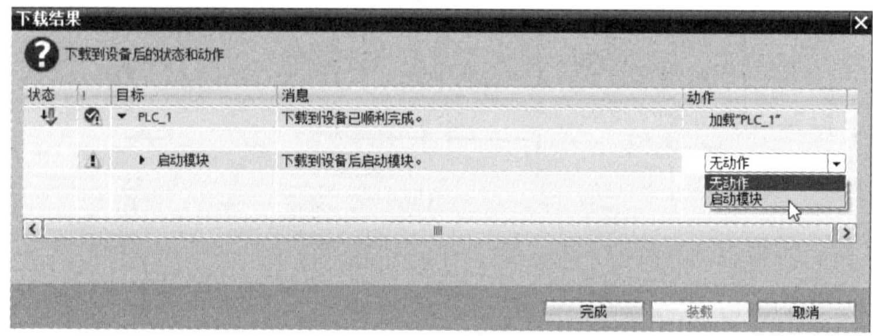

图 8-49 “下载结果”对话框

a) PLCSIM界面精简视图

b) PLCSIM界面项目视图

图 8-50 PLCSIM 界面

单击 PLCSIM 项目视图工具栏上的图标，弹出“创建新项目”对话框，在项目名称中输入“电动机单向运转 PLC 控制”，单击“创建”按钮。稍等几秒后，界面发生变化。单击“SIM 表格”前的箭头符号，在展开的选项中双击“SIM 表格_1”。单击中间区域工具栏上的“加载项目标签”图标，输入输出变量出现在“SIM 表格_1”中，如图 8-51 所示。单击仿真界面右侧操作面板上的“RUN”按钮，使 PLC 处于运行状态。

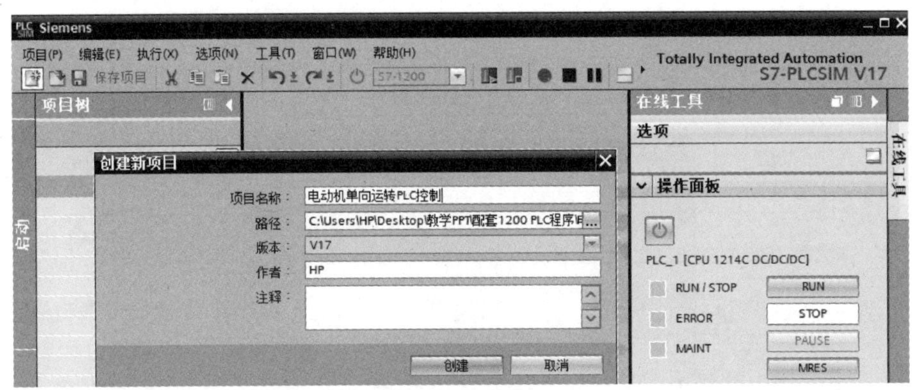

a) 创建新项目界面

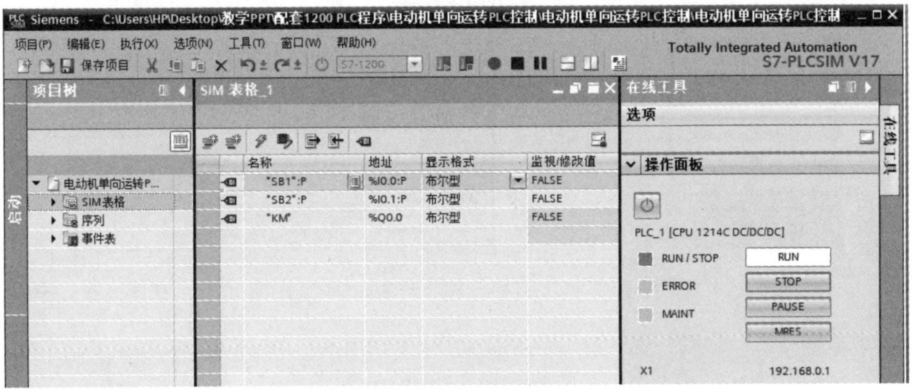

b)“SIM表格_1”添加界面

图 8-51　SIM 表格变量添加

切换到程序编辑窗口，单击中间工作区工具栏上的“启用/禁用监视图标”，程序中出现蓝绿两种颜色线，如图 8-52 所示，其中绿色密虚线为接通状态，表示有能流通过，蓝色疏虚线为断开状态，表示无能流状态。

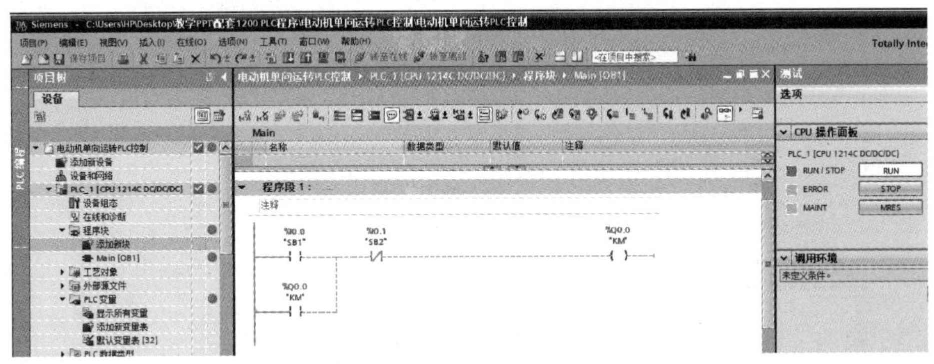

图 8-52　程序监控

打开仿真界面，单击“SIM 表格_1”界面中的第一行“SB1”，在下面出现一个“SB1”按钮，如图 8-53 所示。单击该按钮，可以看到编程界面中程序颜色发生了改变，表示 Q0.0 接通并自锁，电动机起动并运转。单击“SIM 表格_1”界面中的第二行“SB2”，在下面出现一个“SB2”按钮，如图 8-54 所示。单击该按钮，可以看到编程界面中程序颜色又发生了改变，此时 Q0.0 断开，表示电动机停止。

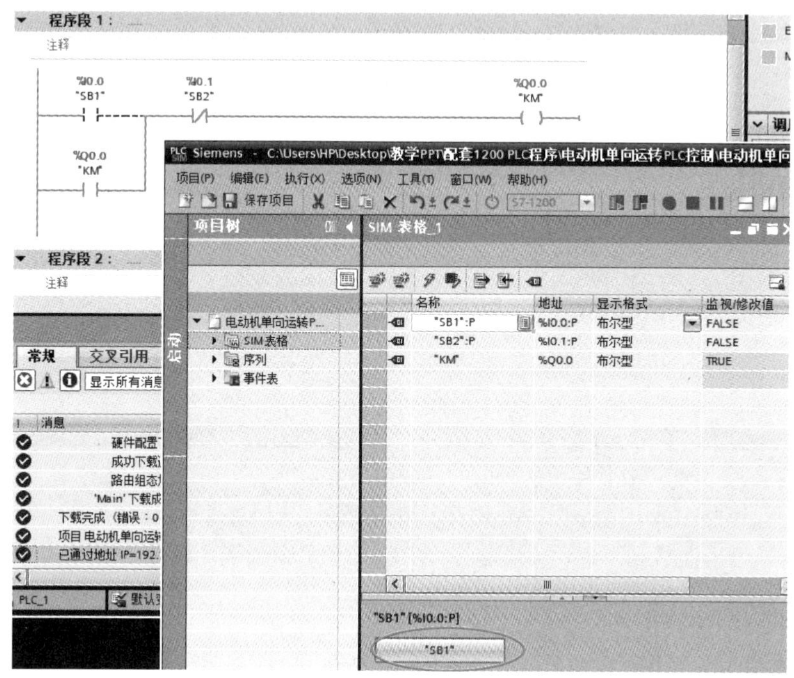

图 8-53　单击起动按钮 SB1 后程序监控情况

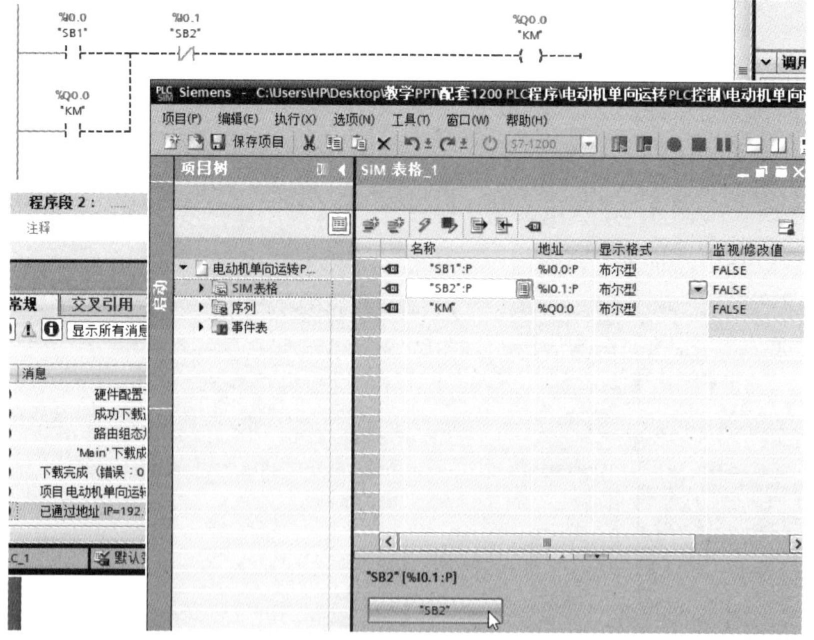

图 8-54　单击停止按钮 SB2 后程序监控情况

8.5.5　硬件安装与程序下载

根据实际选用的 PLC 型号，按照图 8-33a 或图 8-33b 进行硬件接线，并用网线连接 PLC 与计算机。完成后的硬件实物图如图 8-55 所示。本项目侧重于 PLC 控制原理验证，因此在实际接线时未考虑接线工艺问题。

当接通电源后，PLC 会进行短暂的自我诊断，当 DIAG 和 RUN/STOP 指示灯变绿后，诊断结束，此时可接受程序下载。

博途软件 TIA Portal 可以把用户的硬件组态信息和程序下载到实际的 PLC 中。在下载之前，需要先连接好网线，并将 PLC 的 IP 地址与计算机网卡的 IP 地址设置在同一个网段。如计算机网卡的 IP 地址为 192. 168. 1. 2，子网掩码为 255. 255. 255. 0，则可将 PLC 的 IP 地址设置为 192. 168. 1. 1，子网掩码设为 255. 255. 255. 0。只要 IP 地址最后一位不相同即可（范围不能超过 255）。

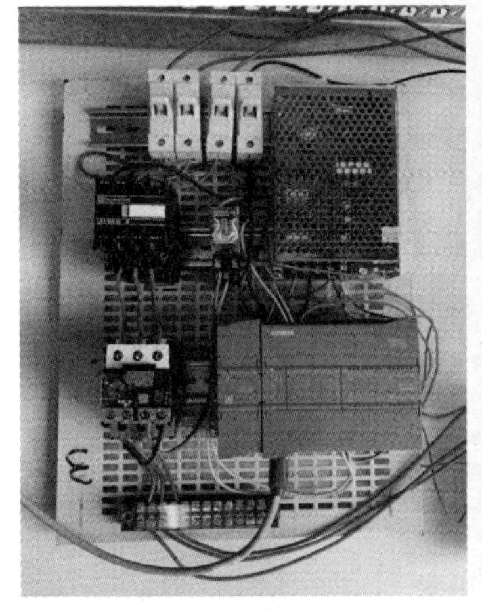

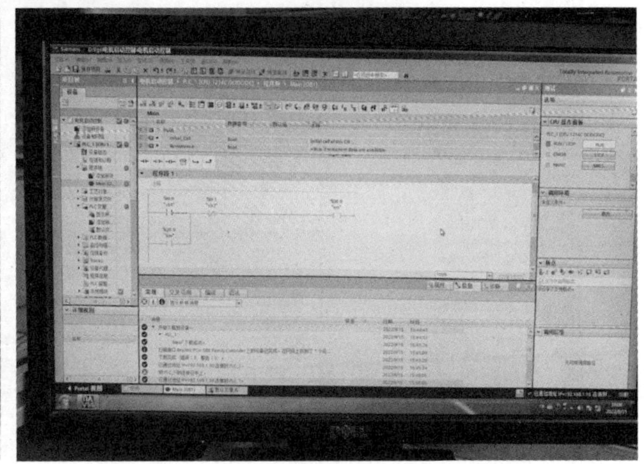

图 8-55　电动机单向运转 PLC 控制实物图

计算机 IP 地址设置：打开计算机的“控制面板”，单击“网络和 Internet”，单击“网络和共享中心”下的“查看网络状态和任务”，在弹出的界面中单击“更改适配器设置”，系统弹出“网络连接”窗口。用鼠标左键单击其中的“以太网”，单击鼠标右键，弹出快捷菜单，单击最下部的“属性”，系统弹出“以太网 属性”对话框，如图 8-56 所示。依次单击“Internet 协议版本 4（TCP/IPv4）”选项与“属性”按钮，在弹出的对话框中，将计算机 IP 地址设置为 192. 168. 1. 2，子网掩码为 255. 255. 255. 0，默认网关设置为 192. 168. 1. 255，如图 8-57 所示。按“确定”按钮关闭打开的窗口。

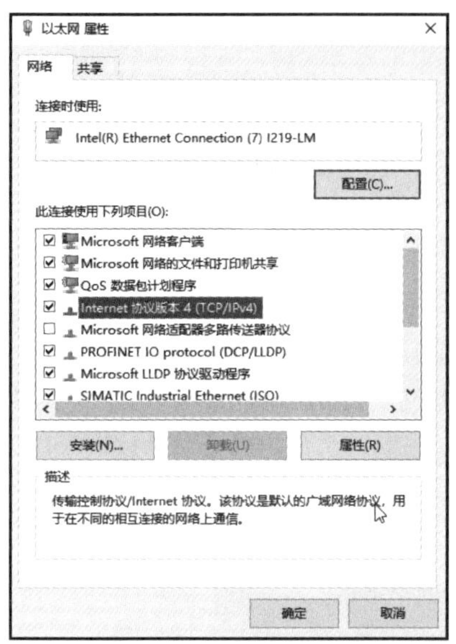

图 8-56 以太网属性设置

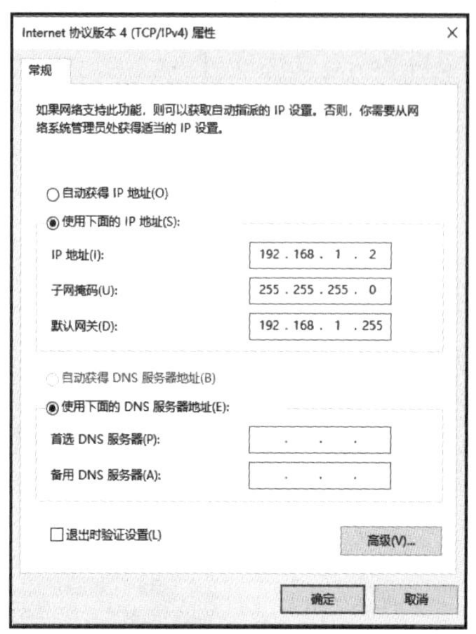

图 8-57 计算机 IP 地址设置

PLC IP 地址设置：双击项目树“PLC_1[CPU 1214C DC/DC/DC]”下面的“设备组态”，在界面中间工作区出现了 PLC 的画面。双击“PROFINET 接口_1”图标，在下部的巡视窗口中修改 IP 地址为 192.168.1.1，子网掩码为 255.255.255.0，如图 8-58 所示。

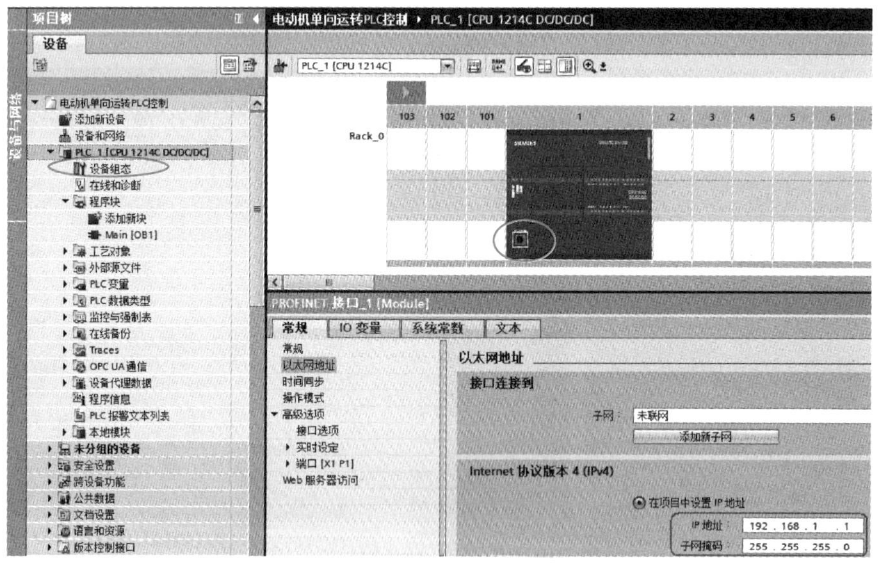

图 8-58 PLC IP 地址设置

选中项目树下的“PLC_1[CPU 1214C DC/DC/DC]”，单击工具栏上的下载到设备按钮，弹出如图 8-59 所示的对话框界面。选择 PG/PC 接口类型为“PN/IE”，PG/PC 接口为对应的网卡（每位同学所使用的网卡可能均不同），单击“开始搜索”按钮，如果 IP 地址设置正确，系统会找到对应的 PLC 设备，此处 PLC 的 IP 地址为 192.168.1.1（一般默认值为 192.168.0.1）。单击界面上的“下载”按钮，系统会自动对程序进行编译并下载。如果出现如图 8-60 所示“与设备建立连接”对话框，则单击“认为可信并建立连接”按钮即可。在下载过程中，如果出现如图 8-61 所示“装载到设备前的软件同步”对话框，则单击“在不同步的情况下继续”按钮即可。接下来系统会弹出“下载预览”对话框，“停止模块”后的“动作”下出现棕色的“无动作”。单击下拉按钮，将其改为“全部停止”，如图 8-62 所示。单击“装载”按钮，系统开始下载。下载结束后，会出现“下载结果”对话框（如图 8-63 所示）。在“动作”下选择“启动模块”，单击“完成”按钮，此时 PLC 的“RUN/STOP”指示灯由黄色切换为绿色。

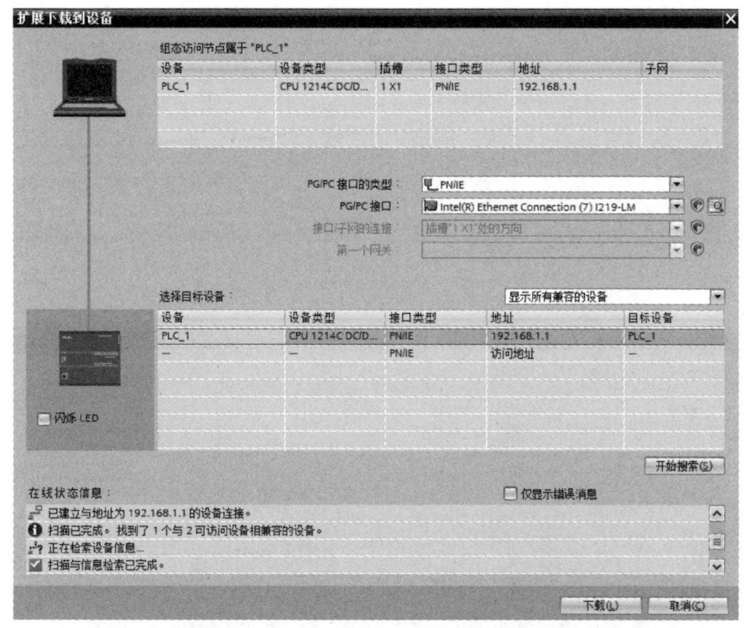

图 8-59　“扩展下载到设备”对话框

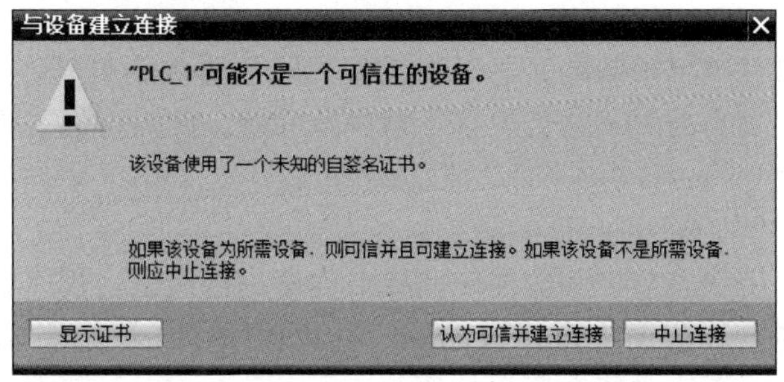

图 8-60　“与设备建立连接”对话框

图 8-61　“装载到设备前的软件同步”对话框

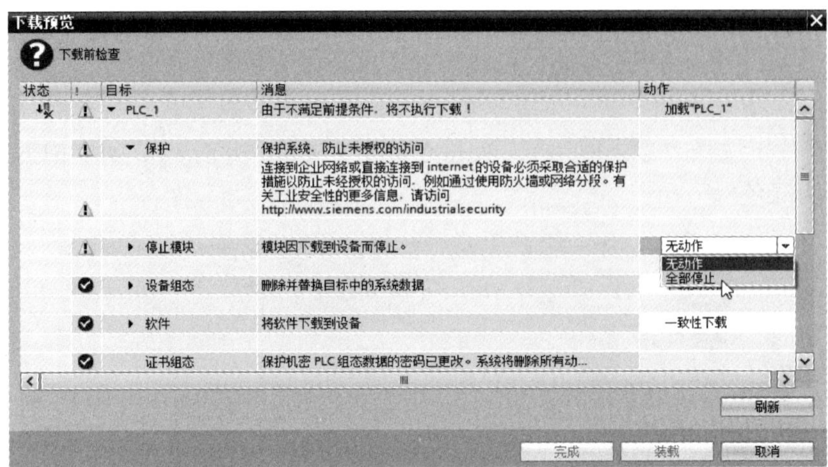

图 8-62 “下载预览”对话框

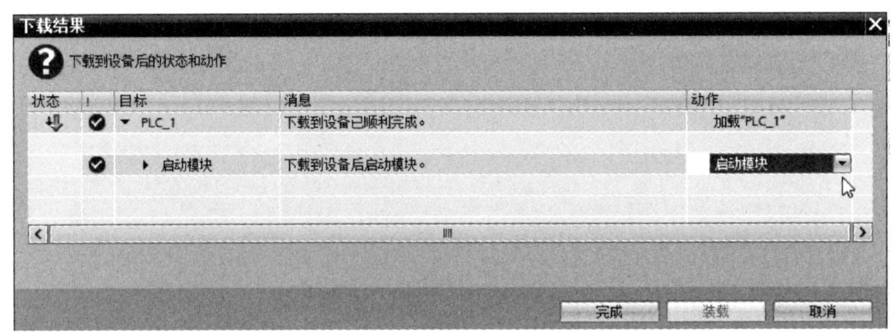

图 8-63 “下载结果”对话框

如果在程序下载过程中出现问题，可以将软件关闭后再重新打开，试试问题有没有解决。如程序仿真后再下载到真实的 PLC，会出现下载失败问题，此时可通过重启软件解决。

8.5.6 程序在线调试

博途软件可通过程序状态监控和监控表监控对程序进行调试。程序状态监控可以对程序的运行状态进行监控，如查看程序中操作数的值、查找程序中的逻辑错误、修改某些变量的值等。监控表监控可以监视、修改各个变量的值。

程序状态监控：单击项目树“PLC_1[CPU 1214C DC/DC/DC]”下面的“程序块”前的▶符号，然后双击“程序块”下面的“Main[OB1]”，在界面中间工作区显示出前面编写的 PLC 程序。单击中间工作区工具栏上的“启用/禁用监视图标”，可以对梯形图进行在线监控。跟前述 PLC 仿真一样，程序中出现蓝绿两种颜色线，其中绿色实线为接通状态，表示有能流通过，蓝色虚线为断开状态，表示无能流状态，如图 8-64 所示。当按下与 I0.0 相连接的起动按钮 SB1 时，线路颜色发生改变，Q0.0 接通并自锁，同时 PLC 上的 Q0.0 输出端口指示灯亮。当按下与 I0.1 相连接的停止按钮 SB2 时，Q0.0 断开，同时 PLC 上的 Q0.0 输出端口指示灯灭。

监控表监控：程序状态监控可以直观地查看程序的运行情况，但是如果程序较长，则无法同时看到每个变量的工作状态，此时可采用监控表监控。使用监控表可以同时监视、修改变量的值。单击项目树“PLC_1[CPU 1214C DC/DC/DC]”下面的“监控与强制表”前的▶符号，然后双击“监控与强制表”下面的“添加新监控表”，在界面中间工作区出现需要添加的监控表，如图 8-65 所示。单击其中的“名称”下部编辑框右侧的图标▤，可输入相应的监控变量。单击界面上“全部监视”按钮，当位变量为 FALSE（0 状态），监视值列的方形指示灯为灰色。当位变量为 TRUE（1 状态），监视值列的方形指示灯为绿色。单击项目视图界面上的“水平拆分编辑器空间”按钮▤，可同时显示 OB1 程序和监控表。用户可通过操作起动与停止按钮，观察 I0.0、I0.1 与 Q0.0 的状态。如图 8-66 所示。当与 I0.0 相连的 SB1 起动按钮按下时，变量表中“SB1”的监视值为“TURE”，“KM”的监视值也为“TRUE”，同时程序中也会出现相应的变化。

%I0.0 "SB1"　%I0.1 "SB2"　%Q0.0 "KM"

%Q0.0 "KM"

a) 线路未接通状态

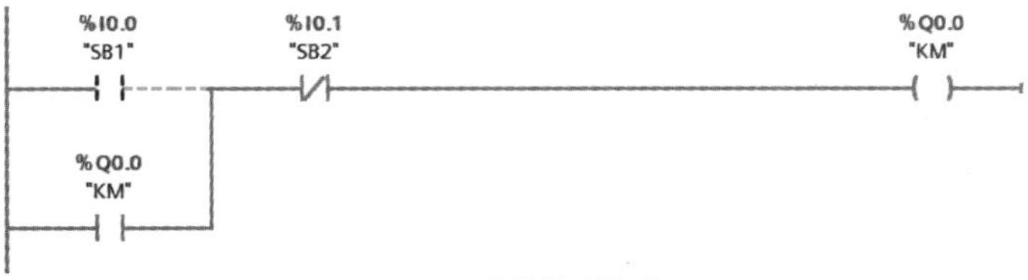

%I0.0 "SB1"　%I0.1 "SB2"　%Q0.0 "KM"

%Q0.0 "KM"

b) 线路接通状态

图 8-64　梯形图状态在线监控

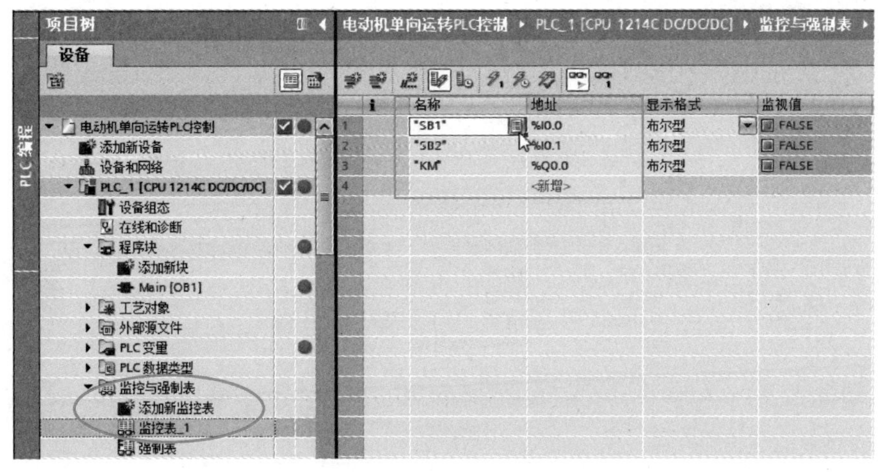

图 8-65　监控表变量添加

强制表监控：使用监控表不能修改外围输入变量如 I0.0、I0.1 的值，但可以修改内部变量如 M0.0、M0.1 的值。如果需要修改外围输入变量的值，则可通过强制表强制外部变量接通或断开。单击项目树“PLC_1[CPU 1214C DC/DC/DC]”下面的“监控与强制表”前的▸符号，然后双击“监控与强制表”下面的“强制表”，在界面中间工作区出现需要添加的强制表，如图 8-67 所示。单击强制表工具栏上的“显示/隐藏扩展模式列”按钮，显示扩展模式。单击其中的“名称”下部编辑框右侧的图标▤，可输入相应的监控变量，如图 8-68 所示。强制表中变量的名称与地址与前面的监控表不一样，后面均加了“:P”符号，表示是强制变量。单击变量“SB1”:P，单击右键，在弹出的快捷菜单中选择“强制”→“强制为 1”，在弹出的“强制为 1”对话框中单击“是”按钮，将“%I0.0:P”的值强制为 TRUE。此时在强制的这一行中出现表示被强制的红色符号 F。PLC 面板上 I0.0 对应的指示灯不亮，梯形图中 I0.0 常开触点接通，上面出现被强制的符号 F。Q0.0 接通并自锁，PLC 面板上的 Q0.0 对应的指示灯亮，同时 PLC 的 MAINT 指示灯亮。对“SB2:P”执行同样的操作，可实现 Q0.0 断开的功能。

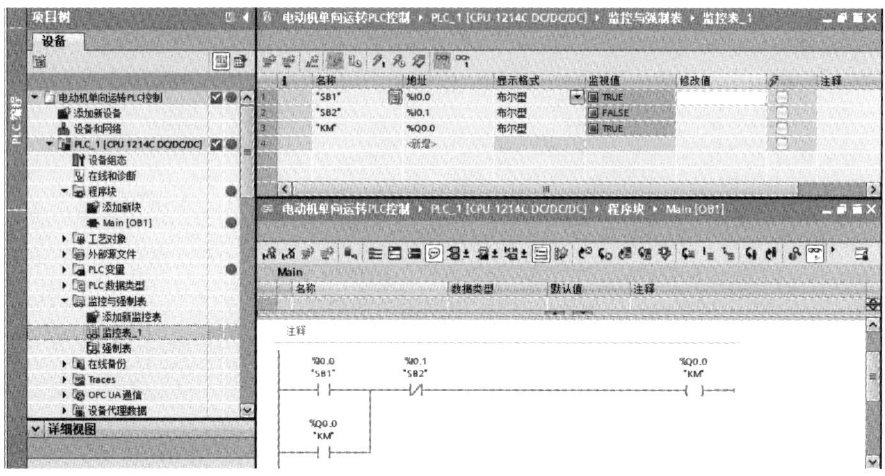

图 8-66　监控表变量值监控与程序在线监控

电动机单向运转PLC控制 ▸ PLC_1 [CPU 1214C DC/DC/DC] ▸ 监控与强制表 ▸ 强制表

	i	名称	地址	显示格式	监视值	使用触发器监视	强制值	F
1		"SB1":P	%I0.0:P	布尔型		永久	FALSE	
2		"SB2":P	%I0.1:P	布尔型		永久	FALSE	
3		"KM":P	%Q0.0:P	布尔型		永久		
4			<新增>					

图 8-67　强制表变量添加

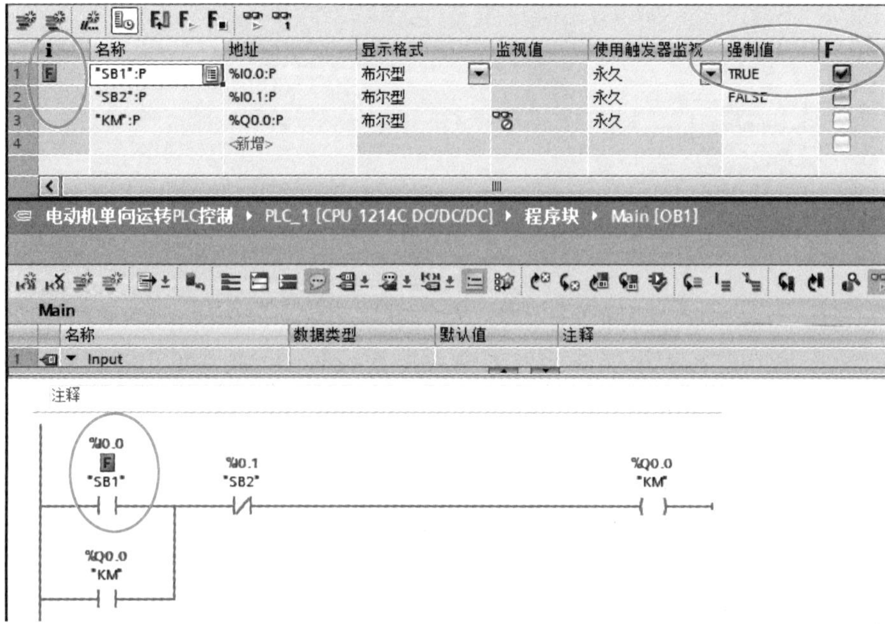

图 8-68　强制表变量值监控与程序在线监控

注意：当输入、输出点被强制后，在程序关闭前，必须停止对所有地址的强制，否则强制值会被一直保持在 PLC 中，影响后续 PLC 的正常使用，即使 PLC 断电也不能还原。停止强制的方法是单击强制表工具栏中的“停止所有地址的强制”按钮F■，然后在弹出的“停止强制”对话框中选择“是”按钮便可，此时强制表与梯形图中对应被强制的变量F符号消失，PLC 指示灯也恢复正常状态。

8.5.7　电动机单向运转 PLC 控制系统工作原理分析

对于电动机单向运转 PLC 控制系统（如图 8-69 所示）来说，为什么起动按钮 SB1 按下后，电动机会起动？为什么停止按钮 SB2 要接常开触点？能不能接常闭触点？针对这些问题，下面来分析下 PLC 控制系统是如何工作的。

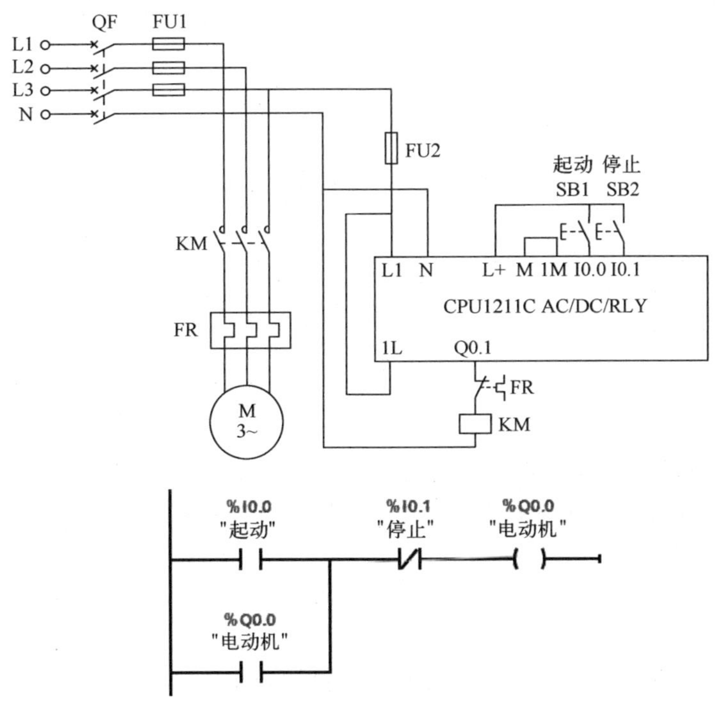

图 8-69　电动机单向运转 PLC 控制系统软硬件

根据 PLC 输入接口电路的工作原理（如图 8-70 所示），当输入开关合上时光电耦合器导通，内部输入过程映像区通电，这样就可以简单地将 PLC 输入端等效为一个输入线圈。根据 PLC 继电器输出接口电路的工作原理（如图 8-71 所示），当程序中输出过程映像区通电，其常开触点闭合，这样就可以简单地将 PLC 输出端等效为一个输出触点。对于 PLC 程序来说，也可以将其绘制成电气原理图形状，如图 8-72 所示。将输入、输出和程序绘制成一整体后（如图 8-73 所示），并可在此基础上分析 PLC 的工作原理。

在图 8-73 中，左侧输入接口 I0.0 等效为线圈 I0.0，输入接口 I0.1 等效为线圈 I0.1，然后通过 L+、M、1M、SB1、SB2 连成两个输入回路。右侧输出接口 Q0.0 等效为一个常开触点 Q0.0，通过 1L 公共端与外接 220 V 电源，以及 FR 常闭触点、KM 线圈组成一个回路。这样整个控制系统就可分为三个回路：输入回路、程序回路和输出回路。当 SB1 按钮按下时，左侧输入回路导通，输入 I0.0 线圈接通，程序回路中 I0.0 常开触点闭合，Q0.0 线圈接通并自锁，输出回路中 Q0.0 触点闭合，KM 接触器线圈接通，通过其主触点控制电动机起动并连续运转。当左侧 SB2 按钮按下时，其输入回路导通，I0.1 线圈通电，程序回路中 I0.1 常闭触点断开，

Q0.0 线圈失电，解除自锁。输出回路中 Q0.0 常开触点恢复断开，KM 线圈失电，通过其主触点控制电动机停止。

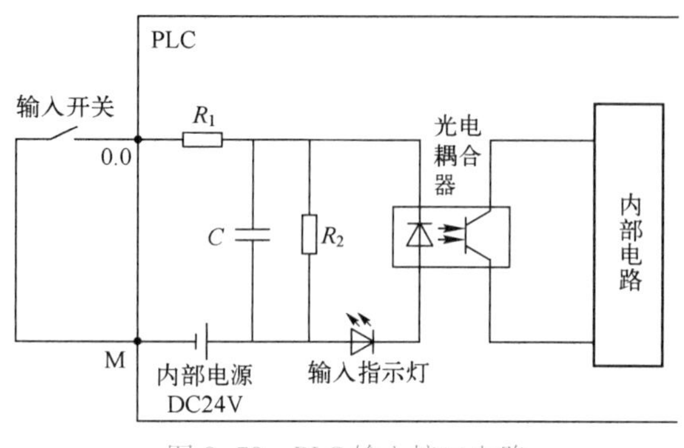

图 8-70　PLC 输入接口电路

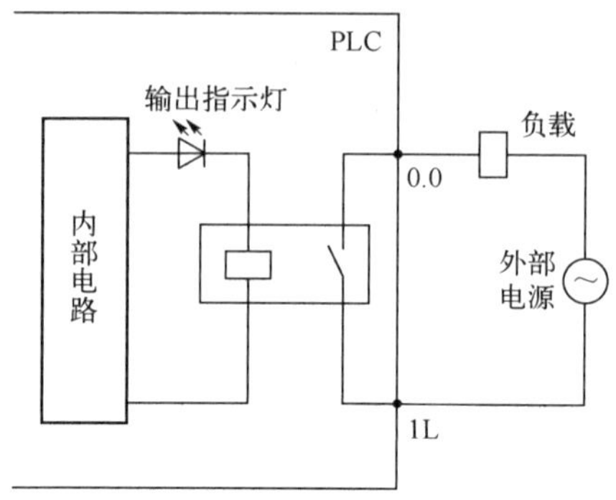

图 8-71　PLC 继电器输出接口电路

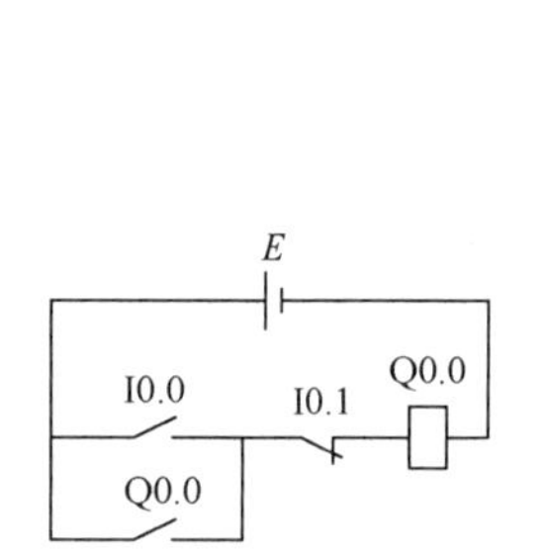

图 8-72　PLC 梯形图等效电路

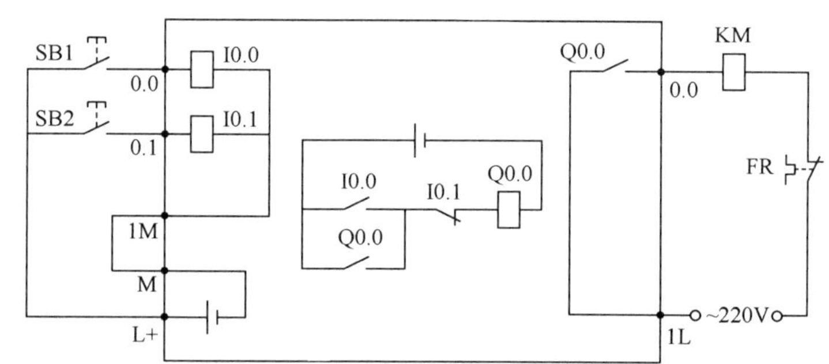

图 8-73　PLC 等效电路

如果停止按钮 SB2 接常闭触点，也是可以实现电动机起停，不过这时程序中与 SB2 相连的 I0.1 触点要用常开触点，其余不变。其工作原理可自行分析。

任务 8.6　项目拓展——长动与点动混合 PLC 控制系统设计

用 PLC 实现电动机长动与点动混合控制。其控制要求为：当按下长动按钮 SB1 时，电动机起动并连续运转；当按下停止按钮 SB2 时，电动机停止；当按下点动按钮 SB3 时，电动机起动，当松开点动按钮 SB3 时，电动机停止。

8.6.1　确定输入/输出信号分配表

电动机长动与点动 PLC 控制输入/输出信号分配表见表 8-8。这里与电动机单向运转 PLC 控制系统不同的是，把热继电器常开触点放在了输入信号端，作为一个输入信号。

表 8-8　电动机长动与点动 PLC 控制输入/输出（I/O）信号分配表

输入端口			输出端口		
输入元件	输入信号	作用	输出信号	输出元件	控制对象
按钮 SB1	I0.0	长动	Q0.1	接触器 KM	电动机 M
按钮 SB2	I0.1	停止			
按钮 SB3	I0.2	点动			
触点 FR	I0.3	过载保护			

8.6.2　绘制 PLC 控制原理图

电动机长动与点动 PLC 控制原理图如图 8-74 所示。此处与电动机单向运转 PLC 控制原理图不同的是，输入端增加了 SB3 与 FR 两个元器件，KM 控制回路少了 FR 常闭触点。

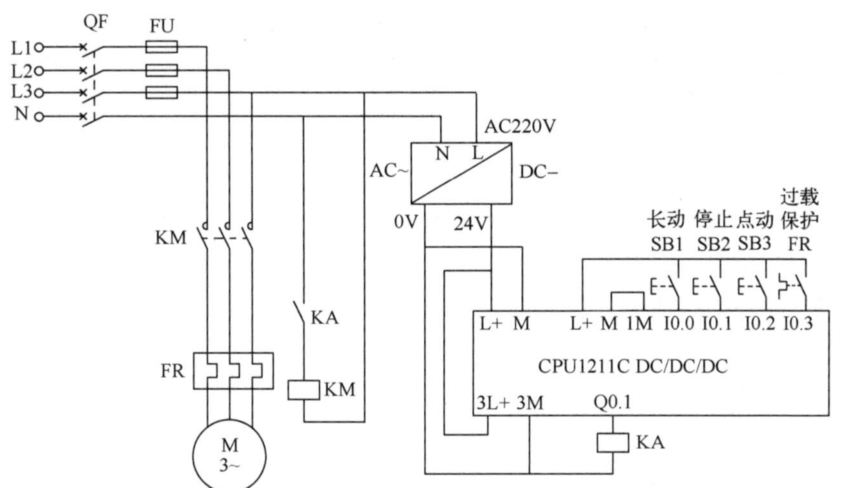

图 8-74　电动机长动与点动 PLC 控制原理图

8.6.3　编写 PLC 梯形图

根据 I/O 分配表与 PLC 控制原理图，利用经验设计法编写的梯形图如图 8-75 所示。

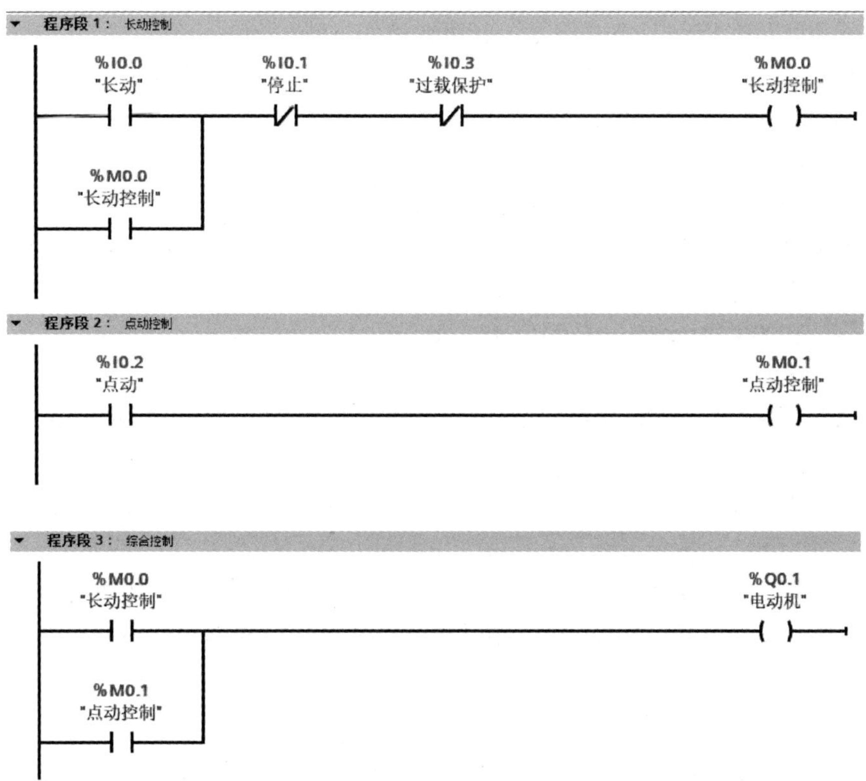

图 8-75　电动机长动与点动 PLC 梯形图

在正式将程序下载到真实的 PLC 之前，可利用博途 PLCSIM 仿真软件进行程序运行效果仿真，直至程序满足设计要求。

8.6.4 硬件接线与调试

根据 PLC 控制原理图进行硬件接线，利用博途软件编写程序，并通过网线下载与联机调试，直至运行调试正确。

8.6.5 工作原理分析

根据 PLC 控制原理图与梯形图，可分析其工作原理。

1）长动：按下 SB1，I0.0 接通，程序段 1 中 M0.0 接通并自锁，程序段 3 中 Q0.1 接通，硬件电路中 KA 线圈得电，KA 常开触点闭合，KM 线圈得电，KM 主触点闭合，电动机起动并持续运转。

2）停止：按下 SB2，I0.1 接通，程序段 1 中 M0.0 断开，程序段 3 中 Q0.1 断开，硬件电路中 KA、KM 线圈失电，KM 主触点断开，电动机停止运转。

3）点动：按下 SB3，I0.2 接通，程序段 2 中 M0.1 接通，程序段 3 中 Q0.1 接通，硬件电路中 KA、KM 线圈得电，KM 主触点闭合，电动机起动；当 SB3 松开时，I0.2 断开，程序段 2 中 M0.1 断开，程序段 3 中 Q0.1 断开，硬件电路中 KA、KM 线圈失电，KM 主触点断开，电动机停止。

【思考与练习】

1. 什么是 PLC？它有哪些主要特点？可用在哪些领域？
2. PLC 的硬件由哪几个部分组成？
3. PLC 有哪些编程语言？
4. PLC 有哪些主要性能指标？
5. S7-1200 PLC 有哪几种型号？各有几个输入/输出点？
6. 以 CPU1214C PLC 硬件为例（或其他类型 PLC），分析其外观结构，并说出 PLC 上各符号和各指示灯的作用。
7. 简述 S7-1200 CPU1214C AC/DC/RLY 型号中各符号的含义。
8. PLC 控制系统设计需要包括哪些关键步骤？
9. 在个人计算机上安装博途软件，并进行电动机单向运转与长动点动控制项目仿真调试。
10. 分别用置位复位指令和触发器指令编写电动机单向运转控制程序，并进行仿真调试。
11. 编制抢答器 PLC 控制程序，并进行仿真调试。控制要求：三人抢答，谁先按按钮，谁的指示灯优先亮，且只能亮一盏灯，当主持人按复位按钮时，抢答可以重新开始。

【项目测评】

本项目目标达成度测评采用项目考核与个人考核相结合的方式，具体考核细则见表 8-9。考核成绩达到 70 分，就可以认定该学生达成了本项目的预期学习目标。

表 8-9　项目目标达成度测评评分办法

考核目标	考核方法	成绩占比（%）
目标 1、2	雨课堂测试、课外作业	30
目标 3	项目分组操作考核×个人参与度	50
目标 4	个人操作测试	10
目标 5	考勤、课堂表现评分	10

【素质拓展】

项目实操过程中的“8S”管理

“8S”就是整理（SEIRI）、整顿（SEITON）、清扫（SEISO）、清洁（SEIKETSU）、素养（SHITSUKE）、安全（SAFETY）、节约（SAVE）、学习（STUDY）。

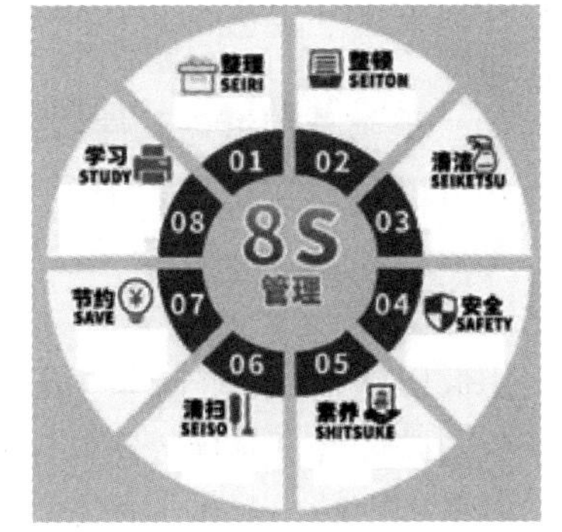

整理——区分要用和不要用的，清除掉不要用的。

整顿——工具依规定摆放整齐。

清扫——清除实验场所内的脏污。

清洁——保持实验场所干净整洁。

素养——养成良好的职业素养。

安全——保证设备和人员安全。

节约——减少工具、元器件与材料消耗。

学习——深入学习专业技术知识。

项目9　电动机正反转PLC控制系统设计、安装与调试

【学习目标】

（1）熟知信号边沿指令的格式和使用方法。

（2）能够利用信号边沿指令等指令编写电动机正反转PLC控制程序。

（3）能够根据电动机正反转PLC控制原理图正确安装PLC控制系统硬件电路，并理解其工作原理。

（4）能够使用博途软件编写PLC梯形图程序，并进行仿真调试与在线调试。

（5）在项目实施过程中，养成良好的职业素养，体现良好的工匠精神。

【项目要求】

用低压电器元件与S7-1200 PLC完成三相交流异步电动机正反转运行控制系统的设计、安装与调试任务。具体控制要求：当按下正转起动按钮时，电动机正转；当按下反转起动按钮时，电动机反转；当按下停止按钮时，电动机停止。

【项目分析】

要完成上述任务，首先需要对S7-1200 PLC的结构组成、工作原理、接线方式及编程方法有所认知。其次需要了解PLC控制系统设计的关键步骤，如I/O点的分配、PLC控制原理图的绘制、PLC梯形图的设计与下载；再次需要根据控制原理图进行硬件接线，并理解其工作原理；最后需要能够使用TIA博途软件进行程序编制、下载、仿真调试与在线调试等。

【实践条件】

（1）配置断路器、熔断器、热继电器、按钮、接触器等常用低压电器元件，另外还需要导线、网孔板、电动机、电工工具、万用表、网线等。

（2）S7-1200 PLC。

（3）安装有TIA博途软件的计算机。

【项目实施】

9-1-1　信号边沿指令应用

任务9.1　项目所用信号边沿指令认知

本项目中所用到的指令除了触点线圈指令、复位置位指令外，还用到了信号边沿指令。

当信号状态发生变化时，将产生跳变沿（上升沿或下降沿）。当Q0.0线圈由0变为1时，就产生一个正跳变的上升沿（Edge Up）；当Q0.0线圈由1变为0时，就产生一个负跳变的下降沿（Edge Down）。

S7-1200 PLC执行信号边沿指令时，在每个扫描周期中把信号状态和它在上一扫描周期的状态（存储在边沿存储器位中）进行比较，如果不同则表明出现了上升沿或下降沿。常见的信号边沿指令见表9-1。

表9-1　常见信号边沿指令

指令符号	指令名称	指令功能
<??.?> -|P|- <??.?>	上升沿检测触点指令	当操作数出现上升沿时，触点接通一个扫描周期
<??.?> -|N|- <??.?>	下降沿检测触点指令	当操作数出现下降沿时，触点接通一个扫描周期
<??.?> -(P)- <??.?>	上升沿检测线圈指令	当线圈输入端出现上升沿时，操作数对应的线圈接通一个扫描周期
<??.?> -(N)- <??.?>	下降沿检测线圈指令	当线圈输入端出现下降沿时，操作数对应的线圈接通一个扫描周期
P_TRIG CLK　Q <??.?>	扫描RLO的上升沿指令	当输入端RLO出现上升沿时，操作数对应的线圈接通一个扫描周期
N_TRIG CLK　Q <??.?>	扫描RLO的下降沿指令	当输入端RLO出现下降沿时，操作数对应的线圈接通一个扫描周期
R_TRIG EN　ENO CLK　Q	上升沿检测功能块指令	EN输入端有效时，启用边沿检测；CLK输入端出现上升沿时，输出Q导通一个扫描周期
F_TRIG EN　ENO CLK　Q	下降沿检测功能块指令	EN输入端有效时，启用边沿检测；CLK输入端出现下降沿时，输出Q导通一个扫描周期

表9-1中信号边沿指令较多，本项目只介绍其中的边沿检测触点指令与边沿置位操作数指令，其他指令可参考其他教材。

9.1.1　边沿检测触点指令

图9-1所示程序段1中间有-|P|-的触点指令即为边沿检测触点指令中的“上升沿检测触点指令”，如果该触点上面的输入信号I0.0由0变为1（即输入信号I0.0的上升沿），则该触点接通一个扫描周期，在其他任何情况下，该触点均断开。M10.0为边沿存储位，用来存储上一次扫描时I0.0的状态。通过比较I0.0的当前状态和上一次循环的状态，来检测信号的边沿。边沿存储位的地址只能在程序中使用一次，它的状态不能在其他地方被改写，且只能使用位存储区M或全局数据块DB、函数块FB中的静态变量作为边沿存储器位。边沿检测触点指令不能放在逻辑块结束处。

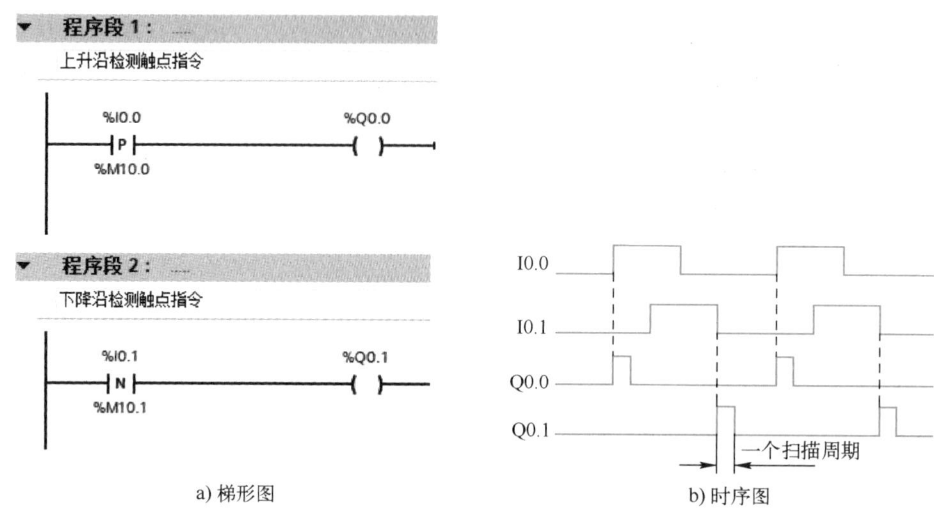

a) 梯形图 b) 时序图

图9-1 边沿检测触点指令举例

同理，图9-1所示程序段2中间有-|N|-的触点的指令即为边沿检测触点指令中的“下降沿检测触点指令”，如果该触点上面的输入信号I0.1由1变为0（即输入信号I0.1的下降沿），则该触点接通一个扫描周期，在其他任何情况下，该触点均断开。M10.1用来存储上一次扫描时I0.1的状态。

图9-1所示梯形图功能为：当检测到I0.0的上升沿时，Q0.0接通一个扫描周期后断开（一个扫描周期的时间大约为几十毫秒）；当检测到I0.1的下降沿时，Q0.1接通一个扫描周期后断开。

若程序中没有采用-|P|-与-|N|-边沿触点指令，则其对应的程序及其时序图如图9-2所示。从图中可见，此时输出Q0.0的波形与I0.0相同，输出Q0.1的波形与I0.1相同，不受I0.0与I0.1上升沿与下降沿的影响。

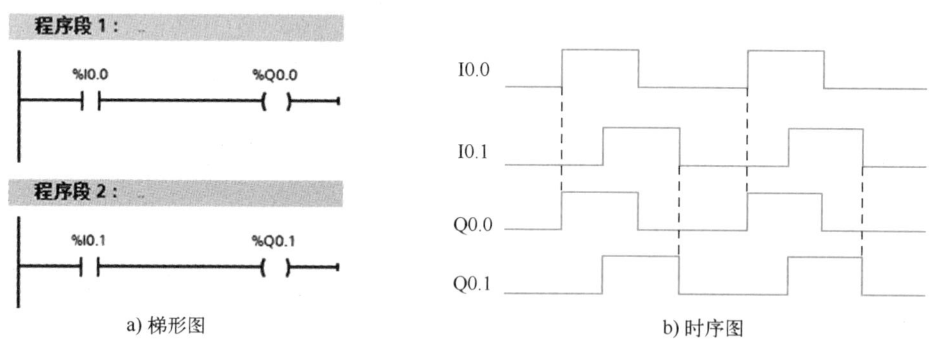

a) 梯形图 b) 时序图

图9-2 一般触点指令应用实例

9.1.2 边沿置位操作数指令

-(P)-为上升沿置位操作数指令，也称为上升沿检测线圈指令。当该指令的输入RLO（Result of Logic Operation，逻辑运算结果）由0变为1时，上方的操作数置位一个扫描周期，下面的边沿存储器保存上一个扫描周期的RLO结果。也可以根据线圈输入端信号RLO有无上升沿来控制线圈通断，当线圈输入信号RLO出现上升沿时，操作数bit对应的线圈导通一个扫描周期。

-(N)-为下降沿置位操作数指令，也称为下降沿检测线圈指令。当该指令的输入 RLO 由 1 变为 0 时，上方的操作数置位一个扫描周期，下面的边沿存储器保存上一个扫描周期的 RLO 结果。也可以根据线圈输入端信号 RLO 有无下降沿来控制线圈通断。当线圈输入信号 RLO 出现下降沿时，操作数 bit 对应的线圈导通一个扫描周期。

-(P)-和-(N)-可以放在逻辑块中间或结束处，如果该指令放在逻辑块中间，不会影响逻辑块的逻辑运算结果，即：输入端的逻辑运算结果将直接送给输出线圈。

另外，-(P)-和-(N)-下方的边沿存储器位 M_bit 的地址在程序中只能使用一次，否则会导致结果出错。

图 9-3 所示梯形图的功能为：当 I0.0 从 0 到 1 接通，-(P)-指令工作，M0.0 接通一个扫描周期，Q0.1、Q0.2 置位并保持；当 I0.0 从 1 到 0 断开，-(N)-指令工作，M0.1 接通一个扫描周期，M0.1 的接通使得 Q0.1 与 Q0.2 复位并保持。

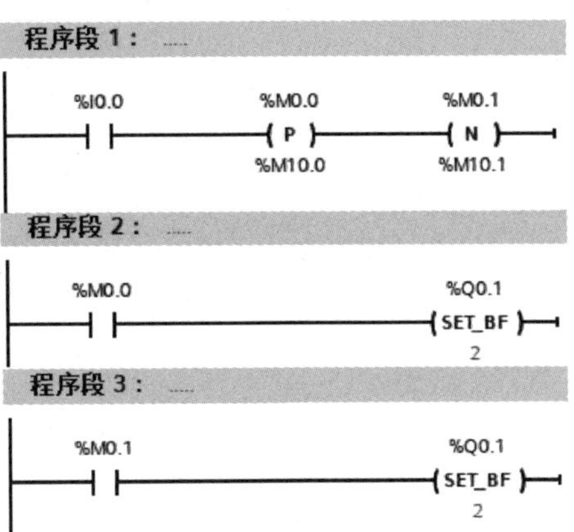

图 9-3　边沿置位操作数指令举例

任务 9.2　电动机正反转 PLC 控制系统设计

9.2.1　硬件电路设计

（1）确定与分配输入/输出信号

根据电动机正反转电气原理图，本系统的输入和输出地址信号分配表见表 9-2。

表 9-2　电动机正反转 PLC 控制输入/输出（I/O）信号分配表

输入端口			输出端口		
输入元件	输入信号	作用	输出元件	输出信号	作用
过载保护 FR	I0.0	过载保护	接触器 KM1	Q0.1	正转控制
停止按钮 SB1	I0.1	停止按钮	接触器 KM2	Q0.2	反转控制
正转起动 SB2	I0.2	正转按钮			
反转起动 SB3	I0.3	反转按钮			

（2）绘制 PLC 控制系统接线原理图

当选择 CPU1214C AC/DC/RLY 型号 PLC 时，电动机正反转 PLC 控制原理图如图 9-4a 所示。当选择 CPU1214C DC/DC/DC 型号 PLC 时，电动机正反转 PLC 控制原理图如图 9-4b 所示。其中输入部分采用系统自带的 DC 24 V，输出部分采用 AC 220 V 供电，为了系统工作安全，输出回路上接入了接触器互锁环节。

9.2.2　软件程序设计

电动机正反转 PLC 控制程序的设计思路有多种，这里介绍常见的三种设计思路：继电器接触器控制电路直接转换法、采用置位/复位指令设计法、采用边沿检测指令设计法。读者所掌握的 PLC 指令越多，可用的设计方法也就越多。

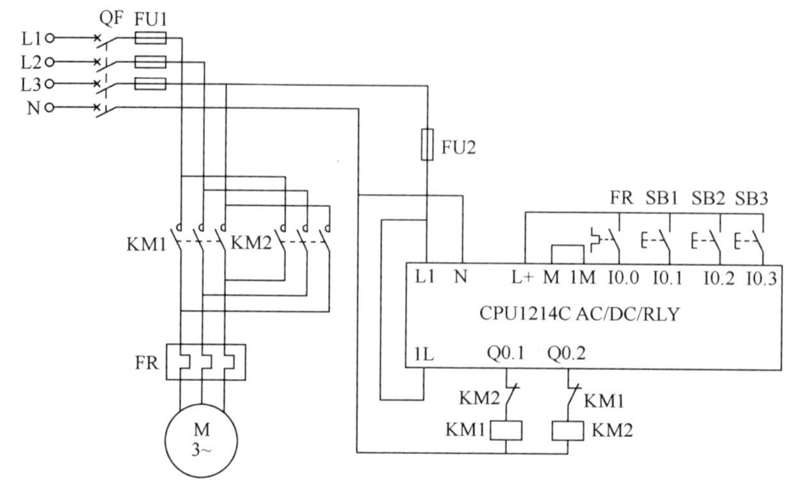

a) CPU1214C AC/DC/RLY型号PLC控制原理图

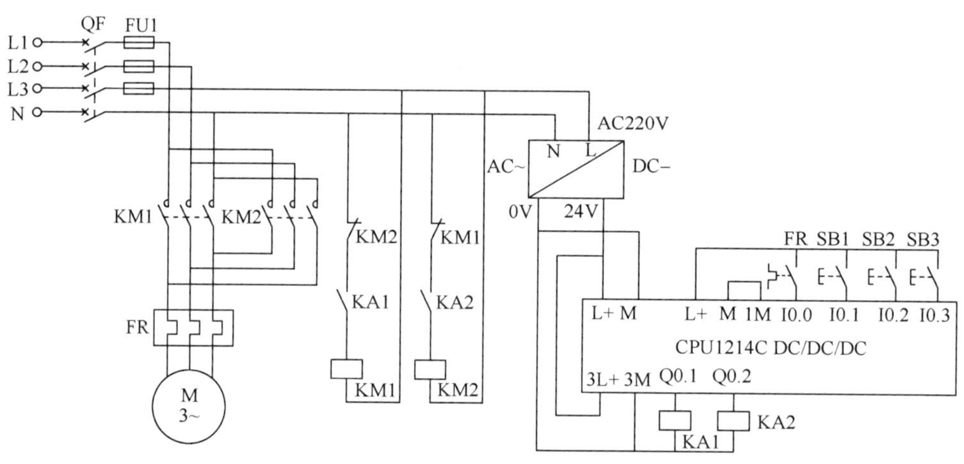

b) CPU1214C DC/DC/DC型号PLC控制原理图

图 9-4 电动机正反转 PLC 控制原理图

（1）继电器接触器控制电路直接转换法

梯形图是在传统继电器接触器控制电路的基础上发展而来的，两者存在一定的相通性。在已有电动机正反转电气控制线路的基础上，可将其直接转换成 PLC 梯形图。具体方法描述如下：

1）将电气原理图中的常开按钮用梯形图中的常开触点代替，常闭按钮用梯形图中的常闭触点代替，继电器或接触器线圈用梯形图中的线圈符号代替。两者的对应关系见表 9-3。

表 9-3 梯形图符号与电气图符号的对应关系

电气图符号	梯形图符号	功能
	─┤ ├─	常开触点
	─┤/├─	常闭触点
	─( )─	继电器或接触器线圈

2）对转换后的梯形图进行结构调整，使之遵循下述梯形图的基本设计规则。

① 梯形图由多个程序段构成，每个程序段开始于左母线，终止于右母线（右母线常省

略)，触点不能放在线圈的右边，线圈不能直接连接在左母线上，如图9-5所示。

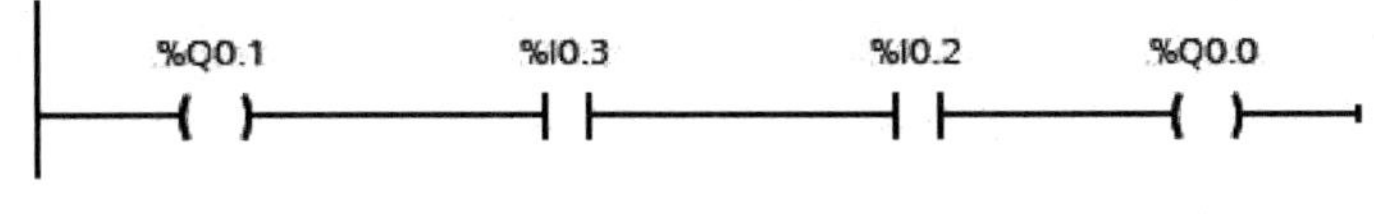

图9-5　错误的梯形图

② 在同一个程序中，除了使用置位复位指令外，同一地址编号的线圈一般只能出现一次，如果多次出现会导致控制结果不正确，如图9-6a所示，可将程序合并处理，如图9-6b所示。

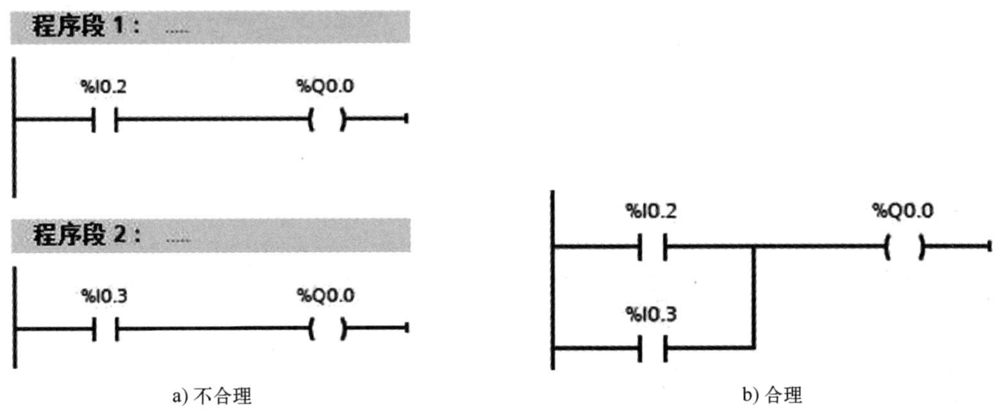

图9-6　梯形图中线圈的正确使用

③ 同一线圈所对应的常开常闭触点可无限次使用。

④ 几个串联支路的并联，应将串联多的触点组尽量安排在最上面；几个并联回路的串联，应将并联回路多的触点组尽量安排在最左边，如图9-7所示。

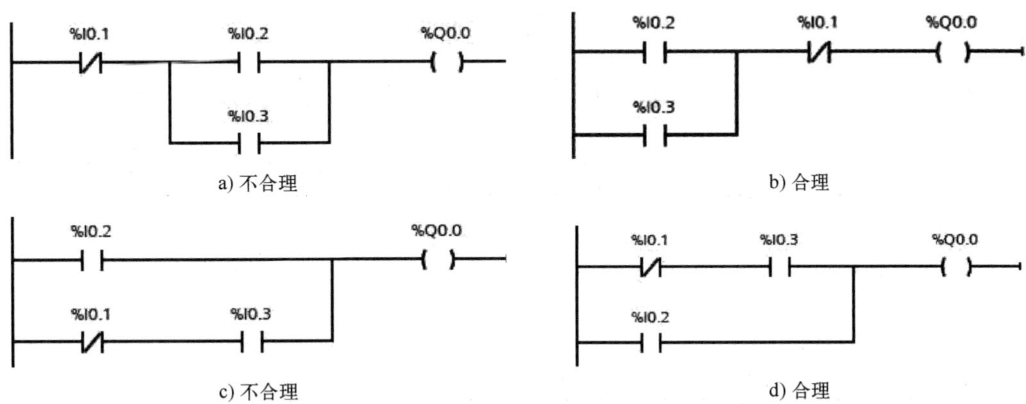

图9-7　梯形图的优化

根据上述设计方法，可编写出电动机正反转的PLC控制梯形图，其设计步骤如下：

1）画出电动机正反转的电气原理图，如图9-8所示。

根据电动机正反转的电气原理图的控制逻辑，当SB2按下时KM1线圈通电自锁，KM1主触点闭合，电动机正转；当按下SB3按钮时，KM1断电，KM2线圈通电自锁，KM2主触点闭合，电动机反转。

2）电动机正反转电气原理图中的控制电路转换成PLC梯形图，结果如图9-9所示。

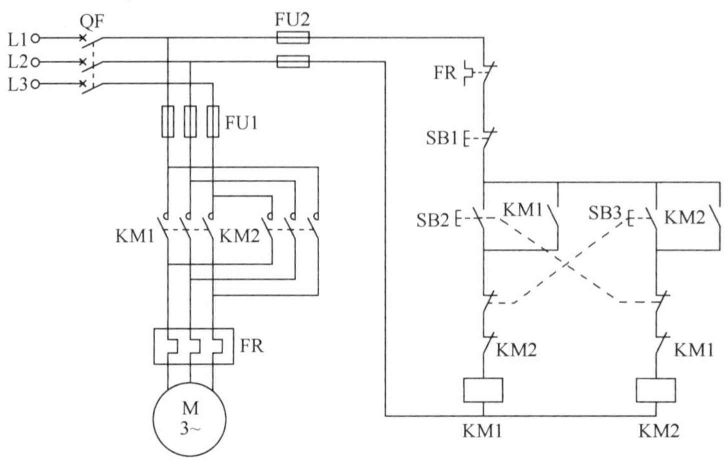

图 9-8 电动机正反转电气控制原理图

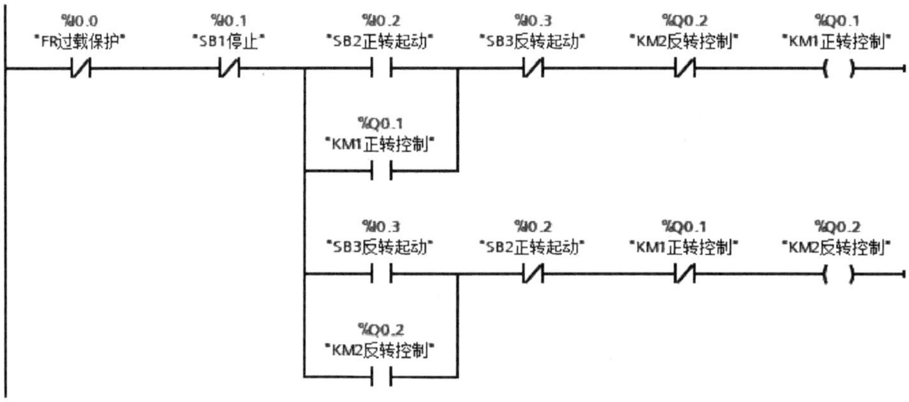

图 9-9 直接转换的电动机正反转控制梯形图

3）对转换后的 PLC 梯形图进行结构优化，结果如图 9-10 所示。

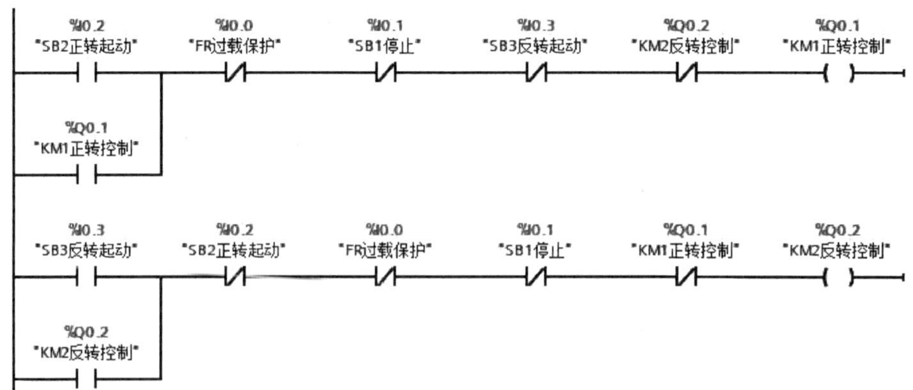

图 9-10 结构优化后的电动机正反转控制梯形图

工作原理分析：结合图 9-4，当按下正转按钮 SB2，I0.2 接通，程序段 1 中 Q0.1 通电自锁，外接的 KM1 线圈通电，主触点 KM1 接通，电动机正转；当按下反转按钮 SB3，I0.3 接通，程序段 1 中的 I0.3 常闭触点断开，Q0.1 断电，外接的 KM1 线圈断电，主触点 KM1 断开，电动机正转停止，再看程序段 2，Q0.2 线圈通电自锁，外接的 KM2 线圈通电，主触点 KM2 接通，电动机反转，实现了正转到反转的直接切换。再按下正转按钮 SB2，工作原理相同，这里不再赘述。当按下停止按钮 SB1 或者电动机过载，程序段 1 和 2 中的 I0.0 或 I0.1 常闭触点均断开，Q0.1 或 Q0.2 均立即断电，外接的 KM1 或 KM2 线圈断电，主触点 KM1 或 KM2 断开，电动机立即停止。

（2）采用置位/复位指令设计法

结合项目 8 中介绍的置位、复位指令的工作原理，可以换一种思路进行本项目的程序设计。使用置位/复位指令时，找到输出的置位和复位条件即可。如 Q0.1 置位的条件是按下正转按钮，复位条件是电动机过载或按下停止按钮，或者是按下了反转按钮；Q0.2 的置位条件是按下反转按钮，复位条件是电动机过载或按下停止按钮，或者是按下了正转按钮。据此思路设计的梯形图如图 9-11 所示。

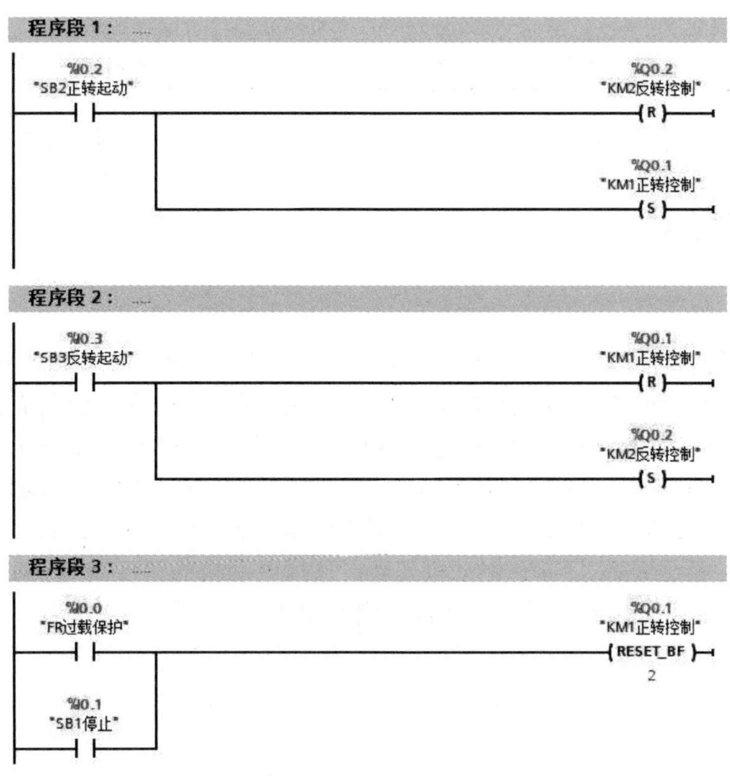

图 9-11　采用置位/复位指令设计的梯形图

工作原理分析：当按下正转按钮 SB2 时，Q0.2 线圈复位、Q0.1 线圈置位并保持，外接的 KM1 线圈通电，其主触点闭合，电动机正转；当按下反转按钮 SB3 时，Q0.1 线圈先复位、Q0.1 线圈后置位并保持，外接的 KM1 线圈失电、KM2 线圈通电，其对应的主触点断开或闭合，电动机反转；当电动机过载或按下停止按钮 SB1 时，Q0.1 与 Q0.2 线圈均失电，外接的 KM1 线圈与 KM2 线圈失电，其对应的主触点断开，电动机停止。

（3）采用边沿检测指令设计法

由于 PLC 内部处理过程中，同一输出元件的常开、常闭触点的切换没有时间的延迟，因此会出现电源短路的风险。另外由于电动机正反转切换在很短的时间内完成，会造成电动机的冲击。为了提高系统的可靠性，减轻正反转切换给电动机带来的冲击，可以借助边沿检测指令实现延长切换时间。设计的梯形图如图 9-12 所示。

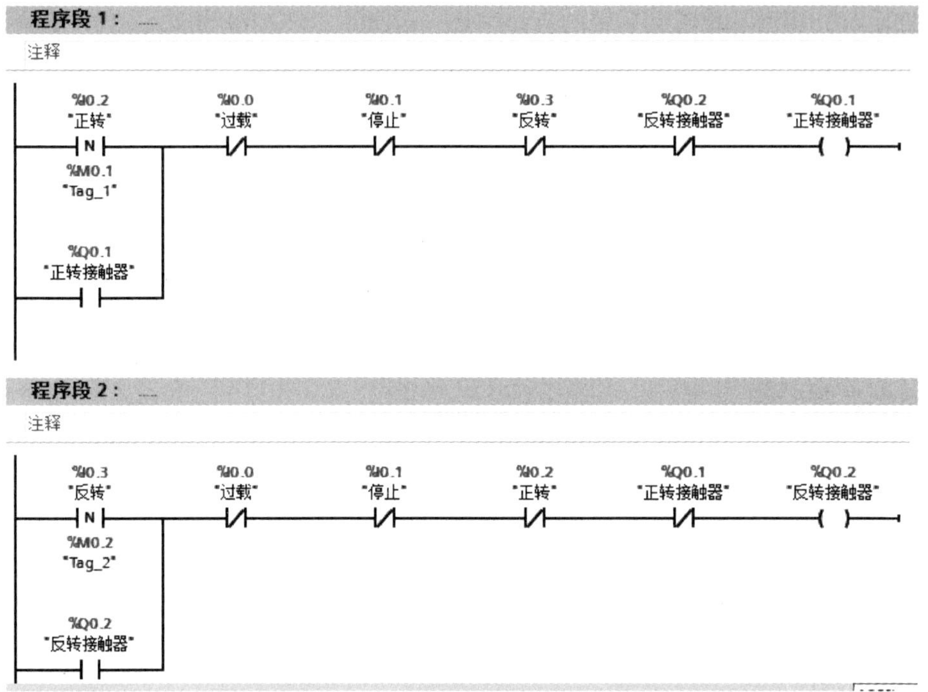

图 9-12 采用边沿检测指令设计的梯形图

工作原理分析：当按下正转按钮 SB2，I0.2 发生上升沿跳变，程序段 1 中 Q0.1 暂时不接通，当松开 SB2 按钮，I0.2 从接通到断开，发生下降沿跳变，-|N|-信号有效，Q0.1 通电自锁，外接的 KM1 线圈通电，其主触点闭合，电动机正转；当按下反转按钮 SB3，I0.3 接通，程序段 1 中的 I0.3 常闭触点断开，Q0.1 断电，KM1 线圈断电，主触点 KM1 断开，电动机正转停止。当松开 SB3，I0.3 从接通到断开，实现下降沿跳变，Q0.2 线圈通电自锁，外接的 KM2 线圈通电，主触点 KM2 接通，电动机反转。这样电动机的正反转切换时间就由正反转按钮按下到松开的时间决定，避免了瞬时切换造成的冲击。

任务 9.3 电动机正反转 PLC 控制系统的安装与调试

9-3-1 电动机正反转 PLC 控制仿真

9.3.1 器材准备

电动机正反转 PLC 控制系统前期工作完成后，将进行系统的安装与调试。本任务需要的设备和器材详见表 9-4。

表 9-4 任务所需设备和器材一览表

序 号	名 称	型号与规格	单位	数量
1	网孔板	60 cm×60 cm	块	1
2	工具	验电笔、螺钉旋具、尖嘴钳、万用表、剥线钳等	套	1
3	低压断路器	NXB-63，20A	只	1
4	熔断器	RT14-20/4A	只	5
5	按钮	LAY39B 红色、绿色	只	3

（续）

序　号	名　　称	型号与规格	单位	数量
6	接触器	CJX2-25 AC380 V	只	2
7	热继电器	JRS1D-25	只	1
8	S7-1200 PLC	CPU1214C AC/DC/RLY 或 CPU1214C DC/DC/DC	台	1
9	导线	BVR-1.5，BVR-0.5	米	若干
10	电动机	由实验室提供	台	1

按表 9-4 配齐所用电器元件，并进行质量检验，确保电器元件完好无损，各项技术指标符合规定要求，否则需要予以更换。

9.3.2　系统安装与调试

（1）线号标注

根据线号标注规则，在 PLC 控制原理图上标注线号，如图 9-13 所示。

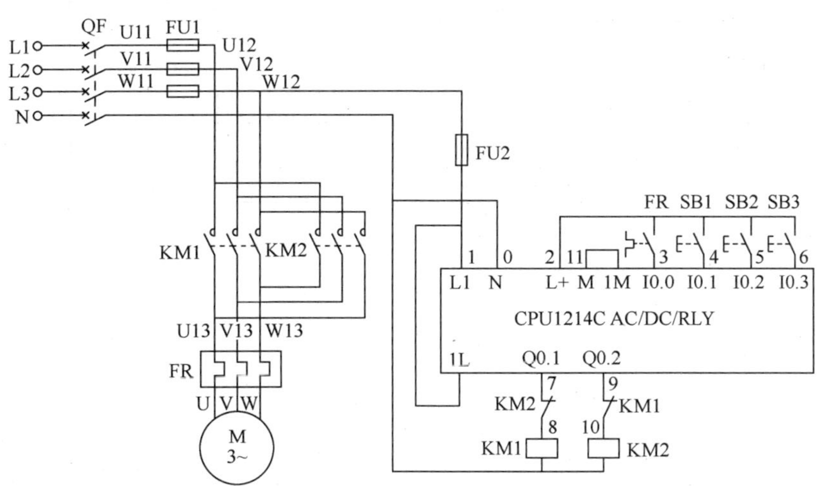

图 9-13　带线号的电动机正反转 PLC 控制原理图

（2）绘制控制系统接线图

根据图 9-13 绘制 PLC 控制系统接线图，如图 9-14 所示。

（3）安装接线

根据线路安装工艺要求对控制电路进行安装。安装时要求各电器元件的安装位置应整齐、匀称、间距合理和便于更换，低压断路器应正装，熔断器应使电源进线端在上方。

（4）程序编写与仿真

在进行实物接线与下载程序之前，先利用博途软件提供的编程与仿真程序进行模拟仿真。仿真正确后再进行系统安装与在线调试，确保设备的安全。博途软件可以帮助用户实施自动化解决方案，其基本操作步骤依次为：创建新项目、添加新设备、硬件组态、添加 I/O 变量表、梯形图设计、程序保存与编译、打开仿真 PLC、程序下载、在线监控与调试等。结果如图 9-15 所示。

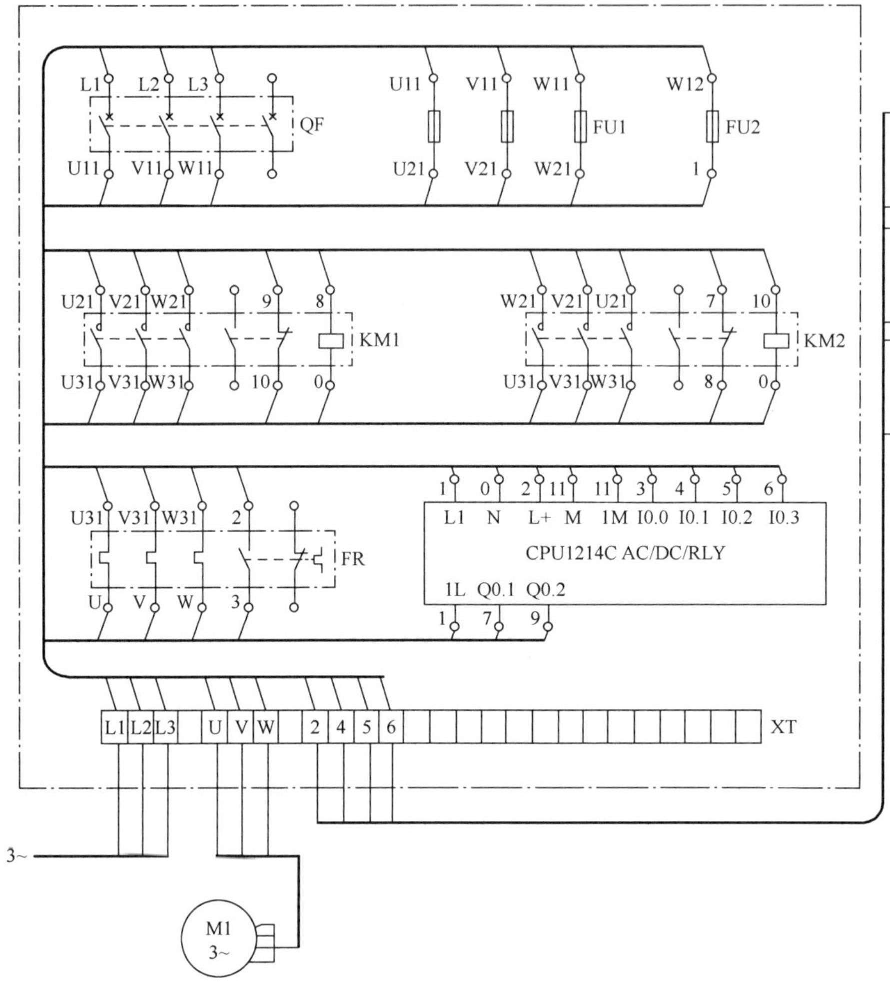

L1 L2 L3 QF U11 V11 W11
U11 V11 W11 FU1 W12 FU2
U21 V21 W21 1
U21 V21 W21 9 8 KM1 W21 V21 U21 7 10 KM2
U31 V31 W31 10 0 U31 V31 W31 8 0
SB1 2 4 SB2 2 5 SB3 2 6
1 0 2 11 11 3 4 5 6
L1 N L+ M 1M I0.0 I0.1 I0.2 I0.3
U31 V31 W31 2 FR CPU1214C AC/DC/RLY
U V W 3 1L Q0.1 Q0.2
1 7 9
L1 L2 L3 U V W 2 4 5 6 XT
3~
M1 3~

图 9-14 PLC 控制系统接线图

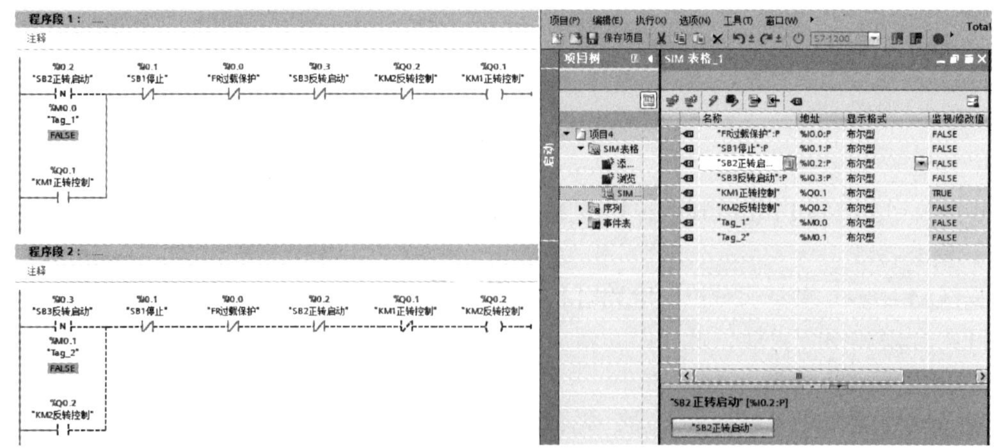

图 9-15 电动机正反转 PLC 控制仿真调试

(5) 程序下载与系统调试

根据实际选用的 PLC 型号，按照图 9-4a 或图 9-4b 进行硬件接线，并用网线连接 PLC 与计算机。硬件连接后，接通电源，然后将程序下载到 PLC 中进行调试，直至调试正确为止。

（6）线路拆卸

通电试车成功后，需要将安装好的线路进行拆除，并将工具、电线、元器件等放归原处，摆放整齐，做到“8S”管理。

【思考与练习】

1. 根据图 9-16 所示工作台自动往返继电器接触器控制电路，设计其 PLC 控制电路，并编写程序，然后进行仿真模拟。

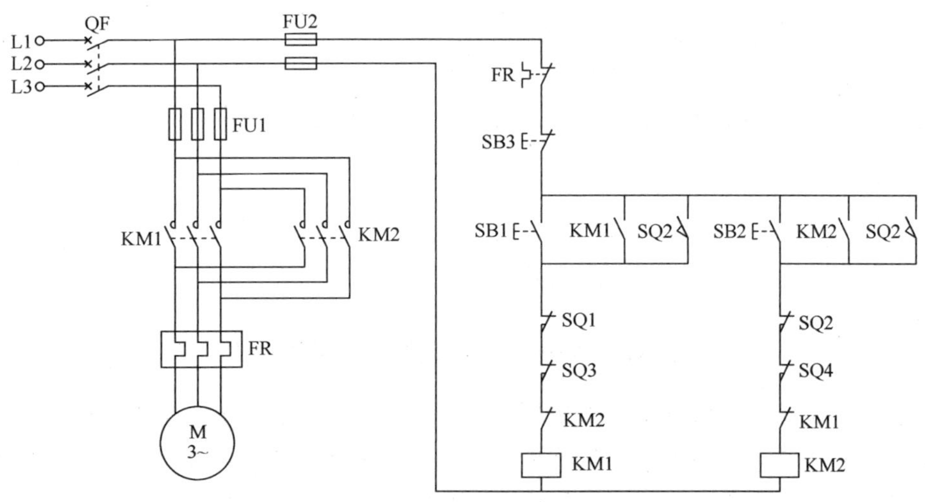

图 9-16　工作台自动往返继电器接触器控制电路

2. 根据下述控制要求，设计其 PLC 控制线路，并进行程序设计与仿真模拟。

控制要求：起动时，电动机 M1 先起动，才能起动电动机 M2；停止时，只有电动机 M2 停止后，电动机 M1 才能停止。

3. 设计自动门 PLC 控制系统，要求如下：当有人进入或出来时，门会自动打开，当人离开后，门会自动关上。检测有无人进出采用光电传感器，注意开门和关门均设置有限位开关。要求分配 I/O，绘制 PLC 接线原理图，设计梯形图。

4. 如图 9-17 所示为一个由 PLC 控制的传送带，在传送带的起点和尾部均设置有两个按钮开关，分别用于起动和停止，可以从任何一端起动或停止传送带，另外，当传送带上的工件到达尾部时，安装在传送带尾部的光电传感器发出感应信号，使传送带停机。要求分配 I/O，绘制 PLC 接线原理图，设计梯形图。

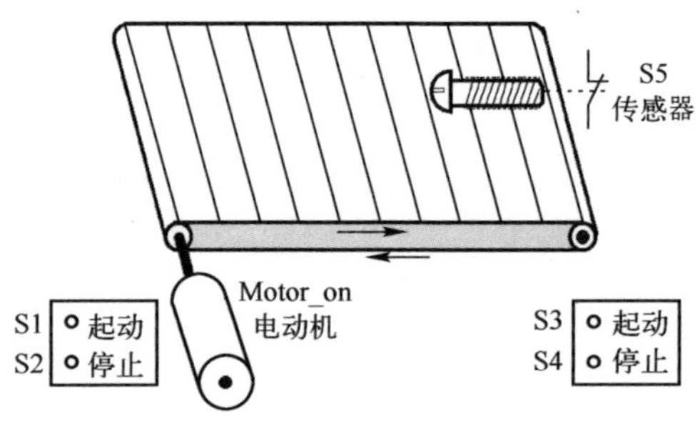

图 9-17　传送带示意图

5. 根据图 9-4b 所示 CPU1214C DC/DC/DC 型号电动机正反转 PLC 控制原理图，绘制其安装接线图。

【项目测评】

本项目目标达成度测评采用项目考核与个人考核相结合的方式，具体考核细则见表 9-5。考核成绩达到 70 分，就可以认定该学生达成了本项目的预期学习目标。

表 9-5 项目目标达成度测评评分办法

考核目标	考核方法	成绩占比（%）
目标 1、2	雨课堂测试、课外作业	30
目标 3	项目分组操作考核×个人参与度	50
目标 4	个人操作测试	10
目标 5	考勤、课堂表现评分	10

【素质拓展】

正反转控制——人生无论顺逆 迎难而上

电动机在日常使用中需要实现正反转控制，以便完成一些任务，如工作滑台、电梯、汽车驾驶等。生活中很多方面也需要有正反转的概念，其中正转代表顺境，反转代表逆境。在人生的旅途中，每个人都会经历顺境和逆境，顺境和逆境的交替出现，使人们的人生更加丰富多彩。在顺境中，人们可以充分发挥自己的优势和潜力，取得成功和幸福；而在逆境中，人们需要面对困难和挑战，坚持不懈地努力，以克服困难并成长。正反转的人生哲理告诉我们，无论在顺境还是逆境中，都要保持积极的心态和行动，不断追求进步和发展。

项目 10　星-三角减压起动 PLC 控制系统设计、安装与调试

【学习目标】

（1）理解并记忆定时器指令的功能及使用方法。

（2）能够分析电动机星-三角减压起动 PLC 控制系统的工作原理。

（3）能够应用 TIA 博途软件对电动机星-三角减压起动 PLC 控制程序进行仿真调试。

（4）能够应用常用低压元器件与 PLC 对电动机星-三角减压起动 PLC 控制电路进行安装与调试；能够对电路故障进行分析与排除。

（5）在项目实施过程中，养成良好的职业素养，体现良好的工匠精神。

【项目要求】

用低压电器元件与 S7-1200 PLC 完成三相交流异步电动机星-三角减压起动控制系统的设计、安装与调试任务。具体控制要求：当按下起动按钮时，电动机先接成星形起动，过 60 s 后电动机切换成三角形正常运行；当按下停止按钮时，电动机停止。

【项目分析】

要完成上述任务，首先需要了解电动机星-三角减压起动继电器接触器控制电路的工作原理，以及定时器的种类、工作原理与使用方法等；其次需要了解 PLC 控制系统设计的关键步骤，如 I/O 点的分配、PLC 控制原理图的绘制、PLC 梯形图的设计与下载；再次需要根据控制原理图进行硬件接线，并理解其工作原理；最后需要能够使用 TIA 博途软件进行程序编制、下载、仿真调试与在线调试等。

【实践条件】

（1）配置断路器、熔断器、热继电器、按钮、接触器等常用低压电器元件，另外还需要导线、网孔板、电动机、电工工具、万用表、网线等。

（2）S7-1200 PLC。

（3）安装有 TIA 博途软件的计算机。

【项目实施】

任务 10.1　项目所用定时器指令认知

电动机星-三角减压起动继电器接触器控制电路中使用了时间继电器来实现起动时间的控

制，采用 PLC 控制是否还需要安装时间继电器？答案显然是否定的。因为 PLC 中一般都设置有软定时器指令，它可以起到与时间继电器一样的功能，且有更灵活的控制方式。

10-1-1　脉冲定时器 TP 指令功能

10.1.1　定时器指令的种类

S7-1200 PLC 提供了四种类型的功能块型定时器和对应的线圈型定时器，此外还包含有更新设定值指令和复位定时器指令，具体见表 10-1。

表 10-1　S7-1200 PLC 定时器指令及其功能

指令	功能块型定时器	线圈型定时器	指令功能
脉冲定时器 TP	TP Time IN Q PT ET	<???> TP Time <???>	当输入端 IN 出现上升沿时，Q 输出端产生一时间间隔的脉冲。时间间隔由 PT 设定
接通延时定时器 TON	TON Time IN Q PT ET	<???> TON Time <???>	当输入端 IN 为 1 时，Q 输出端延时一段时间后接通。当输入端 IN 为 0 时，定时器复位。时间间隔由 PT 设定
断开延时定时器 TOF	TOF Time IN Q PT ET	<???> TOF Time <???>	当输入端 IN 为 1 时，Q 输出端接通，当输入端 IN 为 0 时，定时器延时一段时间后 Q 输出端复位。时间间隔由 PT 设定
保持型接通延时定时器 TONR	TONR Time IN Q R ET PT	<???> TONR Time <???>	当输入端 IN 为 1 时，Q 输出端延时一段时间后接通。当输入端 IN 为 0 时，定时器不复位。只有当 R 输入端为 1 时，定位器才复位。时间间隔由 PT 设定
设定值更新 PT		<???> PT <???>	更新定时器的设定值
复位定时器 RT		<???> RT	复位定时器

不同于 S7-200 PLC，S7-1200 PLC 使用的是满足 IEC 61131-3 标准的 IEC（国际电工委员会）定时器指令。每个定时器指令均使用 16 字节的 IEC_TIMER 数据类型的数据块 DB 结构来存储定时器数据。这种定时器的设定值和当前值的数据都是存储在指定的数据块中，在用 TIA 软件创建 IEC 定时器时会自动进行数据块的创建。IEC 定时器本质上是功能块 FB，使用时需要为其指定背景数据块或数据类型为 IEC_TIMER 的数据库变量（相当于定时器的名字）。定时器自动生成的背景数据块如图 10-1 所示。

10.1.2　功能块型定时器指令格式

10-1-2　接通延时定时器 TON 指令功能

功能块型定时器指令有四种类型，即脉冲定时器 TP、接通延时定时器 TON、断开延时定时器 TOF、保持型接通延时定时器 TONR。

（1）脉冲定时器 TP

使用脉冲定时器指令，可以产生预设时间间隔的脉冲，其指令形式如图 10-2a 所示。图中 IN 为使能输入端，接常开常闭触点；PT 是设定的时间值；Q 是输出端；ET 是当前时间值。脉冲定时器 TP 的工作原理为：上电周期或首次扫描时，定时器当前值和输出端 Q 均为 0。输入端 IN 出现上升沿后，输出端 Q 导通；同时启动定时器，当前值 ET 由 0 增加，当前值达到设定值 PT 时（定时时间到），输出端 Q 断开，即输出端 Q 导通时间取决于设定值 PT。

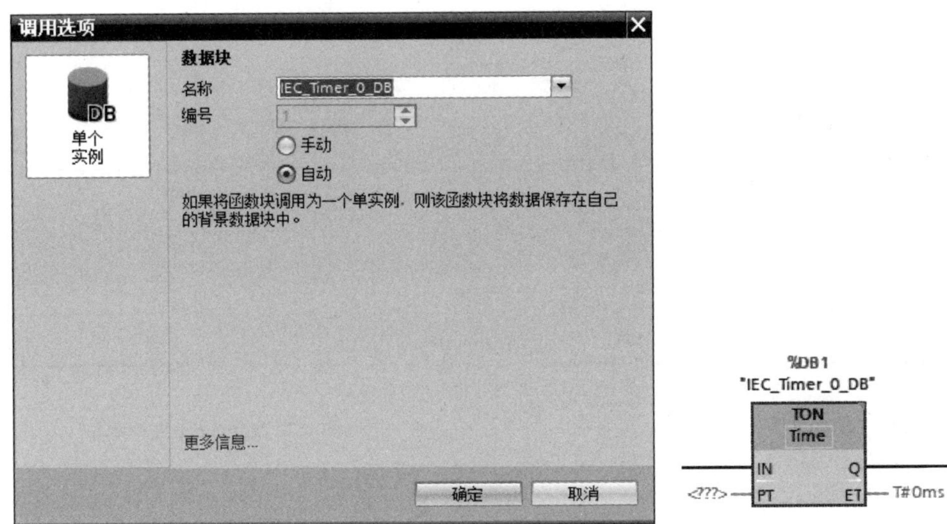

图 10-1　定时器自动生成的背景数据块

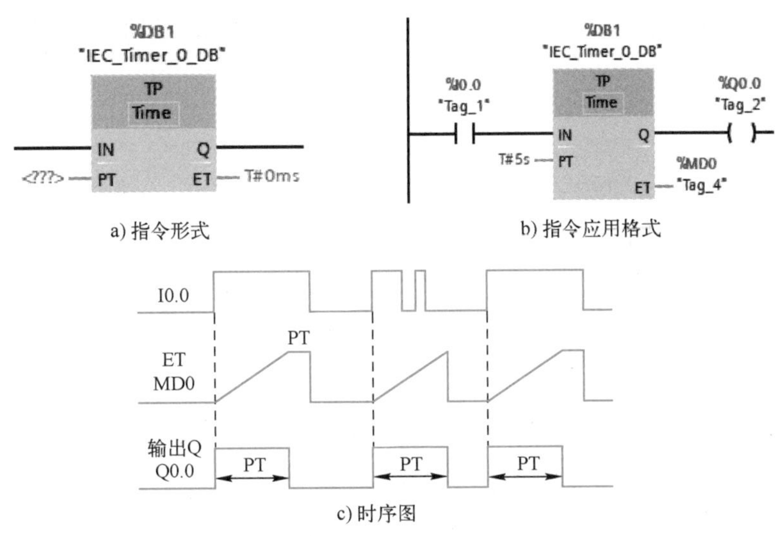

图 10-2　脉冲定时器指令形式及应用格式

图 10-2b 中，脉冲定时器 TP 采用系统默认的名称“IEC_Timer_0_DB”，其背景数据块为%DB1，输入端 IN 接 I0.0 常开触点，输出端 Q 接输出线圈 Q0.0，时间设定值 PT 设为 T#5S，当前值 ET 端接%MD0。从图 10-2c 时序图中可看出：当输入端 I0.0 出现上升沿时起动定时器，输出 Q 端变为 1，线圈 Q0.0 接通。定时器启动后，当前时间值 ET 从 0 ms 开始增加，达到 PT 设定的 5 s 后，输出 Q 变为 0，线圈 Q0.0 断开。此时，如果 IN 仍为 1，当前时间值保持不变。定时器 TP 在延时期间，如果 IN 再出现上升沿，延时时间不受影响。

脉冲定时器 Q 输出端可接输出信号，也可不接输出信号。当脉冲定时器 Q 输出端接输出信号时，其使用案例梯形图及仿真调试如图 10-3 所示。当检测到 I1.0 的上升沿时，程序段 1

中脉冲定时器 TP 开始工作，其输出 M0.0 线圈接通，程序段 2 中 M0.0 常开触点闭合，Q0.1 输出接通。10 s 后脉冲定时器 TP 输出断开，M0.0 线圈失电，M0.0 常开触点恢复断开，Q0.1 输出线圈失电。

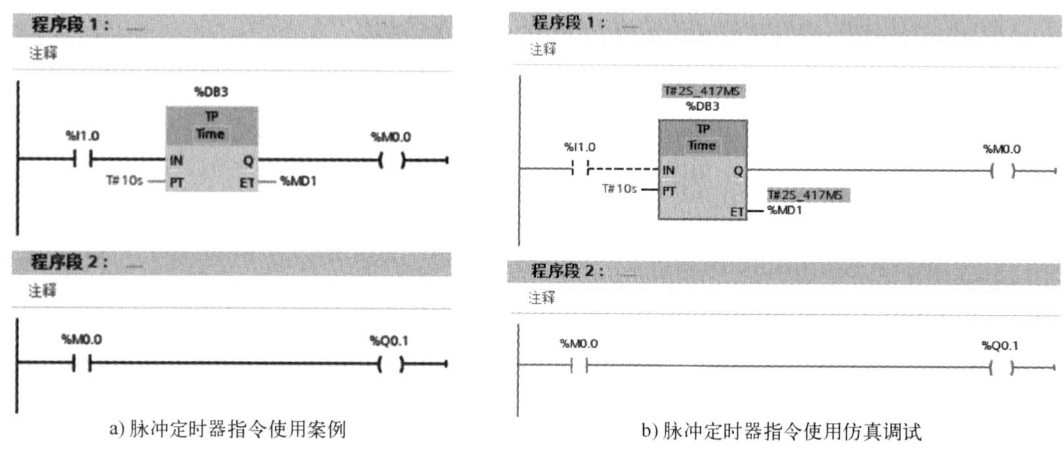

a) 脉冲定时器指令使用案例　　b) 脉冲定时器指令使用仿真调试

图 10-3　脉冲定时器指令使用案例 1

当脉冲定时器 Q 输出端不接输出信号时，其使用案例梯形图及仿真调试如图 10-4 所示。当检测到 I1.0 的上升沿时，程序段 1 中脉冲定时器"T1"开始工作，其常开触点"T1".Q 闭合，Q0.1 输出接通。10 s 后脉冲定时器"T1"断开，"T1".Q 常开触点恢复断开，Q0.1 输出线圈失电。

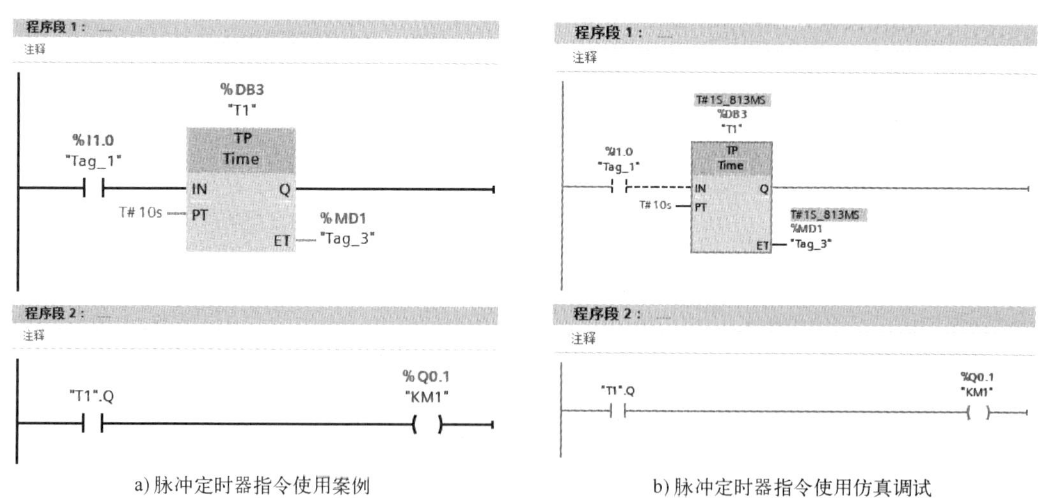

a) 脉冲定时器指令使用案例　　b) 脉冲定时器指令使用仿真调试

图 10-4　脉冲定时器指令使用案例 2

（2）接通延时定时器 TON

使用接通延时定时器指令，可以将输出端 Q 延迟指定时间后导通，其指令形式如图 10-5a 所示。图中 IN 为使能输入端，前接常开常闭触点；PT 是设定的时间值；Q 是输出端；ET 是当前时间值；"IEC_Timer_0_DB"为默认背景数据块的符号名，可修改为其他符号，如"T1"等；%DB1 为系统自动添加的数据块编号。接通延时定时器指令 TON 的工作原理为：上电周期或首次扫描时，定时器当前值和输出端 Q 均为 0。输入端 IN 由 0 变为 1，启动定时器，当前值

ET 由 0 增加，待当前值达到设定值 PT 时（定时时间到），输出端 Q 导通。输出端 Q 延迟导通时间取决于设定值 PT。输入端 IN 在任意时刻由 1 变为 0 时，定时器自动复位，当前值为 0，输出端 Q 断开。

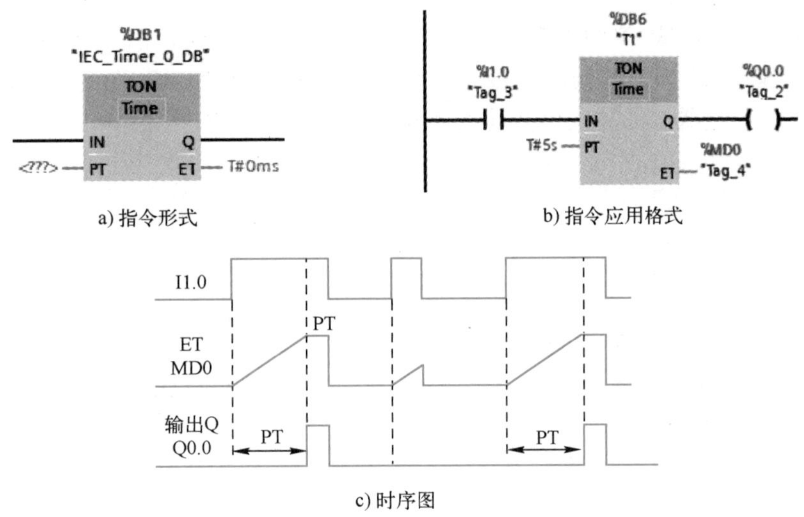

a) 指令形式　b) 指令应用格式
c) 时序图

图 10-5　接通延时定时器指令形式及应用格式

图 10-5b 中，接通延时定时器 TON 设置名称“T1”，输入端 IN 接 I1. 0 常开触点，输出端 Q 接输出线圈 Q0. 0，时间设定值 PT 设为 T#5S，当前值 ET 端接%MD0。从图 10-5c 时序图中可看出：当输入端 I1. 0 接通时起动定时器，定时器启动后，当前时间值 ET 从 0 ms 开始增加，达到 PT 设定的 5 s 后，Q 输出变为 1，线圈 Q0. 0 接通。此时，如果 IN 仍为 1，当前时间值保持不变。不管是在延时期间，还是到达设定值后，只要输入端 I1. 0 断开，定时器 TON 立即复位。

接通延时定时器使用案例及仿真调试如图 10-6 所示。当 I1. 0 接通时，接通延时定时器“T1”开始工作，10s 后其常开触点“T1”. Q 闭合，Q0. 1 输出接通。当 I1. 0 断开时，接通延时定时器“T1”断开，“T1”. Q 常开触点恢复断开，Q0. 1 输出线圈失电。

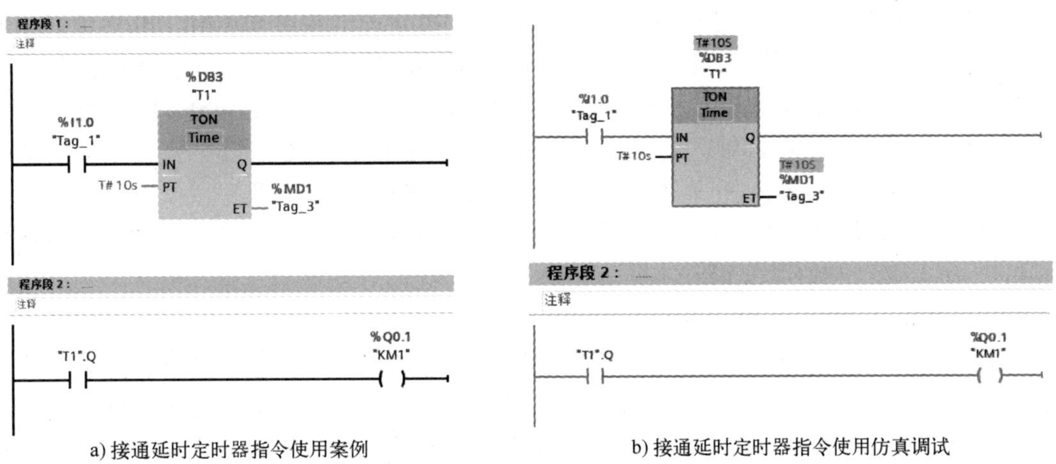

a) 接通延时定时器指令使用案例　b) 接通延时定时器指令使用仿真调试

图 10-6　接通延时定时器指令使用案例

(3) 断开延时定时器 TOF

使用断开延时定时器指令，可以将输出端 Q 延迟指定时间后断开，其指令形式如图 10-7a 所示。图中 IN 为使能输入端，接常开常闭触点；PT 是设定的时间值；Q 是输出端，ET 是当前时间值。断开延时定时器指令 TOF 的工作原理为：上电周期或首次扫描时，定时器当前值和输出端 Q 均为 0。输入端 IN 由 1 变为 0 时，启动定时器，当前值由 0 增加，当前值达到设定值 PT 时，输出端 Q 断开，即输出端 Q 延迟断开时间取决于设定值 PT。输入端 IN 在任意时刻由 0 变为 1 时，定时器自动复位，当前值为 0，输出端 Q 导通。

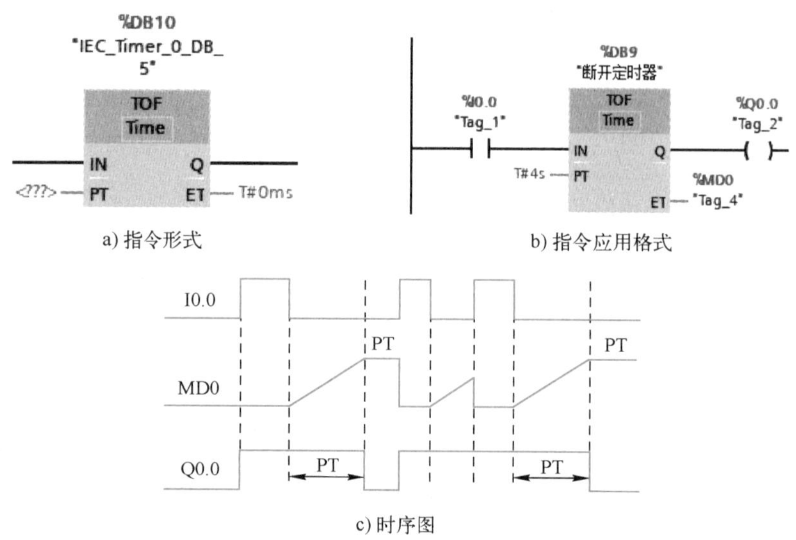

图 10-7 断开延时定时器指令形式及应用格式

图 10-7b 中，断开延时定时器 TOF 设置名称“断开定时器”，输入端 IN 接 I0.0 常开触点，输出端 Q 接输出线圈 Q0.0，时间设定值 PT 设为 T#4s，当前值 ET 端接%MD0。从图 10-7c 时序图中可看出：当输入端 I0.0 接通时复位定时器，Q 输出变为 1，线圈 Q0.0 接通，当前值 ET 被清零。当输入端 I0.0 断开时定时器开始工作，当前时间值 ET 从 0 ms 开始增加，达到 PT 设定的 4 s 后，Q 输出变为 0，线圈 Q0.0 断开，当前时间保持不变。如果在关断延时期间，只要输入端 I0.0 接通，定时器 TOF 立即复位，ET 被清零，Q 输出变为 1。

断开延时定时器指令使用案例如图 10-8 所示。当按下起动按钮 SB1 时，I0.0 常开触点闭合，Q0.1 接通并自锁，主机 M1 起动运行。此时断电延时定时器“T1”马上接通，其常开触点“T1”.Q 闭合，Q0.2 输出接通，冷却风机 M2 起动。当按下停止按钮 SB2 时，I0.1 常闭触点断开，Q0.1 断电并解除自锁，主机 M1 停机，断电延时定时器“T1”开始计时，60 s 后“T1”.Q 常开触点恢复断开，Q0.2 线圈失电，冷却风机 M2 停机。该程序段实现的功能是：工作时，主机与冷却风机同时起动；停机时，主机停止 60 s 后再停冷却风机，以便对主机进行冷却降温。

(4) 保持型接通延时定时器 TONR

使用保持型接通延时定时器指令，可以将输出端 Q 延迟指定的有效时间后导通，其指令形式如图 10-9a 所示。图中 IN 为使能输入端，接常开常闭触点；PT 是设定的时间值；Q 是输出端，ET 是当前时间值，R 是复位输入端。保持型接通延时定时器指令 TON 的工作原理为：上电周期或首次扫描时，定时器当前值和输出端 Q 均为上次掉电前状态。输入端 IN 由 0 变为 1 时，启动定时器，当前值 ET 从上次的保持值继续增加，当前值达到设定值 PT 时，输出端 Q

导通，即输出端 Q 延迟导通的有效时间取决于设定值 PT。输入端 IN 由 1 变为 0 时，定时器停止计时并保持当前值，待输入端 IN 再次由 0 变为 1 时，当前值继续增加。当复位输入端 R 由 0 变为 1 时，定时器复位，其当前位变为 0，输出端 Q 断开。

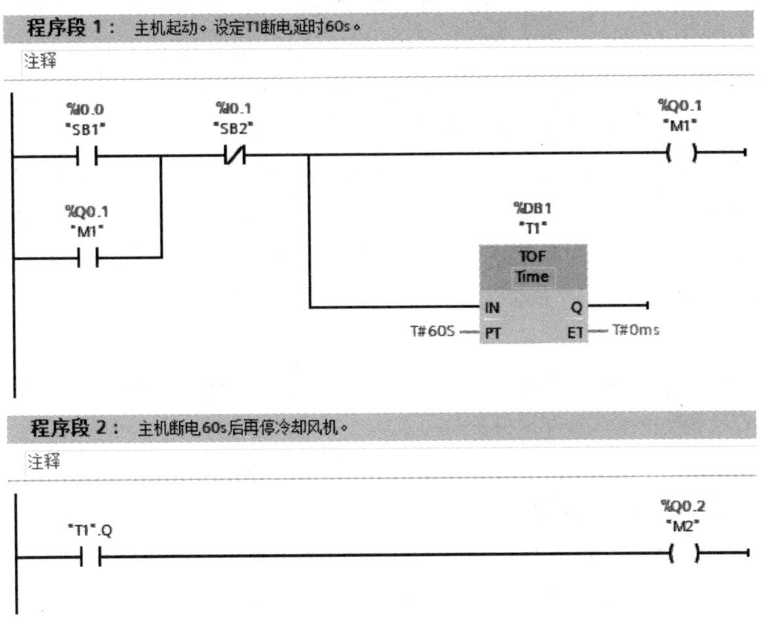

图 10-8　断开延时定时器指令使用案例

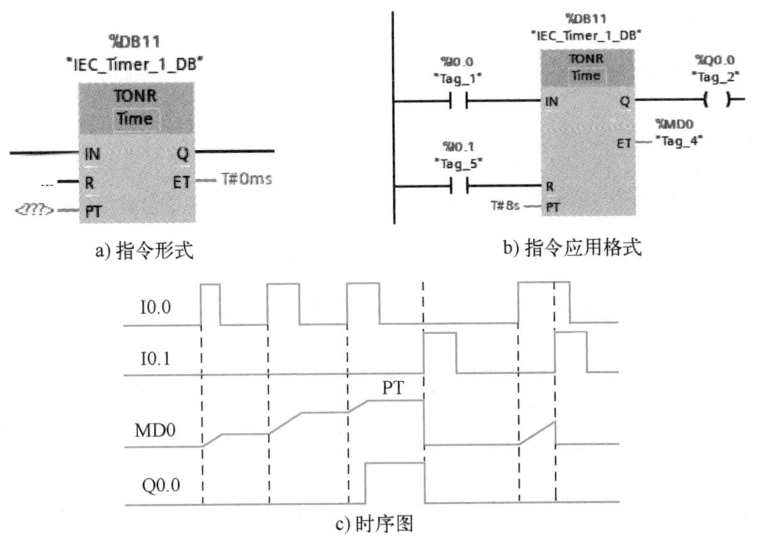

图 10-9　保持型接通延时定时器指令形式及应用格式

保持型接通延时定时器使用案例梯形图如图 10-9b 所示。当 I0.0 接通时，保持型接通延时定时器 TONR 开始工作，其 ET 端的 MD0 中的当前值从上次保持值继续增加，待当前值达到设定的 8 s 时，其 Q 输出端 Q0.0 接通。在工作过程中，即使 I0.0 断开，保持型接通延时定时器也不会复位，其当前值 MD0 保持不变。只有当复位信号 I0.1 接通时，保持型接通延时定时器才会复位，其当前值变为 0，输出端 Q0.0 线圈失电。

10.1.3　线圈型定时器指令格式

10-1-3　断电延时定时器 TOF 指令功能

线圈型定时器指令除了常规的四种类型定时器（即脉冲定时器 TP、接通延时定时器 TON、断开延时定时器 TOF、保持型接通延时定时器 TONR）外，还有更新设定值指令 PT 和复位定时器指令 RT，其格式如图 10-10 所示。指令上方的问号为背景数据块，下方的问号为定时时间。对于同一类型的定时器，功能型指令和线圈型指令在原理上是完全一样的，所不同的是功能块型定时器可以直接输出 Q，程序中可以不必出现背景数据块（或 IEC_TIMER 类型变量）中的 Q（如“T1”.Q），而线圈型定时器必须首先自定义背景数据块或 IEC_TIMER 类型变量，再调用输出 Q。功能块型定时器的背景数据块在使用时可以自动生成，也可选择手动建立，而线圈型定时器只能通过手动建立所需的背景数据块。

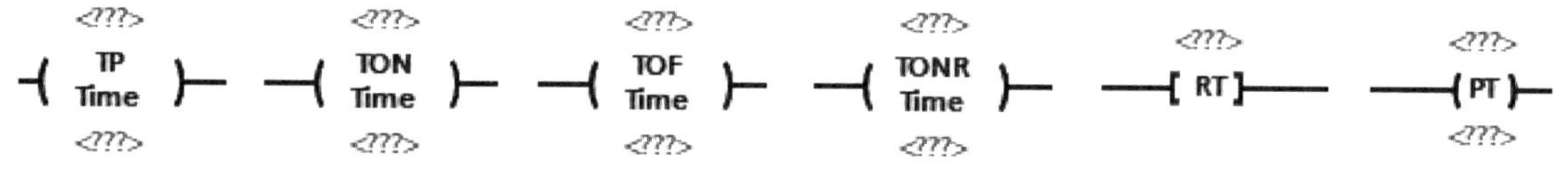

图 10-10　线圈型定时器指令格式

线圈型定时器指令的使用案例如 10-11 所示。当 I0.0 常开触点闭合时，T1 定时器开始计时，5 s 后，T1 的常开触点“T1”.Q 闭合，Q0.1 线圈接通。当 I0.1 闭合时，则将 T1 定时器当前值清零，定时器 T1 的常开触点“T1”.Q 断开，Q0.1 线圈失电。

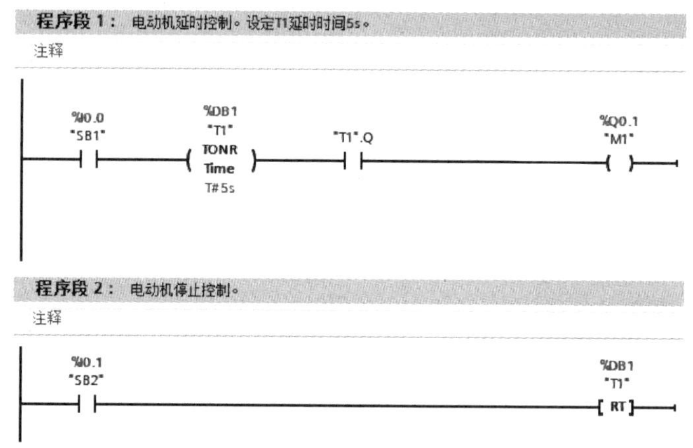

图 10-11　线圈型接通定时器指令使用案例

10.1.4　定时器指令使用综合案例

10-1-4　保持型接通延时定时器 TONR 指令功能

案例 1：两条运输带顺序相连，为避免运送的物料在 1 号运输带上堆积，按下起动按钮 I0.3，1 号带开始运行，8 s 后 2 号带自动起动。停机的顺序与起动的顺序相反，按了停止按钮 I0.2 后，先停 2 号带，8 s 后停 1 号带。Q1.1 和 Q0.6 分别控制两台电动机 M1 和 M2。

根据设计要求，绘制出其时序图，如图 10-12a 所示。根据时序图，设计出其 PLC 控制程序，如图 10-12b 所示。

假设起动按钮接 PLC 的 I0.3 输入端，停止按钮接 I0.2 输入端，1 号运输带电机接 Q1.1 输出端，2 号运输带电动机接 Q0.6 输出端，其工作原理描述如下：按下起动按钮 I0.3，I0.3 常开触点闭合，位存储器 M2.3 得电并自锁，TON、TOF 均通电，此时 TON 开始计时，TOF 接通，Q 输出端 Q1.1 线圈通电，1 号带开始运行。8 s 后 TON 的 Q 输出端接通，Q0.6 线圈通电，2 号带起动运行。当按下停止按钮 I0.2 时，位存储器 M2.3 失电并解除自锁，TON 断电，其 Q 输出端 Q0.6 线圈失电，2 号带停止；TOF 开始计时。8 s 后 TOF 的 Q 输出端 Q1.1 线圈失电，1 号带停止。

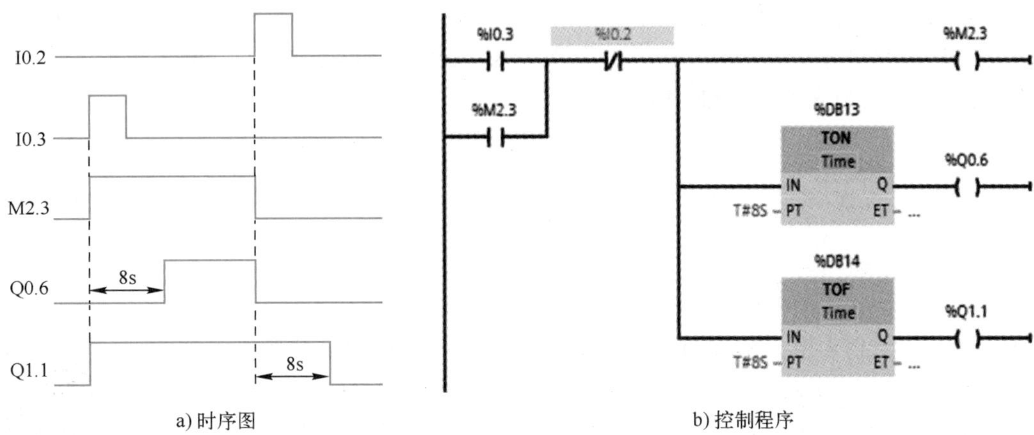

a) 时序图　　b) 控制程序

图 10-12　运输带顺序控制

案例 2：酒店为实现节水，对马桶冲水时间进行控制。控制要求：当红外传感器持续感应到有人 3 s 之后，启动并保持冲水 4 s；当感应到人离开后，马上冲水，5 s 后停止。试用 3 种定时器设计酒店卫生间马桶冲水控制电路。

根据设计要求，绘制出其时序图，如图 10-13a 所示。根据时序图，采用了脉冲定时器 TP、通电延时定时器 TON、断电延时定时器 TOF 三个定时器设计出其 PLC 控制程序，结果如图 10-13b 所示。

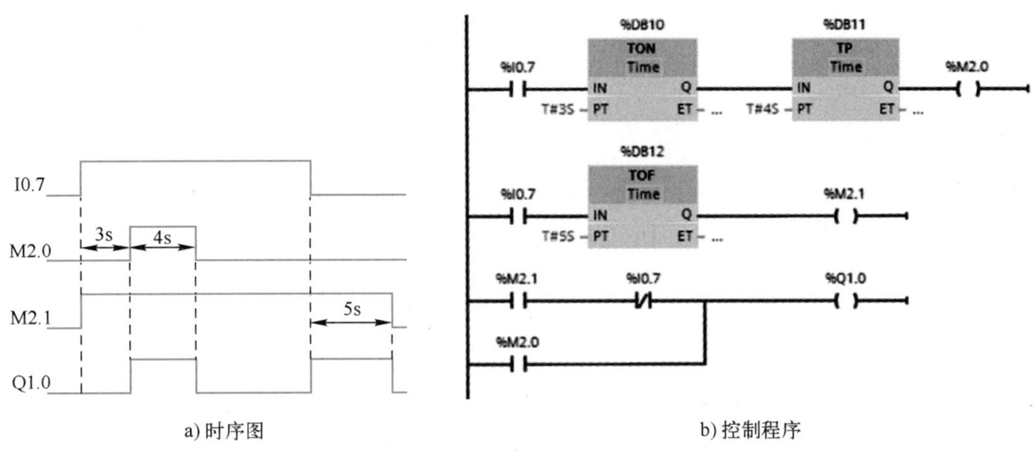

a) 时序图　　b) 控制程序

图 10-13　酒店马桶冲水时间控制

假设红外传感器接 PLC 的 I0.7 输入端，冲水电磁阀接 Q1.0 输出端，其工作原理描述如下：①当红外传感器持续感应到有人时，I0.7 常开触点闭合且一直保持闭合，程序段 1 中 TON 定时器开始计时，3 s 后其 Q 输出端接通，TP 定时器开始工作，其 Q 输出端 M2.0 接通，程序段 3 中 M2.0 常开触点闭合，Q1.0 线圈得电，马桶启动冲水。4 s 后 TP 定时器 Q 输出端 M2.0 失电，其常开触点恢复断开，Q1.0 失电，马桶冲水停止。程序段 2 中 I0.7 常开触点闭合，TOF 定时器的 Q 输出端接通，M2.1 得电，其常开触点闭合，为第二次冲水做准备。②当红外传感器感应到人的时间不足 3 s 时，TON 定时器的 Q 输出端不会接通，TP 定时器不工作，M2.0 与 Q1.0 线圈均不接通，马桶不会冲水。③当红外传感器感应到人离开后，I0.7 常开触点断开，TON、TP 定时器均不工作，M2.0 线圈失电。程序段 2 中，TOF 定时器开始计时，此时 M2.1 线圈还保持通电。程序段 3 中，M2.0 常开触点断开，M2.1 常开触点闭合，I0.7 常闭触点恢复闭合，导致 Q1.0 接通。5 s 后，TOF 的 Q 输出端关断，M2.1 线圈失电，其常开触点恢复断开，Q1.0 线圈失电，马桶冲水停止。

任务 10.2　星-三角减压起动 PLC 控制系统设计、仿真、安装与调试

10.2.1　PLC 选型及输入/输出（I/O）信号分配

根据前面的控制要求，本项目要求控制 380V 三相交流异步电动机，且只有三个输入信号和三个输出信号，因此可选择 CPU1211C AC/DC/RLY 型号 PLC 或其他型号 PLC。本项目选用 CPU1214C AC/DC/RLY 型号 PLC。该 PLC 有 14 个数字量输入端口和 10 个数字量输出端口，能够满足设计要求。如果没有 AC/DC/RLY 型号 PLC，也可以采用 DC/DC/DC 型号 PLC，此时需要采用直流中间继电器进行信号转换。输入/输出（I/O）信号分配表见表 10-2。

10-2-1　电动机星-三角减压起动 PLC 控制仿真调试

表 10-2　电动机星-三角减压起动 PLC 控制输入/输出（I/O）信号分配表

输入端口			输出端口		
输入元件	输入信号	作用	输出元件	输出信号	控制对象
按钮 SB1	I0.0	起动	接触器 KM1	Q0.1	电动机 M
按钮 SB2	I0.1	停止	接触器 KM2	Q0.2	Y型接法
热继电器 FR	I0.2	过载保护	接触器 KM3	Q0.3	Δ 型接法

10.2.2　绘制 PLC 控制原理图

当选择 CPU1214C AC/DC/RLY 型号 PLC 时，电动机星-三角减压起动 PLC 控制原理图如图 10-14a 所示。当选择 CPU1214C DC/DC/DC 型号 PLC 时，电动机星-三角减压起动 PLC 控制原理图如图 10-14b 所示。

10.2.3　设计 PLC 控制程序

电动机星-三角减压起动控制的 PLC 程序设计方法采用传统的继电器接触器控制思路，其梯形图如图 10-15 所示。其工作原理是：按下起动按钮 SB1，I0.0 触点闭合，Q0.1 线圈接通并自锁，Q0.1 触点闭合，Q0.2 线圈接通，通电延时定时器“T40”开始计时，Q0.3 线圈因 Q0.2 互锁而断开，硬件电路中 KM1、KM2 线圈得电，KM1、KM2 主触点闭合，电动机接成Y起动。当通电延时定时器 T40 计时时间到时（此处是 60 s），T40 常闭触点（“T40”.Q）断开，Q0.2 线圈失电，Q0.2 常闭触点恢复闭合，Q0.3 线圈接通，硬件电路中 KM2 线圈失电，KM3 线圈得电，KM3 主触点闭合，电动机接成三角形正常运行。当按下停止按钮 SB2 时，I0.1 触点断开，Q0.1 线圈失电，Q0.1 触点断开，Q0.3 线圈失电，硬件电路中 KM1、KM3 线圈失电，KM1、KM3 主触点断开，电动机停止。

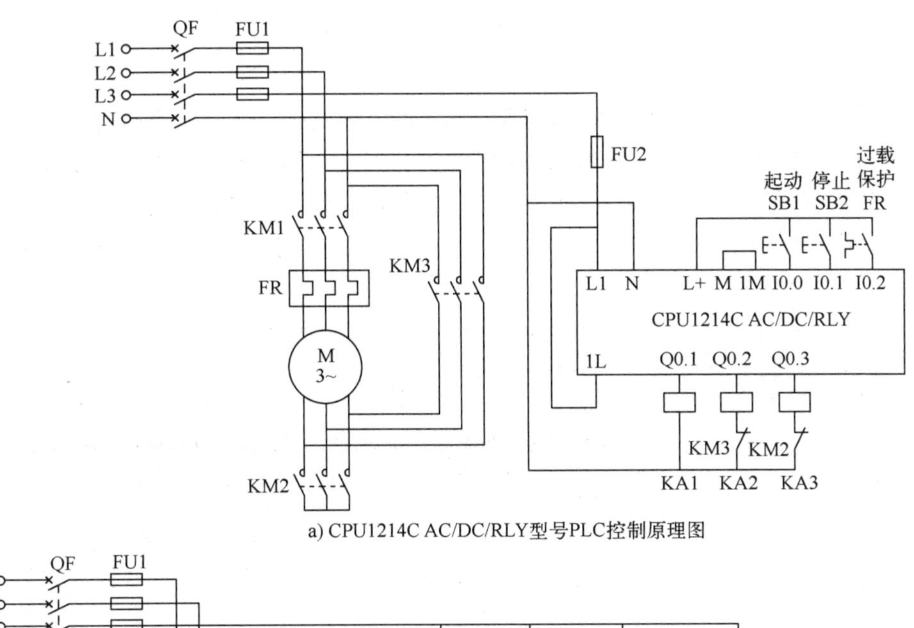

a) CPU1214C AC/DC/RLY型号PLC控制原理图

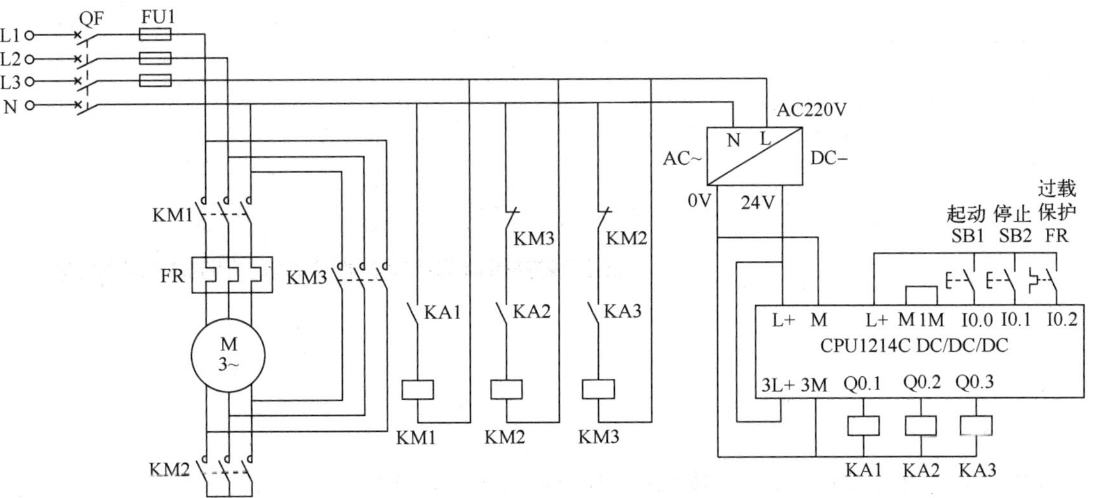

b) CPU1214C DC/DC/DC型号PLC控制原理图

图 10-14　电动机星-三角减压起动 PLC 控制原理图

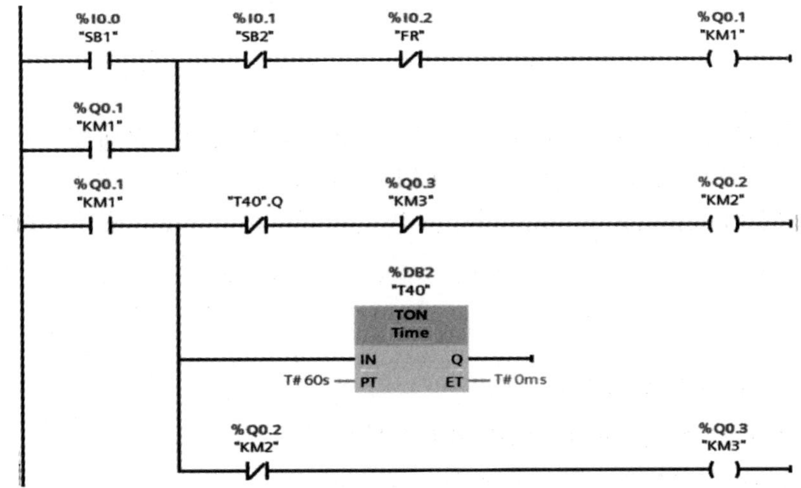

图 10-15　电动机星-三角减压起动 PLC 控制梯形图

10.2.4 仿真调试

在进行实物接线与下载程序之前，可以利用博途软件提供的编程与仿真程序进行模拟仿真。仿真正确后再进行系统安装与在线调试，确保设备的安全。博途软件可以帮助用户实施自动化解决方案，其基本操作步骤依次为：创建新项目、添加新设备、硬件组态、添加 I/O 变量表、梯形图设计、程序保存与编译、打开仿真 PLC、程序下载、在线监控与调试等。结果如图 10-16 所示。

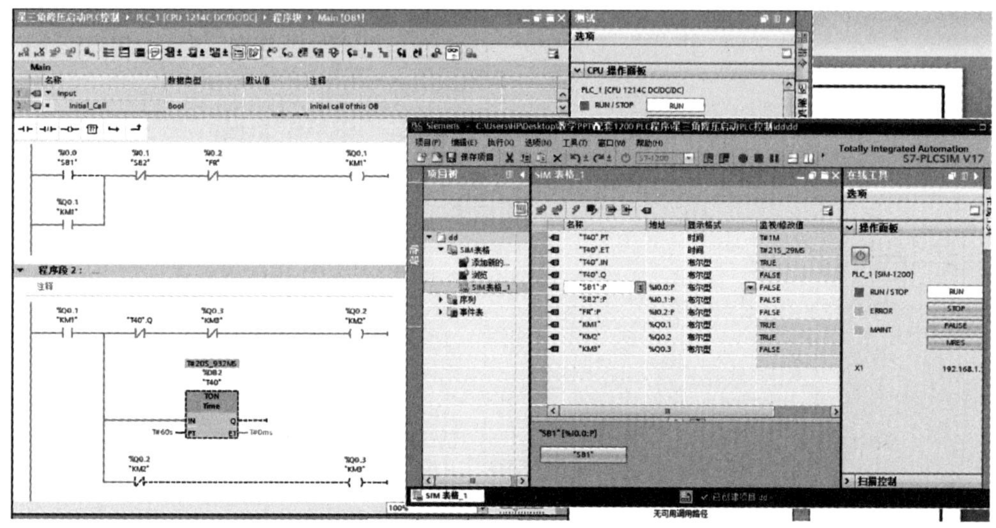

图 10-16 电动机星-三角减压起动 PLC 控制仿真调试

10.2.5 硬件安装与程序下载

根据实际选用的 PLC 型号，按照图 10-14a 或图 10-14b 进行硬件接线，并用网线连接 PLC 与计算机。硬件连接后，接通电源，然后将程序下载到 PLC 中进行调试，直至调试正确为止。

任务 10.3 电动机延时起动 PLC 控制系统设计、仿真、安装与调试

用低压电器元件与 S7-1200 PLC 完成三相交流异步电动机延时起动控制系统的设计、安装与调试任务。具体控制要求：当按下起动按钮时，电动机延时 10s 后再起动；当按下停止按钮时，电动机延时 10s 后再停止。要求设计其 PLC 控制电路，并编写程序，然后进行仿真模拟、硬件安装调试等。

【思考与练习】

1. S7-1200 PLC 有哪些定时器指令？
2. 简述保持型接通延时定时器指令中各符号的作用。
3. 简述接通延时型定时器与断开延时型定时器的区别。
4. 简述脉冲定时器与接通延时型定时器的区别。
5. 在个人计算机上完成项目 10 中所涉及的样例程序的仿真调试。

6. 用 PLC 实现一盏灯点亮 10 s 后另外一盏灯自动点亮，当按下停止按钮时两盏灯同时熄灭。要求设计其 PLC 控制电路，并编写程序，然后进行仿真模拟。

7. 根据电动机顺序起动、逆序停车的原理，用 PLC 实现三盏灯依次点亮，逆序熄灭，间隔时间为 2 s。要求设计其 PLC 控制电路，并编写程序，然后进行仿真模拟。

【项目测评】

本项目目标达成度测评采用项目考核与个人考核相结合的方式，具体考核细则见表 10-3。考核成绩达到 70 分，就可以认定该学生达成了本项目的预期学习目标。

表 10-3　项目目标达成度测评评分办法

考核目标	考核方法	成绩占比（%）
目标 1、2	雨课堂测试、课外作业	30
目标 3	项目分组操作考核×个人参与度	50
目标 4	个人操作测试	10
目标 5	考勤、课堂表现评分	10

【素质拓展】

“守时”——不仅仅是一种礼仪，更是一种品质和态度

春秋末期政治家、越国相国范蠡曰：“天道盈而不溢，盛而不骄，劳而不矜其功。夫圣人随时以行，是谓守时。”（出自《国语·越语下》）。该句的意思是做人圆满但不过分，赢得胜利但不骄傲，做了一件重要的事但不居功自傲，这就是天道。圣人依据时机是否有利来决定作战行动，这称为“守时”。

守时不仅仅是一种礼仪，更是一种品质和态度。守时意味着尊重他人的时间。在现代社会中，时间是至关重要的资源。守时可以使我们充分利用时间，最大限度地提高工作效率。同时，守时能够避免因迟到或缺席而给别人带来不必要的麻烦和消极影响。

项目 11　交通灯 PLC 控制系统的设计与仿真调试

【学习目标】

（1）熟知比较指令的功能和使用方法。

（2）熟悉基于时序图的梯形图设计方法。

（3）能够利用时序设计法设计 PLC 控制程序。

（4）能够使用博途软件编写交通灯 PLC 控制程序，并利用虚拟触摸屏进行仿真调试。

【项目要求】

某道路十字路口交通灯如图 11-1 所示，其控制要求如下：信号灯受启动按钮控制。当启动按钮接通时，信号灯系统开始工作，先南北红灯亮，东西绿灯亮。当停止按钮按下时，所有信号灯都熄灭。

1）南北红灯亮维持 25 s。在南北红灯亮的同时东西绿灯也亮，并维持 20 s。到 20 s 时，东西绿灯闪亮，闪亮 3 s 后熄灭。在东西绿灯熄灭时，东西黄灯亮，并维持 2 s。到 2 s 时，东西黄灯熄灭，东西红灯亮。同时，南北红灯熄灭，绿灯亮。

2）东西红灯亮维持 25 s。南北绿灯亮维持 20 s，然后闪亮 3 s 后熄灭，同时南北黄灯亮，维持 2 s 后熄灭。这时南北红灯亮，东西绿灯亮。

3）上述动作循环进行。用 TIA 博途软件编写交通灯 PLC 控制程序，并进行仿真调试与在线调试。

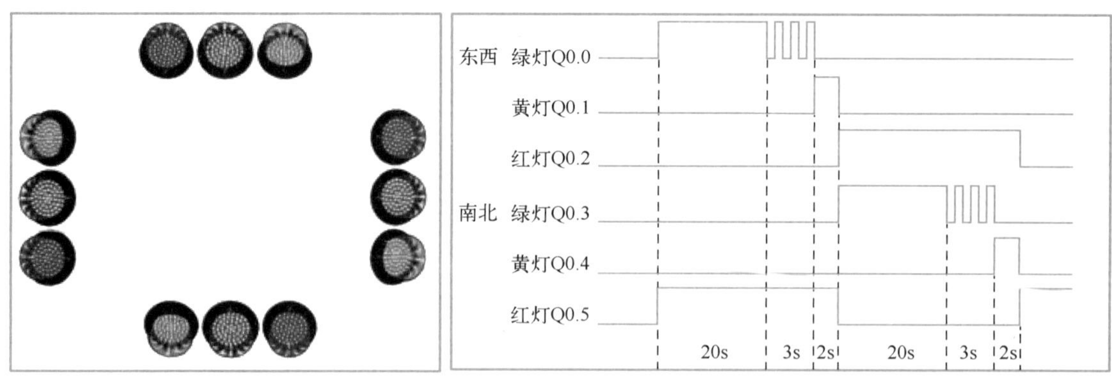

图 11-1　交通灯及其控制时序图

【项目分析】

要完成上述任务，首先需要对交通灯的工作规律进行分析，选用适合的设计方法；其次掌握 PLC 控制系统设计的关键步骤，如 I/O 点的分配、PLC 控制原理图的绘制、PLC 梯形图的设计与下载；再次根据控制要求进行程序编制、下载、仿真调试与在线调试；最后根据系统运行结果调整和优化程序。

【实践条件】

（1）S7-1200 PLC。

（2）安装有 TIA 博途软件的计算机。

【项目实施】

11-1-1　比较指令应用

任务 11.1　项目所用比较指令认知

比较指令用于比较数据类型相同的两个数 IN1 与 IN2 的大小，当满足比较关系式给出的条件时，相应的触点接通。

（1）比较指令的类型

打开 TIA 博途软件的指令列表窗口，单击“基本指令”下的“比较器指令”，可以看到下面的十个操作数比较指令，如图 11-2 所示，具体每个指令的功能见表 11-1。

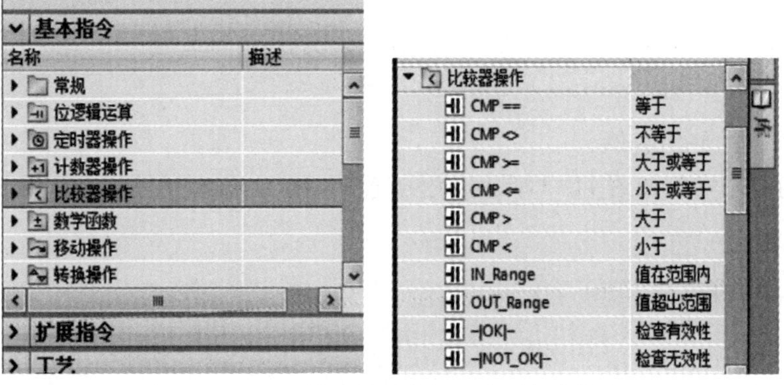

图 11-2　TIA 博途软件中的比较器操作指令

表 11-1　S7-1200 PLC 比较指令类型及其功能

指　　令	关系类型	指令功能
<???> == ??? <???>	CMP==（等于）	当上操作数等于下操作数时，该触点接通
<???> <> ??? <???>	CMP<>（不等于）	当上操作数不等于下操作数时，该触点接通
<???> > ??? <???>	CMP>（大于）	当上操作数大于下操作数时，该触点接通
<???> >= ??? <???>	CMP>=（大于或等于）	当上操作数大于或等于下操作数时，该触点接通
<???> < ??? <???>	CMP<（小于）	当上操作数小于下操作数时，该触点接通

（续）

指　令	关系类型	指令功能
<???> <= ??? <???>	CMP<= （小于或等于）	当上操作数小于或等于下操作数时，该触点接通
IN_RANGE ??? MIN VAL MAX	IN_RANGE（值在范围内）	当 VAL 在 MIN 与 MAX 之间时，等效触点接通
OUT_RANGE ??? MIN VAL MAX	OUT_RANGE（值超出范围）	当 VAL<MIN 或 VAL>MAX 时，等效触点接通
<???> OK	OK（检查有效性）	输入值为有效的 REAL 数
<???> NOT_OK	NOT_OK（检查无效性）	输入值不是有效的 REAL 数

（2）比较指令的使用案例

比较指令的应用实例如图 11-3 所示。用接通延时定时器和比较指令组成占空比可调的方波信号发生器。

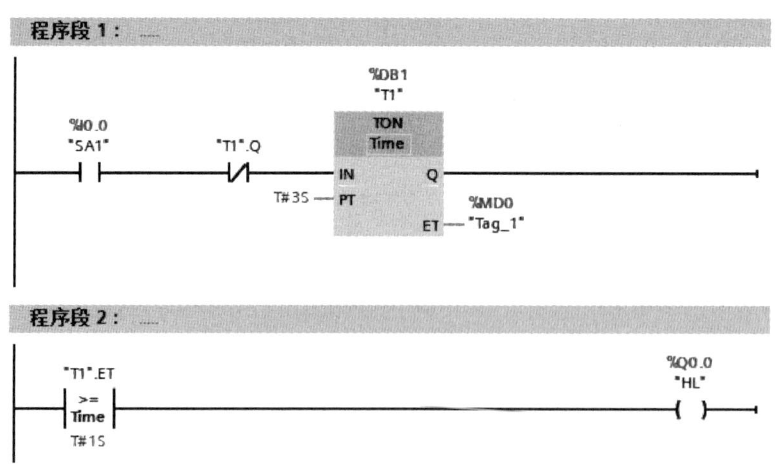

图 11-3　占空比可调的方波信号发生器控制梯形图

图 11-3 中，I0.0 为旋转开关 SA1 所对应连接触点，“T1”.Q 是通电延时定时器 T1 的位输出。当 I0.0 常开触点闭合时，定时器 T1 的 IN 输入端为 1 状态，T1 的当前值从 0 开始不断增大。待当前值“T1”.ET 等于预设值 3 s 时，“T1”.Q 变为 1 状态，其常闭触点断开，定时器被复位，“T1”.Q 变为 0 状态。下一扫描周期其常闭触点又恢复闭合，定时器又开始计时。T1 的当前时间“T1”.ET 按锯齿波形变化。比较指令用来产生脉冲宽度可调的方波，当“T1”.ET

的值小于 1 s 时，Q0.0 断开，当“T1”.ET 大于或等于 1 s 时，Q0.0 接通。Q0.0 接通与断开的时间取决于比较触点下面的操作数的值。

任务 11.2　指示灯闪烁报警控制梯形图设计

11-2-1　指示灯闪烁报警控制调试

控制要求：在自动化物料传输线上，如果出现缺料，需要用指示灯进行闪烁报警。当按下启动按钮时，指示灯以 2 s 的周期进行闪烁报警，其中亮 1 s，灭 1 s。当按下停止按钮时，闪烁报警停止。

根据控制要求，设计的梯形图如图 11-4 所示。假设 I0.0 接启动按钮，I0.1 接停止按钮，Q0.0 接输出指示灯。

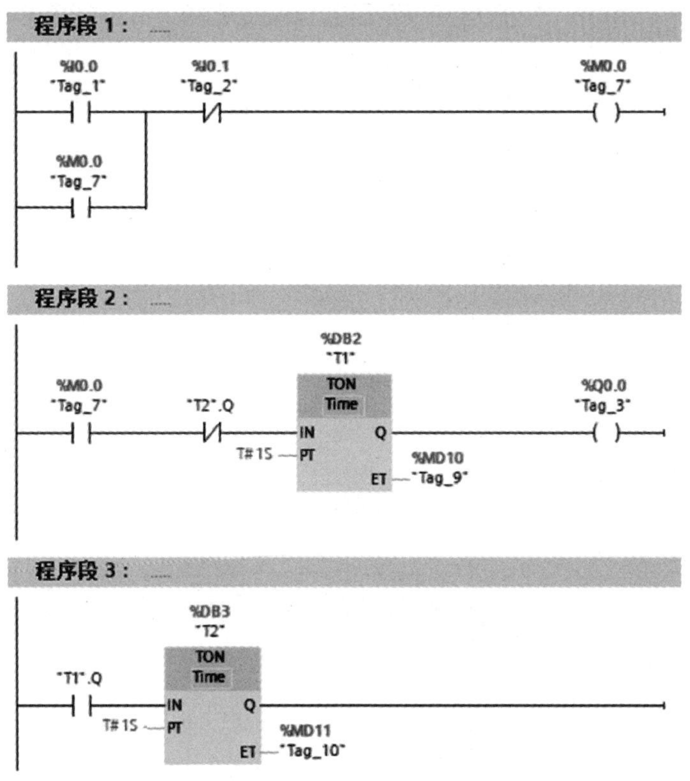

图 11-4　指示灯闪烁报警控制梯形图

该梯形图的工作原理为：当 I0.0 常开触点闭合时，辅助继电器 M0.0 接通并自锁。程序段 2 中的“T1”定时器开始计时，当 1 s 时间到时，输出 Q0.0 得电，同时程序段 3 中的“T1”定时器常开触点闭合，“T2”定时器开始计时；当 1 s 时间到时，由于 PLC 循环扫描的结果，程序段 2 中的“T2”定时器常闭触点断开，“T1”定时器线圈失电，输出 Q0.0 失电，程序段 3 中的“T1”定时器常开触点恢复断开，“T2”定时器线圈失电，根据程序再次循环扫描的结果，程序段 2 中的“T2”定时器常闭触点又开始闭合，“T1”定时器又开始计时，如此循环，能够保证 Q0.0 输出线圈以灭 1 s 亮 1 s 的规律周期性动作。当 I0.1 常闭触点断开时，辅助继电器 M0.0 失电，其常开触点断开，定时器“T1”“T2”与输出继电器 Q0.0 均失电，指示灯熄灭。

任务11.3 电动机起停控制虚拟触摸屏仿真

11-3-1 虚拟触摸屏控制电机起停

设计任务：使用虚拟触摸屏实现电动机的起停控制，电动机运行状态可用指示灯表示，并在触摸屏上显示电动机的运行状态。

设计步骤如下：

1）打开TIA博途编程软件，创建新项目“触摸屏控制电机起停”，打开设备组态窗口，添加PLC_1[CPU1214C DC/DC/DC]。

2）打开“默认变量表”，添加“起动”“停止”“电动机”三个输入/输出变量，如图11-5所示。

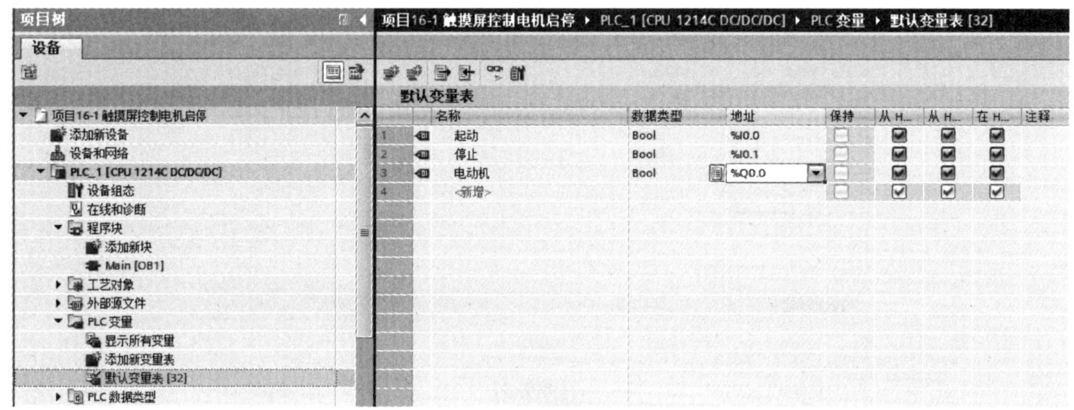

图11-5 变量表添加

3）在Main[OB1]主程序中添加如图11-6所示电动机控制程序。

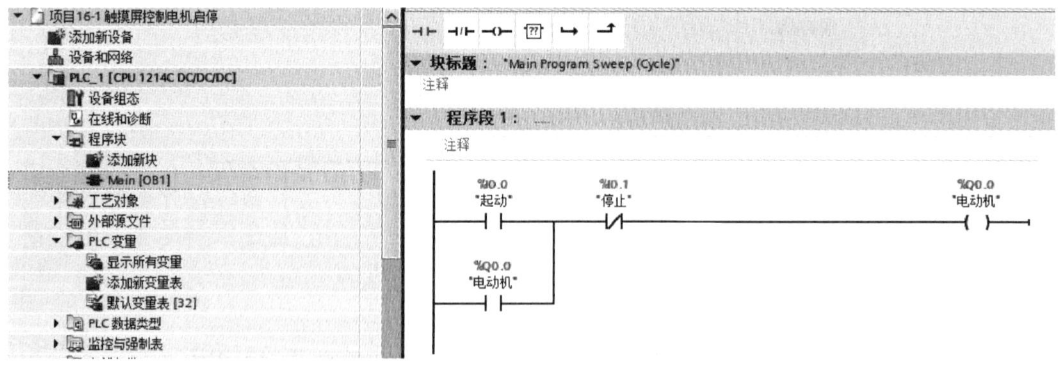

图11-6 电动机控制程序

4）在“项目树”中单击“添加新设备”，出现“添加新设备”对话框，如图11-7所示。单击界面左侧的“HMI”，然后在界面中间的HMI选项中选择“6AV2 124-0GC01-0AX0”的7"精智系列面板TP700 Comfort。单击界面下方的“确定”按钮，弹出如图11-8所示“HMI设备向导”界面。

在“HMI设备向导”界面中，单击右侧“选择PLC”下方的“浏览”按钮，弹出PLC选择对话框，在其中选择“PLC_1”，如图11-9所示。

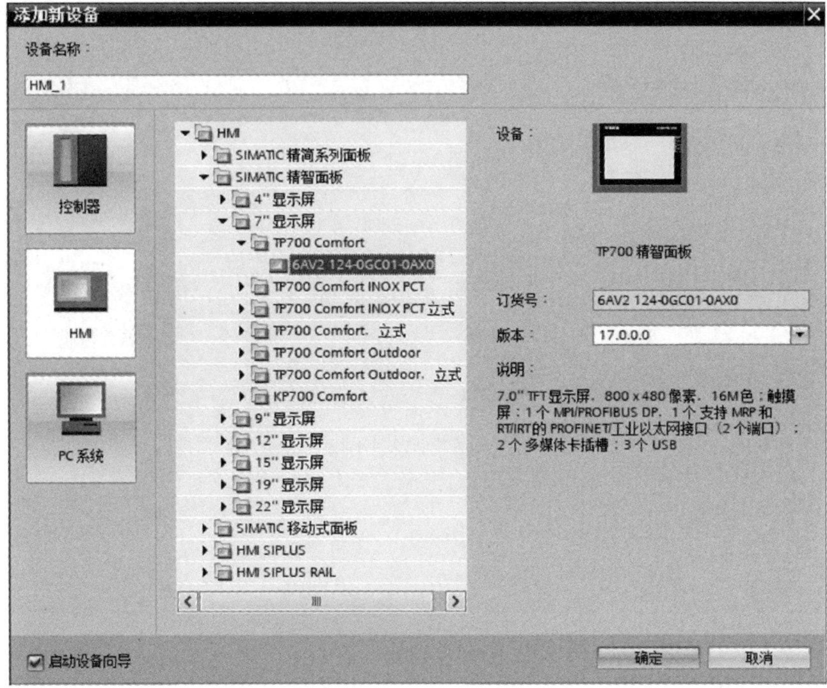

图 11-7　添加 HMI 设备

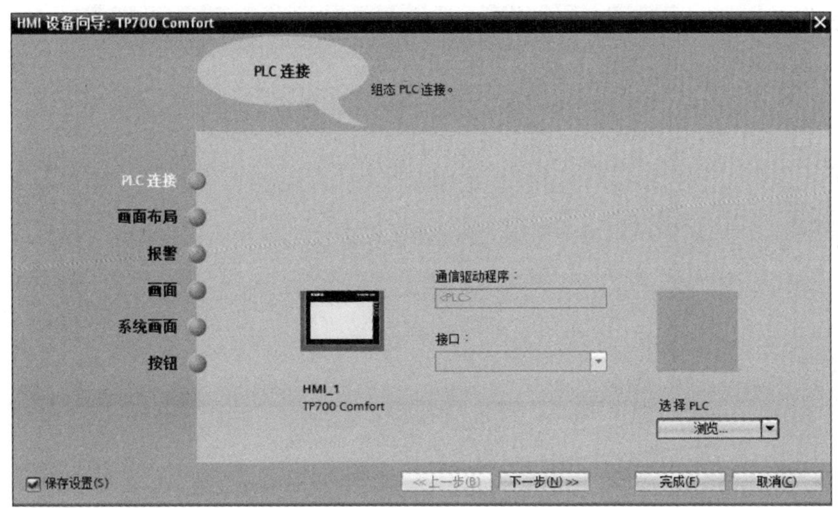

图 11-8　HMI 设备向导

PLC 选择完成后，“HMI 设备向导”界面发生了改变，在界面中建立了 HMI 与 PLC 间的联系，如图 11-10 所示。

在“HMI 设备向导”界面中，直接单击界面下方的“完成”按钮即可。也可单击“下一步”按钮，设置“画面布局”“报警”“画面”等内容。显示的界面如图 11-11 所示。

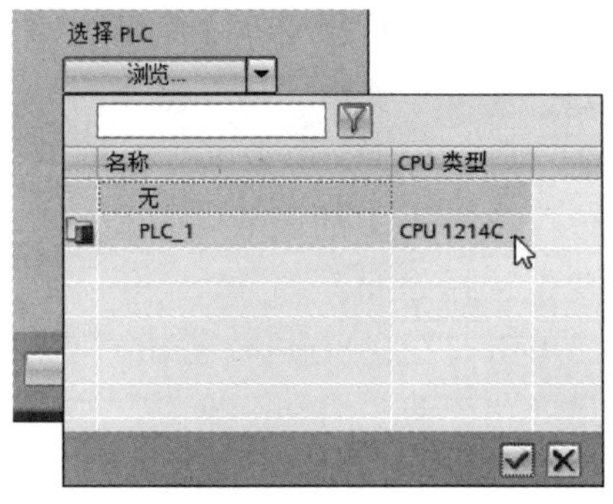

图 11-9　PLC 选择

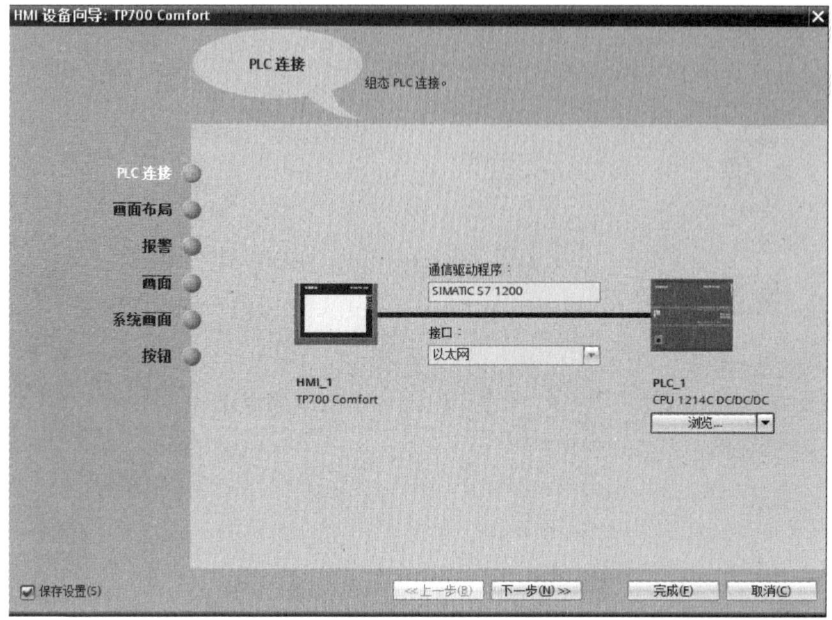

图 11-10　PLC 选择后的界面显示效果

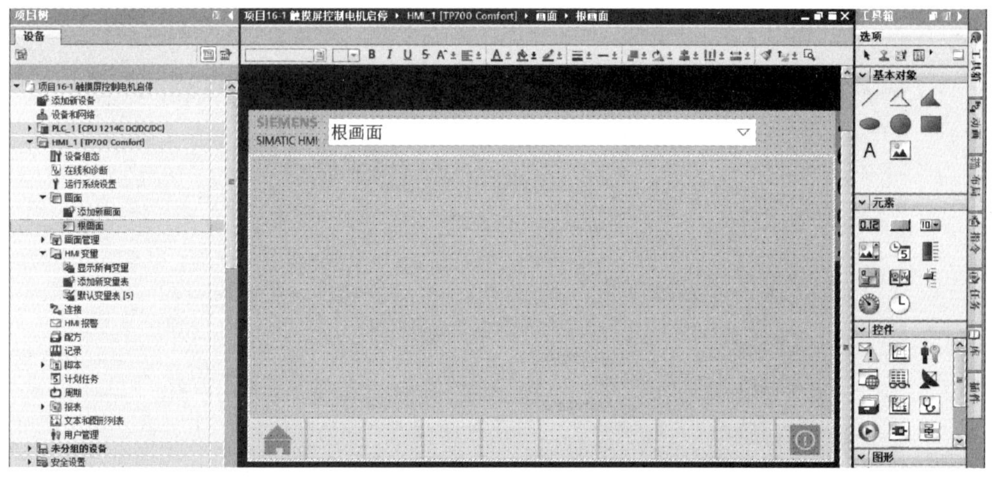

图 11-11　触摸屏用户界面

5）在显示的触摸屏画面中，单击并按住工具箱元素中的“按钮”图标，将其拖至“画面_1”组态窗口，然后松开鼠标，生成默认的文本按钮，此时按钮名称为“Text”。双击按钮中的“Text”，将其修改为“启动”。单击“画面_1”中的“启动”按钮，选中巡视窗口中的“属性”→“事件”→“按下”。单击视图窗口右边表格最上面的一行“添加函数”（如图 11-12 所示），再单击它右侧出现的下拉箭头，在出现的“系统函数”列表中选择“编辑位”文件夹中的函数“置位位”（如图 11-13 所示），选择执行函数后出现如图 11-14 所示变量选择界面。

单击“变量（输入/输出）”右侧的按钮▭，在弹出的对话框中选择“PLC_1”下“默认变量表”中的“启动”变量，如图 11-15 所示。

图 11-12　“添加函数”界面

图 11-13　添加“置位位”事件界面

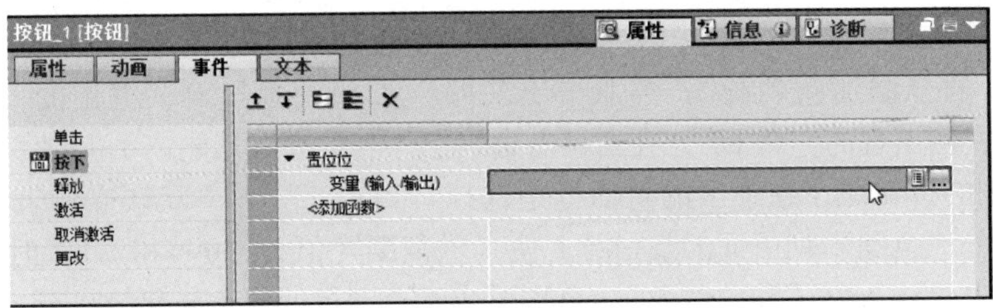

图 11-14　“置位位”变量选择界面

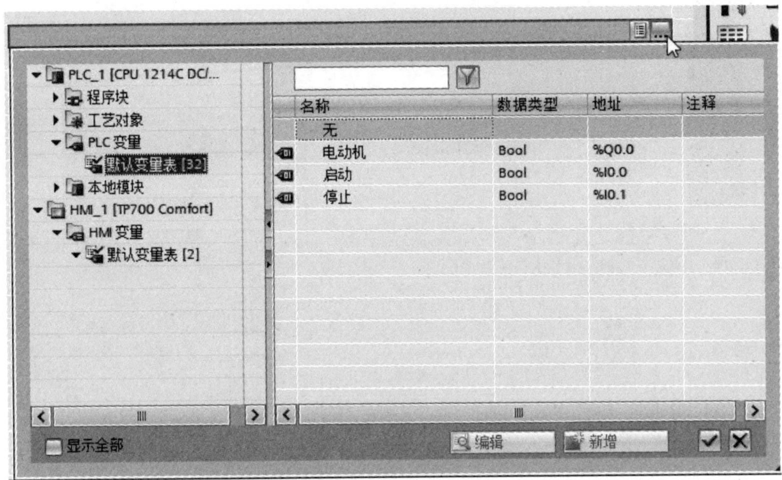

图 11-15　“启动”变量选择界面

用同样的方法组态按钮的“释放”事件。选中巡视窗口中的“属性”→“事件”→“释放”（如图11-16所示）。单击视图窗口右边表格最上面的一行“添加函数”，再单击它右侧出现的下拉箭头，在出现的“系统函数”列表中选择“编辑位”文件夹中的函数“复位位”，在出现的“变量选择”界面中，单击“变量（输入/输出）”右侧的按钮，在弹出的对话框中选择“PLC_1”下“默认变量表”中的“启动”变量。

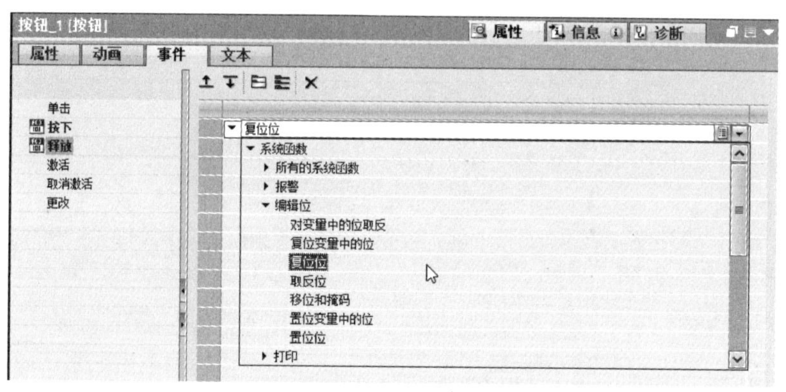

图11-16 “释放”事件设置界面

组态按钮的“按下”和“释放”事件设置完成后，在HMI运行时，如按下“启动”按钮，则PLC中的I0.0接通；若松开“启动”按钮，则PLC中的I0.0断开。

6）用同样的方法添加“停止”按钮，并设置其“按下”和“释放”事件。“停止”按钮的连接变量为PLC中的“停止”变量。

7）组态电动机。单击并按住工具箱元素中的“圆”按钮，将其拖至“画面_1”组态窗口，然后松开鼠标。单击“画面_1”中的圆，选中巡视窗口中的“属性”→“动画”→“显示”。双击其中的“添加新动画”，再双击出现的“添加动画”对话框中的“外观”，选中图11-17窗口左侧出现的“外观”，在窗口右边组态外观的动画功能。单击“变量”选项下的“名称”栏右侧的按钮，在弹出的对话框中选择“PLC_1”下“默认变量表”中的“电动机”变量。单击“范围”列下面的空白行，使其“范围”值为“0”和“1”时，再将“背景色”分别设置为“浅灰色”和“红色”，分别对应于电动机的停止与起动状态。

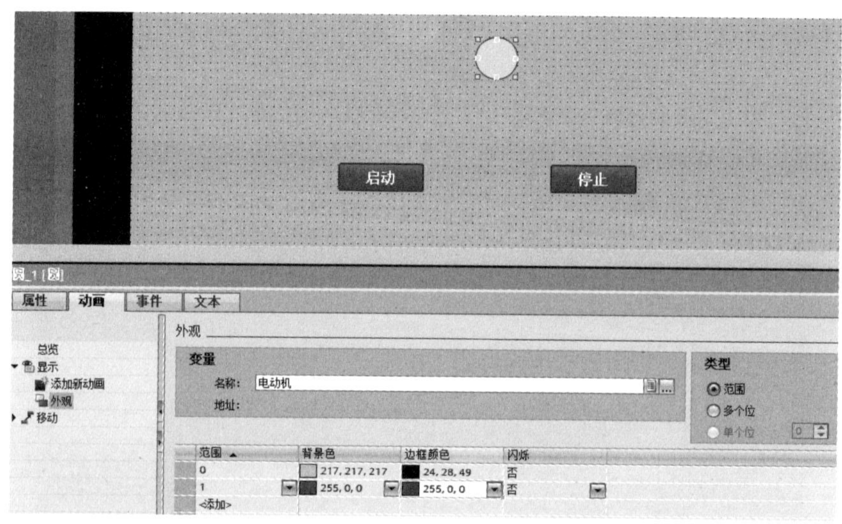

图11-17 “电动机”动画设置界面

8）仿真调试。采用 PLC 和 HMI 集成仿真调试方法，打开计算机的“控制面板”，将“查看方式”改为“大图标”（如图 11-18 所示），这时会显示出“设置 PG/PC 接口（32 位）”（如图 11-19 所示）。双击打开“设置 PG/PC 接口”对话框，如图 11-20 所示。

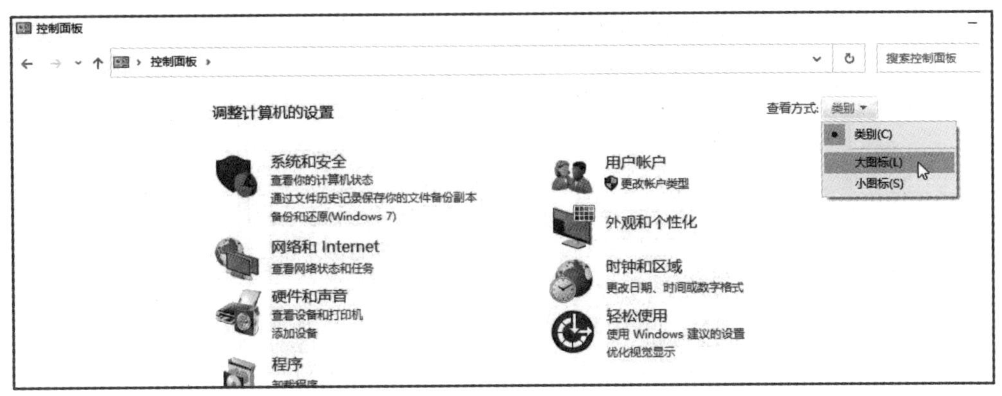

图 11-18　“控制面板”显示界面

图 11-19　“控制面板”大图标显示界面

选中“为使用的接口分配参数”列表框中的“PLCSIM. TCPIP. 1”，将“应用程序访问点”设置为“S7ONLINE（STEP7）→PLCSIM. TCPIP. 1”，再单击“确定”按钮，退出对话框。

单击“项目树”中的“PLC_1”选项，然后再单击工具栏上的启动仿真按钮，在弹出的两个“启用仿真支持”对话框中分别单击“确定”按钮，系统弹出“与设备建立连接”对话框，在其中选择“认为可信并建立连接”按钮。系统分别弹出“准备下载到设备”“下载预览”对话框。在“下载预览”对话框中单击“装载”按钮。在弹出的“下载结果”对话框中，将“启动模块”后部的“无动作”选项改为“启动模块”。单击“下载结果”对话框中的“完成”按钮，退出对话框，并自动打开 PLCSIM 程序界面。

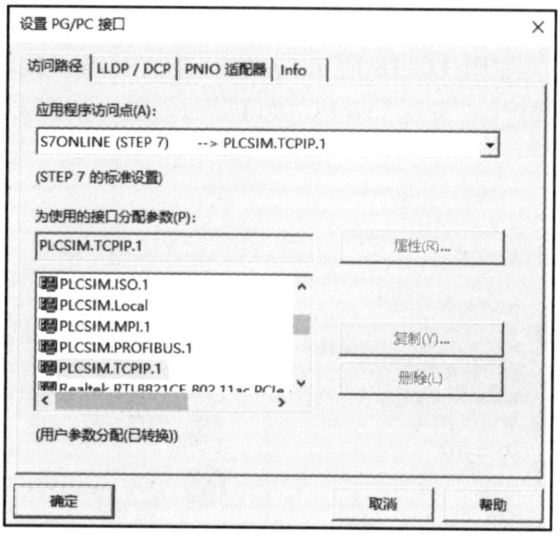

图 11-20 “设置 PG/PC 接口”对话框

打开后的 PLCSIM 仿真界面为精简视图，单击界面上的“切换到项目视图”图标，将界面切换为项目视图。

单击 PLCSIM 项目视图工具栏上的图标，弹出“创建新项目”对话框，在项目名称中输入“触摸屏控制电动机起停”，单击“创建”按钮。稍等几秒后，界面发生变化。单击“SIM 表格”前的箭头符号，在展开的选项中双击“SIM 表格_1”。单击中间区域工具栏上的“加载项目标签”图标，输入输出变量出现在“SIM 表格_1”中。单击仿真界面右侧操作面板上的“RUN”按钮，使 PLC 处于运行状态。

切换到程序编辑窗口，单击中间工作区工具栏上的“启用/禁用监视图标”，程序中出现蓝绿两种颜色线，其中绿色实线为接通状态，表示有能流通过，蓝色虚线为断开状态，表示无能流状态。

打开仿真界面，单击“SIM 表格_1”界面中的第一行“启动”，在下面出现一个“启动”按钮。单击该按钮，可以看到编程界面中程序颜色发生了改变，表示 Q0.0 接通并自锁，电动机起动并运转。单击“SIM 表格_1”界面中的第二行“停止”，在下面出现一个“停止”按钮。单击该按钮，可以看到编程界面中程序颜色又发生了改变，此时 Q0.0 断开，表示电机停止。

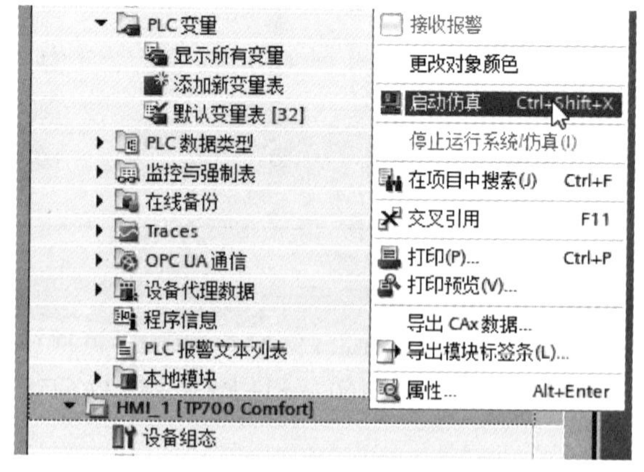

图 11-21 “启动仿真”快捷菜单

选中“项目树”中的“HMI_1”，然后单击鼠标右键，在弹出的快捷菜单中单击“启动仿真”，如图 11-21 所示。这时会启动 HMI 系统仿真。编译成功后，出现的仿真面板的“根画面”。

单击“画面_1”中的“启动”按钮，此时画面中的“电动机”会变为红色；当按下“停止”按钮时，“电动机”会变为浅灰色。

在调试过程中，会发现直接采用触摸屏上的按键对电动机进行控制，触摸屏状态显示会出现反应滞后现象。此时需要试着多按几次按钮，另外也可将 PLC 程序改成如图 11-22 所示的程序，添加触摸屏启动按钮 M0.0、触摸屏停止按钮 M0.1。然后将触摸屏启动与停止按钮的控制变量分别改为 M0.0、M0.1，重新下载 PLC 程序进行仿真。仿真结果如图 11-23 所示。

%I0.0
"起动"
%I0.1
"停止"
%M0.1
"触屏停止"
%Q0.0
"电动机"
%M0.0
"触屏启动"
%Q0.0
"电动机"

图 11-22　修改后的电机起停 PLC 控制程序

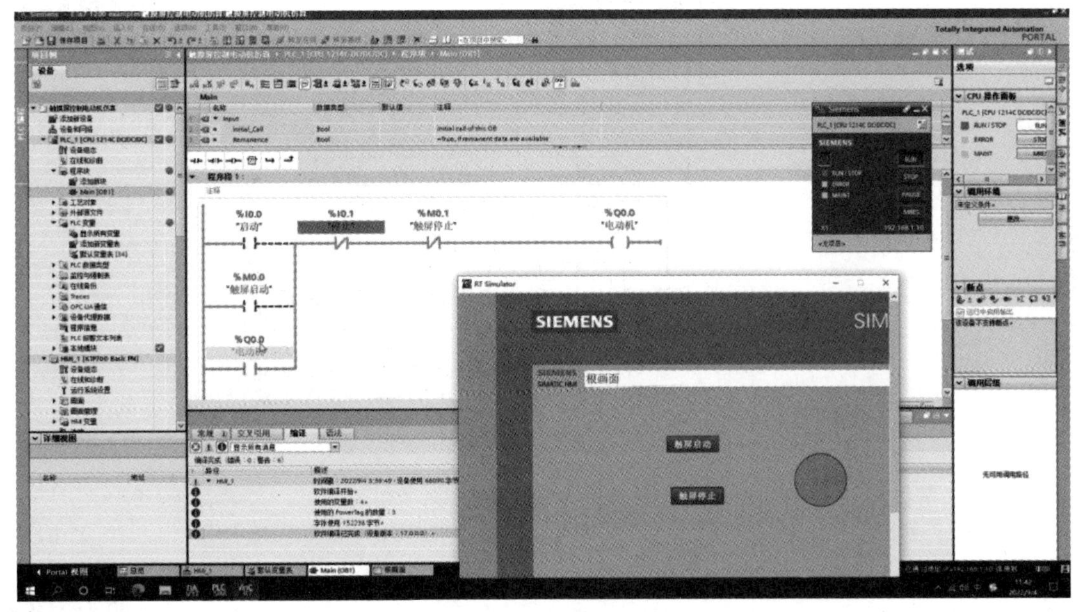

图 11-23　修改后的电动机起停触摸屏仿真界面

任务 11.4　交通灯 PLC 控制系统设计

11.4.1　PLC 选型及输入/输出（I/O）信号分配

根据前面的控制要求，本项目要求用 1 个启动按钮和 1 个停止按钮来控制 12 盏指示灯，但是由于南北指示灯和东西指示灯的控制规律相同，因此实际只需要 6 个输出即可。根据实验室的现有条件，可选择 CPU1214C AC/DC/RLY 或 DC/DC/DC 型号 PLC，其输入/输出信号分配表见表 11-2。

11-4-1　多个定时器实现交通灯控制

表 11-2　输入/输出信号分配表

输　　入	PLC 输入点	外 接 设 备	输　　出	PLC 输出点	外 接 设 备
启动按钮	I0. 0	SB1	东西绿灯	Q0. 0	HL1
停止按钮	I0. 1	SB2	东西黄灯	Q0. 1	HL2
			东西红灯	Q0. 2	HL3
			南北绿灯	Q0. 3	HL4
			南北黄灯	Q0. 4	HL5
			南北红灯	Q0. 5	HL6

11. 4. 2　绘制 PLC 控制原理图

当选择 CPU1214C DC/DC/DC 型号 PLC 时，交通灯 PLC 控制原理图如图 11-24 所示。

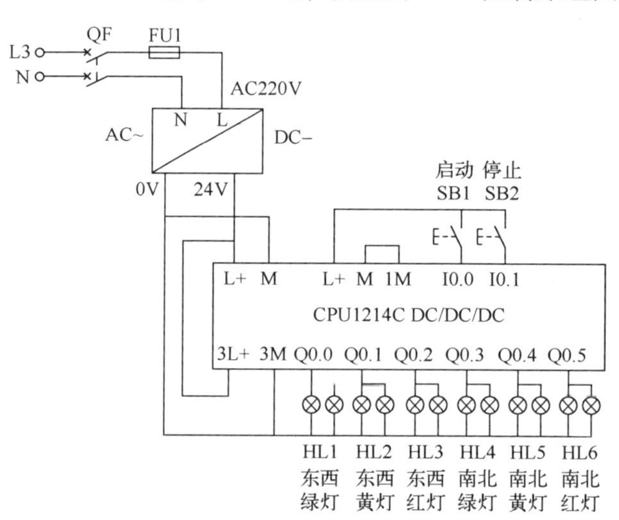

11-4-2　多个定时器与时间存储器实现交通灯控制

图 11-24　交通灯 PLC 控制原理图

11. 4. 3　设计 PLC 控制程序

交通灯的控制很有规律性，每盏灯的亮灭具有一定的循环周期，因此比较适合采用时序图设计法进行程序设计。

11-4-3　定时器与比较指令实现交通灯控制

（1）时序图设计法

时序图是信号随时间变化的图形。横坐标为时间轴，纵坐标为信号值，其值为 0 或 1。以这种图形为基础进行 PLC 程序设计的方法称为时序图设计法。时序图是从使用示波器分析电器硬件的工作中引申出来的，借用它可以分析与确定相关的逻辑量间的时序关系。采用时序图法设计 PLC 程序的一般步骤如下：

1）画时序图。根据要求画输入、输出信号的时序图，建立起准确的时间对应关系。

2）确定时间区间。找出时间的变化临界点，即输出信号出现变化的时间点，并以这些点为界限，把时段划分为若干时间区间。

3）设计定时逻辑。可以使用多个定时器建立各个时间区间。

4）确定动作关系。根据各动作与时间区间的对应关系，建立相应的动作逻辑，列出各输出变量的逻辑表达式。

5）画梯形图。依定时逻辑与输出逻辑的表达式画梯形图。

使用时序图法的前提是输入与输出间存在着对应的时间顺序关系，其各自的变化是按时间顺序展开的。若不满足该前提，则无法画时序图，更谈不上运用此方法了。

（2）采用多个定时器进行程序设计

采用多个定时器进行程序设计的基本思路为：先考虑交通灯起停控制，再考虑采用定时器实现单个方向交通灯的亮灭控制，重点考虑每盏灯点亮的时间条件，以及绿灯的闪烁控制，接着考虑两个方向交通灯的亮灭控制，最后考虑循环控制。

整个交通灯控制采用了 10 个定时器，如图 11-25 所示。图中 T1 定时器用于控制东西向绿灯的点亮时间，T2 定时器用于控制东西向绿灯的闪烁时间，T3/T4 定时器用于控制东西向绿灯闪烁亮灭时间，T5 定时器用于控制东西向黄灯的点亮时间，T6 定时器用于控制南北向绿灯的点亮时间，T7 定时器用于控制南北向绿灯的闪烁时间，T8 定时器用于控制南北向黄灯的点亮时间，T9/T10 定时器用于控制南北向绿灯闪烁亮灭时间。

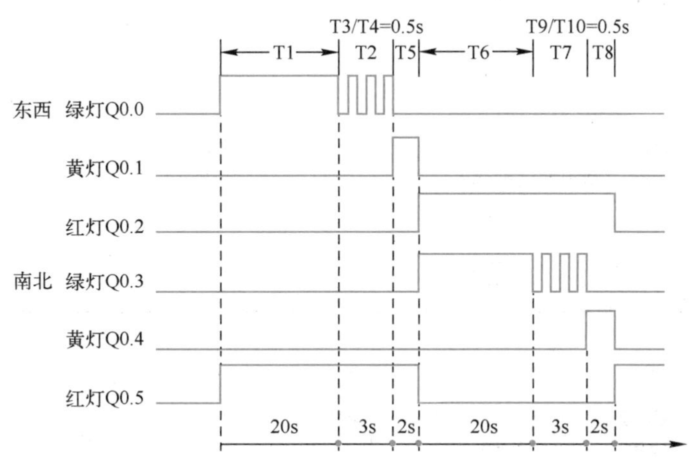

图 11-25　交通灯 PLC 控制所采用的定时器

1）交通灯起停控制，其控制程序如图 11-26 所示。

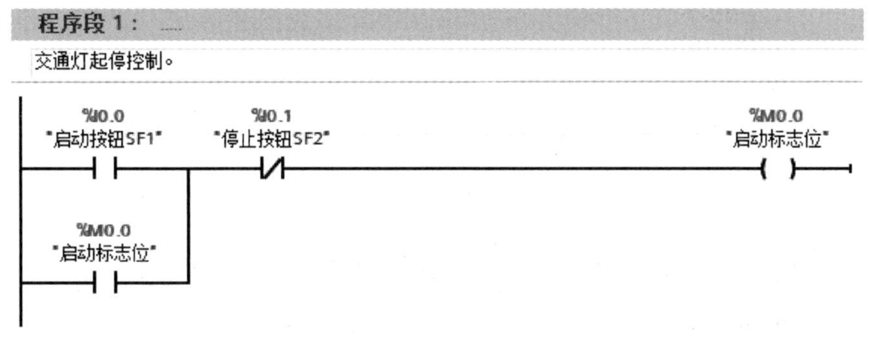

图 11-26　交通灯起停控制梯形图

2）考虑单个方向，如东西向绿灯的亮灭控制，其控制程序如图 11-27 所示。

3）考虑单个方向其他灯的控制，如东西向黄灯和红灯的亮灭控制，其控制程序如图 11-28 所示。

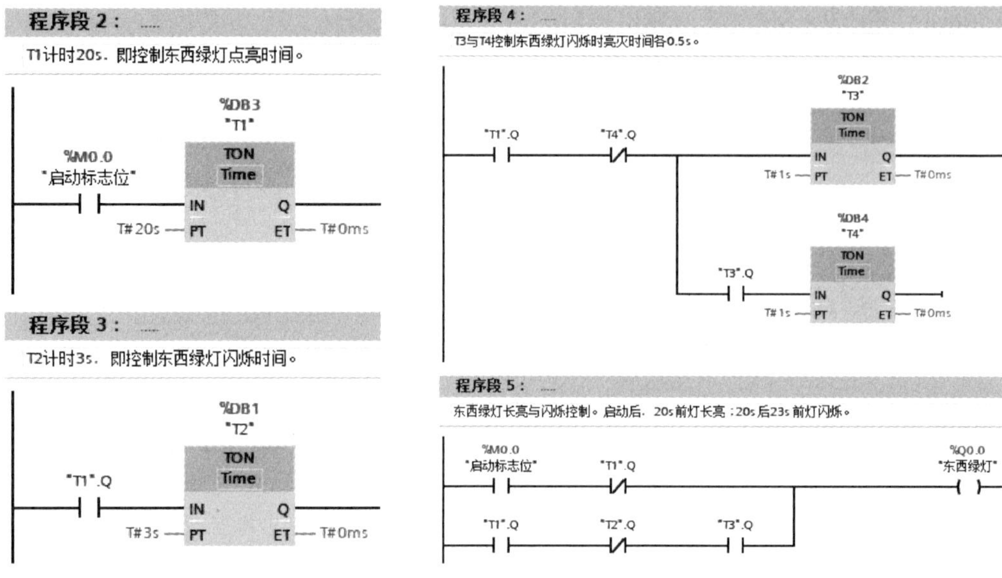

图 11-27　东西向绿灯常亮与闪烁控制梯形图

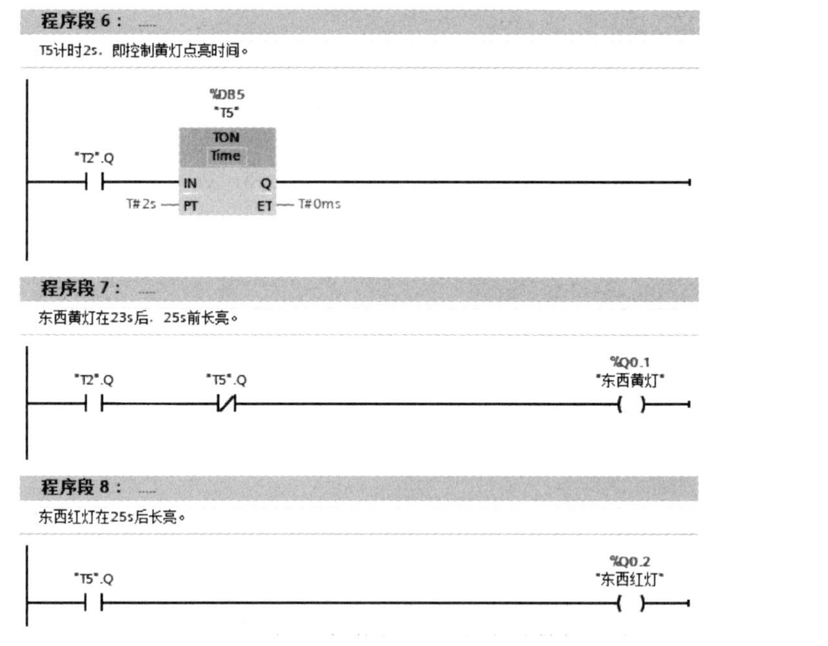

图 11-28　东西向黄灯和红灯控制梯形图

4）考虑另一个方向交通灯的亮灭控制，其控制程序如图 11-29 所示。

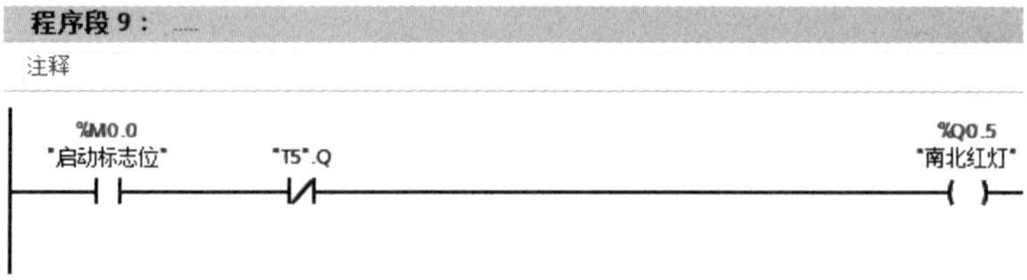

程序段 9： ……

注释

%M0.0 "启动标志位"　"T5".Q　%Q0.5 "南北红灯"

图 11-29　南北向绿灯、黄灯和红灯控制梯形图

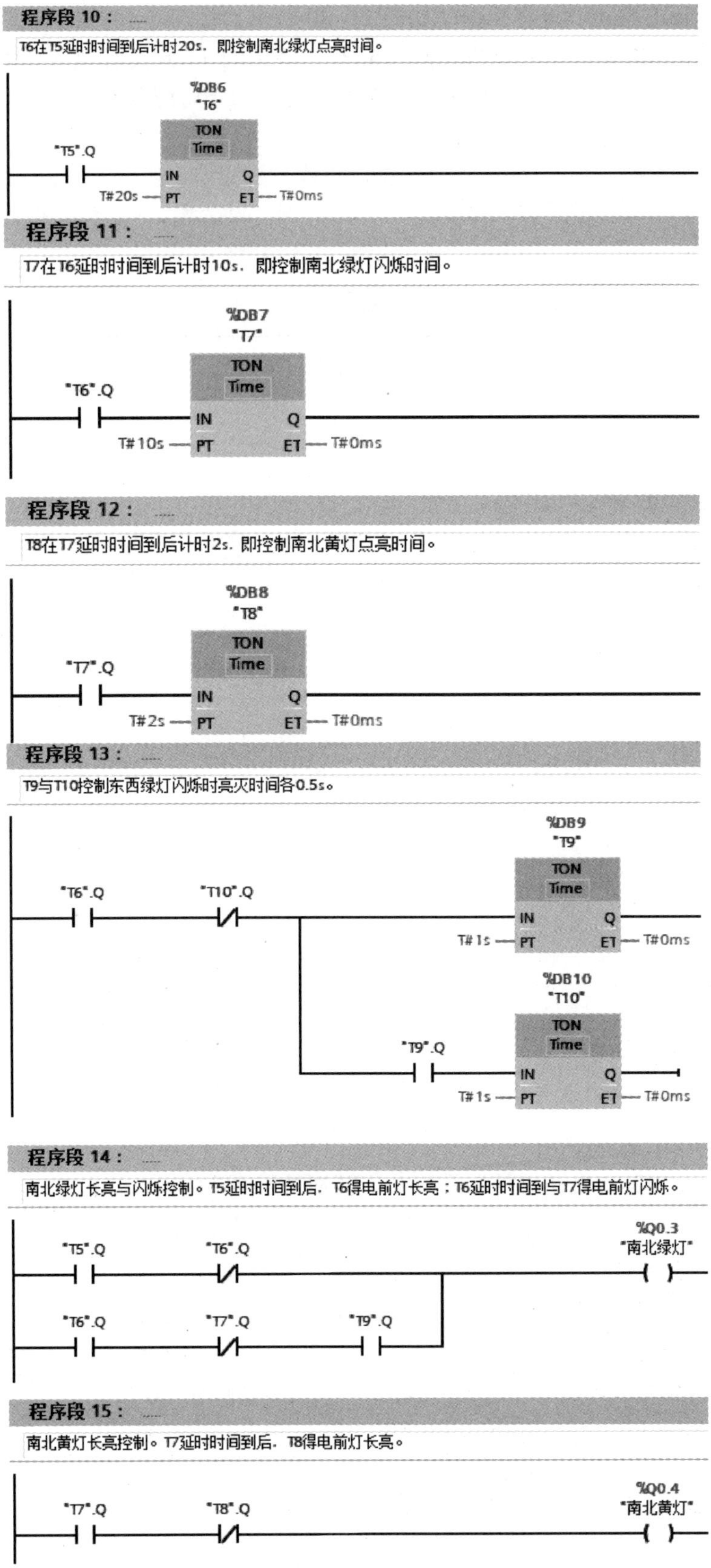

程序段 10：……

T6在T5延时时间到后计时20s，即控制南北绿灯点亮时间。

%DB6 "T6" TON Time
"T5".Q IN Q
T#20s PT ET T#0ms

程序段 11：……

T7在T6延时时间到后计时10s，即控制南北绿灯闪烁时间。

%DB7 "T7" TON Time
"T6".Q IN Q
T#10s PT ET T#0ms

程序段 12：……

T8在T7延时时间到后计时2s，即控制南北黄灯点亮时间。

%DB8 "T8" TON Time
"T7".Q IN Q
T#2s PT ET T#0ms

程序段 13：……

T9与T10控制东西绿灯闪烁时亮灭时间各0.5s。

"T6".Q "T10".Q
%DB9 "T9" TON Time IN Q T#1s PT ET T#0ms
"T9".Q
%DB10 "T10" TON Time IN Q T#1s PT ET T#0ms

程序段 14：……

南北绿灯长亮与闪烁控制。T5延时时间到后，T6得电前灯长亮；T6延时时间到与T7得电前灯闪烁。

"T5".Q "T6".Q %Q0.3 "南北绿灯"
"T6".Q "T7".Q "T9".Q

程序段 15：……

南北黄灯长亮控制。T7延时时间到后，T8得电前灯长亮。

"T7".Q "T8".Q %Q0.4 "南北黄灯"

图 11-29　南北向绿灯、黄灯和红灯控制梯形图（续）

5）最后考虑循环控制，其控制程序如图 11-30 所示。用 T8 定时器触点控制 T1 定时器通断。当 T8 定时器定时时间到时，其常闭触点断开，后接的 T1 定时器失电，导致 T2～T8 定时相继失电，下一个扫描周期内，T8 常闭触点恢复闭合，T1 定时器又恢复通电计时，从而实现循环控制。

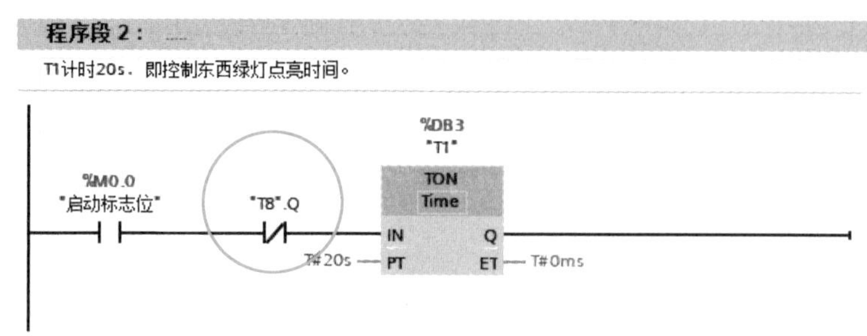

图 11-30　交通灯循环控制梯形图

（3）采用多个定时器与系统时钟存储器进行程序设计

1）划分时序图。根据时序设计法的设计步骤，将时序图根据输出的切换进行划分，并确定需用的定时器及定时时长，如图 11-31 所示。

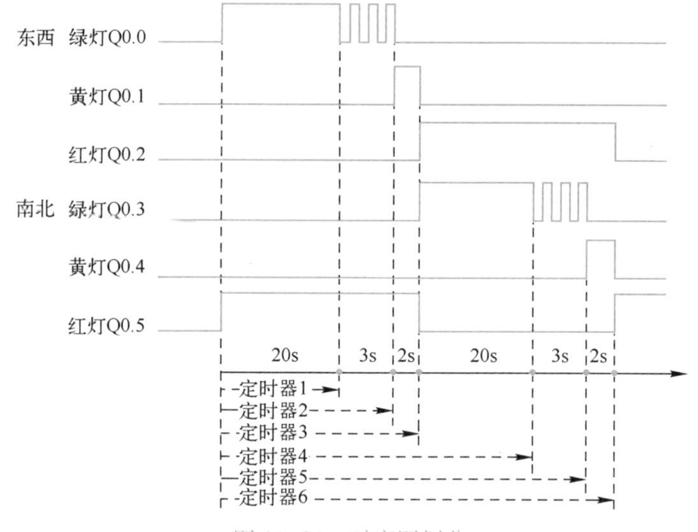

图 11-31　时序图划分

2）设计状态转换表。交通灯控制系统状态转换表见表 11-3。

表 11-3　交通灯控制系统状态转换表

输出	状态	开始	熄灭	备注
东西绿灯	Q0.0 亮	I0.0 接通	定时器 1 定时完成	
	Q0.0 闪烁	定时器 1 定时完成	定时器 2 定时完成	闪烁采用 M0.5
东西黄灯	Q0.1	定时器 2 定时完成	定时器 3 定时完成	
东西红灯	Q0.2	定时器 3 定时完成	定时器 6 定时完成	
南北绿灯	Q0.3 亮	定时器 3 定时完成	定时器 4 定时完成	
	Q0.3 闪烁	定时器 4 定时完成	定时器 5 定时完成	闪烁采用 M0.5
南北黄灯	Q0.4	定时器 5 定时完成	定时器 6 定时完成	
南北红灯	Q0.5	I0.0 接通	定时器 3 定时完成	

3）编写 PLC 梯形图程序。在编写程序之前，这里介绍“闪烁”的实现方法，除了采用两个定时器交替工作实现以外，还可以采用系统自带的系统存储器位。

步骤 1：激活“启用时钟存储器字节”。方法是单击“项目树”中的“PLC_1”，然后按下鼠标右键，在弹出的快捷菜单中选择“属性”，在弹出的对话框“常规”属性页中选择“系统和时钟存储器”，弹出系统和时钟存储器对话框，如图 11-32 所示。

图 11-32　系统和时钟存储器位设置

步骤 2：设置时钟存储器字节地址，即设置分配给“时钟存储器字节地址”的 MB 的地址。方法是勾选“启用时钟存储器字节”，然后输入时钟存储器字节的地址，这里选择默认值“0”。

步骤 3：被组态为时钟存储器中的 8 个位提供了 8 种不同频率的方波（占空比为 50%），可在程序中用于周期性触发动作。其中 M0.5 为 1 Hz 时钟脉冲，即亮灭各 0.5 s。

需要注意的是，一旦启用了系统存储器位地址，如 MB0，在程序中不能再使用该字节地址，以免冲突。

根据时序图的设计思想，采用多个定时器与系统时钟存储器设计的梯形图如图 11-33 所示。

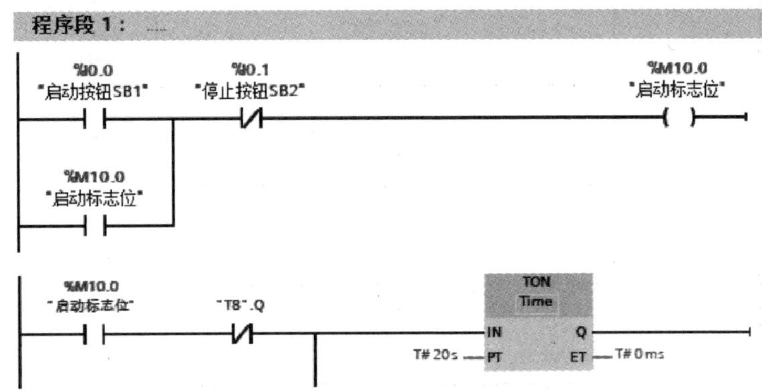

图 11-33　采用多个定时器与系统时钟存储器设计的梯形图

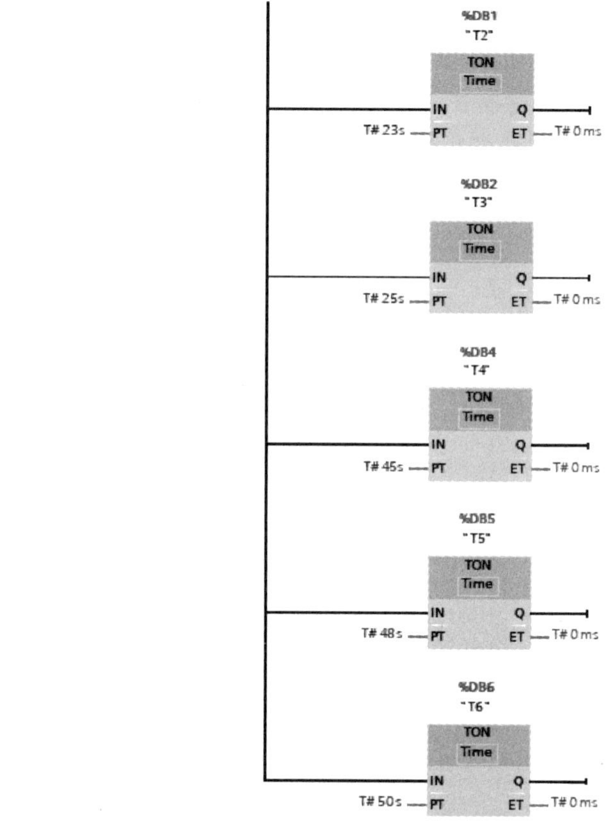

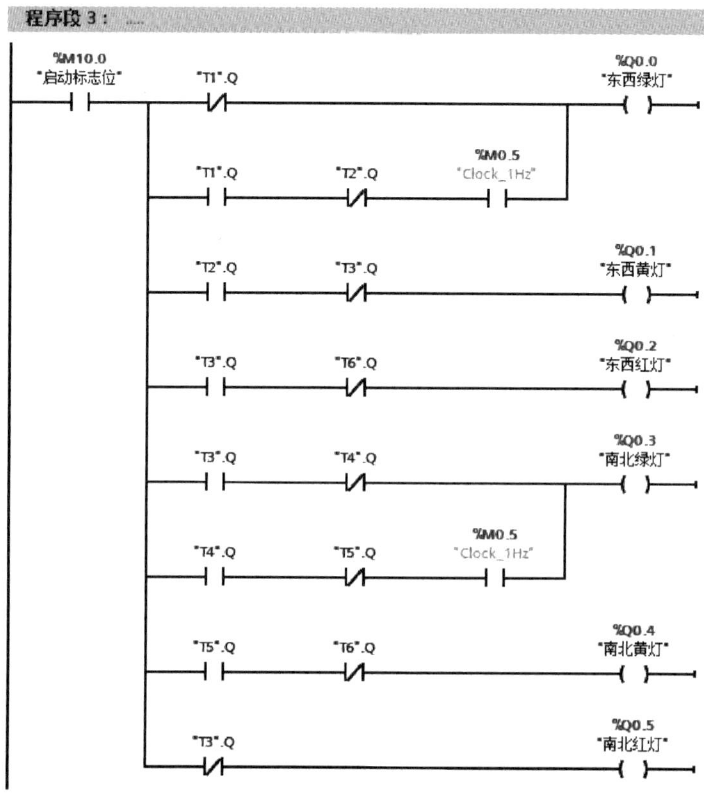

图 11-33　采用多个定时器与系统时钟存储器设计的梯形图（续）

（4）采用定时器指令与比较指令编制程序的设计思想

1）划分时序图。根据图 11-1 所示时序图，根据各个输出的变化情况将时序图划分为 6 个区间，时长分别为 20 s、3 s、2 s、20 s、3 s 和 2 s。

2）确定定时器当前值区间表。交通灯工作一个周期共 50 s，可以使用一个定时器（PT 取 T#50 s）定时，结合定时器的工作原理，可将划分的 6 个区间与定时器的当前值所处区间关联起来，具体见表 11-4。

表 11-4　定时器当前值区间表

输出	状态	当前值 ET 所在区间（s）	备注
东西绿灯	Q0. 0 亮	0～20	
	Q0. 0 闪烁	20～23	闪烁采用 M0. 5
东西黄灯	Q0. 1	23～25	
东西红灯	Q0. 2	25～50	
南北绿灯	Q0. 3 亮	25～45	
	Q0. 3 闪烁	45～48	闪烁采用 M0. 5
南北黄灯	Q0. 4	48～50	
南北红灯	Q0. 5	0～25	

3）设计梯形图。根据时序图的设计思想，采用定时器指令与比较指令编制的 PLC 控制梯形图如图 11-34 所示。

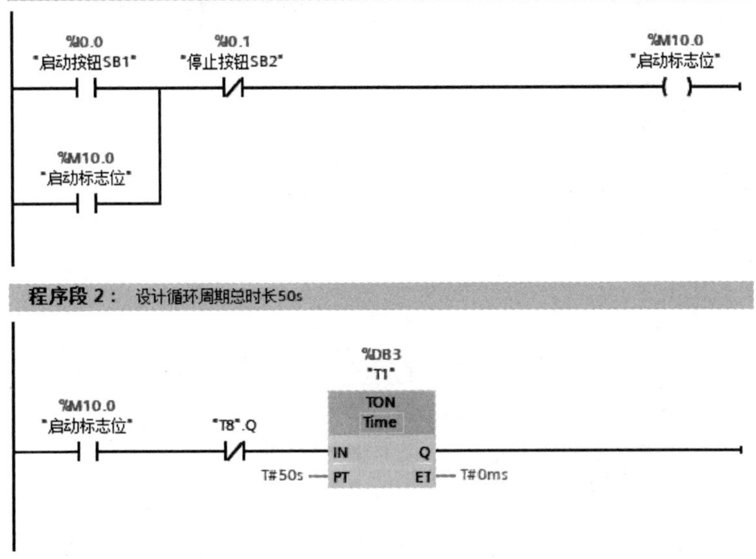

图 11-34　采用定时器指令与比较指令编制的梯形图

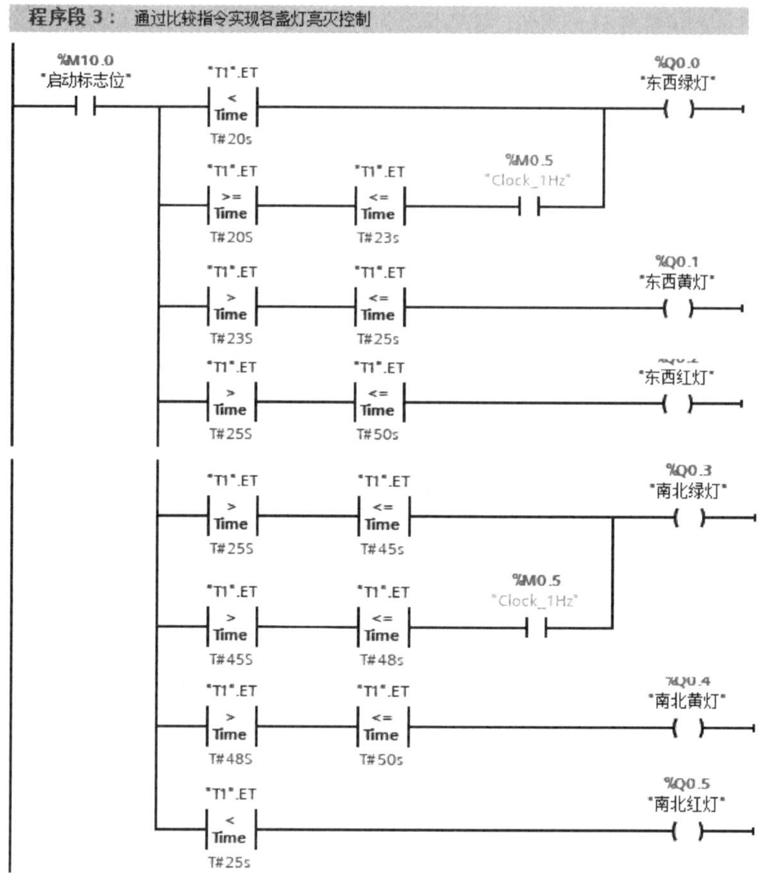

图 11-34　采用定时器指令与比较指令编制的梯形图（续）

任务 11.5　基于虚拟触摸屏的交通灯 PLC 控制仿真

11.5.1　触摸屏界面设计

根据任务要求控制交通灯亮灭。在触摸屏人机交互组态界面上设置启动、停止两个按钮，以及南北和东西 12 个指示灯，如图 11-35 所示。

11-5-1　交通灯控制虚拟触摸屏组态设计

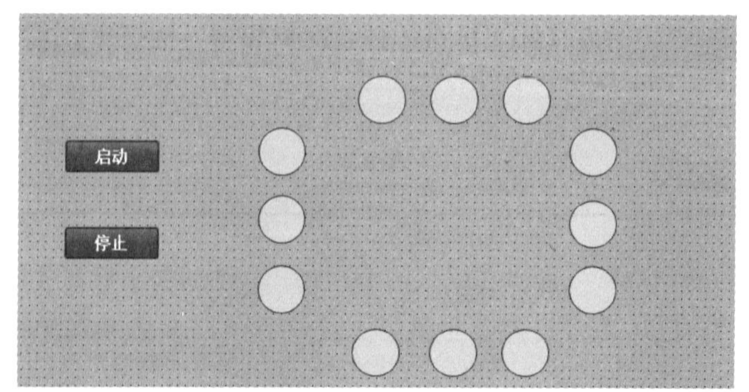

图 11-35　交通灯组态界面设计

按钮与指示灯可参考前述方法进行组态设计，其中启动按钮对应的变量是 PLC 中的启动按钮 I0.0，停止按钮对应的变量是 PLC 中的停止按钮 I0.1，南北指示灯与东西指示灯对应的变量分别是 PLC 中的 Q0.0~Q0.5。

11.5.2　程序下载与运行调试

1）单击工具栏上的启动仿真按钮，将程序下载到虚拟 PLC 中。

2）选中“项目树”中的“HMI_1”，然后单击鼠标右键，在弹出的快捷菜单中单击“启动仿真”。

3）单击触摸屏上的启动按钮，启动交通灯仿真，观察交通灯的运行情况，结果如图 11-36 所示。

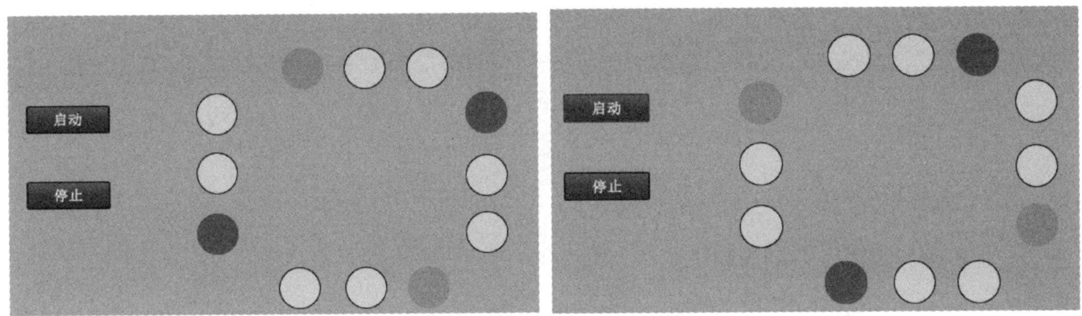

图 11-36　交通灯触摸屏仿真运行情况

4）单击触摸屏上的停止按钮，停止交通灯仿真。

【思考与练习】

1. 对项目中所涉及的通过触摸屏控制电动机起停进行仿真调试。

2. 对项目中所涉及的多种方法实现的交通灯控制程序进行仿真调试。

3. 某搅拌机要求用单按钮实现起停控制，起动后，正转搅拌 10 s，停 3 s；然后反转搅拌 10 s，停 3 s；循环运行 5 次后自动停机。要求设计其 PLC 控制电路，并编写程序，然后进行仿真模拟调试。

4. 某设备由三台三相笼型异步电动机 M1、M2、M3 拖动。M1 与 M2 在按下起动按钮时同时起动，M3 在 M1 与 M2 起动 5 s 后自动起动；停止时 M3 必须先停止，隔 2 s 后 M2 与 M1 才同时停止。要求设计其 PLC 控制电路，并编写程序，然后进行仿真模拟。

【项目测评】

本项目目标达成度测评采用项目考核与个人考核相结合的方式，具体考核细则见表 11-5。考核成绩达到 70 分，就可以认定该学生达成了本项目的预期学习目标。

表 11-5　项目目标达成度测评评分办法

考核目标	考核方法	成绩占比（%）
目标 1、2	雨课堂测试	20
目标 3	课内外作业	40
目标 4	项目实践	40

【素质拓展】

红绿灯——十字路口的人生

不论是十字路口，还是交通要道，都少不了红绿灯。可见它与我们的生活息息相关。有了红绿灯的指挥，车流如潮的路口，才能避免车祸发生。“红灯停，绿灯行。”是无人不晓的交通规则。在十字路口如果违反交通规则强闯红灯则后果很严重，轻则罚分，重则吊销驾照，甚至还有安全隐患等。

人生好比是走在十字路口，也必须要遵守一定的规则，看准“绿灯”、警惕“黄灯”、不闯“红灯”，才能行稳致远，进而有为。当绿灯出现时，要踔疾步稳，担当作为。当黄灯出现时，要自我检视，查缺补漏。当红灯出现时，要心存敬畏，廉洁修身。

项目 12　舞台流水灯 PLC 控制系统设计与仿真调试

【学习目标】

（1）熟知计数指令、移位指令、传送指令等指令的功能和使用方法。

（2）能够利用多种指令编写流水灯 PLC 控制程序。

（3）能够使用博途软件编写流水灯 PLC 控制程序，并进行仿真调试与在线调试。

【项目要求】

流水灯作为一种独特的灯光效果，已经被广泛应用于各种场合，如舞台演出、建筑装饰、节日庆典等，其实物如图 12-1 所示。本项目中共设置了 8 盏（组）舞台流水灯（L1～L8），并按照以下要求进行控制：①用一个按钮控制 8 盏灯亮灭。按 1 下时，第 1 盏灯亮，按第 2 下时，第 2~4 盏灯亮；按第 3 下时，其余 4 盏灯亮，再按 1 下，灯全部熄灭。②按下启动按钮，8 盏奇数灯与偶数灯交替点亮，工作周期为 1 s（ON/OFF 各 0.5 s），反复循环工作；按下停止按钮，灯全部熄灭。③当按下启动按钮时，从第一盏灯开始，每隔 1 s 依次点亮；当前一盏点亮时，后一盏熄灭，并重复动作，以此形成灯循环点亮的效果。当按下停止按钮时，8 盏灯均熄灭。

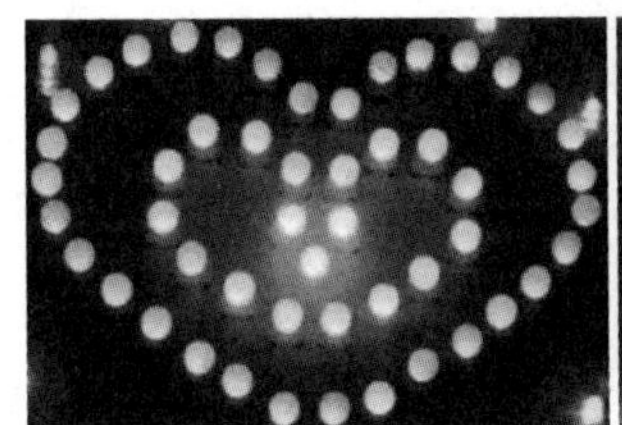

图 12-1　各种舞台流水灯效果图

试编写流水灯 PLC 控制程序，并进行仿真调试与在线调试。

【项目分析】

要完成上述任务，首先需对流水灯的运行规律进行分析，并学习相关编程指令；其次掌握 PLC 控制系统设计的关键步骤，如 I/O 点的分配、PLC 控制原理图的绘制、PLC 梯形图的设计与下载；再次根据控制要求进行程序编制、下载、仿真调试；最后根据系统运行结果进行程序优化等。

【实践条件】

（1）S7-1200 PLC。

（2）安装有 TIA 博途软件的计算机。

【项目实施】

任务 12.1　8 盏灯手动点亮控制与仿真调试

控制要求：用一个按钮控制 8 盏灯亮灭。按 1 下时，第 1 盏灯亮，按第 2 下时，第 2~4 盏灯亮；按第 3 下时，其余 4 盏灯亮，再按 1 下，灯全部熄灭。试用 PLC 实现之。

12.1.1　计数器指令认知

计数器指令用于累计外部输入脉冲的个数。S7-1200 PLC 支持 3 种类型的计数器指令：增计数器指令 CTU、减计数器指令 CTD 和增减计数器指令 CTUD。其指令功能见表 12-1。

表 12-1　计数器指令列表

指令	指令形式	指令功能
增计数器指令 CTU	CTU ??? CU Q R CV PV	当 CU 脉冲输入端出现上升沿时，CV 当前值加 1，当 CV 当前值大于或等于 PV 设定值时，Q 输出端接通；当 R 复位输入端接通时，计数器复位，CV 当前值变为 0，Q 输出端断开
减计数器指令 CTD	CTD ??? CD Q LD CV PV	当 CD 脉冲输入端出现上升沿时，CV 当前值减 1，当 CV 当前值小于或等于 0 时，Q 输出端接通；当 LD 装载输入端接通时，计数器复位，CV 当前值变为 PV 设定值，Q 输出端断开
增减计数器指令 CTUD	CTUD ??? CU QU CD QD R CV LD PV	当 CU 脉冲输入端出现上升沿时，CV 当前值加 1，当 CV 当前值大于或等于 PV 设定值时，QU 输出端接通；当 CD 脉冲输入端出现上升沿时，CV 当前值减 1，当 CV 当前值小于或等于 0 时，QD 输出端接通；当 R 复位输入端接通时，CV 当前值变为 0，QU 输出端断开、QD 输出端接通。当 LD 装载输入端接通时，CV 当前值变为 PV 设定值，QD 输出端断开、QU 输出端接通

与定时器指令类似，S7-1200 PLC 采用的是功能块型计数器指令。每个计数器指令均使用 16 字节的 IEC_COUNTER 数据类型的数据块 DB 结构来存储计数器数据。这种计数器的设定值和当前值的数据都是存储在指定的数据块中，在用 TIA 软件创建 IEC 计数器时会自动进行数据块的创建。IEC 计数器本质上是功能块 FB，使用时需要为其指定背景数据块或数据类型为 IEC_COUNTER 的数据库变量（相当于计数器的名字）。计数器自动生成的背景数据块如图 12-2 所示。

（1）增计数器指令 CTU

12-1-1　增计数器指令应用

增计数器指令形式如图 12-3 所示。图中 CTU 为增计数器，???为数据类型（可为 Int、SInt、DInt、USInt、UInt、UDInt 等数据类型），CU 为脉冲输入端，R 是复位输入端，PV 是设定值；Q 是输出端，CV 是当前值。增计数器 CTU 的工作原理为：在系统上电周期或首次扫描时，增计数器当前值 CV 为 0，输出端 Q 断开。脉冲输入端 CU 每次由 0 变为 1（出现上升沿）时，当前值 CV 加 1，当前值 CV 最大可达到所选数据类型的上限值，达到上限值后，即便 CU 输入端再来脉冲上升沿，CV 值也不再增加。

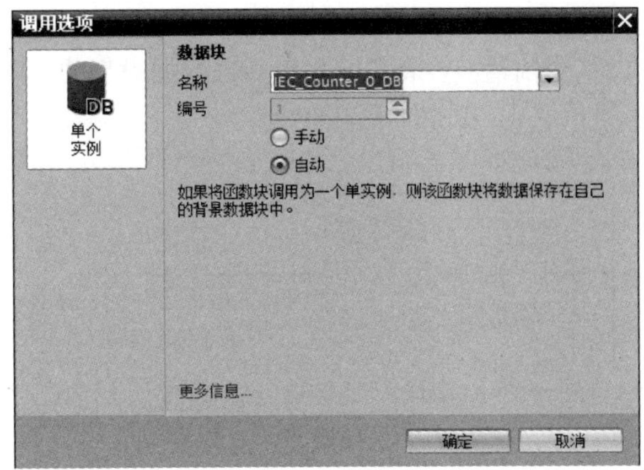

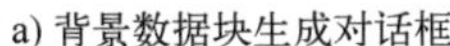

a) 背景数据块生成对话框

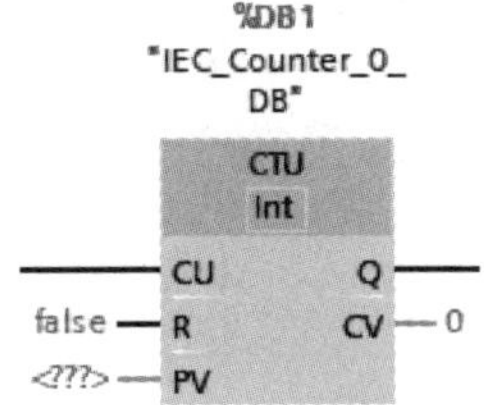

b) 添加背景数据块的计数器

图 12-2　定时器自动生成的背景数据块

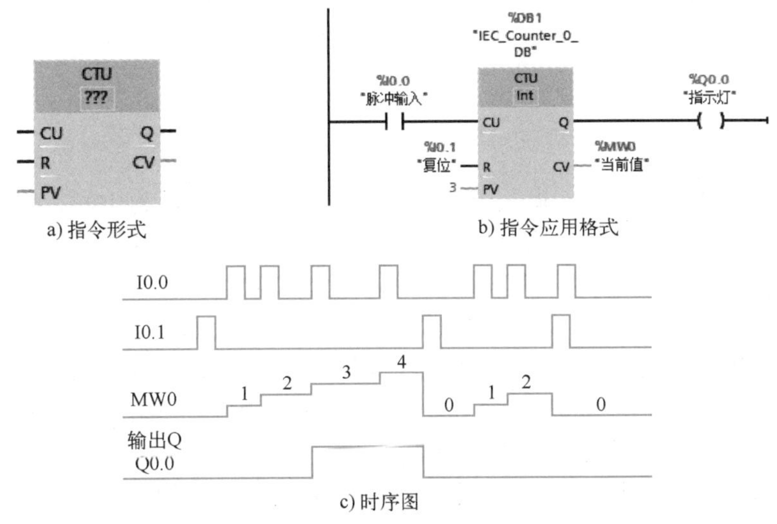

图 12-3　增计数器指令形式及应用格式

当前值 CV≥PV 时，输出端 Q 导通；复位输入端 R 为 1 时，复位增计数器，当前值为 0，输出端 Q 断开。

图 12-3b 中，增计数器 CTU 采用系统默认的名称“IEC_Counter_0_DB”，其背景数据块为 DB1，脉冲输入端 CU 接 I0.0 常开触点，输出端 Q 接输出线圈 Q0.0，设定值 PV 设为 3，当前值 CV 端接 MW0。从图 12-3c 时序图中可看出：当脉冲输入端 I0.0 出现上升沿时，CV 的值增 1，当 I0.0 接通 3 次，当前值 CV 为 3，与设定值相等，此时 Q0.0 接通；当 I0.0 接通第 4 次，此时 CV>PV，Q0.0 保持接通。当 I0.1 接通，计数器复位，当前值 CV 为 0，Q0.0 断开。

值得注意的是，如果不对 CTU 进行复位，其计数当前值可一直增加到 32767，之后保持不变（图 12-3b 中所选数据类型为 Int），将失去计数功能，所以在实际使用时，应在当前值达到设定值之后，及时对计数器进行复位。

12-1-2　减计数器指令应用

(2) 减计数器指令 CTD

减计数器指令形式如图 12-4 所示。图中 CTD 为减计数器，???为数据类型（可为 Int、SInt、DInt、USInt、UInt、UDInt 等数据类型），CD 为脉冲输入端，LD 是装载输入端，PV 是设定值；Q 是输出端，CV 是当前值。减计数器 CTD 的工作原理为：

当上电周期或首次扫描时，减计数器当前值 CV 为 0，输出端 Q 闭合。脉冲输入端 CD 每次由 0 变为 1（出现上升沿）时，当前值 CV 减 1，当前值 CV 最小可达到所选数据类型的下限值，达到下限值后，即便 CD 输入端再来脉冲上升沿，CV 值也不再减小。

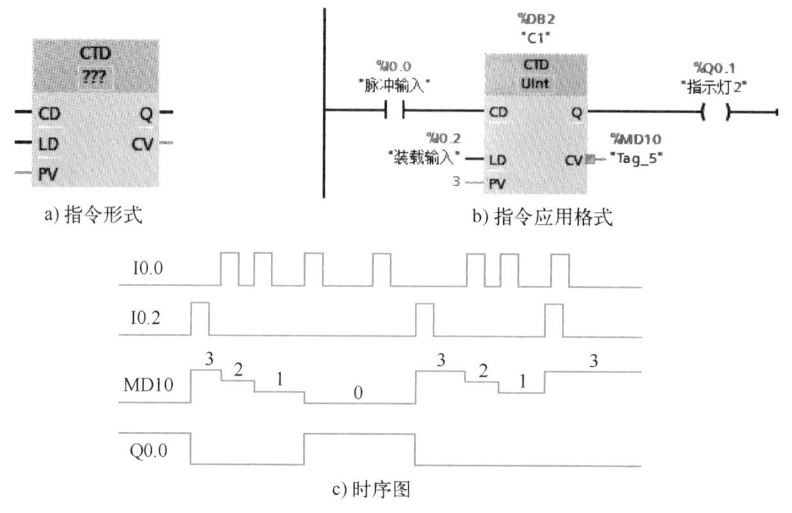

图 12-4　减计数器指令形式及应用格式

当前值 CV 小于或等于 0 时，输出端 Q 导通；装载输入端 LD 为 1 时，把设定值 PV 装载到当前值 CV 中，输出端 Q 断开（相当于复位减计数器）。实际使用减计数器前，建议首先使能装载输入端 LD，对减计数器进行复位，然后启动计数功能。

如图 12-4b 所示梯形图中，当系统上电运行时，Q0.1 接通。当 I0.2 接通，计数器复位，当前值 CV 为 3，Q0.1 断开。当 I0.0 接通一次，减计数器减 1；当 I0.0 接通 3 次，当前值 CV 为 0，此时 Q0.1 接通；当 I0.0 接通第 4 次，由于计数器操作数类型为 UInt，当前值保持在 0 不变。当 I0.2 接通，计数器复位，回到初始状态。

本例值得注意的是，如果不对 CTD 进行重新装载，因所选数据类型为 UInt，计数当前值可一直减小到 0 后保持不变（如果选数据类型为 Int，计数值可减小到-32768），此时将失去计数功能，所以在实际使用时，应在当前值减小到 0 之后，及时对计数器当前值进行重新装载。

（3）增减计数器指令 CTUD

增减计数器指令形式如图 12-5 所示。图中 CTUD 为增减计数器，???为数据类型（可为 Int、SInt、DInt、USInt、UInt、UDInt 等数据类型），CU 为增计数输入端，CD 为减计数输入端，LD 是装载输入端，PV 是设定值；QU 是增计数器输出端，QD 是减计数器输出端，CV 是当前值。增减计数器 CTUD 的工作原理为：

12-1-3　增减计数器指令应用

1）上电周期或首次扫描时，增减计数器当前值 CV 为 0，输出端 QU 断开、QD 导通。

2）增计数器脉冲输入端 CU 每次出现上升沿时，当前值 CV 加 1，当前值 CV 最大可达到所选数据类型的上限值，达到上限值后，CU 输入端再来脉冲上升沿，CV 值也不再增加。减计数器脉冲输入端 CD 每次出现上升沿时，当前值 CV 减 1，当前值 CV 最小可达到所选数据类型的下限值，达到下限值后，CD 输入端再来脉冲上升沿，CV 值也不再减小。如果脉冲输入端 CU 和 CD 同时出现上升沿，则当前值 CV 保持不变。

3）当前值 CV 大于或等于设定值 PV 时，增计数器输出端 QU 导通，反之断开；当前值 CV 小于或等于 0 时，减计数器输出端 QD 导通，反之断开。

4）复位输入端 R 为 1 时，复位增减计数器，当前值为 0，输出端 QU 断开、QD 导通。复位输入端优先级最高，即：R 输入端有效时，CU、CD 以及 LD 等输入端均不起作用。

5）装载输入端 LD 为 1 时，重新装载增减计数器，当前值为设定值，输出端 QU 导通、QD 断开。

图 12-5b 所示梯形图的功能，读者可自行分析。

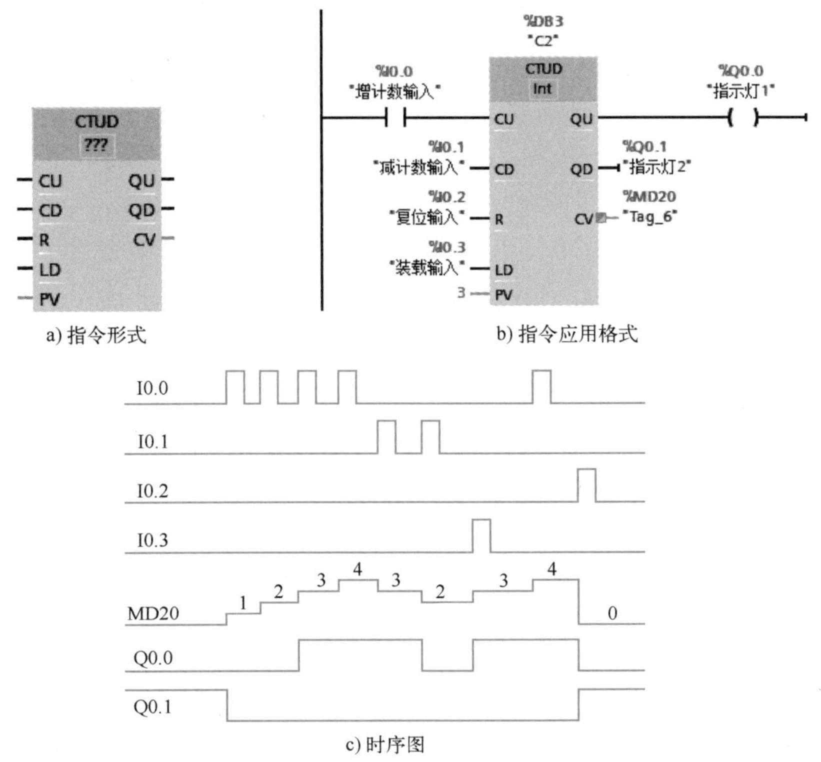

图 12-5　增减计数器指令形式及应用格式

（4）计数器使用注意事项

1）计数值的数值范围取决于所选的数据类型，因此在使用计数器时需要设置计数器的数据类型。如果计数值是无符号整数类型，当前值可以减到 0 或增到上限值；如果计数值是有符号整数类型，当前值可以减到负整数的下限值或增到正整数的上限值。

2）需要给每个计数器分配唯一的背景数据块或者系统数据类型为 IEC_COUNTER（或 IEC_UCOUNTER、IEC_SCOUNTER 等）的数据块变量。数据块变量相当于计数器的名字。

3）本节所介绍的计数器均属于普通计数器，最高计数频率将受限于其所在的程序循环组织块的扫描周期。如果需要对频率很高的脉冲进行计数，则需要使用高速计数器（HSC）。

12-1-4　8 盏灯手动点亮控制

12.1.2　8 盏灯手动点亮控制

（1）分配输入/输出地址

通过分析控制要求，本系统共 1 个输入、8 个输出，具体见表 12-2。

表 12-2　输入/输出地址分配表

输入		输出	
输入继电器	对应元件	输出继电器	对应元件
I0. 0	控制按钮	Q0. 0 ~ Q0. 7	HL0 ~ HL7 八盏灯

（2）绘制 PLC 控制原理图

8 盏灯手动点亮 PLC 控制原理图如图 12-6 所示。

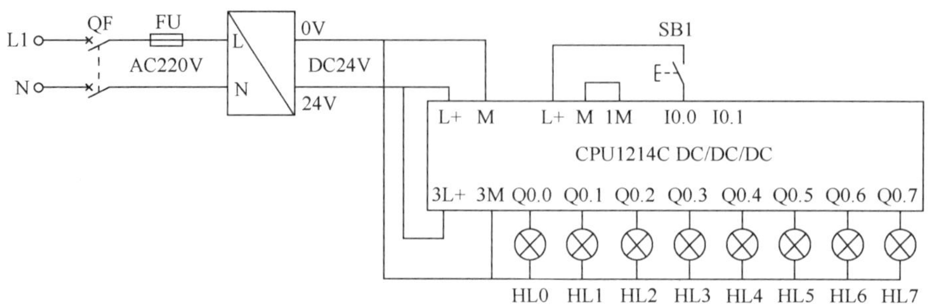

图 12-6　8 盏灯手动点亮 PLC 控制原理图

（3）PLC 控制程序设计

根据控制要求，8 盏灯均由同一按钮控制，灯的亮灭控制由按钮的按下次数决定，因此本例中使用了四个计数器，分别计数 1 次、2 次、3 次和 4 次。由于按下第 4 次时，8 盏灯均需熄灭，因此，可以在第 4 次按下按钮时，由第四个计数器的输出信号作为前三个计数器的复位信号，即可实现该功能。设计的程序如图 12-7 所示。

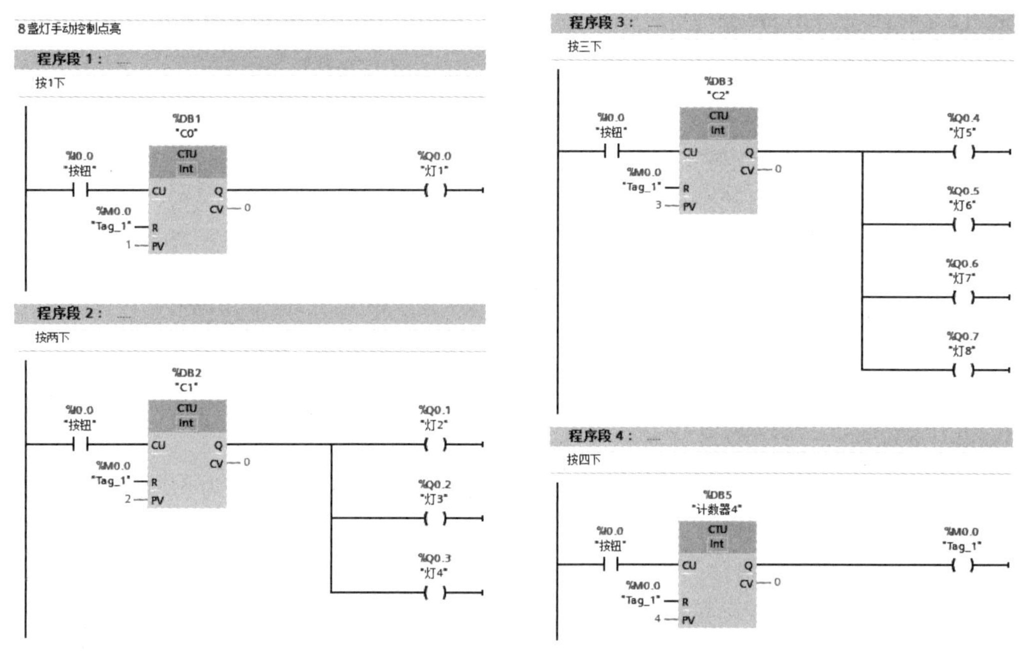

图 12-7　8 盏灯手动点亮 PLC 控制程序

当然，本例还可以借助计数器和比较指令完成，即使用一个计数器即可，计数器设置值为 4，根据计数器的当前值与对应指示灯亮起的对应关系，即可实现该功能。具体设计过程由读者自行完成，这里不再赘述。

（4）仿真调试

利用博途软件提供的编程与仿真程序进行模拟仿真，其基本操作步骤依次为：创建新项目、添加新设备、硬件组态、添加 I/O 变量表、梯形图设计、程序保存与编译、打开仿真 PLC、程序下载、在线监控与调试等。结果如图 12-8 所示。

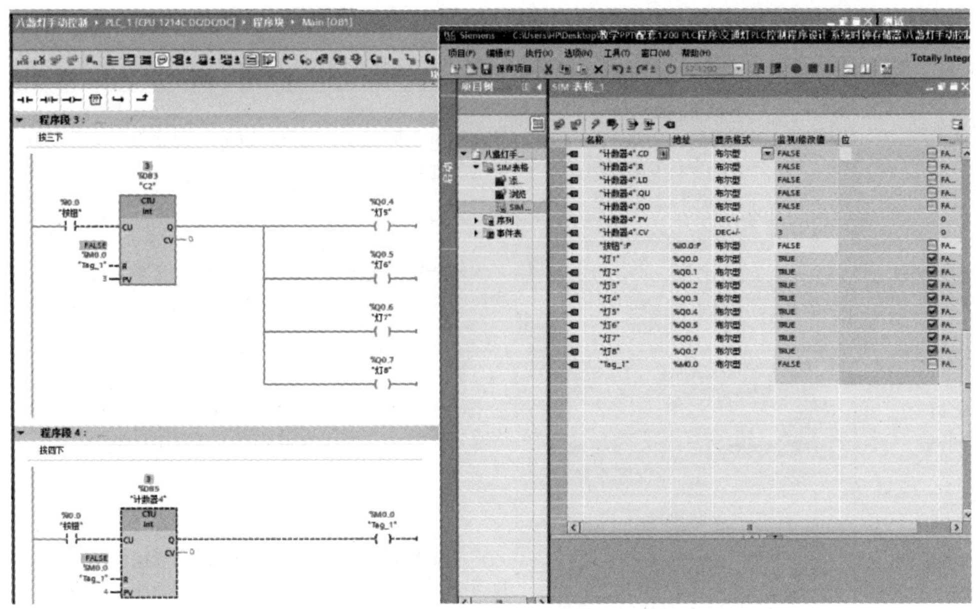

图 12-8　8 盏灯手动点亮 PLC 控制仿真调试

任务 12.2　8 盏灯交替点亮控制与仿真调试

控制要求：按下起动按钮 SB1，8 盏灯中奇数灯与偶数灯交替点亮，工作周期为 1 s（ON/OFF 各 0.5 s），反复循环工作；按下停止按钮 SB2，信号灯全部熄灭。试用 PLC 实现之。

12.2.1　移动指令认知

数据移动指令用于各存储单元之间的数据传送，如用于程序中需要对存储单元进行清零、程序初始化等场合，相当于 C 语言中的赋值语句，如 A=10。

S7-1200 PLC 提供了单一传送、块传送、填充块、字节交换、序列化等指令。其移动指令功能见表 12-3。

表 12-3　移动指令列表

指令	指令形式	指令功能
单一传送指令 MOVE	MOVE EN — ENO IN ✱ OUT1	当使能输入端 EN 有效时，将输入端 IN 的数据传送到 OUT1 所指定的目标地址中
块传送指令 MOVE_BLK	MOVE_BLK EN — ENO IN OUT COUNT	当使能输入端 EN 有效时，将输入端 IN 开始的若干个数据（个数由 COUNT 数指定）传送到以 OUT 所指定的起始目标地址的若干个数据地址中
不可中断的块传送指令 UMOVE_BLK	UMOVE_BLK EN — ENO IN OUT COUNT	功能基本同块传送指令，区别在于此操作指令不会被操作系统的其他任务打断
填充块指令 FILL_BLK	FILL_BLK EN — ENO IN OUT COUNT	当使能输入端 EN 有效时，将输入端 IN 的数据传送到以 OUT 所指定的起始目标地址的若干个数据地址中（个数由 COUNT 数指定）

（续）

指令	指令形式	指令功能
不可中断的 填充块指令 UFILL_BLK	UFILL_BLK EN — ENO IN OUT COUNT	功能基本同填充块指令，区别在于此操作指令不会被操作系统的其他任务打断
字节交换指令 SWAP	SWAP ??? EN — ENO IN OUT	当使能输入端EN有效时，将输入端IN的数据按照字节进行顺序交换，并将结果存放到OUT所指定的目标地址中
序列化指令 Serialize	Serialize Variant to Variant EN ENO SRC_VARIABLE Ret_Val POS DEST_ARRAY	当使能输入端EN有效时，将多个PLC数据类型（UDT）、结构或数组转换为顺序表示而不会丢失结构部分
反序列化指令 Deserialize	Deserialize Variant to Variant EN ENO SRC_ARRAY Ret_Val POS DEST_VARIABLE	当使能输入端EN有效时，将PLC数据类型（UDT）、结构或数组的顺序表示进行反向转换，并填充所有内容

本项目重点介绍单一传送指令MOVE，其他指令读者可参考其他教材或参考书。

（1）单一传送指令MOVE

MOVE指令的形式及应用格式如图12-9所示。其功能是当EN信号有效时，将IN的数据传送至OUT1指定的寄存器中。就操作数的类型而言，IN和OUT1的数据类型可以相同，也可以不同。如果输入IN数据类型的位长度超出输出OUT1数据类型的位长度，则源值的高位会丢失。如将MD4中的数据传送至MW0，此时只将低位字MW6中的数据存放在MW0中，高位字MW4则会丢失。如果输入IN数据类型的位长度低于输出OUT数据类型的位长度，则目标值的高位会被改写为0。如将MW0中的数据传送至MD4，此时MW0存放在MD4的低位字（MW6）中，高位字MW4中补零。

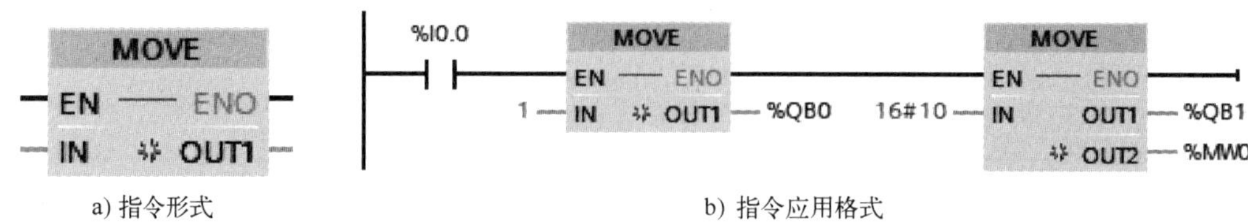

a) 指令形式　　b) 指令应用格式

图12-9　MOVE指令形式及应用格式

MOVE指令允许有多个输出，单击“OUT1”前面的星形符号，可以增加一个输出，并自动取名为“OUT2”，依次类推。此时指令执行时，将IN的数据传送至OUT1～OUTn的寄存器中。

图12-9b所示程序功能为：当I0.0闭合后，将1传送给QB0；然后将十六进制的10分别传送给QB1与MW0。

12-2-1　MOVE指令应用

（2）MOVE指令应用案例

图12-10所示程序功能为：当检测到I0.0的上升沿时，QB0的值设置为16#55；当检测到I0.1的上升沿时，MW10的值为十进制1000。当I0.2接通时，QB0与MW10的值均为0。

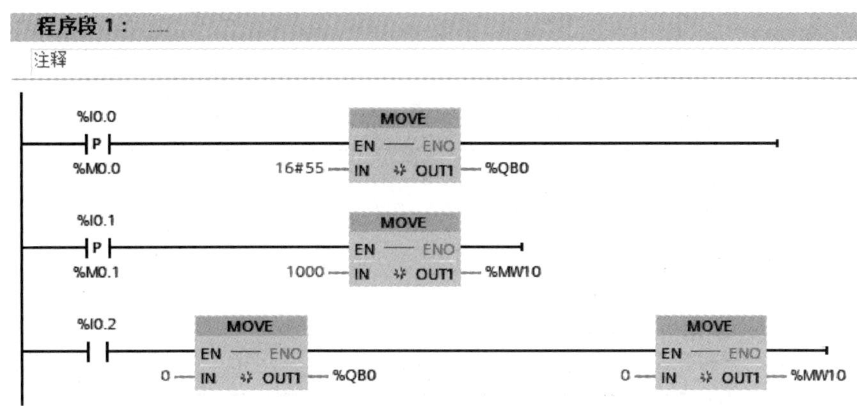

图 12-10　单一传送指令应用案例

图 12-10 所示程序可通过 TIA 博途软件进行仿真调试，结果如图 12-11 所示。

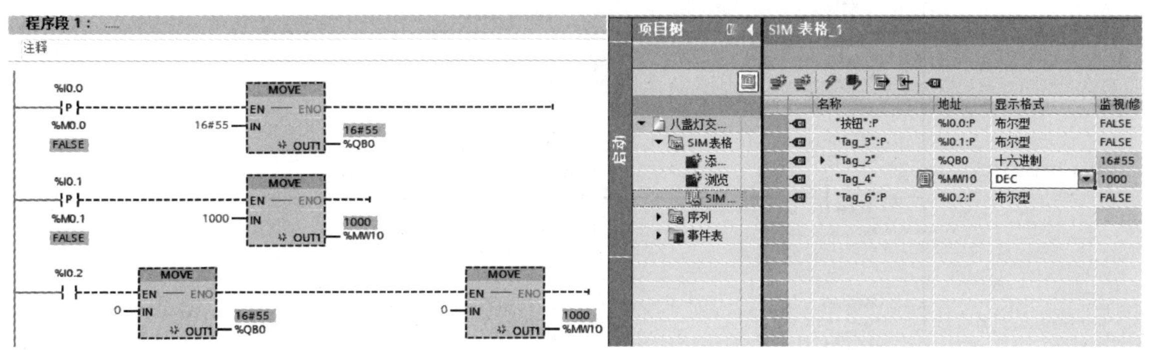

图 12-11　单一传送指令应用案例（图 12-10）调试结果

12.2.2　计数器指令与移动指令综合应用案例

控制要求：用一个按钮控制 3 盏灯，按 1 下时第 1 盏灯亮，按 2 下时第二盏灯亮，按 3 下时第 3 盏灯亮，再按 1 下时 3 盏灯全部熄灭，试综合应用移动指令和计数器指令进行 PLC 控制程序设计。

设计思路：假设按钮接 I0.0 输入端，三盏灯接 Q0.1、Q0.2 和 Q0.3。由于 Q0.1、Q0.2 和 Q0.3 均为位寻址方式，它们同属于 QB0 字节寄存器，因此，按钮按下次数与 QB0 取值对应关系见表 12-4。

表 12-4　按键次数与 QB0 取值对应关系

	QB0	Q0.7	Q0.6	Q0.5	Q0.4	Q0.3	Q0.2	Q0.1	Q0.0
按 1 下	2	0	0	0	0	0	0	1	0
按 3 下	6	0	0	0	0	0	1	1	0
按 6 下	14	0	0	0	0	1	1	1	0
按 7 下	0	0	0	0	0	0	0	0	0

根据表 12-4，程序设计时，当按键次数为 1，则 QB0 取值 2；当按键次数为 3，则 QB0 取值 6；当按键次数为 6，则 QB0 取值 14；当按键次数为 7，则 QB0 取值 0。设计的梯形图程序如图 12-12 所示。

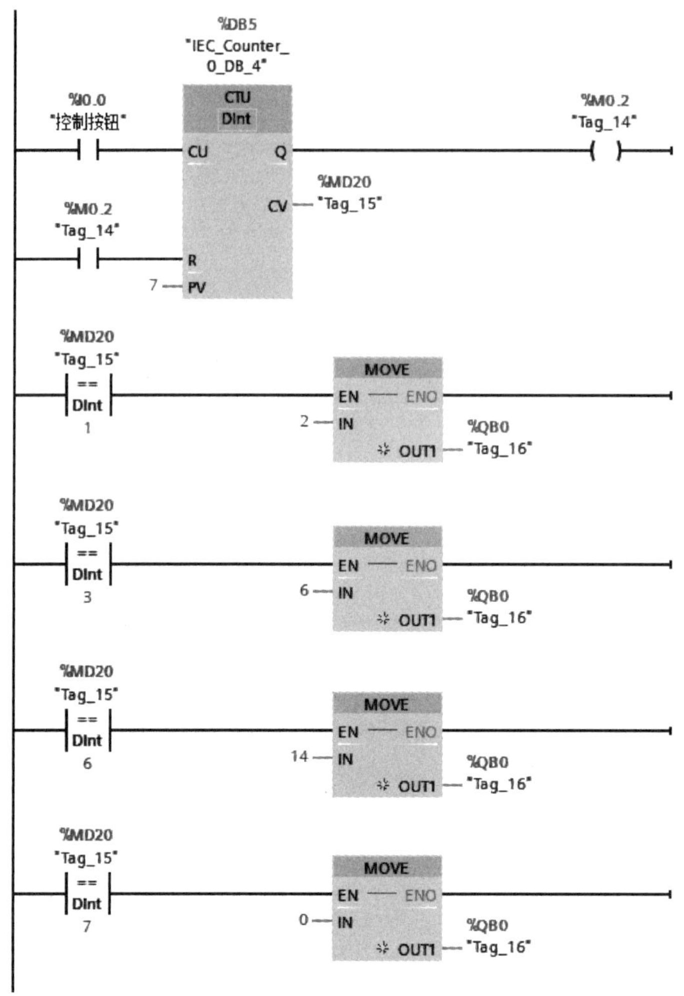

图 12-12　一个按钮控制三盏灯梯形图程序

12-2-2　8 盏灯交替点亮

12.2.3　8 盏灯交替点亮控制

（1）分配输入/输出地址

通过分析控制要求，本系统共 2 个输入、8 个输出，具体见表 12-5。

表 12-5　输入/输出地址分配表

输入		输出	
输入继电器	对应元件	输出继电器	对应元件
I0.0	起动按钮	Q0.0~Q0.7	HL0~HL7 八盏灯
I0.1	停止按钮		

（2）绘制 PLC 控制原理图

8 盏灯交替点亮 PLC 控制原理图如图 12-13 所示。

（3）PLC 控制程序设计

由于 QB0 字节寄存器包含了 Q0.0~Q0.7 八位，因此，控制信号与 QB0 取值对应关系见表 12-6。

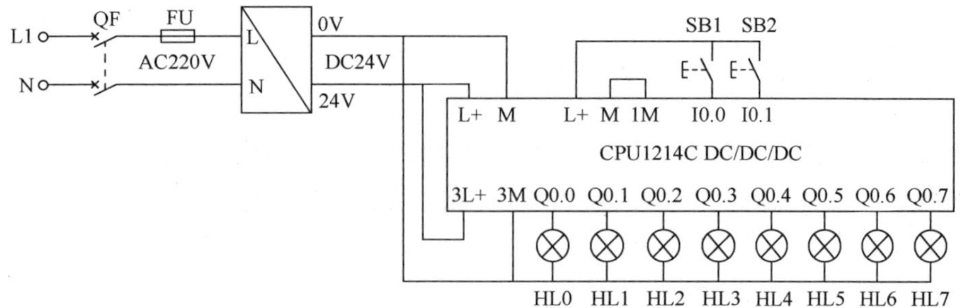

图 12-13　8 盏灯交替点亮 PLC 控制原理图

表 12-6　控制信号与 QB0 取值对应关系

控制信号	Q0. 7	Q0. 6	Q0. 5	Q0. 4	Q0. 3	Q0. 2	Q0. 1	Q0. 0	控制字
"T37". Q=1	1	0	1	0	1	0	1	0	16#AA
"T37". Q=0	0	1	0	1	0	1	0	1	16#55
I0. 1	0	0	0	0	0	0	0	0	0

根据表 12-6 所设计的程序如图 12-14 所示。

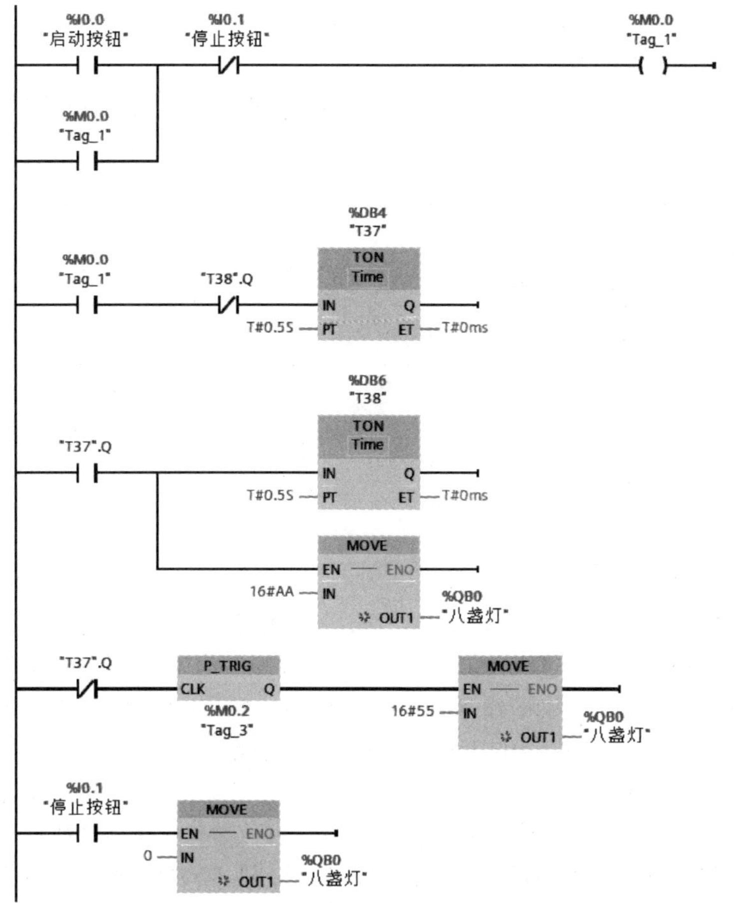

图 12-14　8 盏灯交替点亮 PLC 控制程序

程序编制完成后，读者根据可利用 TIA 博途软件进行仿真调试，也可利用实验室 PLC 进行在线调试。

任务 12.3 8 盏灯循环点亮控制与仿真调试

控制要求：8 盏指示灯 HL0~HL7，当按下启动按钮时，从 HL0 开始，每隔 1 s 依次点亮；当前一盏点亮时，后一盏熄灭，并重复动作，以此形成指示灯循环点亮的效果。当按下停止按钮时，8 盏灯均熄灭，试用 PLC 实现之。

12.3.1 移位指令认知

S7-1200 PLC 提供的移位指令共有左移指令 SHL、右移指令 SHR、循环左移指令 ROL 和循环右移指令 ROR 四种，见表 12-7。

表 12-7 移位指令列表

指令	指令形式	指令功能
左移指令 SHL	SHL ??? EN ENO IN OUT N	使能输入端 EN 接通时，将输入端 IN 的数据左移 N 位，并将结果存放在 OUT 指定的存储器中
右移指令 SHR	SHR ??? EN ENO IN OUT N	使能输入端 EN 接通时，将输入端 IN 的数据右移 N 位，并将结果存放在 OUT 指定的存储器中
循环左移指令 ROL	ROL ??? EN ENO IN OUT N	使能输入端 EN 接通时，将输入端 IN 的数据循环左移 N 位，并将结果存放在 OUT 指定的存储器中
循环右移指令 ROR	ROR ??? EN ENO IN OUT N	使能输入端 EN 接通时，将输入端 IN 的数据循环右移 N 位，并将结果存放在 OUT 指定的存储器中

(1) 左移指令 SHL

12-3-1 左移指令应用

左移指令形式如图 12-15a 所示。图中 SHL 为左移指令，???为数据类型（可为 Int、SInt、DInt、USInt、UInt、UDInt、Byte、Word、DWord 等数据类型），EN 为使能输入端，IN 是数据输入端，N 是移动位数，ENO 是使能输出端，OUT 是数据输出端。左移指令的工作原理为：当使能输入端 EN 有效时，将输入端 IN 的数据逐位左移若干位（由 N 值决定），移位后的结果存放在输出端 OUT 指定的存储单元中。无符号数进行左移时，空位补 0；有符号数进行左移时，高位抛出，空位补 0。如果 N 为 0 时则不移位，直接将输入端 IN 的数据存放在 OUT 指定的地址中；如果 N 大于移位操作数的位数，原来的所有位均被移除，结果为 0。注意，左移指令是数据由低位向高位移动。

图 12-15b 梯形图程序段中，当检测到 I0.0 的上升沿时，将 16#55 赋值给 MB0，并对 MB0 左移 4 位，将结果存放在 MB1 中。移动前后 MB0 与 MB1 的值见表 12-8。

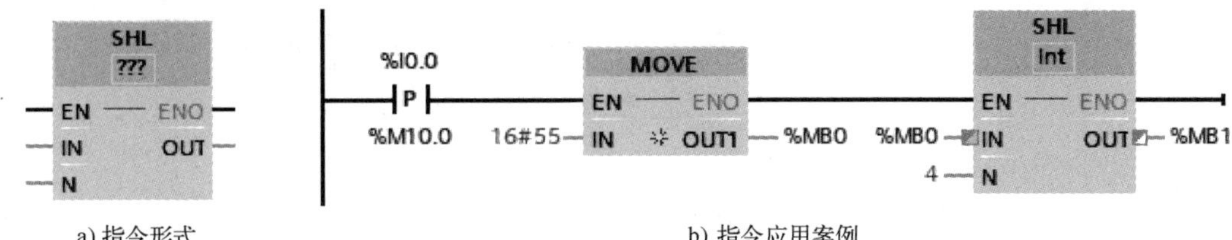

a) 指令形式　　b) 指令应用案例

图 12-15　左移指令形式及应用案例

表 12-8　左移指令执行前后的数据

数据存储器	0.7	0.6	0.5	0.4	0.3	0.2	0.1	0.0	控制字
MB0	0	1	0	1	0	1	0	1	16#55
MB1	0	1	0	1	0	0	0	0	16#50

（2）右移指令 SHR

右移指令形式如图 12-16a 所示。图中 SHR 为右移指令，???为数据类型，EN 为使能输入端，IN 是数据输入端，N 是移动位数，ENO 是使能输出端，OUT 是数据输出端。右移指令的工作原理为：当使能输入端 EN 有效时，将输入端 IN 的数据逐位右移若干位（由 N 值决定），移位后的结果存放在输出端 OUT 指定的存储单元中。无符号数进行右移时，空位补 0；有符号数进行右移时，符号位保持不变，且用符号位的信号状态填充空出的位。注意，右移指令是数据由高位向低位移动。

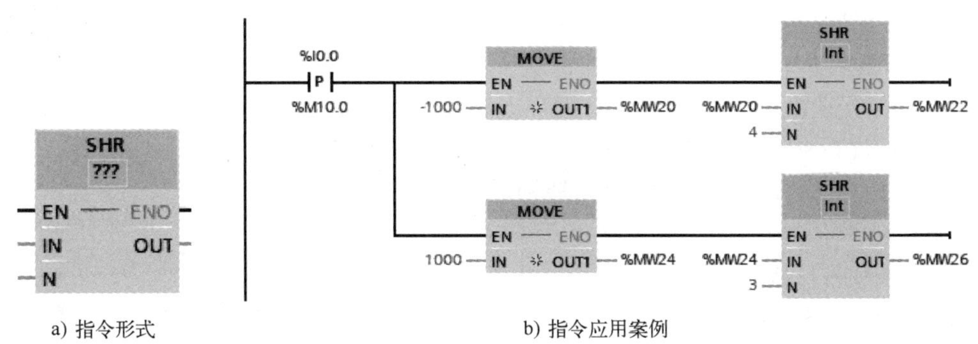

a) 指令形式　　b) 指令应用案例

图 12-16　右移指令形式及应用案例

图 12-16b 梯形图程序段中，当检测到 I0.0 的上升沿时，将-1000 赋值给 MW20，并对 MW20 进行右移 4 位，将结果存放在 MW22 中；将 1000 赋值给 MW24，并对 MW24 进行右移 3 位，将结果存放在 MW26 中。移动前后 MW20、MW22、MW24、MW26 的值见表 12-9。仿真调试结果如图 12-17 所示，注意，负值是以其正值的补码形式存放在计算机中。

表 12-9　右移指令执行前后的数据

数据存储器	十进制数	二进制数	十六进制数
MW20	-1000	2#1111110000011000	16#FC18
MW22	-63	2#1111111111000001	16#FFC1
MW24	1000	2#0000001111101000	16#03E8
MW26	125	2#0000000001111101	16#007D

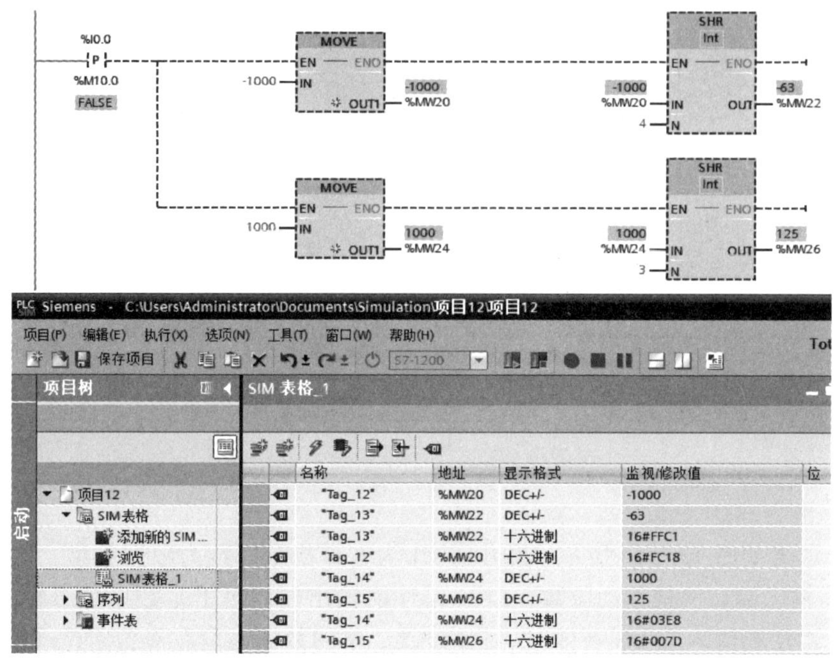

图 12-17 右移指令应用案例仿真调试结果

(3) 循环左移指令 ROL 和循环右移指令 ROR

12-3-2 循环移位指令应用

循环移位指令形式如图 12-18 所示。图中 ROL 为循环左移指令，ROR 为循环右移指令，???为数据类型（可为 Byte、Word、DWord 等三种无符号数据类型），EN 为使能输入端，IN 是数据输入端，N 是移动位数，ENO 是使能输出端，OUT 是数据输出端。循环左移与循环右移指令的工作原理为：当使能输入端 EN 有效时，将输入端 IN 的数据逐位循环左移或循环右移若干位（由 N 值决定），即移出位补到另一端的空位中，移位完的结果存放在输出端 OUT 指定的存储单元中。ROR 和 ROL 执行时，从目标值一侧循环移出的位数据将循环移位到目标值的另一侧，因此原始位的值不会丢失。如果 N 为 0 时不移位，直接将输入端 IN 的数据存放在 OUT 指定的地址中；如果要循环移位的位数（N）超过目标值中的位数（Byte 为 8 位、Word 为 16 位、DWord 为 32 位），仍将执行循环移位。

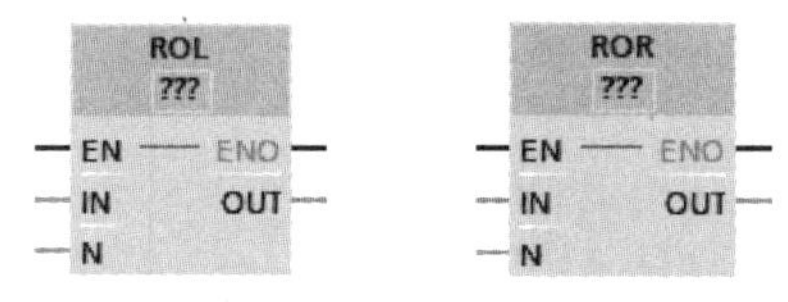

a) 循环左移指令形式 b) 循环右移指令形式

图 12-18 循环移位指令形式

图 12-19 所示的梯形图中，当检测到 I0.0 上升沿时，MB0 设置为 16#F0，MW30 设置为 16#1E，当检测到 I0.1 上升沿时，MB0 循环左移 5 位得 16#1E 送给 MB1，MW30 循环右移 3 位得 16#C003 送给 MW32。移动前后 MB0、MB1、MW30、MW32 的值见表 12-10。

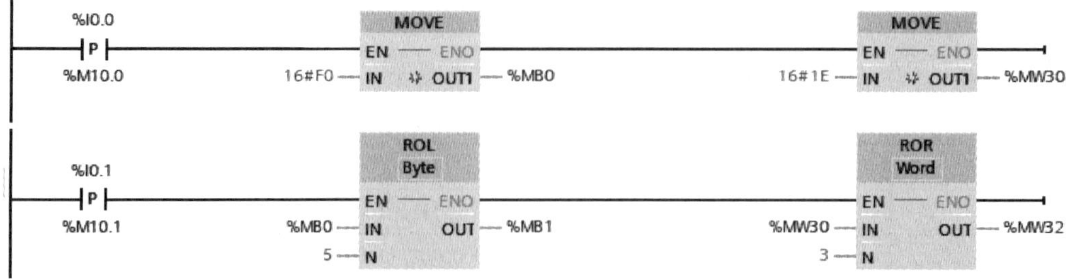

图 12-19 循环移位指令应用案例

表 12-10　右移指令执行前后的数据

数据存储器	二进制数	十六进制数
MB0	2#11110000	16#F0
MB1	2#00011110	16#1E
MW30	2#0000000000011110	16#001E
MW32	2#1100000000000011	16#C003

12.3.2　8 盏灯循环点亮控制

12-3-3　采用循环移位指令实现 8 盏灯循环点亮控制

（1）分配输入/输出地址

通过分析控制要求，本系统共 2 个输入、8 个输出，具体同表 12-5。

（2）绘制 PLC 控制原理图

8 盏灯循环点亮 PLC 控制原理图同图 12-13。

（3）PLC 控制程序设计

1）根据控制要求，采用循环移位指令设计的梯形图程序如图 12-20 所示。

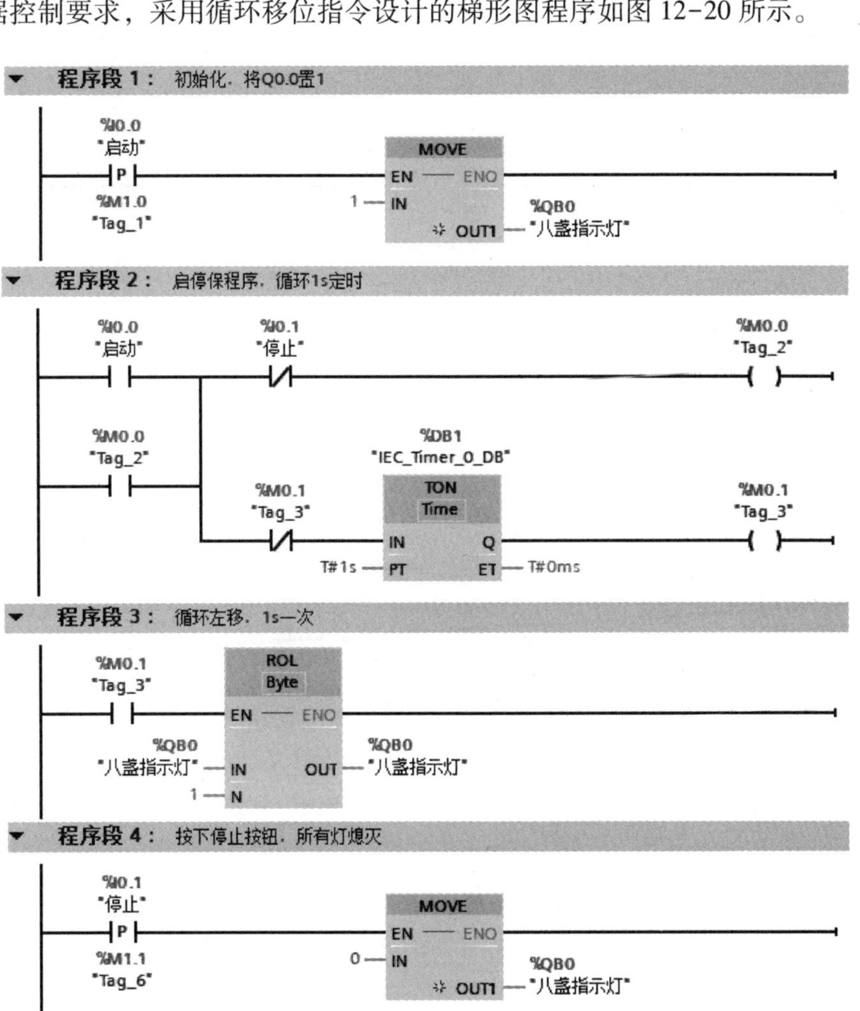

图 12-20　采用循环移位指令设计的流水灯梯形图程序

工作原理分析：

12-3-4 采用移位指令实现8盏灯循环点亮控制

程序段1：按下启动按钮I0.0，QB0赋值1，即Q0.0接通。为了避免I0.0接通时，始终执行MOVE指令，此处使用了边沿信号指令。

程序段2：利用启停保的设计理念，当松开I0.0时，M0.0保持接通，并启动1s的定时，定时完成后M0.1接通。由于加入了M0.1的常闭触点，使得M0.1只会接通一个定时周期，且不停地循环，即每1s输出一个脉冲。

程序段3：M0.1作为移位指令ROL的使能信号，每当M0.1输出脉冲，QB0循环左移一次，即Q0.1亮，过1s Q0.2亮……Q0.7亮，过1s Q0.0亮，如此循环，实现了流水灯的功能。

程序段4：当按下停止按钮I0.1，将QB0赋值0，及Q0.0~Q0.7全部熄灭。当按下启动按钮I0.0，流水灯重新启动。

2）根据控制要求，采用移位指令设计的梯形图程序如图12-21所示。注意这里采用了时钟存储器，因此需要对系统和时钟存储器进行设置，如图12-22所示。

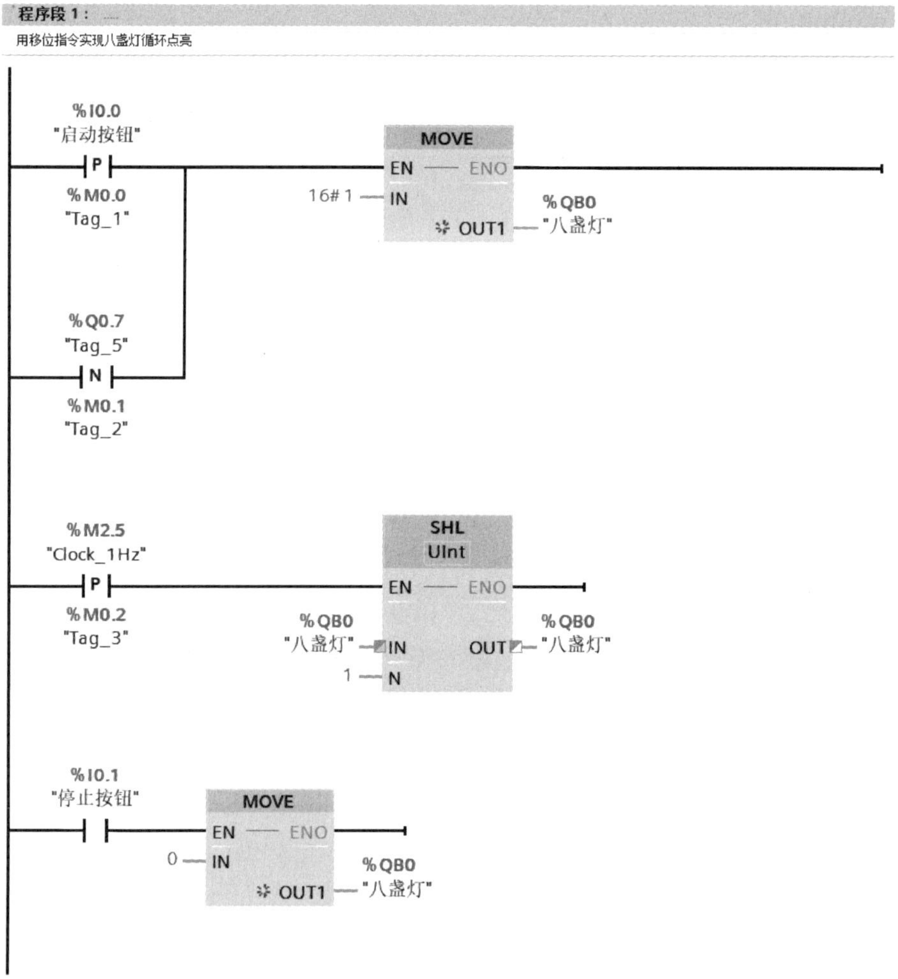

程序段1：......
用移位指令实现八盏灯循环点亮
%I0.0
"启动按钮"
P
%M0.0
"Tag_1"
MOVE
EN ENO
16#1 IN
OUT1
%QB0
"八盏灯"
%Q0.7
"Tag_5"
N
%M0.1
"Tag_2"
%M2.5
"Clock_1Hz"
P
%M0.2
"Tag_3"
SHL
UInt
EN ENO
%QB0
"八盏灯" IN
OUT
%QB0
"八盏灯"
1 N
%I0.1
"停止按钮"
MOVE
EN ENO
0 IN
OUT1
%QB0
"八盏灯"

图12-21 采用移位指令设计的梯形图程序

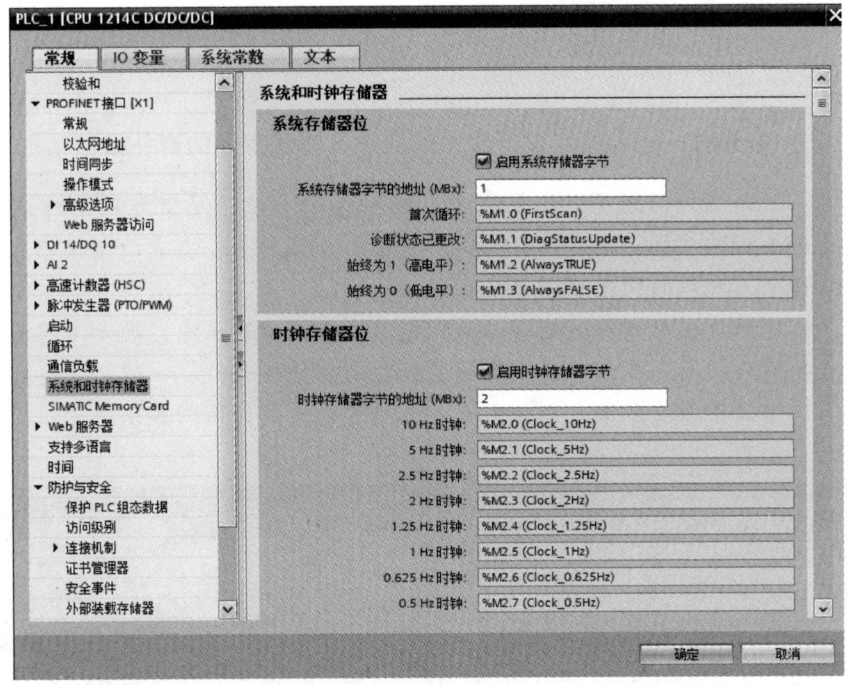

图 12-22　系统和时钟存储器设置

【思考与练习】

1. 舞台流水灯如图 12-23 所示，按下启动按钮，L9 立即点亮，过 3 s，L5～L8 同时点亮，再过 3 s L1～L4 同时点亮，再过 3 s，所有灯一起闪烁 5 s，然后一起熄灭，过 5 s 重新循环，按下停止按钮，所有灯熄灭。

2. 用 3 个按钮控制 8 盏灯 HL0～HL7，当按下 SB1 按钮时，奇数灯亮；当按下 SB2 时，偶数灯亮；当按下 SB3 时，所有灯熄灭。试用编程实现之。

3. 8 盏指示灯 HL0～HL7，当按下启动按钮时，从 HL7 开始，每隔 1 s 依次点亮；当前一盏点亮时，后一盏熄灭，并重复动作，以此形成灯循环点亮的效果。当按下停止按钮时，8 盏灯均熄灭，试用移位指令和循环指令分别实现之。

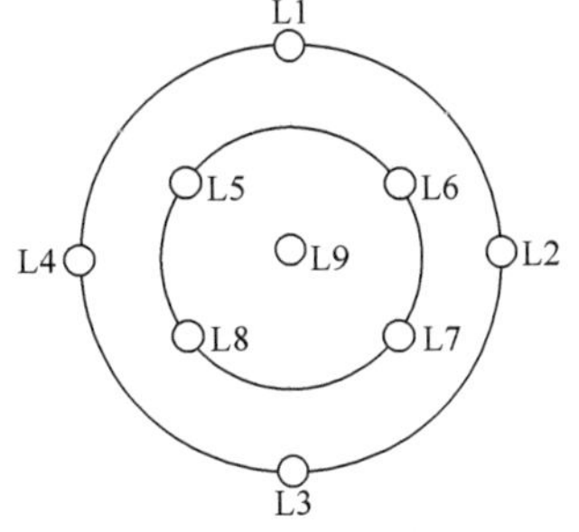

图 12-23　舞台流水灯示意图

【项目测评】

本项目目标达成度测评采用项目考核与个人考核相结合的方式，具体考核细则见表 12-11。考核成绩达到 70 分，就可以认定该学生达成了本项目的预期学习目标。

表 12-11　项目目标达成度测评评分办法

考核目标	考核方法	成绩占比（%）
目标 1	雨课堂测试	10
目标 2	课内外作业	40
目标 3	项目实践	50

【素质拓展】

灯光秀——人民对美好生活的向往，就是我们的奋斗目标

2012年11月15日，习近平总书记在十八届中共中央政治局常委同中外记者见面时强调，人民对美好生活的向往，就是我们的奋斗目标。十多年来，在党的坚强领导下，我们踔厉奋发、团结奋斗，发展的阳光照进每个人的生活。

近年来，各地的灯光秀精彩纷呈，以声光电形式唱响华彩乐章，展示不同地域文化多样性，烘托浓厚的节日氛围，成为节日期间一道独特亮丽的风景线，一波又一波地吸引广大群众的关注，不仅增强了城市形象，也极大丰富了游客和市民的休闲娱乐生活，提升了老百姓的幸福感指数。

项目 13　传送带 PLC 控制系统设计与仿真调试

【学习目标】

（1）熟知数学运算指令的类型、格式与使用方法；熟知函数、函数块、数据块的功能。
（2）能够利用数学运算等指令编写传送带 PLC 控制程序，并进行仿真调试。
（3）能够利用模块化与结构化编程方法编制系统的控制程序，并进行仿真调试。

【项目要求】

用 S7-1200 PLC 与 TIA 软件完成传送带运行控制系统的设计与仿真调试，其示意图如图 13-1 所示。具体控制要求：按下起动按钮，传送带电动机 M 转动，工件向右运动，当到达光电传感器所在的位置时，光电传感器对工件进行检测计数。当计件数量小于 5 时，指示灯点亮；当计件数量等于或大于 5 时，指示灯闪烁；当计件数量大于或等于 10 时，10 s 后传送带停止运行，同时指示灯熄灭。当按下停止按钮时，传送带立即停止，指示灯灭。

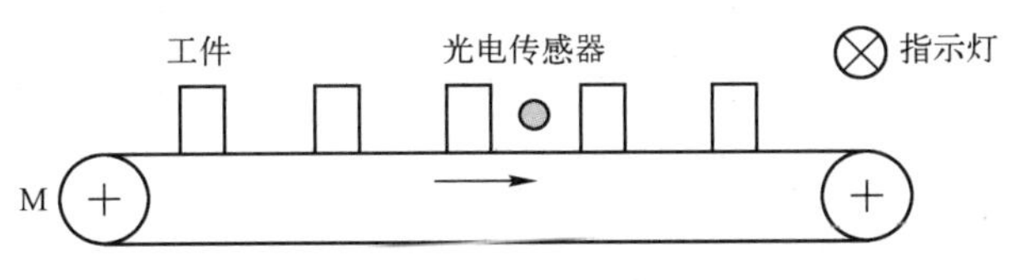

图 13-1　传送带运行控制系统示意图

【项目分析】

要完成上述任务，首先需要学习数学运算指令等相关编程指令；其次需要了解 PLC 控制系统设计的关键步骤，如 I/O 点的分配、PLC 控制原理图的绘制、PLC 梯形图的设计与下载；再次需要根据控制原理图进行硬件接线，并理解其工作原理；最后需要能够使用 TIA 博途软件进行程序编制、下载、仿真调试与在线调试等。

【实践条件】

安装有 TIA 博途软件的计算机。

【项目实施】

任务 13.1　项目所用数学运算指令认知

采用光电传感器对工件进行检测计数，可以采用计数器指令，也可以采用数学运算指令。

前面已经介绍过计数器指令，本项目主要介绍数学运算指令的应用。

S7-1200 PLC 具有强大的数学运算功能，提供了加、减、乘、除等简单的四则运算指令与计算器指令，以及取余、取反、取绝对值、取最大最小值、递增、递减等其他运算指令，另外还提供了求平方、平方根等浮点数运算指令以及与、或、编码、译码等逻辑运算指令，如图 13-2 所示。

13-1-1　数学运算指令应用

数学函数	
CALCULATE	计算
ADD	加
SUB	减
MUL	乘
DIV	除法
MOD	返回除法的余数
NEG	求二进制补码
INC	递增
DEC	递减
ABS	计算绝对值
MIN	获取最小值
MAX	获取最大值
LIMIT	设置限值
SQR	计算平方
SQRT	计算平方根
LN	计算自然对数
EXP	计算指数值
SIN	计算正弦值
COS	计算余弦值
TAN	计算正切值
ASIN	计算反正弦值
ACOS	计算反余弦值
ATAN	计算反正切值
FRAC	返回小数
EXPT	取幂

图 13-2　数学运算指令类型

本项目重点介绍加、减、乘、除、递增、递减等基本数学运算指令。每个指令的类型及功能说明见表 13-1。

表 13-1　S7-1200 PLC 基本数学运算指令及其功能说明

指令类型	指令形式	指令功能
加法指令 ADD	ADD Auto (???) EN　ENO <???> IN1　OUT <???> <???> IN2	当 EN 使能输入端有效时，将操作数 IN1 和 IN2 相加，其结果放在 OUT 输出端指定的地址中
减法指令 SUB	SUB Auto (???) EN　ENO <???> IN1　OUT <???> <???> IN2	当 EN 使能输入端有效时，将操作数 IN1 和 IN2 相减，其结果放在 OUT 输出端指定的地址中
乘法指令 MUL	MUL Auto (???) EN　ENO <???> IN1　OUT <???> <???> IN2	当 EN 使能输入端有效时，将操作数 IN1 和 IN2 相乘，其结果放在 OUT 输出端指定的地址中
除法指令 DIV	DIV Auto (???) EN　ENO <???> IN1　OUT <???> <???> IN2	当 EN 使能输入端有效时，将操作数 IN1 和 IN2 相除，其结果放在 OUT 输出端指定的地址中
计算器指令 CALCULATE	CALCULATE ??? EN　ENO OUT := <???> <???> IN1　OUT <???> <???> IN2	当 EN 使能输入端有效时，执行用户自定义的表达式，并将计算结果放在 OUT 输出端指定的地址中

（续）

指令类型	指令形式	指令功能
递增指令 INC	INC ??? EN — ENO <???> — IN/OUT	当 EN 使能输入端有效时，将 IN/OUT 对应的变量加 1，并将结果放在原变量中
递减指令 DEC	DEC ??? EN — ENO <???> — IN/OUT	当 EN 使能输入端有效时，将 IN/OUT 对应的变量减 1，并将结果放在原变量中

（1）四则数学运算指令

四则数学运算指令的指令形式如图 13-3 所示。每个指令均由指令名称（ADD、SUB、MUL、DIV）、数据类型选择（Auto(???)）、EN 使能输入端、ENO 使能输出端、IN1 与 IN2 操作数输入端以及 OUT 输出端组成。

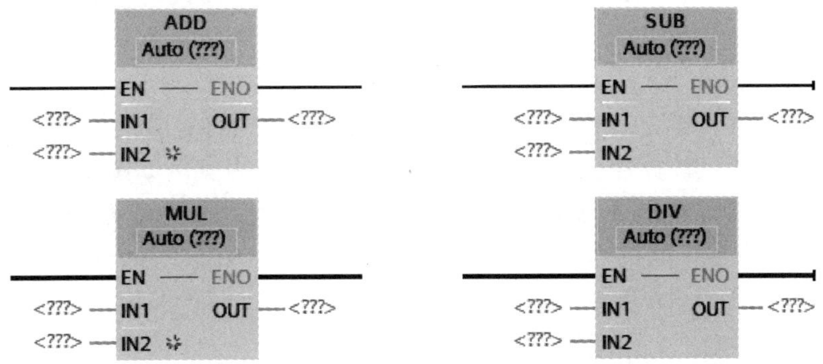

图 13-3　四则数学运算指令形式

四则数学运算指令的功能是：当 EN 使能输入端有效时，将操作数 IN1 和 IN2 执行相应的运算操作，如相加、相乘等，并将运算结果放在 OUT 输出端指定的地址中。在执行四则运算指令过程时，应保证所有 IN 输入端和 OUT 输出端的数据类型相同。可选的数据类型有 SInt、Int、DInt、USInt、UInt、UDInt、Real、LReal 等，用户可双击指令框运算符号下面的“Auto(???)”，再单击右边出现的下拉按钮▼，从下拉列表中选择需要的数据类型，如图 13-4 所示。IN 输入端可以是常数，也可以是变量，如 MD0、MB0 等。整数除法指令是将商截尾取整。四则运算指令默认包含 2 个输入操作数，其中加法和乘法可以扩展输入操作数的个数，允许有多个输入。单击指令方框中参数 IN2 后面的星号，会增加一个输入 IN3，以后增加的输入编号依次递增，如图 13-5 所示。

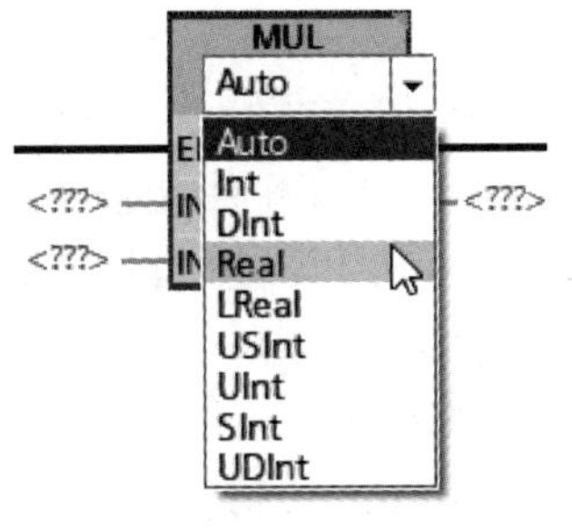

图 13-4　数据类型选择

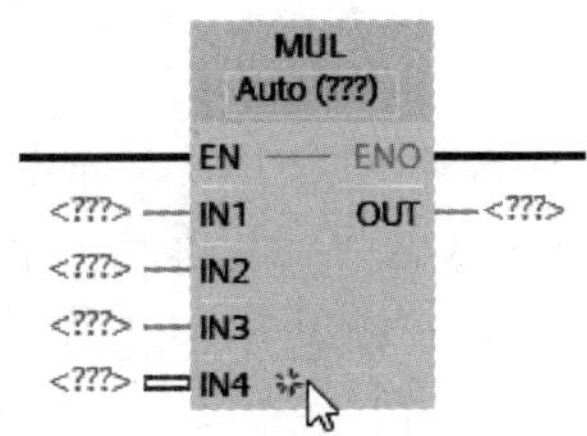

图 13-5　输入操作数扩展

数学运算指令使用实例如图 13-6 所示。当检测到 I0.0 的上升沿时，将 MW10 和 MW12 数据相加并存放在 MW14，然后将 MW14 与 MW16 数据相乘，存放在 MW18 中。如果 MW10=25、MW12=55、MW16=100，则运算后 MW14=80，MW18=8000。由于 PLC 采用循环扫描工作方式，且每个扫描周期的时间很短，为避免运算指令多次执行，故要使用 I0.0 的边沿指令。

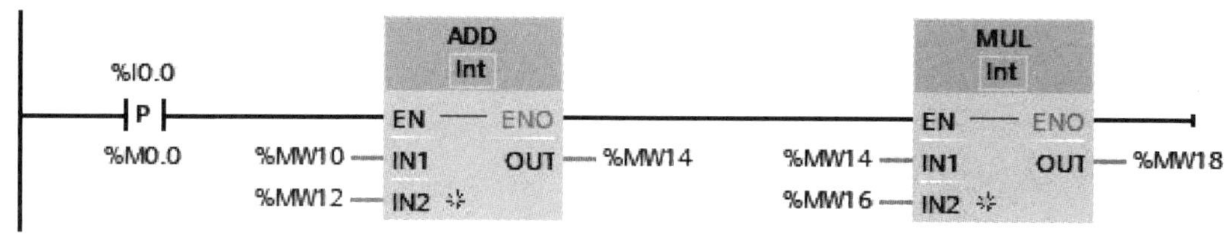

图 13-6 四则数学运算指令使用实例

注意：整数相乘时，容易出现乘积结果超过整数所能表示的最大范围，导致运算结果不正确的情况。为了防止该问题出现，可以结合转换指令将操作数转换为浮点数再相乘。

（2）计算器运算指令

除了常规的四则运算指令外，S7-1200 PLC 还提供了一个计算器运算指令，该指令可灵活定义算术表达式的形式。计算器运算指令的指令形式及其使用实例如图 13-7 所示。单击指令框中的指令符号下面的“???”，从下拉列表中选择该指令的数据类型为 Int。单击指令框右上角的图标或双击指令框中间的 OUT := <???> 可以打开对话框，在该对话框中可输入待计算的表达式。

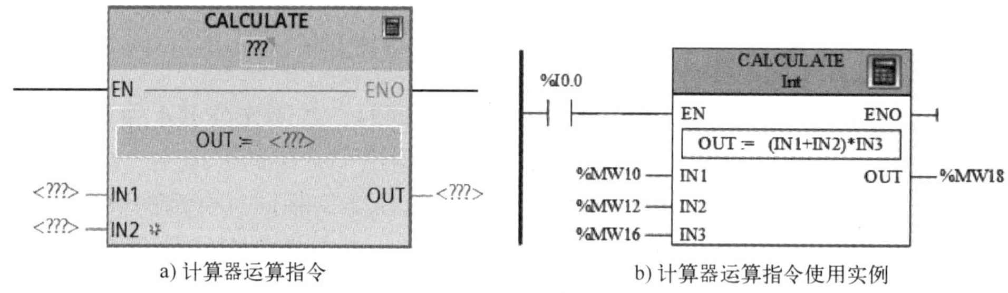

图 13-7 计算器运算指令及其使用实例

图 13-7 中是用计算器运算指令来实现图 13-6 示例的功能，I0.0 闭合后，将 MW10 和 MW12 数据相加并存放在 MW14，然后将 MW14 与 MW16 数据相乘，存放在 MW18 中。如果 MW10=25、MW12=55、MW16=100，则运算后 MW14=80，MW18=8000。

（3）递增递减指令

跟其他程序设计语言类似，S7-1200 PLC 也提供了递增与递减指令，如图 13-8a、b 所示。两个指令均由指令名称（INC、DEC）、数据类型选择（???）、EN 使能输入端、ENO 使能输出端、IN/OUT 操作数输入端组成。递增递减指令的功能是当 EN 使能输入端有效时，将 IN/OUT 对应的变量加 1 或减 1，并将结果放在原变量中。递增递减指令使用实例如图 13-8c 所示。程序段 1 中将 QW0 赋初始值为 0，程序段 2 中当检测到 I0.1 的上升沿时，QW0 的值增 1，程序段 3 中当检测到 I0.2 的上升沿时，QW0 的值减 1，其仿真调试结果如图 13-8d 所示。

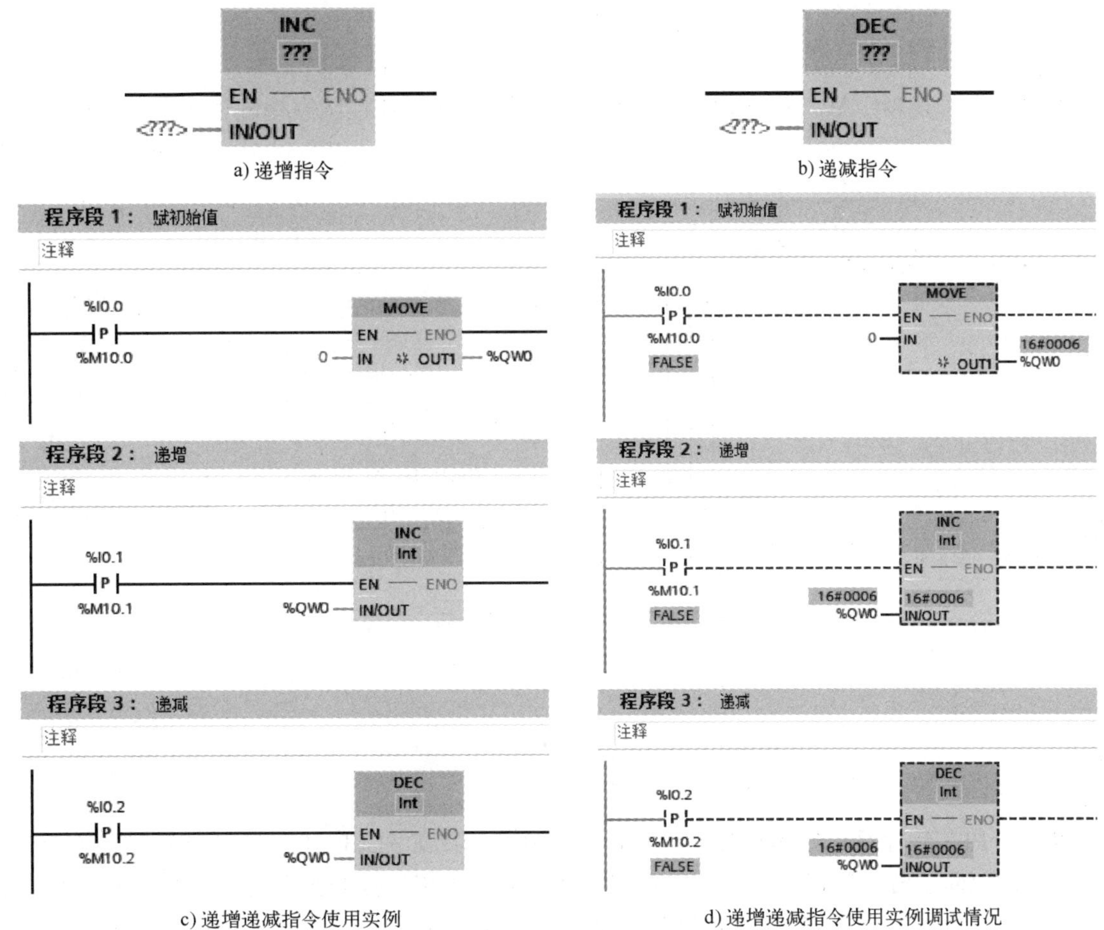

a) 递增指令　b) 递减指令

c) 递增递减指令使用实例　d) 递增递减指令使用实例调试情况

图 13-8　递增递减指令及其使用实例

任务 13.2　传送带 PLC 控制系统设计与仿真调试

13.2.1　PLC 选型及输入/输出（I/O）信号分配

根据前面的控制要求，本项目要求控制一台三相交流异步电动机和一个指示灯，只有三个输入信号和两个输出信号，因此可选择 CPU1211C AC/DC/RLY 型号 PLC 或其他型号 PLC。本项目选用 CPU1214C AC/DC/RLY 型号 PLC。该 PLC 有 14 个数字量输入端口和 10 个数字量输出端口，能够满足设计要求。如果没有 AC/DC/RLY 型号 PLC，也可以采用 DC/DC/DC 型号 PLC，此时需要采用直流中间继电器进行信号转换。输入/输出（I/O）信号分配表见表 13-2。

表 13-2　传送带 PLC 控制输入/输出（I/O）信号分配表

输入元件	输入信号	作用	输出元件	输出信号	作用
光电传感器	I0. 0	工件检测	接触器 KM	Q0. 1	控制电动机 M
按钮 SB1	I0. 1	起动按钮	HL	Q0. 2	指示灯
按钮 SB2	I0. 2	停止按钮			

13.2.2 绘制 PLC 控制原理图

当选择 CPU1214C AC/DC/RLY 型号 PLC 时，传送带 PLC 控制原理图如图 13-9 所示。

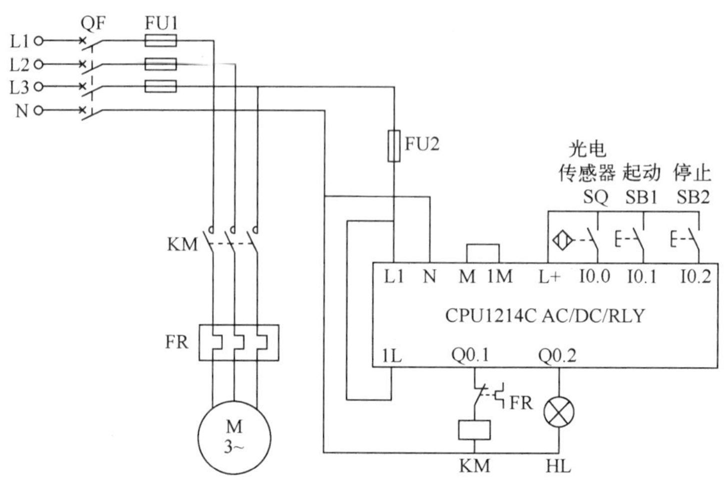

图 13-9 传送带 PLC 控制原理图

13.2.3 设计 PLC 控制程序

传送带 PLC 程序采用经验设计法进行设计，其梯形图如图 13-10 所示。传送带向右运动，可由电动机单向运转控制程序构成。传感器检测计数可采用计数器指令或递增指令来实现。根据工件数量控制指示灯亮灭，可通过比较指令来实现。指示灯闪烁可用系统时钟存储器来设置。

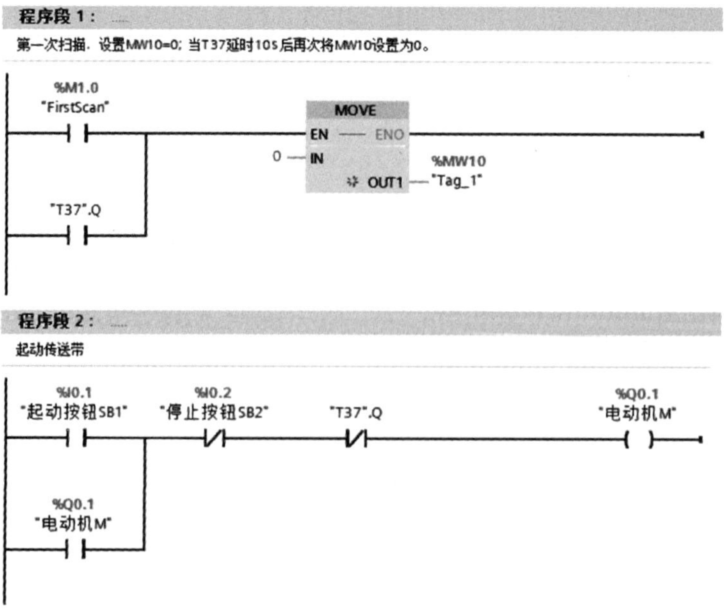

图 13-10 传送带 PLC 控制梯形图

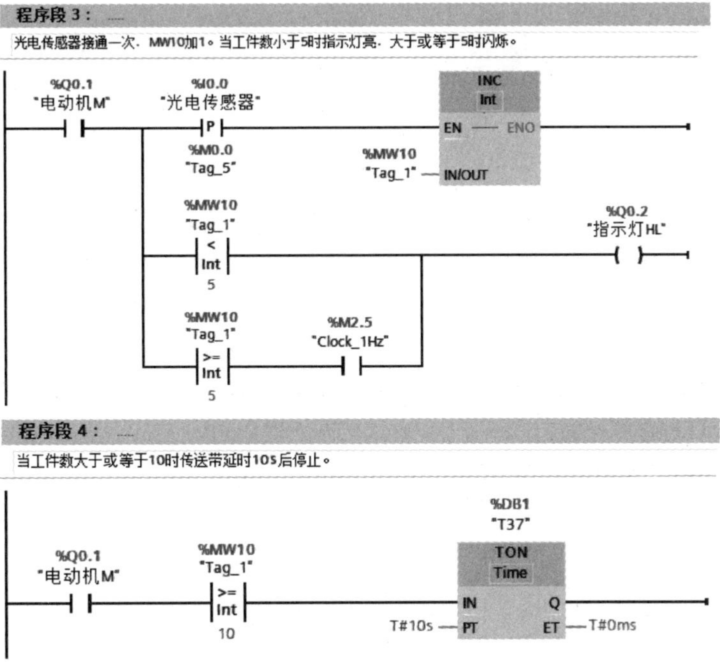

图 13-10　传送带 PLC 控制梯形图（续）

图 13-10 程序中，初始化用系统存储器 M1.0，涉及数学运算，存储器 MW10 先清 0；系统设置有起动和停止按钮，长动环节要加自锁。为了保证计数时，当传感器信号有效时只执行一次运算，务必用上升沿脉冲指令 P；否则程序每循环扫描一次 MW10 的值就增 1。没有特殊要求的闪烁，可用系统时钟存储器 M2.5（秒脉冲存储器）实现。

13.2.4　仿真调试

在缺少实物情况下，可以利用博途软件提供的编程与仿真程序进行模拟仿真。博途软件可以帮助用户实施自动化解决方案，其基本操作步骤依次为：创建新项目、添加新设备、硬件组态、添加 I/O 变量表、梯形图设计、程序保存与编译、打开仿真 PLC、程序下载、在线监控与调试等，结果如图 13-11 所示。

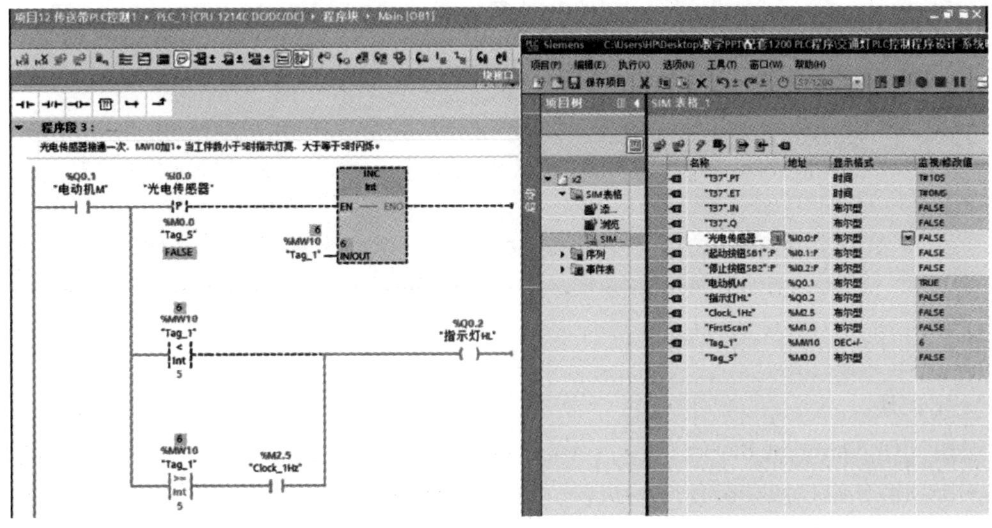

图 13-11　传送带 PLC 控制仿真调试

任务 13.3 PLC 模块化与结构化程序设计方法

13-3-1 PLC线性化编程调试

13.3.1 S7-1200 PLC 程序架构

在学习 C/C++、Python 等高级编程语言时，我们往往会将一个较大的程序分解成若干个程序模块，每个模块用来实现一个特定的功能，以此来简化程序的设计与阅读过程。受其他高级语言，以及 S7-300/400 PLC 程序构架的影响，S7-1200 在编程时也采用“块”（类似于 C 语言中子程序）的概念。它将整个程序分解为若干相互独立的子块，每个子块实现某种特定的功能，以达到简化 PLC 编程的目的。S7-1200 PLC 软件支持组织块、函数块、函数、数据块 4 种类型的块结构，见表 13-3。用户可通过 TIA 博途软件在“程序块”中单击“添加新块”来添加不同的块结构，如图 13-12 所示。

表 13-3 块结构类型及功能描述

块 结 构	功 能 描 述
组织块（OB）	操作系统与用户程序的接口
函数（FC）	用户编写的具有一定功能的代码块，不带专用的数据块
函数块（FB）	用户编写的具有一定功能的代码块，带有专用的数据块
数据块（DB）	存储用户程序数据的数据区域，可分为全局数据块和背景数据块

图 13-12 四种块的类型

（1）组织块

组织块（Organization Block，OB）是操作系统和用户程序之间的接口，由操作系统自动调用，用于控制循环扫描和中断程序的执行，以及处理 PLC 的起动和错误等。用组织块可以创建在特定时间执行的程序，以及响应特定事件的程序。用户可通过对组织块编程来控制 PLC

的动作。

S7-1200 支持七种类型的组织块：程序循环组织块（Program cycle）、启动组织块（Startup）、延时中断组织块（Time delay interrupt）、循环中断组织块（Cyclic interrupt）、硬件中断组织块（Hardware interrupt）、时间错误中断组织块（Time error interrupt）、诊断错误中断组织块（Diagnostic error interrupt），如图 13-13 所示。

每个组织块必须有唯一的 OB 编号，200 之前的某些编号是保留的，其他 OB 的编号应大于或等于 123。组织块的类型及功能见表 13-4。

表 13-4　组织块的类型及功能

组织块的名称	组织块的功能	组织块的数量	组织块的编号
程序循环组织块	启动或结束上一个循环 OB	≥1	OB1 或≥OB123
启动组织块	从 STOP 模式切换到 RUN 模式	≥0	OB100 或≥OB123
延时中断组织块	延时时间结束	≤4	OB20~23 或≥OB123
循环中断组织块	固定的循环时间到	≤4	OB30~33 或≥OB123
硬件中断组织块	16 个 DI 上升沿/16 个 DI 下降沿	≤50	OB40~47 或≥OB123
时间错误中断组织块	超过最大循环时间	1	OB80
诊断错误中断组织块	模块检测到错误	1	OB82

在编程时，用户使用最多的就是程序循环组织块，它是用户程序中的主程序，CPU 操作系统每循环一次就调用一次。OB1 相当于 C 语言中的 main( )主程序接口。当用户在 TIA 博途软件中新建项目并添加新设备 CPU 后，在项目树的程序块下就会自动生成一个循环组织块，其默认名称为 Main[OB1]，如图 13-14 所示。用户可在其中添加自定义程序内容。

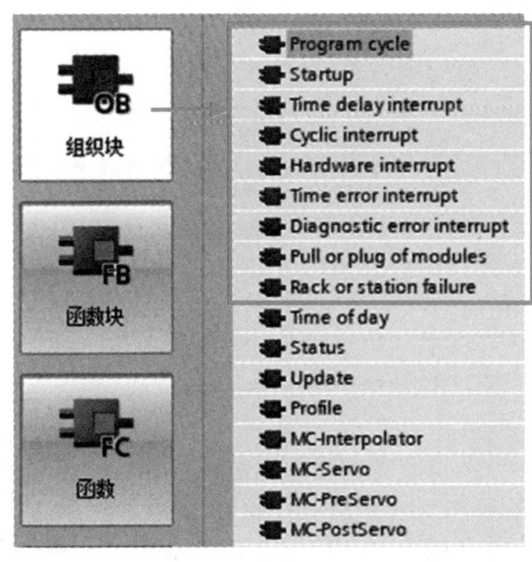

图 13-13　组织块的类型

图 13-14　循环组织块 Main[OB1]

启动组织块（Startup）一般用于编写初始化程序，如赋初值等。当 CPU 操作模式从 STOP 切换到 RUN 时，启动组织块就会被执行一次。启动组织块执行完毕后才开始执行循环组织块。启动组织块的默认编号为 OB100，其他编号应不小于 123。其他组织块在需要使用时可参考其他书籍。

（2）函数和函数块

函数（Function，FC）和函数块（Function Block，FB）都是用户编写的程序块，用来完成特定的工作任务，它可以作为子程序被 OB 或其他 FC、FB 进行调用。函数 FC 和功能函数又称为功能与功能块。函数 FC 是没有专用存储区的代码块。函数块 FB 是将自身的值永久存储在背景数据块中的代码块。函数 FC 和函数块 FB 不同的是，FB 具有自己的存储区域（背景数据块），而 FC 没有。在调用 FB 时必须为其指定至少一个背景数据块，用以存放 FB 中的输入/输出参数、静态变量等数据。

（3）数据块

数据块（Data Block，DB）是用于存放执行程序时所需数据以及程序执行结果的数据存储区。与代码块不同，数据块不含指令，数据块中变量的地址由软件按照变量生成先后顺序自动分配。

按照变量使用范围及用途不同，S7-1200 PLC 的数据块可分为全局数据块和背景数据块。全局数据块用以存储全局数据，所有代码块（OB、FB、FC）都可访问全局数据块；背景数据块用以存储只在某个 FB 中需要存储的数据，是直接分配给特定 FB 的局部存储区，仅限特定的 FB 访问。S7-1200 PLC 中，除了一般 FB 使用的背景数据块外，还有专为定时器、计数器指令使用的背景数据块，如图 13-15 所示。

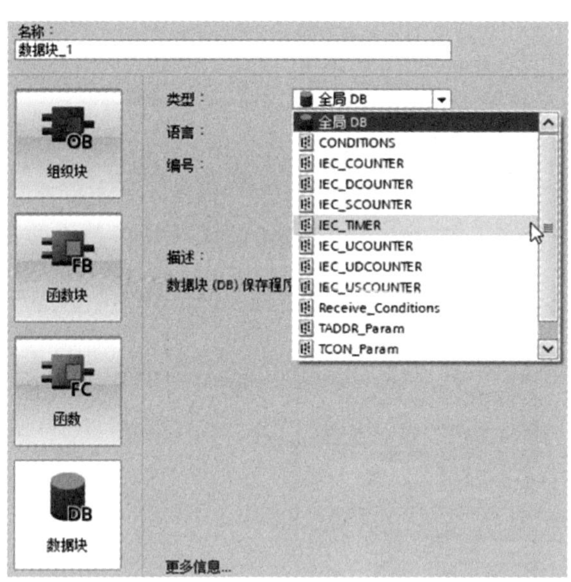

图 13-15　数据块类型

13.3.2　S7-1200 PLC 模块化与结构化程序设计

13-3-2　PLC 模块化编程调试

对于任何一种编程语言，初学者往往最喜欢采用的是线性化编程方式，即将所有的编程语句都写在一个主程序中。但是这样编程造成的后果就是程序很长，可读性差。随着经验值的增加，熟练的编程人员往往采用模块化、结构化编程方法，以提高程序执行的效率，增加程序的可读性等。下面通过一个具体的案例来说明线性化编程、模块化编程与结构化编程三种方法的不同之处。

【例】三台电动机按条件进行起保停控制。其控制要求为：第一台和第二台电动机需要满足某项条件后才能进行起停控制。即当选择开关 SA1 合上时，按相应的起停按钮对第一台电动机进行控制；当选择开关 SA1 断开时，按相应的起停按钮可对第二台电动机进行控制；第三台电动机没有起动条件，可自行按相应的起停按钮进行起停控制。

根据上述控制要求，确定 PLC 控制系统的输入/输出信号及 I/O 分配，见表 13-5。

表 13-5　PLC 输入/输出分配表

输入元件	输入地址	功能	输出元件	输出地址	功能
SA1	I0. 0	选择开关	KM1	Q0. 1	电动机 1 起停控制
SB1	I0. 1	电动机 1 起动按钮	KM2	Q0. 2	电动机 2 起停控制
SB2	I0. 2	电动机 1 停止按钮	KM3	Q0. 3	电动机 3 起停控制
SB3	I0. 3	电动机 2 起动按钮			
SB4	I0. 4	电动机 2 停止按钮			
SB5	I0. 5	电动机 3 起动按钮			
SB6	I0. 6	电动机 3 停止按钮			

（1）线性化编程

线性化编程是将整个程序按照顺序放置在一个循环组织块 OB1 中。程序执行时遵循“从上到下、从左到右”的规则逐条顺序循环扫描。三台电动机起保停控制的线性化编程如图 13-16 所示。具体操作过程描述如下：打开博途软件，创建一个新项目“三台电动机控制线性化编程”，双击项目树下的“添加新设备”，添加一块 CPU1214C DC/DC/DC。展开项目树下的“PLC_1”→“程序块”，在 Main[OB1]中输入如下所示程序。

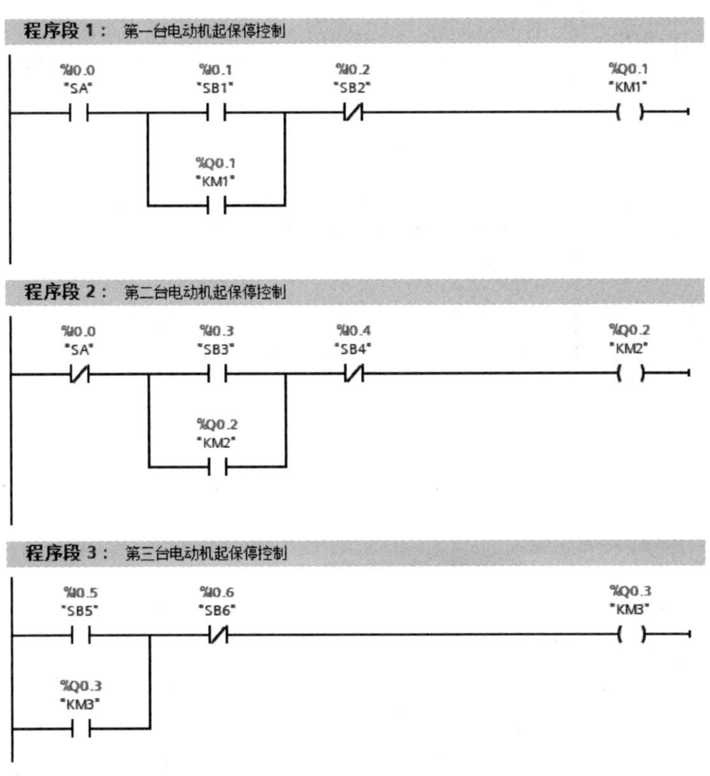

图 13-16　三台电动机控制线性化编程

（2）模块化编程

对于复杂系统的控制，一般采用模块化编程方法。模块化编程是将一个控制系统根据其功能分为若干个子系统，对每个子系统分别编写其独立的程序块，然后在主程序 OB1 中根据条件对独立的程序块进行调用。

三台电动机起保停控制的模块化编程如图 13-17、图 13-18 所示。具体操作过程描述如下：打开博途软件，创建一个新项目“三台电动机控制模块化编程”，双击项目树下的“添加新设备”，添加一块 CPU1214C DC/DC/DC。展开项目树下的“PLC_1”→“程序块”，双击“添加新块”，打开“添加新块”对话框，单击其中的“函数”图标，将块的名称改为“电动机 1 控制”，单击“确定”按钮。在项目树下的“程序块”中可以看到新生成的函数。在“电动机 1 控制”中输入如图 13-17a 所示程序。用同样的方法可创建“电动机 2 控制”函数程序和“电动机 3 控制”函数程序，如图 13-17b、c 所示。

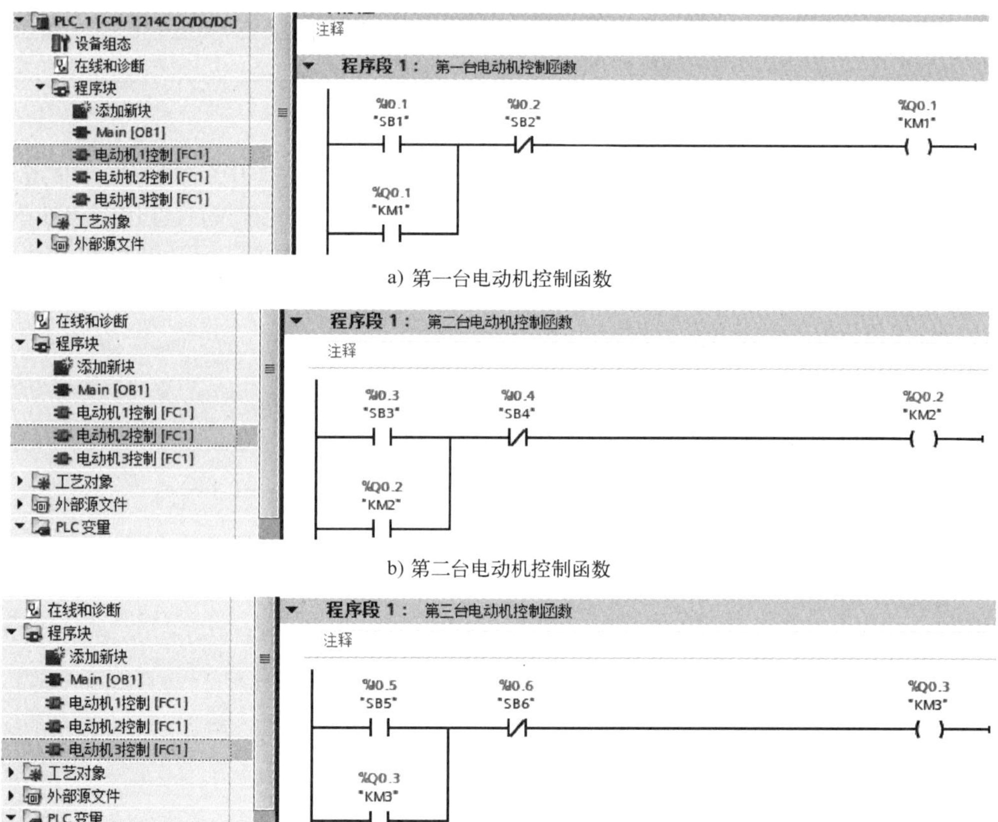

a) 第一台电动机控制函数

b) 第二台电动机控制函数

c) 第三台电动机控制函数

图 13-17　三台电动机控制函数的创建

三个函数程序创建完成后，可在 Main[OB1]中输入如图 13-18 所示程序。各函数的输入方法是将左侧“程序块”的函数拖到程序段即可。

从模块化编程案例中可看出，虽然模块化编程结构性好，程序可读性强，但是程序不够优化，如上述三台电动机控制需要编写四段程序。

（3）结构化编程

结构化编程是在模块化编程的基础上，进一步对系统控制过程进行分析，将具有类似控制过程的程序块进行整合归类，并通过参数进行调用控制，类似于 C 语言中的有参数函数调用。

13-3-3　PLC 结构化编程调试

三台电动机起保停控制的结构化编程如图 13-19 所示。具体操作过程描述如下：打开博途软件，创建一个新项目“三台电动机控制结构化编程”，双击项目树下的“添加新设备”，添加一块 CPU 1214C DC/DC/DC。展开项目树下的“PLC_1”→“程序块”，双击“添加新块”，打开“添加新块”对话框，单击其中的“函数”图标，将块的名称改为“电动机控制函数”，单击“确定”按钮。在项目树下的“程序块”中可以看到新生成的函数。

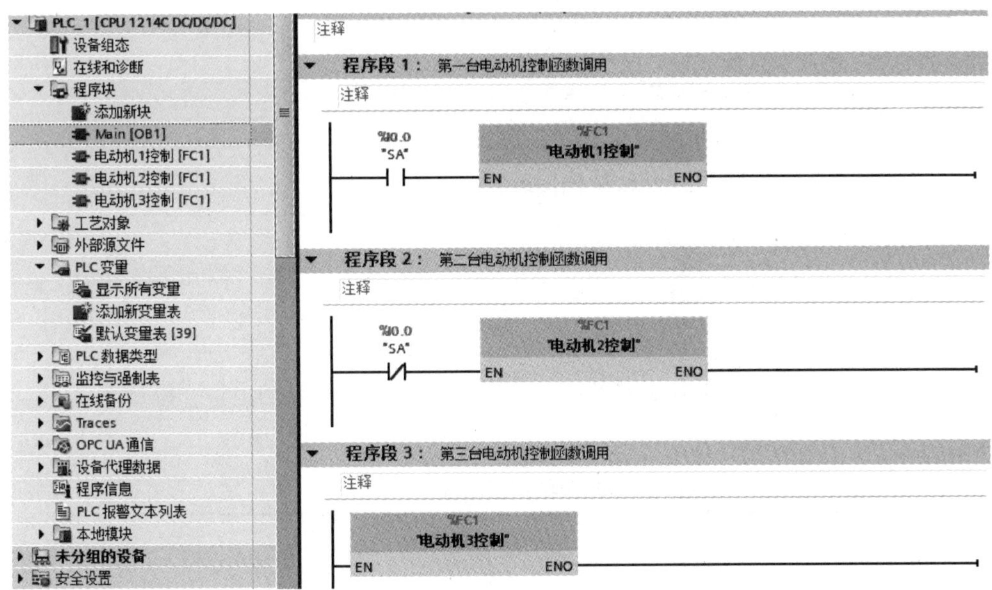

图 13-18　三台电动机控制主程序的创建

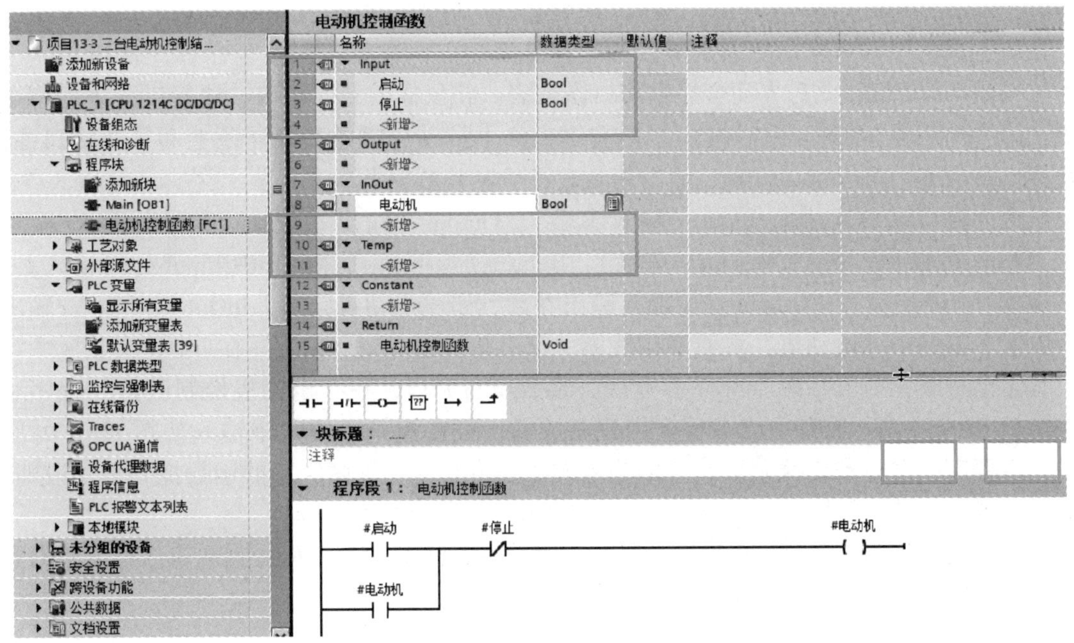

a)“电动机控制函数”的创建

图 13-19　三台电动机控制结构化编程

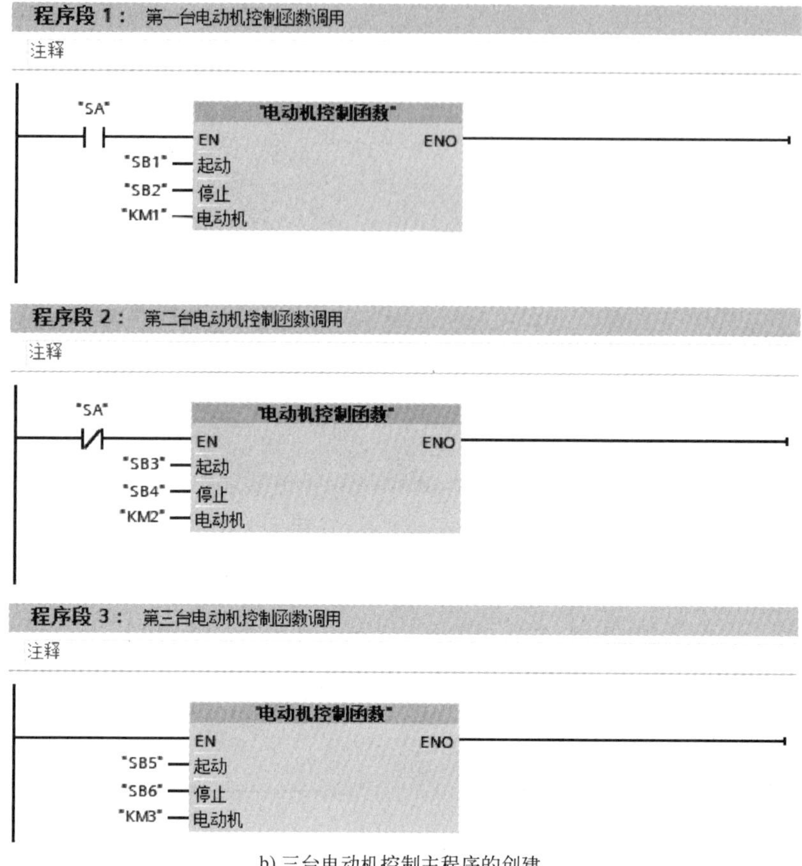

b) 三台电动机控制主程序的创建

图 13-19　三台电动机控制结构化编程（续）

在新生成的函数“电动机控制函数”编程界面中，通过单击程序区标有“块接口”下面的下拉按钮图标，此时界面会显示接口参数表。将鼠标的光标放在“块接口”下的水平分隔条上，会出现图标，此时按住鼠标左键，往下拉动分隔条。分隔条上面是块接口参数。在块接口参数表中可以定义输入、输出等参数符号及其数据类型。

函数的接口参数表中有 Input（输入参数）、Output（输出参数）、InOut（输入/输出参数）、Temp（临时变量）、Constant（常数）、Return（返回值）等。其中 Input 处可输入参数，如“起动”“停止”等；Output 处可输入输出参数，如“电动机”等；InOut 处可输入/输出参数。由于本案例中“电动机”既有输出线圈，又有输入触点，所以填写在 InOut 参数区中。如果只有输出线圈，则填写在 Output 参数区。参数填写完后，在“电动机控制函数”程序块中输入如图 13-19a 所示程序。函数程序创建完成后，可在 Main[OB1]中输入如图 13-19b 所示程序。主程序中“电动机控制函数”的输入方法是将左侧“程序块”的函数拖到程序段即可，然后添加各输入输出信号，如“SB1”“SB2”“KM1”等。

从案例结构化编程方法可以看出，结构化程序块采用参数化编程，直观简洁，可根据需要被程序块多次调用，提高了工作效率。

【思考与练习】

1. 对项目中所涉及的传送带 PLC 控制程序进行仿真调试。
2. 对项目中所涉及的三台电动机三种编程方式进行仿真调试。

3. 三台电动机具有两种起停工作方式：①手动操作方式，分别用每个电动机各自的起停按钮控制起停；②自动操作方式，按下起动按钮，三台电动机每隔 5 s 依次起动；按下停止按钮，三台电动机同时停止。要求对控制系统进行 I/O 口分配，画出主电路和 PLC 硬件控制原理图，编写 PLC 梯形图，并进行仿真调试。

4. 流水灯控制，其控制要求如下：①彩灯共有两种运行模式，通过控制开关进行选择；②如果选择“模式一”，则合上开关后，8 盏彩灯从左向右以 1 s 的间隔逐个点亮，如此循环；③如果选择“模式二”，则合上开关后，8 盏彩灯从左向右以 1 s 的间隔逐个点亮，然后从右向左以 1 s 的间隔逐个点亮，如此循环；④断开开关，系统停止工作，所有灯均熄灭。

5. 设计一台三相交流异步电动机 PLC 控制系统。当起动按钮按下后，电动机先正转，5 min 后开始反转，反转 3 min 后又开始正转，如此反复运行五次后，电动机自动停止。要求对控制系统进行 I/O 口分配，画出主电路和 PLC 硬件控制原理图，编写 PLC 梯形图，并进行仿真调试。

【项目测评】

本项目目标达成度测评采用项目考核与个人考核相结合的方式，具体考核细则见表 13-6。考核成绩达到 70 分，就可以认定该学生达成了本项目的预期学习目标。

表 13-6　项目目标达成度测评评分办法

考核目标	考核方法	成绩占比（%）
目标 1	雨课堂测试	20
目标 2	课内外作业	40
目标 3	项目实践	40

【素质拓展】

中国古代的“计数法”

“数”字的古文形体就反映了结绳计数这种古文化现象。从甲骨文字形看像结绳的形象。“数”的偏旁“攴”，象形作手，好比用手在绳子上打结计数。古代人的计数方法：①结绳计数，绳子每打一个结代表一个或一次。②筹码计数（或小石块），每一筹码代表 1、10 或 100 等。③在木头上画道，每一道代表 1、10 或 100 等。④使用算盘进行计数。算盘是一种手动操作计算辅助工具形式。它起源于中国，迄今已有 2600 多年的历史，是中国古代的一项重要发明。在阿拉伯数字出现前，算盘是世界广为使用的计算工具。

项目 14　机械手 PLC 控制系统设计与仿真调试

【学习目标】

（1）熟知顺序控制系统的基本概念。
（2）能够设计控制系统的顺序功能图。
（3）能够利用顺序功能图编写梯形图程序，并进行仿真调试与在线调试。
（4）在项目实施过程中，养成良好的职业素养，体现良好的工匠精神。

【项目要求】

如图 14-1 所示，现有一个机械手，它的任务是将工作台 A 上的工件搬运到工作台 B 上，其工作顺序是：下降→夹紧工件→上升→右移→下降→松开工件→上升→左移回原位。系统由气动驱动，机械手的上升、下降、左移、右移都用双线圈三位电磁阀气缸完成。当某个电磁阀通电时，就保持相对应的动作，即使线圈断电仍然保持，直到相反方向的线圈通电，相应的动作才结束。例如，当下降电磁阀通电时，机械手下降；下降电磁阀断电时，机械手停止下降；只有当上升电磁阀通电时，机械手才上升。机械手的夹紧和放松则采用单向阀控制，通电时夹紧，断电时放松。设备上装有上、下、左、右四个限位开关，控制对应工作的结束。当按下启动按钮，机械手从原点开始，按工序自动反复连续工作，直到按下停止按钮，机械手在完成最后一个周期的工作后，返回原点自动停机。为确保安全，右工作台上无工件时，才允许机械手下降释放工件。右工作台上有无工件，用光电开关进行检测。

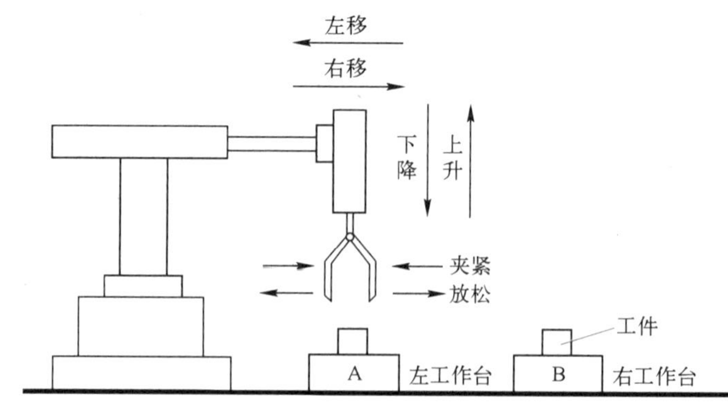

图 14-1　机械手实物与工作示意图

【项目分析】

要完成上述任务，首先需对机械手的工作流程进行分析，选用适合的设计方法——顺序功能图法；其次掌握顺序功能图的设计过程；再次根据顺序功能图设计梯形图程序，并进行下载、仿真调试与在线调试；最后根据系统运行结果调整和优化程序。

【实践条件】

（1） S7-1200 PLC。

（2） 安装有 TIA 博途软件的计算机。

（3） 光机电一体化实训台。

【项目实施】

任务 14.1 顺序功能图设计法认知

14.1.1 顺序功能图设计法

顺序功能图是描述控制系统的控制过程、功能和特性的一种图形，也是设计 PLC 控制程序的有力工具。顺序功能图并不涉及所描述的控制功能的具体技术，它是一种通用技术语言，可以供进一步设计和不同专业的人员之间进行技术交流时使用。

顺序功能图是国际标准 IEC 61131-3 中位居首位的编程语言，有的 PLC 为用户提供了顺序功能图语言，例如 S7-300/400/1500 的 S7-Graph 语言，在编程软件中生成顺序功能图后便完成了编程工作。有的 PLC 为用户提供了顺序功能图指令，如 S7-200 等。S7-1200 PLC 并没有配备顺序功能图语言，但还是可以采用顺序功能图来描述系统的功能，然后根据它来设计梯形图程序。利用顺序功能图设计梯形图的方法称为顺序功能图设计法，常用于按顺序工作的控制系统中，如包装、饮料、食品、钢铁等各种生产流水线控制。

【例】 如图 14-2 所示为送料小车的工作示意图。按下起动按钮 SB1，小车电动机 M 正转，小车第一次前进，碰到行程开关 SQ1 后小车电动机 M 反转，小车后退。小车后退碰到行程开关 SQ2 后，小车电动机 M 停转，停 10 s 后，小车第二次前进，碰到行程开关 SQ3，再次后退。小车第二次后退碰到行程开关 SQ2 时，小车停止。如果中途按下停止按钮 SB2，必须等小车第二次后退碰到行程开关 SQ2 才能停止。

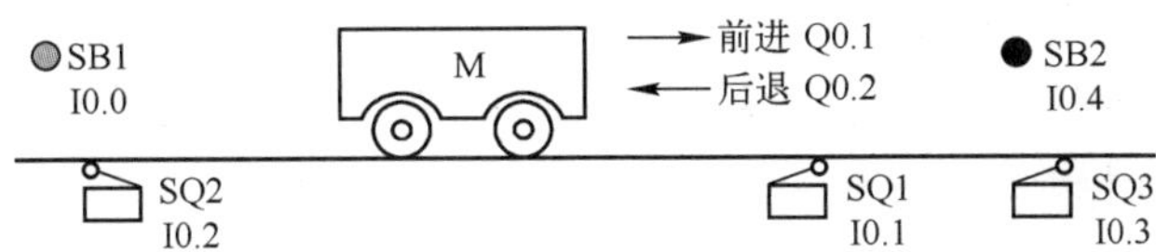

图 14-2 送料小车的工作示意图

（1） 系统输入/输出分配

设计程序之前，先进行系统输入/输出地址分配，具体见表 14-1。

表 14-1 送料小车 PLC 控制输入/输出（I/O）信号分配表

输入元件	输入信号	作用	输出元件	输出信号	作用
按钮 SB1	I0. 0	起动按钮	接触器 KM1	Q0. 1	小车前进
行程开关 SQ1	I0. 1	限位	接触器 KM2	Q0. 2	小车后退
行程开关 SQ2	I0. 2	限位			
行程开关 SQ3	I0. 3	限位			
按钮 SB2	I0. 4	停止按钮			

（2）绘制 PLC 控制原理图

当选择 CPU1214C AC/DC/RLY 型号 PLC 时，送料小车 PLC 控制原理图如图 14-3 所示。

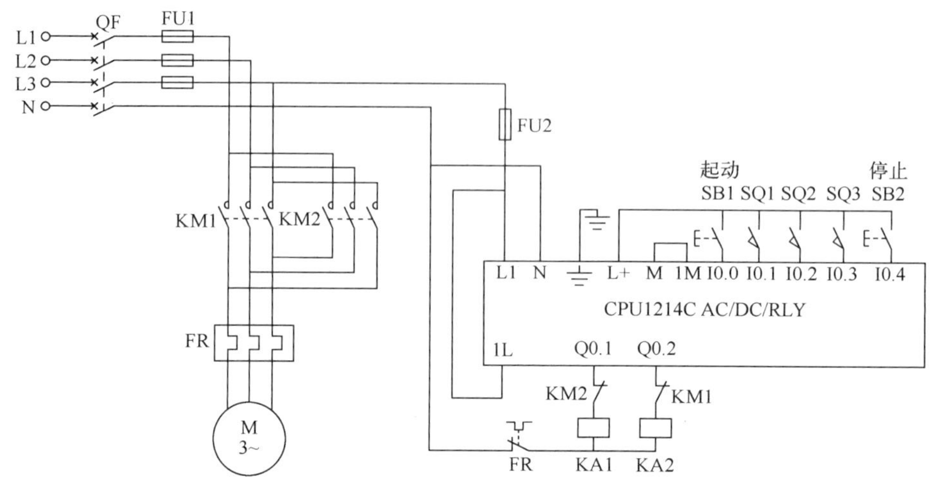

图 14-3 送料小车 PLC 控制原理图

（3）设计顺序功能图

送料小车的 PLC 控制程序可以采用常规的经验设计法进行设计，将工作台自动往返控制程序与定时器控制程序结合起来进行编程。但经验设计法对用户的编程经验值要求较高，初学者往往难以完成。在本例中，送料小车是按照前进→后退→停留→二次前进→二次后退的顺序执行的，因此可以优先考虑采用顺序功能图设计法进行程序设计。

采用顺序功能图设计法设计 PLC 控制程序，主要遵循以下步骤。

步骤 1：划分“步”。

顺序功能图设计法最基本的思想是将系统的一个工作周期划分为若干个顺序相连的阶段，这些阶段就被称为“步”，也称为“工步”。“步”是根据输出量的状态变化来划分的，在任何一步之内，各输出量的 1、0 状态不变，但是相邻两步输出量总的状态是不同的。此例中共有 5“步”，分别用位存储器 M2.1、M2.2、M2.3、M2.4 和 M2.5，代表前进、后退、停留、二次前进、二次后退这五步。

步骤 2：确定每一步的启动条件（也称为转换条件）和要执行的任务。

第 1 步“前进”：启动条件为起动按钮按下，即 I0.0 接通，此步要执行的任务是小车前进，Q0.1 接通；

第 2 步“后退”：启动条件为碰到行程开关 SQ1，即 I0.1 接通，此步要执行的任务是小车后退，Q0.2 接通；

第 3 步“停留”：启动条件为碰到行程开关 SQ2，即 I0.2 接通，此步要执行的任务是延时 10 s，需启动定时器；

第 4 步“二次前进”：启动条件为 10 s 延时时间到，此步要执行的任务是小车前进，Q0.1 接通；

第 5 步“二次后退”：启动条件为碰到行程开关 SQ3，即 I0.3 接通，此步要执行的任务是小车后退，Q0.2 接通。

步骤 3：绘制顺序功能图。

根据步骤 1 和步骤 2 的设计思路，用图形将系统的工作流程描述出来，“步”用矩形框表示，绘制的顺序功能图如图 14-4 所示。这里要注意的是，每一个顺序功能图至少要有一个初始步，其与系统的初始状态对应，一般是系统等待起动命令的相对静止的状态，初始步用双线框表示，可用位存储器 M2.0 表示。

14-1-1　送料小车控制顺序功能图设计

这里解释一下图 14-4 中顺序功能图的相关术语。

1）步的组成。顺序功能图是由一个个“步”所组成。每“步”一般包括驱动负载（执行工作任务）、转移条件和转移方向三个组成部分。图 14-4 中，M2.1 步执行的工作任务是使 Q0.1 接通，转移条件是 I0.1 是否闭合，转移方向是转移到 M2.2 这一步。

2）初始步和活动步。初始步：控制过程开始阶段的活动步与初始状态相对应，称作“初始步”，它表示操作开始，每一个顺序功能图至少应该有一个初始步，如图 14-4 中的 M2.0 步即为初始步。

活动步：处于活动状态的“步”。当步处于活动状态时，该步内相应的动作（或命令）即被执行；反之，不被执行。与之对应的是“非活动步”。如图 14-4 所示，当 I0.0 接通，M2.1 步即被激活，称为活动步，其他未执行的步均为非活动步；当 I0.1 接通，将转移到 M2.2 步，此时 M2.1 成为非活动步，M2.2 成为活动步。

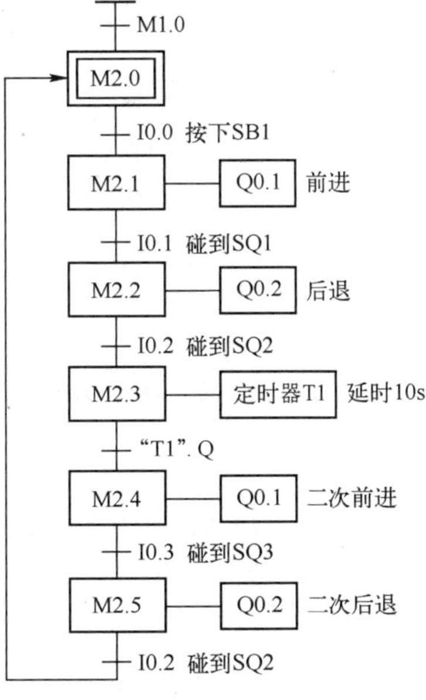

图 14-4　送料小车的顺序功能图

3）对应步要执行的任务。顺序功能图处于活动步时，就要执行相应的任务，该任务可分两类：“非存储型”和“存储型”。“非存储型”指的是当步由活动转为不活动时，动作（或命令）返回到该活动步前的状态；“存储型”指的是当步由活动转为不活动时，动作（或命令）继续保持它的状态，这类命令通常会持续多个连续的步，常用置位指令使其保持。图 14-4 中各步执行的任务均为非存储型。

4）有向连线。在顺序功能图中，步的转换是随着时间的推移和转换条件的满足实现的，这种切换顺序是按照有向连线的路线和方向执行的。顺序功能图中默认的执行方向是从上至下或从左至右，满足此方向的连线无须标注箭头，不满足此方向的有向连线则需要标注箭头，如图 14-4 中 M2.5 步转移至 M2.0 步。

5）转换与转换条件。转换用与有向线段垂直的短横线表示，将相邻两步隔开，步的顺序执行状态由转换的实现完成。

能使得系统从当前步转移到下一步的信号称为转换条件。转换条件可以是外部的输入信号，如按钮、行程开关、继电器等信号，如图 14-4 中所示的 I0.0、I0.1 等；也可是 PLC 内部产生的信号，如定时器、计数器、比较指令的结果等信号，如图 14-4 中所示的“T1”.Q。

转换条件可以用文字、布尔代数式或图形符号表示，标注在转换的横线旁边，其中用布尔代数表达式最为常见，如图 14-4 中所示的 I0.0，表示的是当 I0.0 从 0 到 1 时即为转换条件成立。如果需要表示转换条件从 1 到 0 时发生转换，则需要标注低电平，用 $\overline{\text{I0.0}}$ 表示。如果需要表示多个条件同时满足时发生转换，如 I10.1 接通且 M0.0 断开时，则用 I10.1 · $\overline{\text{M0.0}}$ 表示。

（4）根据顺序功能图设计梯形图

根据图 14-4 所示的顺序功能图，下面详细介绍梯形图的设计过程。

1）初始步的编程。本系统上电后，即要激活初始步 M2.0，激活条件 M1.0 可用系统存储器位的首次循环 FirstScan 存储器位，如图 14-5 所示。M1.0 启用后，表示其只有在系统首次扫描时接通，多用于系统初始化的信号。另外为了保证系统在启动时所有步都处于非活动状态，还需对 M2.1～M2.5 进行复位。设计的梯形图如图 14-6 所示。

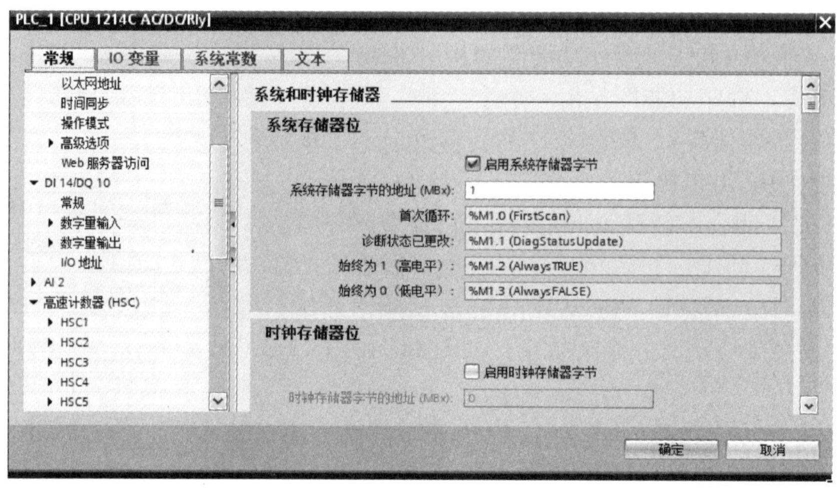

图 14-5 PLC 系统存储器位激活示意图

▼ 程序段 1： 初始步的激活

注释

%M1.0 "FirstScan"　　%M2.0 "Tag_1" (S)　　%M2.1 "Tag_2" (RESET_BF) 5

14-1-2 送料小车控制 PLC 程序设计

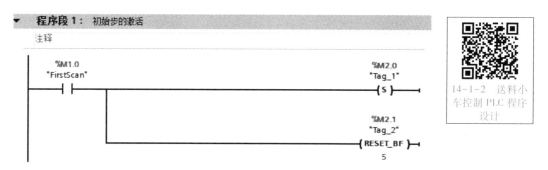

图 14-6 初始步的梯形图程序

2）各步的启动与复位编程。根据图 14-4 所示顺序功能图，按各步的执行顺序编写梯形图。图 14-7 所示的程序段 2～7 分别对应 M2.0～M2.5 共 6 步的梯形图。每个程序段的功能是在转换条件成立时，置位下一步，并复位上一步。以程序段 2 为例，当 M2.0 和 I0.0 同时接通时，即初始步为活动步时，按下启动按钮 SB1，I0.0 接通，根据顺序功能图的执行顺序，则将转换到下一步 M2.1，因此还需置位 M2.1，同时 M2.0 将由活动步转换为非活动步，因此还需复位 M2.0。其他步的设计方法与此类似，这里不再赘述。

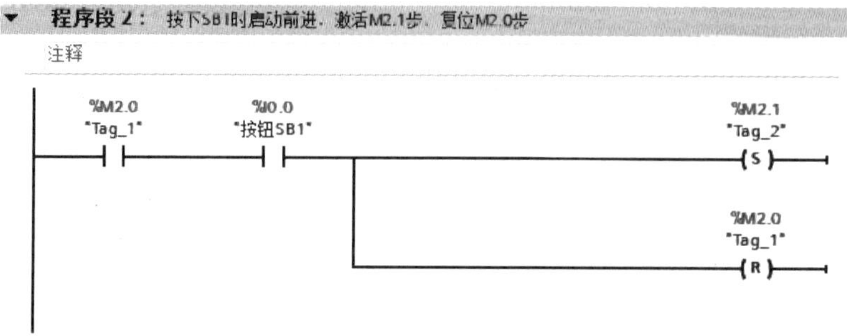

图 14-7 各步的启动和复位梯形图程序

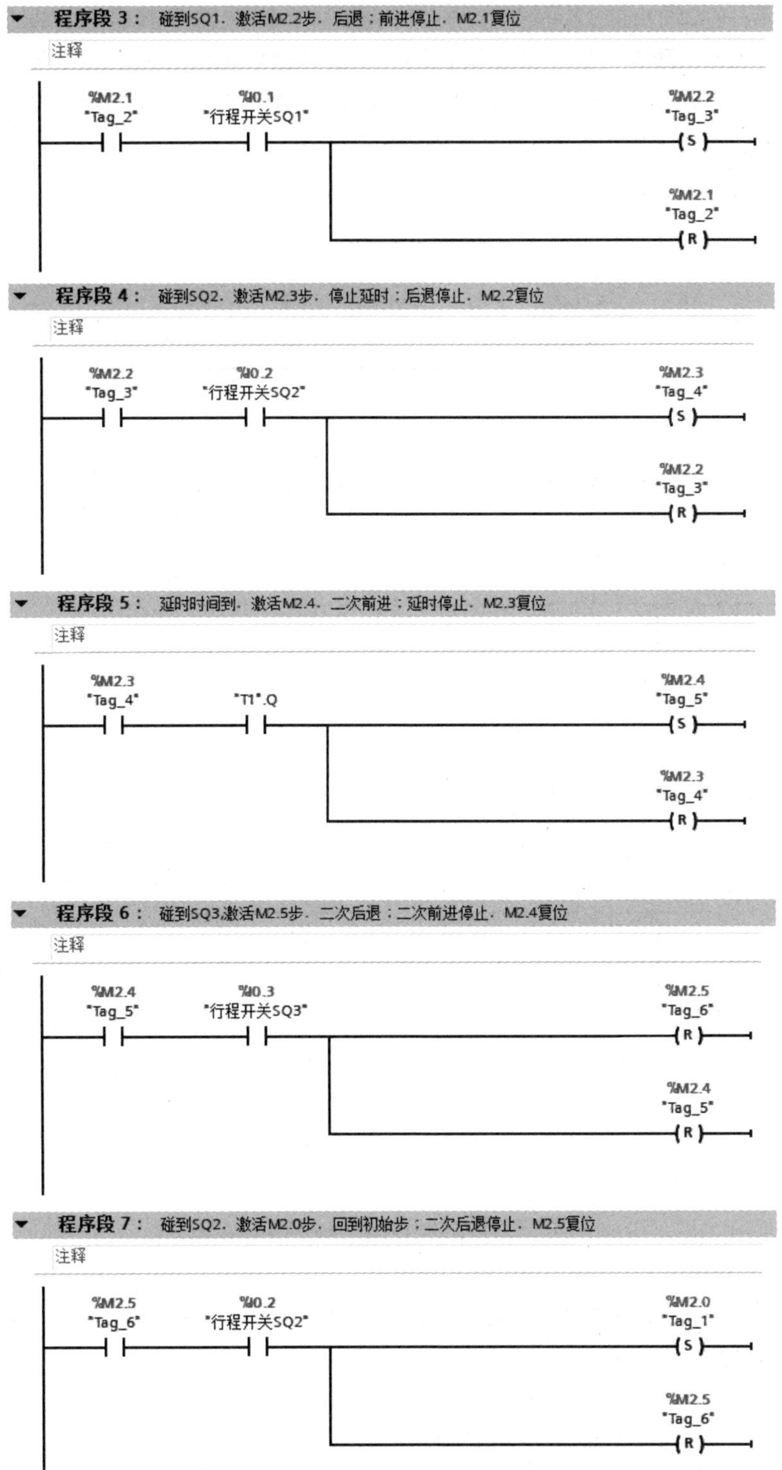

图 14-7　各步的启动和复位梯形图程序（续）

3）各步执行任务的编程。根据图 14-4 所示的顺序功能图，依照各步要执行的任务编写梯形图，如图 14-8 所示，程序段 8～10 分别对应 M2.0～M2.5 共 6 步要执行任务的梯形图。

程序段 8 为 M2.3 步要执行的延时任务。程序段 9 为 M2.1 和 M2.4 两步要执行的任务，由于该两步要执行的任务均为前进，驱动同一输出 Q0.1，因此需将其合并，避免出现双线圈输出。程序段 10 为 M2.2 和 M2.5 两步要执行的任务，均为后退，为同一输出 Q0.2，这里也进行了合并。最后，前进后退为电动机的正反转控制，需加入互锁环节以保证系统安全，因此在程序段 9 和 10 中插入了 Q0.2 和 Q0.1 的互锁触点。

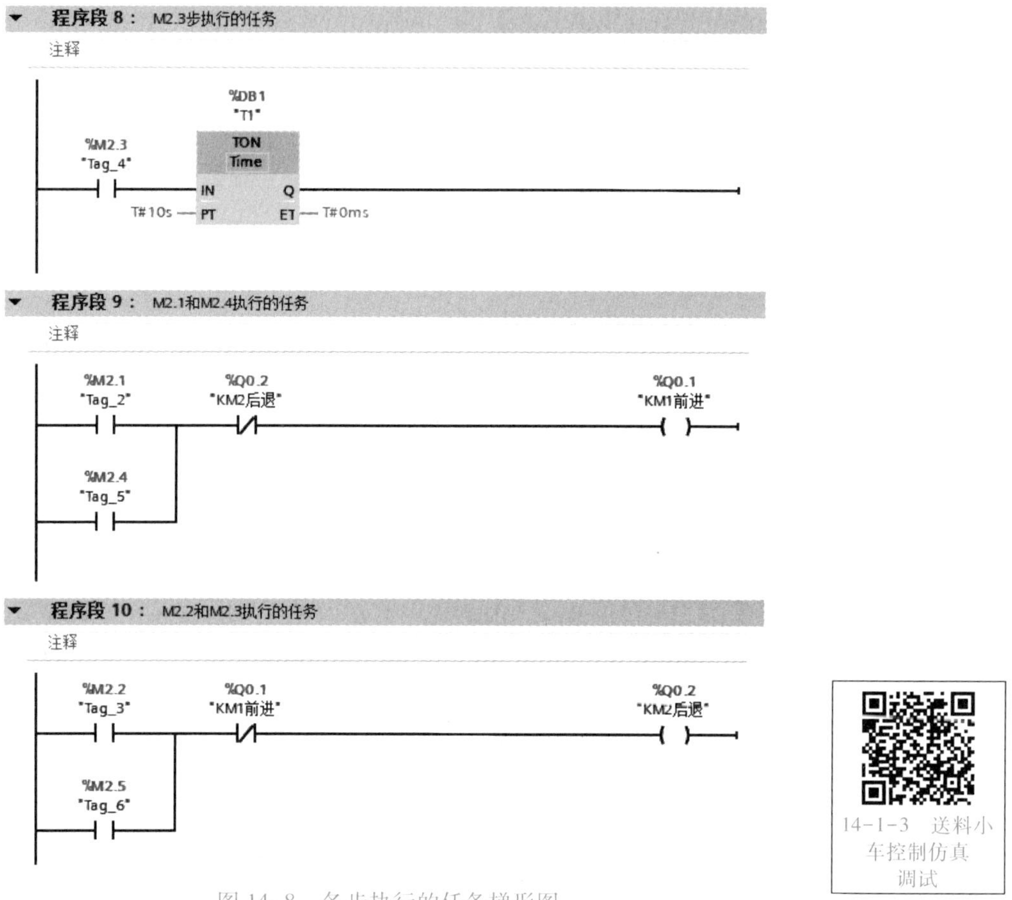

图 14-8　各步执行的任务梯形图

14-1-3　送料小车控制仿真调试

14.1.2　顺序功能图的基本结构

如图 14-9 所示为顺序功能图的几种基本结构。

（1）单序列

图 14-9a 所示为单序列的顺序功能图。其特点是，每一步的后面仅有一个转换条件，每个转换条件的后面仅有一个步。

（2）选择序列

图 14-9b 所示为选择序列的顺序功能图。

选择序列开始的横线称为分支，各个序列的转换条件位于分支下方，如 b 和 f。顺序功能图执行时，当 4 为活动步，若转换条件 b 成立，则执行左边的序列；若转换条件 f 成立，则执行右边的序列，两个序列只能选择其一。

选择序列结束的横线称为汇合，各个序列的转换条件位于汇合上方，如 d 和 g。当执行左边的序列等到 6 为活动步时，若转换条件 d 成立，则转换到 8；当执行右边的序列等到 7 为活动步时，若转换条件 g 成立，同样转换到 8。

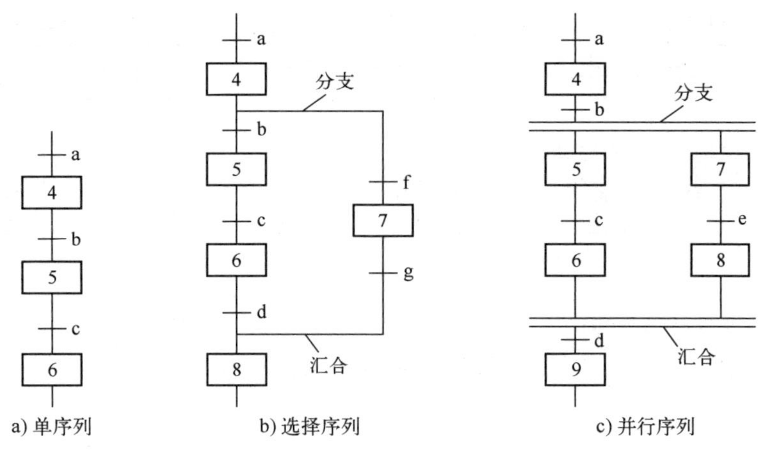

图 14-9　顺序功能图的基本结构

（3）并行序列

图 14-9c 所示为并行序列的顺序功能图。

并行序列开始的双横线也称为分支，各个并行序列的转换条件位于分支上方，如 b。顺序功能图执行时，当 4 为活动步，若转换条件 b 成立，则同时执行左边和右边的序列，即 5 和 7 均成为活动步。

选择序列结束的双横线也称为汇合，各个并行序列的转换条件位于汇合下方，如 d。当 6 和 8 均为活动步，且转换条件 d 成立时，9 被激活成为活动步，6 和 8 同时变为非活动步。

另外，在绘制顺序功能图时，需要注意以下几点：

1）该转换所有的前级步都是活动步，当相应的转换条件得到满足即可发生转换。

2）发生转换后，与转换符号相连的后续步都变为活动步，与转换符号相连的前级步都变为非活动步。

3）两个步绝对不能直接相连，必须用一个转换将它们分隔开；两个转换也不能直接相连，必须用一个步将它们分隔开。

4）顺序功能图中的初始步一般对应于系统等待启动的初始状态，初始步是必不可少的。

5）自动控制系统应能循环，即在完成一次工艺过程的全部操作之后，应从最后一步返回初始步，系统停留在初始状态，或者应从最后一步返回下一工作周期开始运行的第一步。

任务 14.2　机械手 PLC 控制系统设计与仿真调试

图 14-1 所示的机械手，能实现将工作台 A 上的工件搬运到工作台 B 上。其工作顺序是：下降→夹紧工件→上升→右移→下降→松开工件→上升→左移回原位。机械手由气动驱动，其控制原理图如图 14-10 所示。机械手的上升、下降、左移、右移都用双线圈三位电磁阀气缸完成。当某个电磁阀通电时，就保持相对应的动作，即使线圈断电仍然保持，直到相反方向的线圈通电，相应的动作才结束。例如，当下降电磁阀通电时，机械手下降；下降电磁阀断电时，机械手停止下降；只有当上升电磁阀通电时，机械手才上升。机械手的夹紧和放松则采用单向阀控制，通电时夹紧，断电时放松。

（1）系统输入/输出分配

设计程序之前，先进行系统输入/输出地址分配，具体见表 14-2。

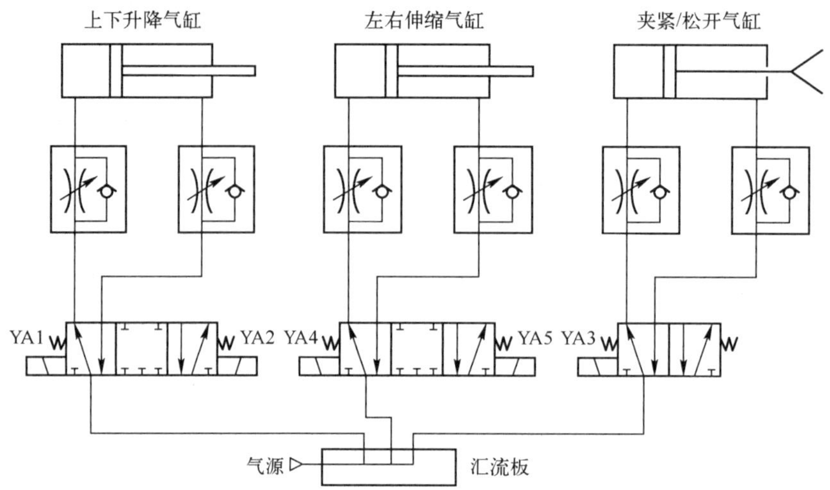

图 14-10 机械手气动控制原理图

表 14-2 机械手 PLC 控制输入/输出（I/O）信号分配表

输入元件	输入信号	作用	输出元件	输出信号	作用
按钮 SB1	I0.0	起动按钮	电磁铁 YA1	Q0.0	上升
按钮 SB2	I0.1	停止按钮	电磁铁 YA2	Q0.1	下降
行程开关 SQ1	I0.2	上限位	电磁铁 YA3	Q0.2	夹紧/松开
行程开关 SQ2	I0.3	下限位	电磁铁 YA4	Q0.3	左移
行程开关 SQ3	I0.4	左限位	电磁铁 YA5	Q0.4	右移
行程开关 SQ4	I0.5	右限位	指示灯 HL	Q0.5	原点指示
光电开关 SP	I0.6	检测工件			

（2）绘制 PLC 控制原理图

当选择 CPU1214C DC/DC/DC 型号 PLC 时，机械手 PLC 控制原理图如图 14-11 所示。

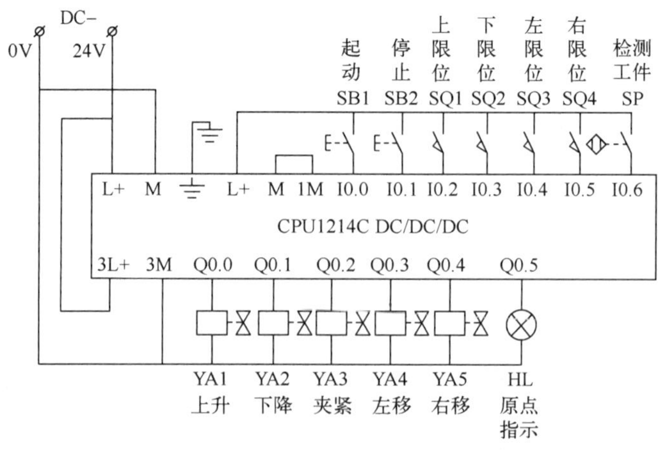

图 14-11 机械手 PLC 控制原理图

（3）设计顺序功能图

根据控制要求，机械手的动作分为起始、下降、夹紧、上升、右移、下降、放松、上升、左移共 9 步。其中，第二次下降前需判断 B 工作台是否有工件，需添加选择序列。另外，若按下停止按钮，需返回初始步，若未按下停止按钮需返回下降循环，因此在流程的最后一步也需要添加选择序列。据此设计的机械手 PLC 控制顺序功能图如图 14-12 所示。

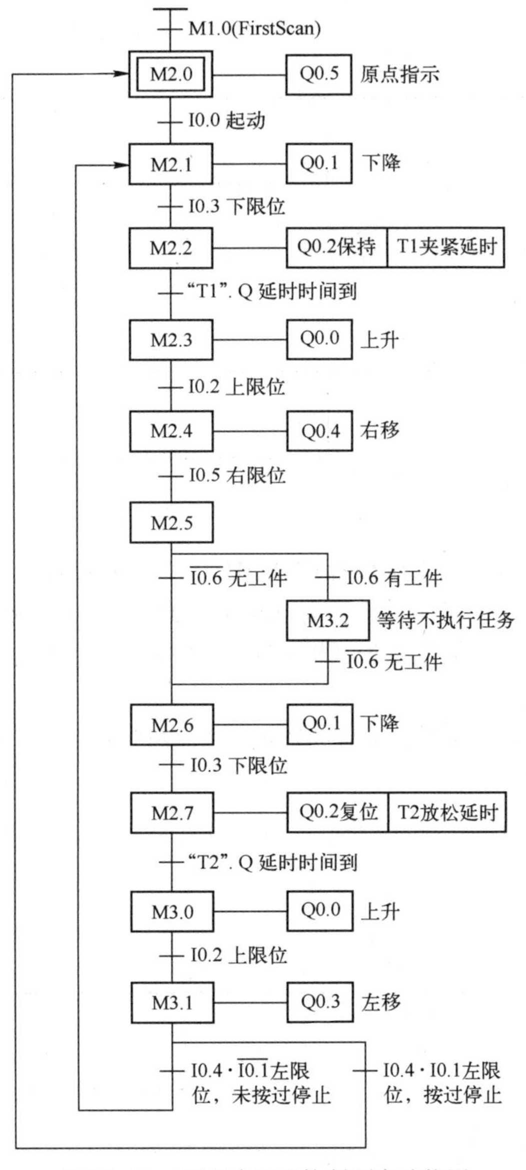

图 14-12　机械手 PLC 控制顺序功能图

(4) 设计梯形图

根据顺序功能图，设计的梯形图如图 14-13～图 14-22 所示。

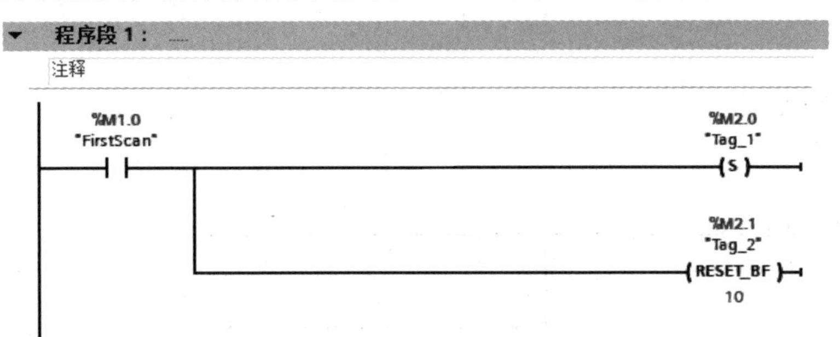

14-2-2　机械手控制 PLC 程序设计

图 14-13　机械手 PLC 控制梯形图 1

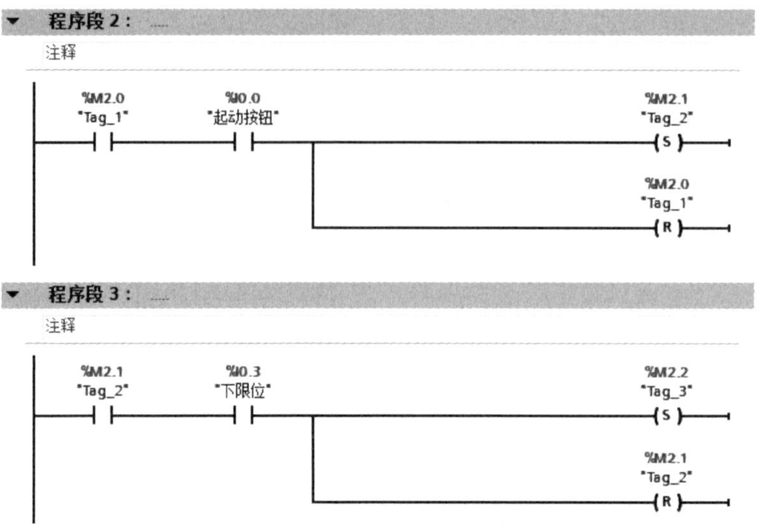

图 14-14 机械手 PLC 控制梯形图 2

程序段 1（见图 14-13）：用系统位存储器 M1.0 位（FirstScan）激活初始步 M2.0，并且复位 M2.1～M3.2 共 10 个步，以保证系统上电时从初始状态开始运行。

程序段 2（见图 14-14）：初始步为活动步时，当按下起动按钮 SB1（I0.0 接通）时，置位 M2.1 步，复位 M2.0 步。

程序段 3（见图 14-14）：M2.1 为活动步时，当碰到下限位 SQ2（I0.3 接通）时，置位 M2.2 步，复位 M2.1 步。

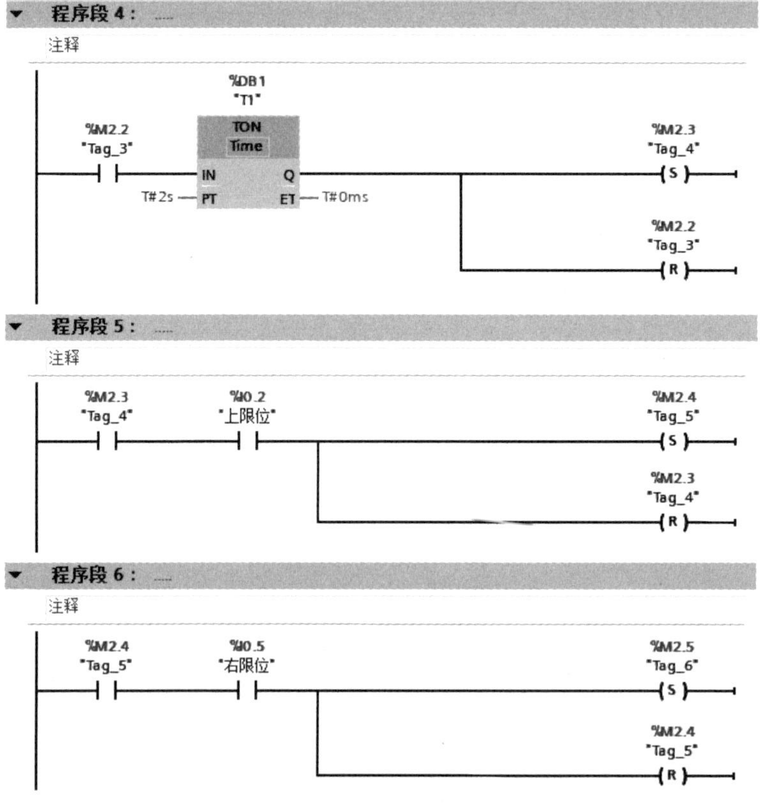

图 14-15 机械手 PLC 控制梯形图 3

程序段 4（见图 14-15）：当 M2.2 为活动步时，延时 2 s，当延时时间到，置位 M2.3 步，复位 M2.2 步。

程序段 5（见图 14-15）：M2.3 为活动步时，当碰到上限位 SQ1（I0.2 接通）时，置位 M2.4 步，复位 M2.3 步。

程序段 6（见图 14-15）：M2.4 为活动步时，当碰到右限位 SQ4（I0.5 接通）时，置位 M2.5 步，复位 M2.4 步。

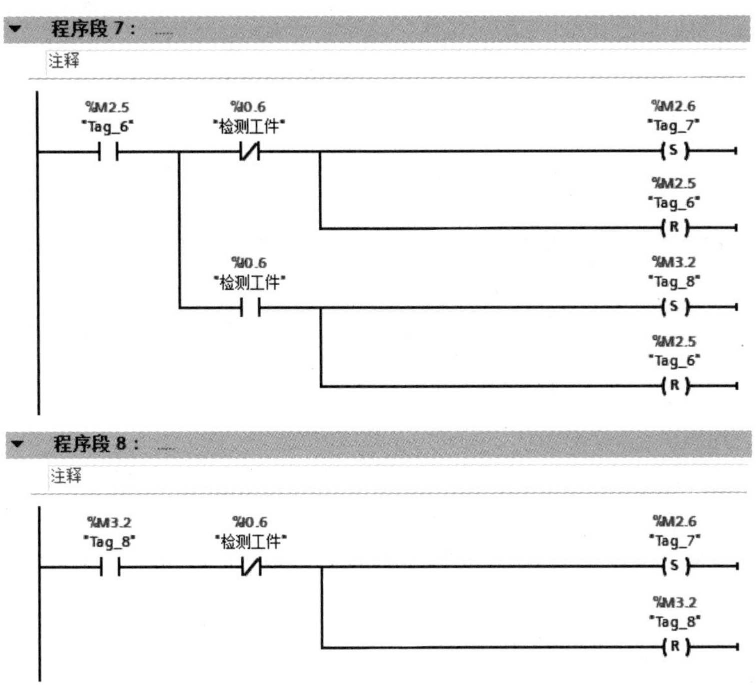

图 14-16　机械手 PLC 控制梯形图 4

程序段 7（见图 14-16）：该程序段涉及选择序列。当 M2.5 为活动步时，根据 B 工作台有无工件决定流程的方向。当检测 B 工作台无工件，光电开关无信号，I0.6 断开，则置位 M2.6，复位 M2.5；若检测 B 工作台有工件，光电开关有信号，I0.6 接通，则置位 M3.2，也需复位 M2.5。

程序段 8（见图 14-16）：当 M3.2 为活动步时，即之前检测 B 工作台有工件，等到检测 B 工作台无工件，即 I0.6 的常闭触点接通，则置位 M2.6 步，复位 M3.2 步，顺序功能图汇合至 M2.6 步。

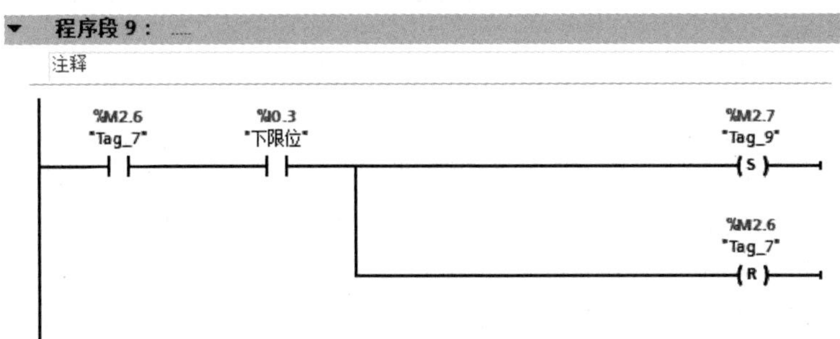

图 14-17　机械手 PLC 控制梯形图 5

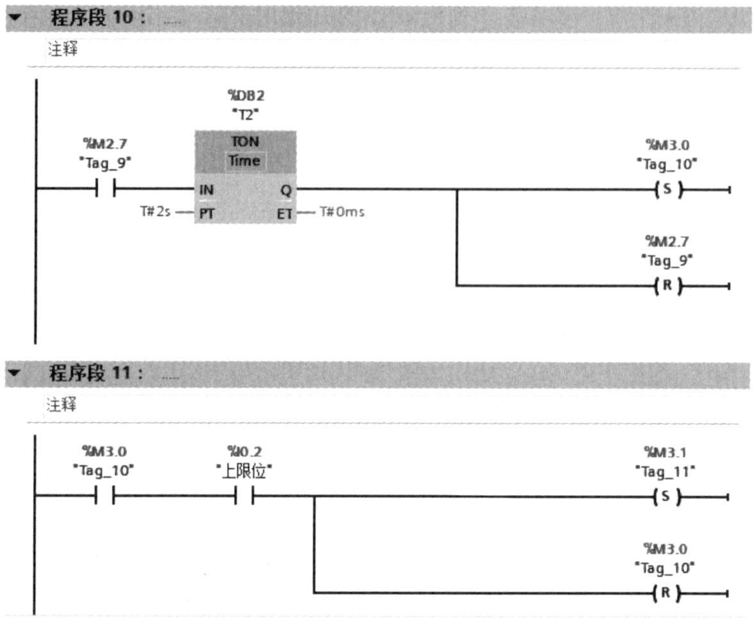

图 14-18 机械手 PLC 控制梯形图 6

程序段 9（见图 14-17）：M2.6 为活动步时，当碰到下限位 SQ2（I0.3 接通）时，置位 M2.7 步，复位 M2.6 步。

程序段 10（见图 14-18）：M2.7 为活动步时，延时 2 s，当延时时间到，置位 M3.0 步，复位 M2.7 步。

程序段 11（见图 14-18）：M3.0 为活动步时，当碰到上限位 SQ1（I0.2 接通）时，置位 M3.1 步，复位 M3.0 步。

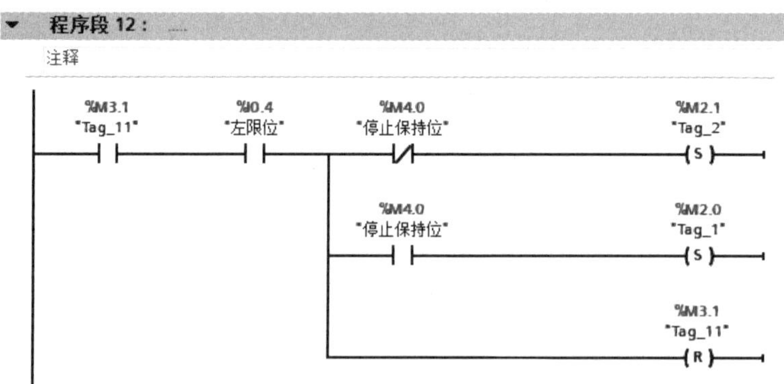

图 14-19 机械手 PLC 控制梯形图 7

程序段 12（见图 14-19）：当 M3.1 为活动步时，且机械手回到左限位（I0.4 接通）时，一个流程结束，此时需要判断系统之前是否按过停止按钮。如果停止保持位 M4.0 断开，表示未按过停止按钮，则置位 M2.1（机械手下降，进行下一个流程）；如果停止保持位 M4.0 接通，表示之前按过停止按钮，则置位初始步 M2.0（初始步，等待下一次起动，进行下一个流程）。此时还对 M3.1 进行了复位。

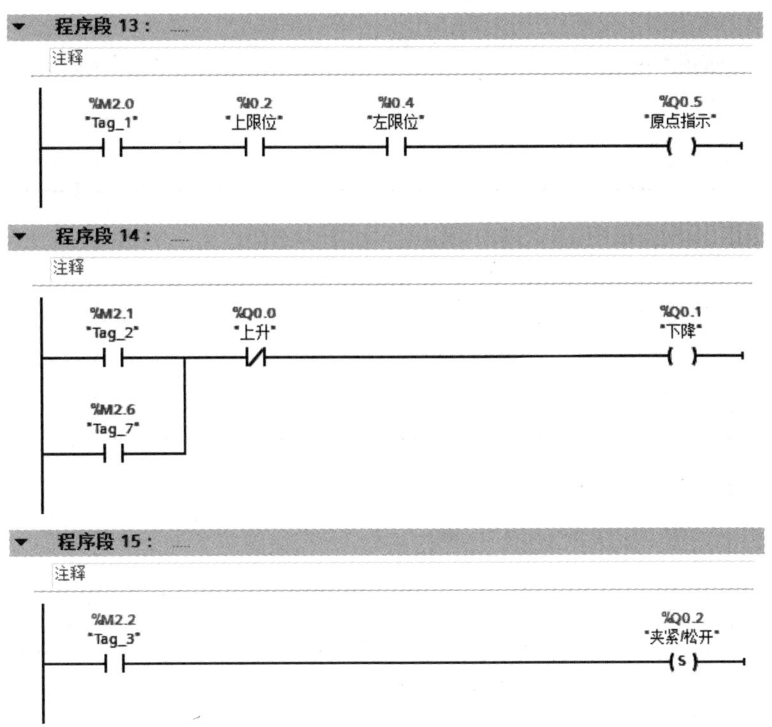

图 14-20　机械手 PLC 控制梯形图 8

程序段 13~程序段 20 为系统输出的控制程序。

程序段 13（见图 14-20）：系统激活，M2.0 接通时，若机械手处于原点，即上限位 SQ1 压下（I0.2 接通）且左限位 SQ3 压下（I0.4 接通），原点指示灯亮，即 Q0.5 接通。

程序段 14（见图 14-20）：在 M2.1 步或 M2.6 步为活动步时，机械手下降，即 Q0.1 接通。为了避免出现双线圈输出，此处进行了合并。另外机械手的上升下降、左移右移都设置了互锁，保证系统工作安全。

程序段 15（见图 14-20）：当 M2.2 步为活动步时，机械手 Q0.2 夹紧置位。由于夹紧为单向阀控制，在抓取工件后需要运输到 B 工作台方可放松，为存储型动作，这里采用置位指令使其保持接通，直到将工件放至 B 工作台才使其复位，如程序段 18 所示。

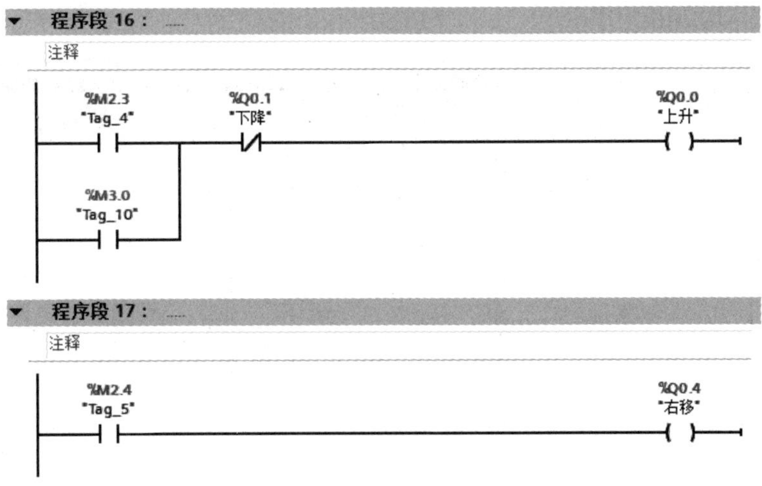

图 14-21　机械手 PLC 控制梯形图 9

程序段 18：……

注释

%M2.7 "Tag_9"　　%Q0.2 "夹紧/松开" (R)

程序段 19：……

注释

%M3.1 "Tag_11"　　%Q0.3 "左移"

程序段 20：……

注释

%I0.1 "停止按钮"　　%I0.0 "起动按钮"　　%M4.0 "停止保持位"

%M4.0 "停止保持位"

图 14-22　机械手 PLC 控制梯形图 10

程序段 16~19 功能比较简单（见图 14-21 和图 14-22），这里不再赘述。

14-2-3　机械手 PLC 控制仿真调试

程序段 20：这里使用起-停-保环节，目的是保证在系统已经开始了新的流程后，若期间按下过停止按钮，系统的工作不会受到影响，直到执行到最后一步（对应 M3.1 步，程序段 12）才决定系统的去向，即：转换至初始步 M2.0 回到初始状态。

（5）程序的仿真调试

根据设计的梯形图程序，进行仿真调试，调试结果如图 14-23 所示。

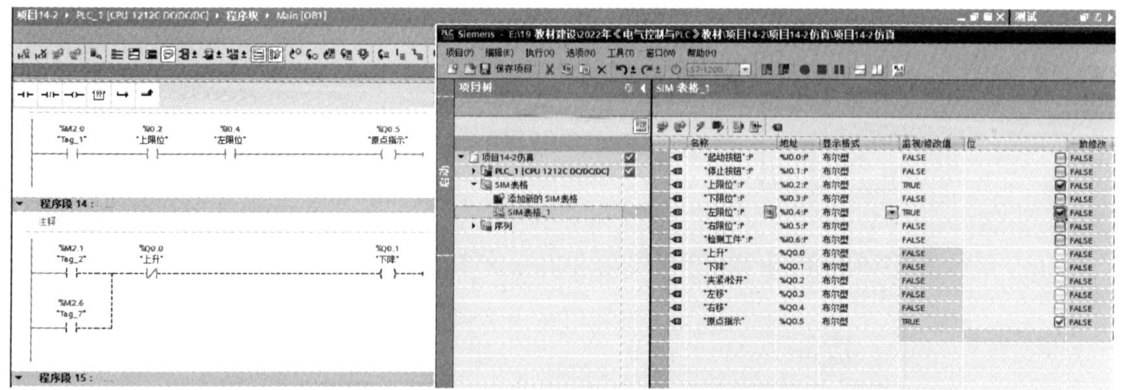

图 14-23　机械手 PLC 控制梯形图仿真调试结果 1

步骤 1：系统上电后，机械手处于原点位置，原点指示灯亮，如图 14-24 所示。

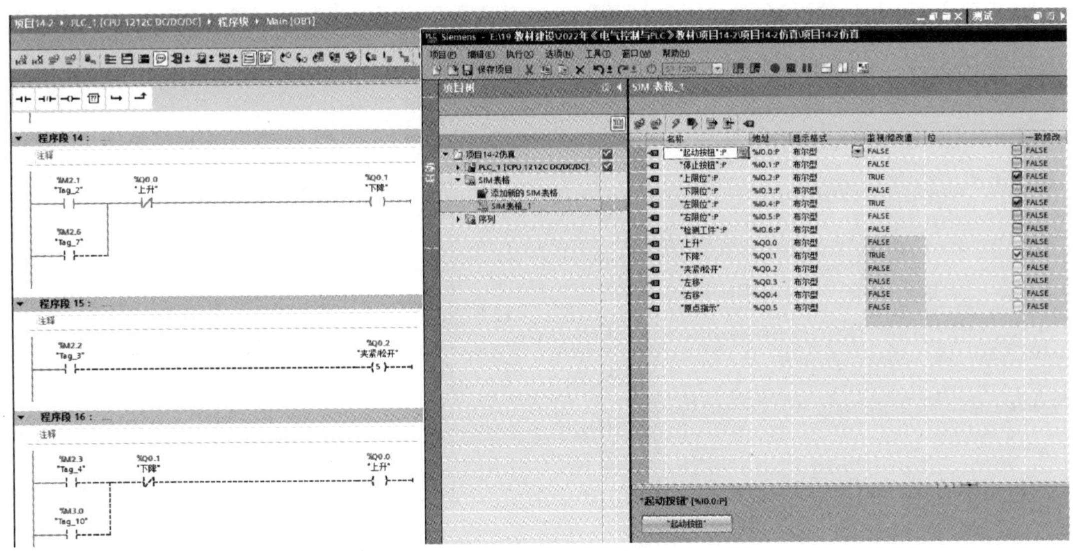

图 14-24　机械手 PLC 控制梯形图仿真调试结果 2

步骤 2：按下起动按钮，机械手下降，Q0.1 接通，如图 14-25 所示。

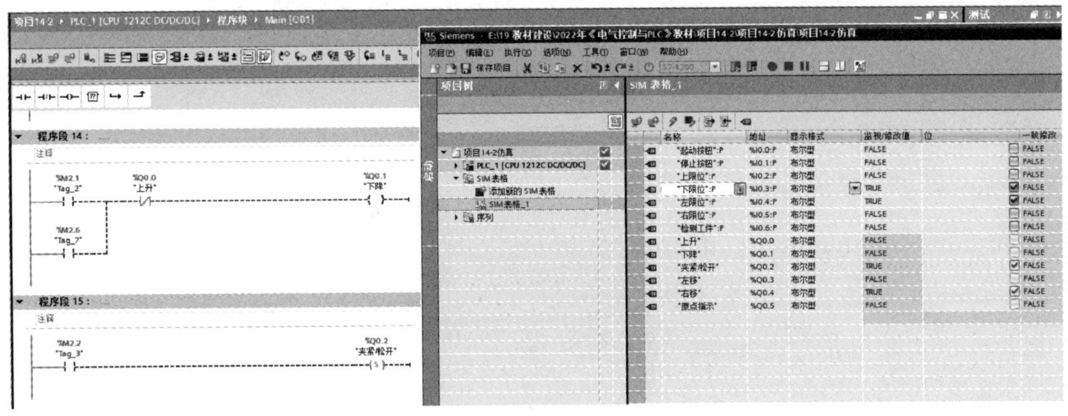

图 14-25　机械手 PLC 控制梯形图仿真调试结果 3

步骤 3：达到下限位，夹紧延时，如图 14-26 所示。

图 14-26　机械手 PLC 控制梯形图仿真调试结果 4

步骤 4：达到下限位，延时后机械手上升，Q0.0 接通，如图 14-27 所示。

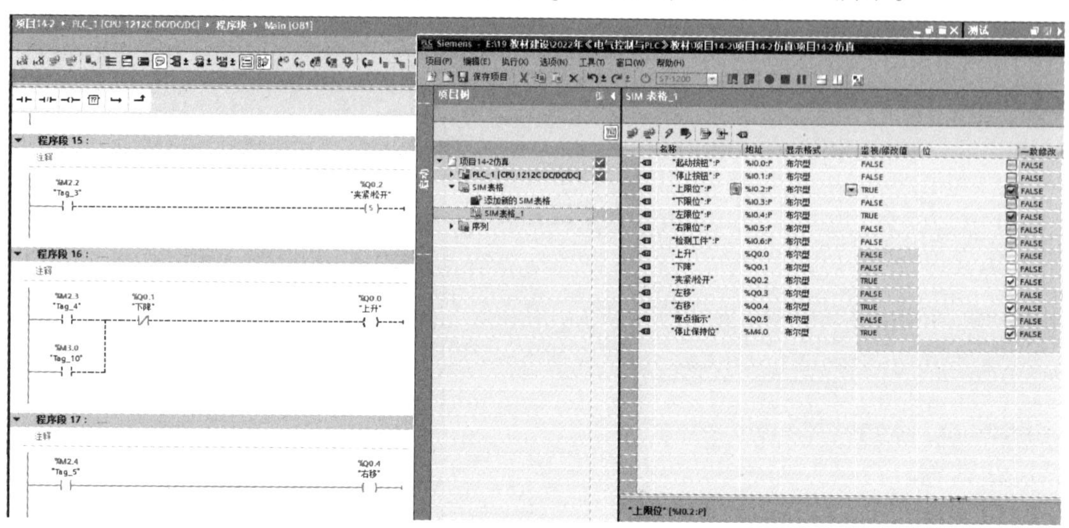

图 14-27 机械手 PLC 控制梯形图仿真调试结果 5

步骤 5：机械手上升达到上限位，开始右移，Q0.4 接通，如图 14-28 所示。

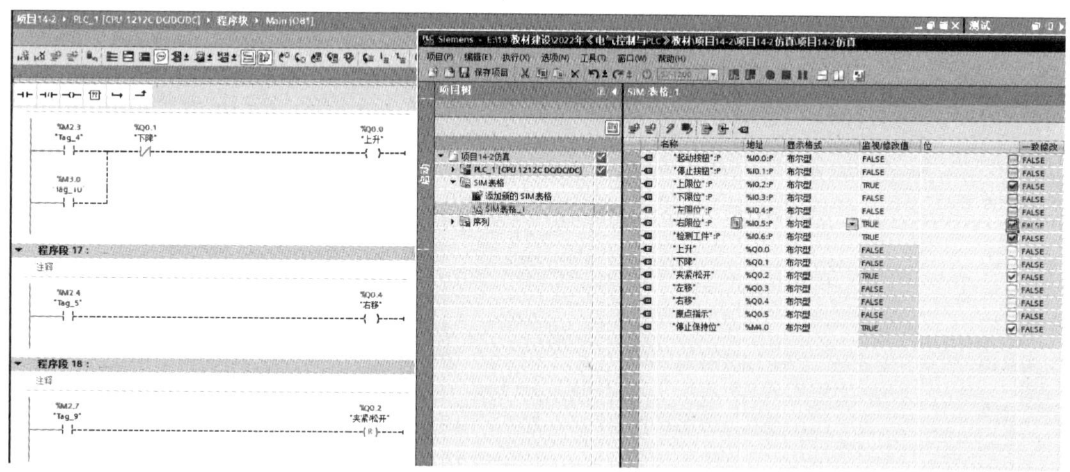

图 14-28 机械手 PLC 控制梯形图仿真调试结果 6

步骤 6：由于 B 工作台有工件，右移达到右限位后，机械手保持夹紧，右移结束，等待下降，如图 14-29 所示。

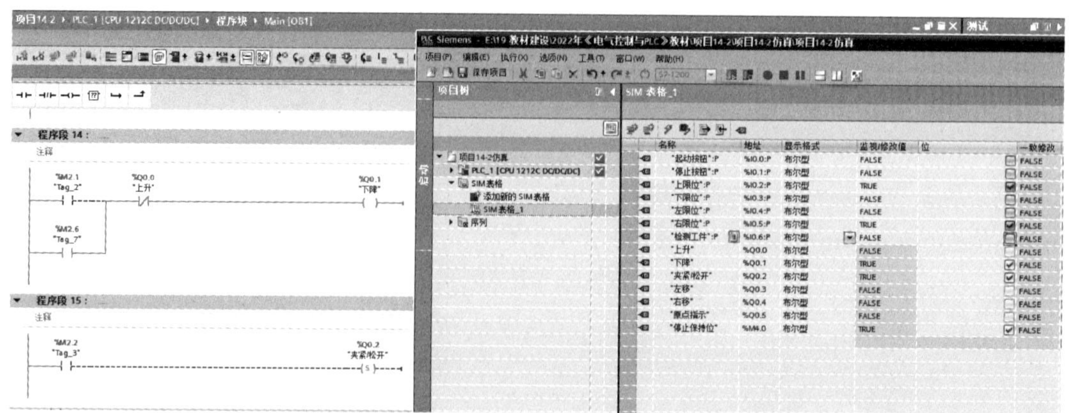

图 14-29 机械手 PLC 控制梯形图仿真调试结果 7

步骤 7：当将 B 工作台的工件移走，机械手下降，Q0.1 接通，如图 14-30 所示。

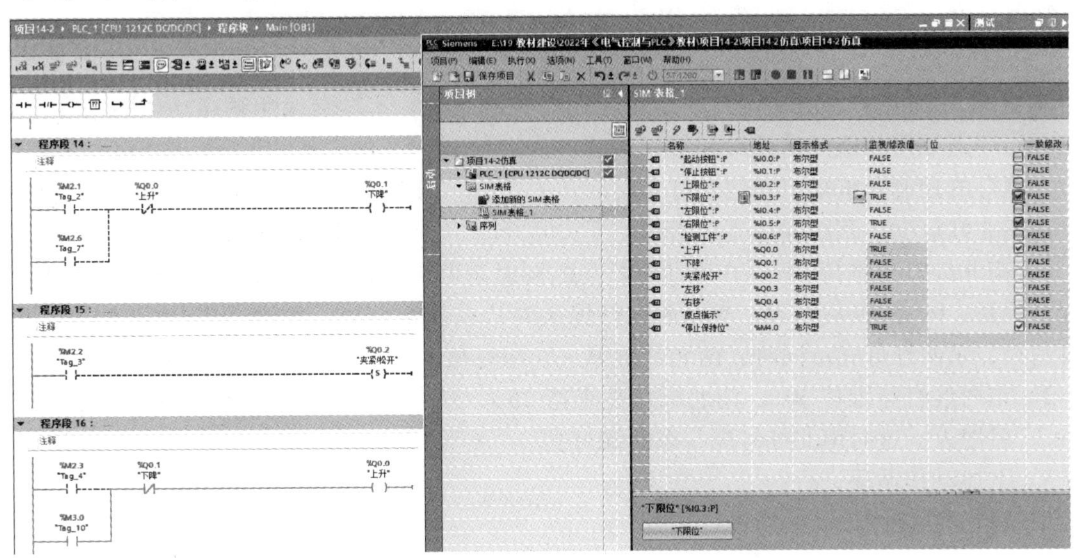

图 14-30　机械手 PLC 控制梯形图仿真调试结果 8

步骤 8：下降到下限位，放松延时结束后机械手上升，Q0.0 接通，如图 14-31 所示。

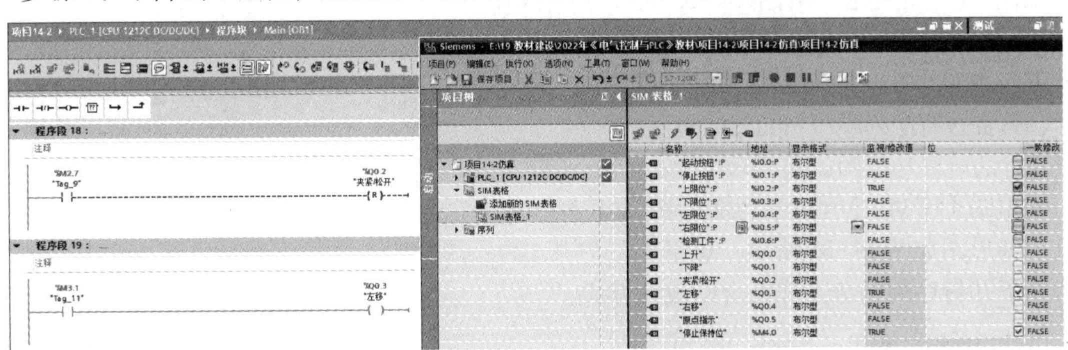

图 14-31　机械手 PLC 控制梯形图仿真调试结果 9

步骤 9：上升到上限位后，机械手开始左移，Q0.3 接通，如图 14-32 所示。

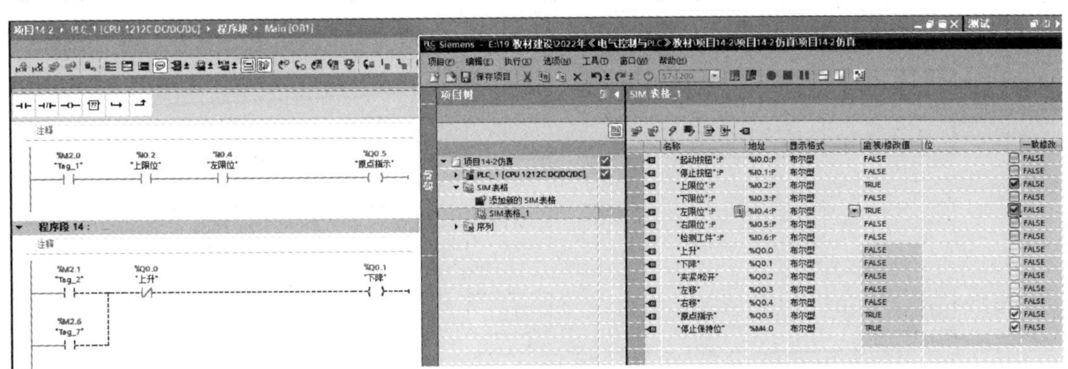

图 14-32　机械手 PLC 控制梯形图仿真调试结果 10

步骤 10：由于在之前按下过停止按钮，停止保持位（M4.0）接通，因此等机械手左移到左限位后，回到原点停止，原点指示灯亮。

读者也可以尝试多运行几遍，检测系统的自动循环功能。

任务 14.3 顺序功能图法设计交通灯 PLC 控制程序

项目 11 中采用多种方法设计了交通灯 PLC 控制系统，本项目改用顺序功能图法设计，并介绍并行序列顺序功能图的设计和编程方法。

交通灯的控制要求如下：信号灯受启动开关控制。当启动开关接通时，信号灯系统开始工作，先南北红灯亮，东西绿灯亮。当起动开关断开时，所有信号灯都熄灭。

1）南北红灯亮维持 25 s。在南北红灯亮的同时东西绿灯也亮，并维持 20 s。到 20 s 时，东西绿灯闪亮，闪亮 3 s 后熄灭。在东西绿灯熄灭时，东西黄灯亮，并维持 2 s。到 2 s 时，东西黄灯熄灭，东西红灯亮。同时，南北红灯熄灭，绿灯亮。

2）东西红灯亮维持 30 s。南北绿灯亮维持 25 s，然后闪亮 3 s 后熄灭，同时南北黄灯亮，维持 2 s 后熄灭。这时南北红灯亮，东西绿灯亮。

3）上述动作循环进行。

采用顺序功能图设计法的设计流程如下：

在设计顺序功能图之前，绘制的时序图如图 14-33 所示。由图 14-33 可以看出，交通灯一个工作周期为 55 s，东西方向和南北方向的交通灯同时并行工作，符合并行序列顺序功能图的特点。据此设计的顺序功能图如图 14-34 所示。

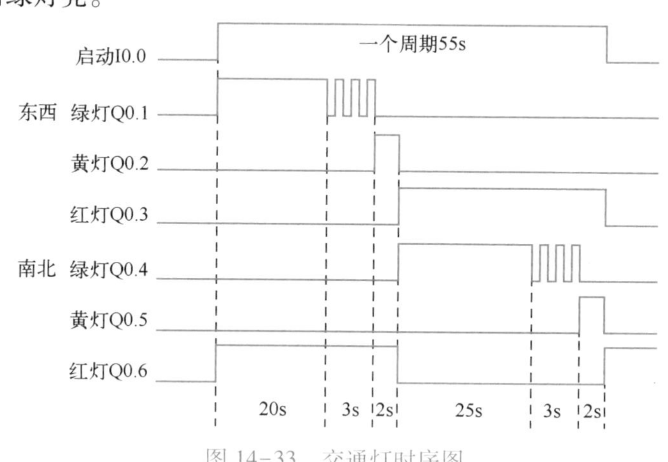

图 14-33 交通灯时序图

根据图 14-34 所示顺序功能功图，设计的梯形图如图 14-35 所示。这里详细说明下并行序列的分支和汇合的设计方法。

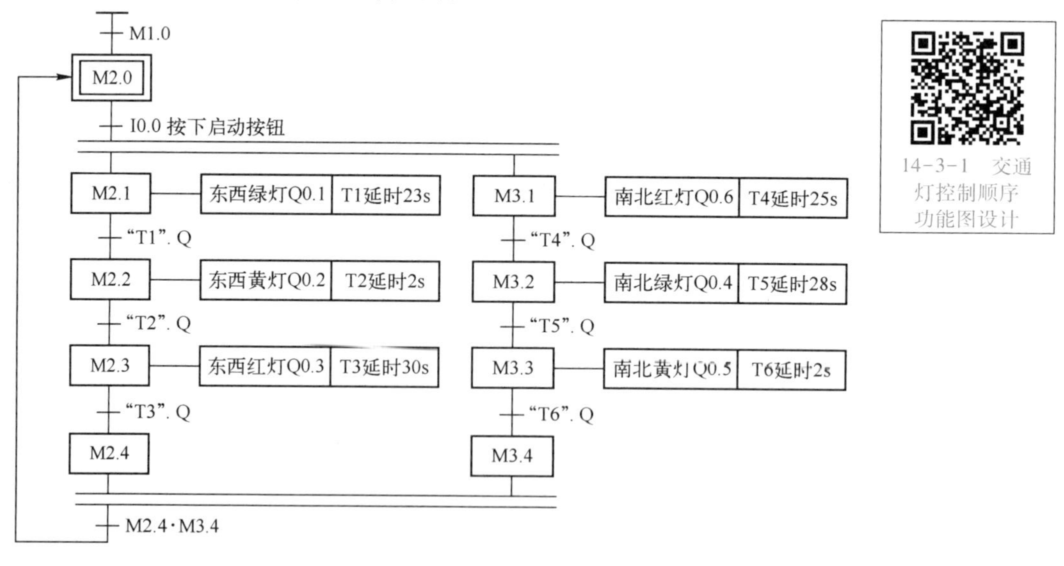

图 14-34 交通灯系统的顺序功能图

程序段 2：为并行序列的分支，当按下启动按钮 I0.0 接通时，同时置位激活 M2.1 和 M3.1 两步，两条并行序列同时工作，即东西绿灯亮、南北红灯亮。

程序段 9：当 M2.4 和 M3.4 均为活动步时，并行序列汇合，重新置位激活 M2.1 和 M3.1 两步，系统开始循环。

其他程序段的功能，读者可以参考程序段注释分析程序功能、仿真和调试，这里不再赘述。

14-3-2　交通灯控制 PLC 程序设计

程序段 1：初始步M2.0激活，M2.1~M2.4、M3.1~M3.4全部复位。由于再次按下启动按钮系统能循环，增加了I0.0的启动信号

注释

%M1.0
"FirstScan"
%I0.0
"启动"
P
%M11.0
"Tag_15"
%M2.0
"Tag_3"
S
%M2.1
"Tag_4"
RESET_BF
12

程序段 2：当按下启动按钮，I0.0接通，M2.1和M3.1同时激活，并行工作

注释

%M2.0
"Tag_3"
%I0.0
"启动"
%M2.1
"Tag_4"
S
%M3.1
"Tag_5"
S
%M2.0
"Tag_3"
R

程序段 3：M2.1步为活动步时，延时23s后，激活M2.2步

注释

%DB1
"T1"
TON
Time
%M2.1
"Tag_4"
IN
Q
T#23s
PT
ET
%MD10
"Tag_12"
%M2.2
"Tag_6"
S
%M2.1
"Tag_4"
R

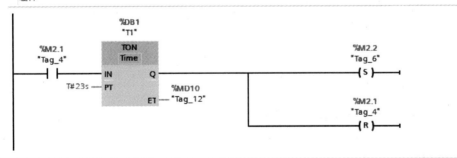

程序段 4：M2.2步为活动步时，延时2s后，激活M2.3步

注释

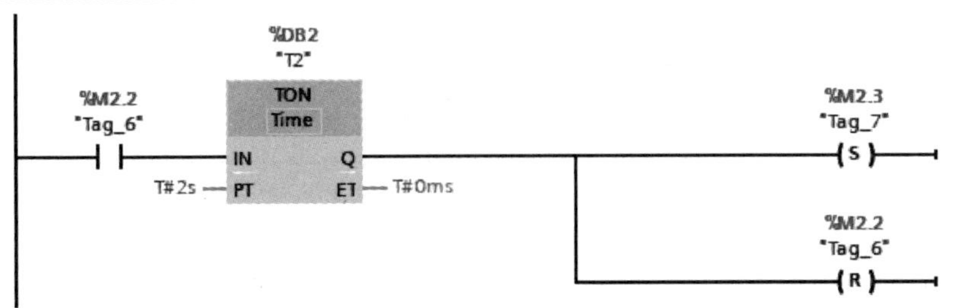

图 14-35　交通灯 PLC 控制系统梯形图

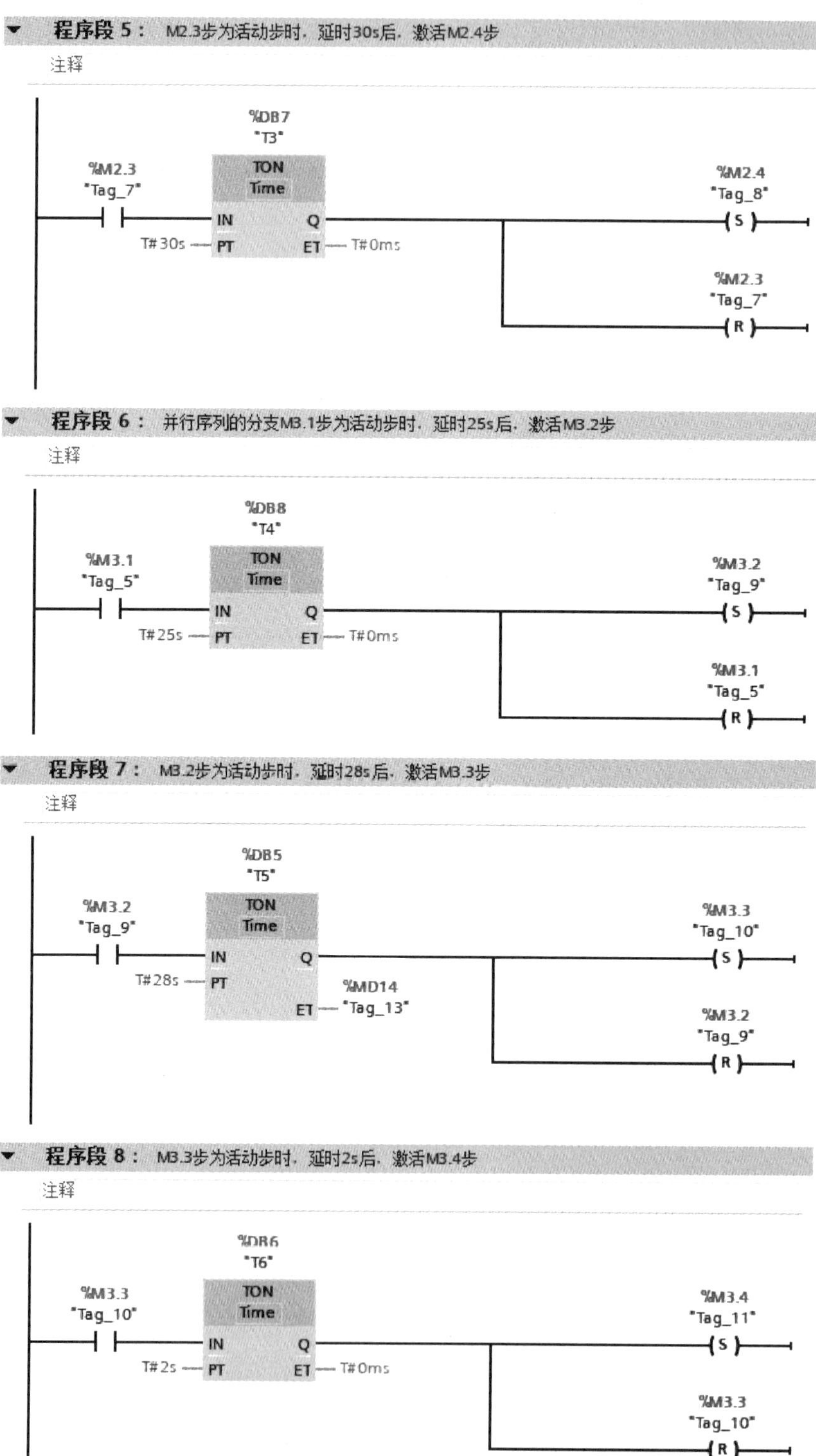

图 14-35 交通灯 PLC 控制系统梯形图（续）

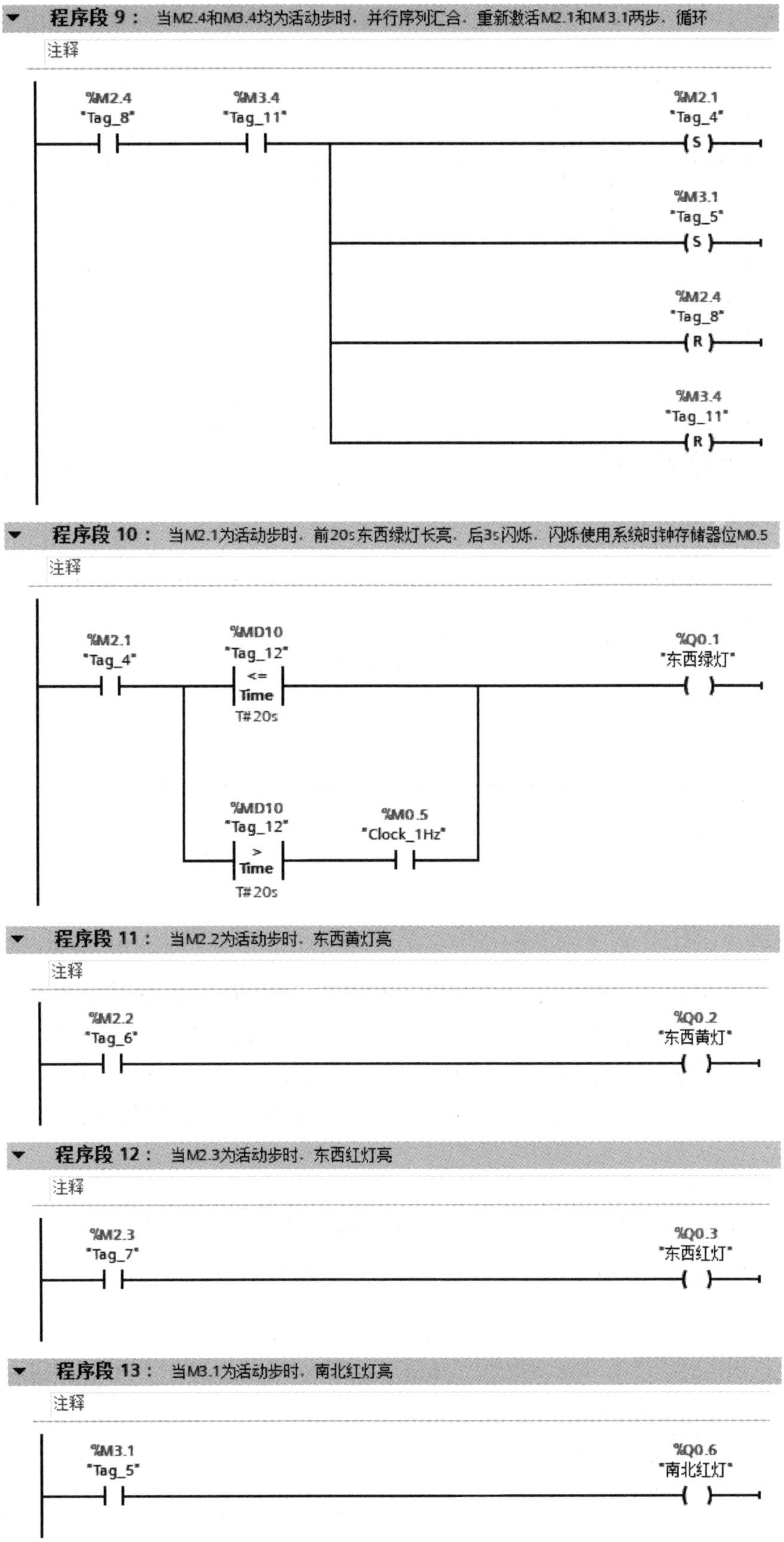

程序段 9： 当M2.4和M3.4均为活动步时，并行序列汇合，重新激活M2.1和M3.1两步，循环

注释

%M2.4 "Tag_8"　%M3.4 "Tag_11"　%M2.1 "Tag_4" (S)　%M3.1 "Tag_5" (S)　%M2.4 "Tag_8" (R)　%M3.4 "Tag_11" (R)

程序段 10： 当M2.1为活动步时，前20s东西绿灯长亮，后3s闪烁，闪烁使用系统时钟存储器位M0.5

注释

%M2.1 "Tag_4"　%MD10 "Tag_12" <= Time T#20s　%MD10 "Tag_12" > Time T#20s　%M0.5 "Clock_1Hz"　%Q0.1 "东西绿灯"

程序段 11： 当M2.2为活动步时，东西黄灯亮

注释

%M2.2 "Tag_6"　%Q0.2 "东西黄灯"

程序段 12： 当M2.3为活动步时，东西红灯亮

注释

%M2.3 "Tag_7"　%Q0.3 "东西红灯"

程序段 13： 当M3.1为活动步时，南北红灯亮

注释

%M3.1 "Tag_5"　%Q0.6 "南北红灯"

图 14-35　交通灯 PLC 控制系统梯形图（续）

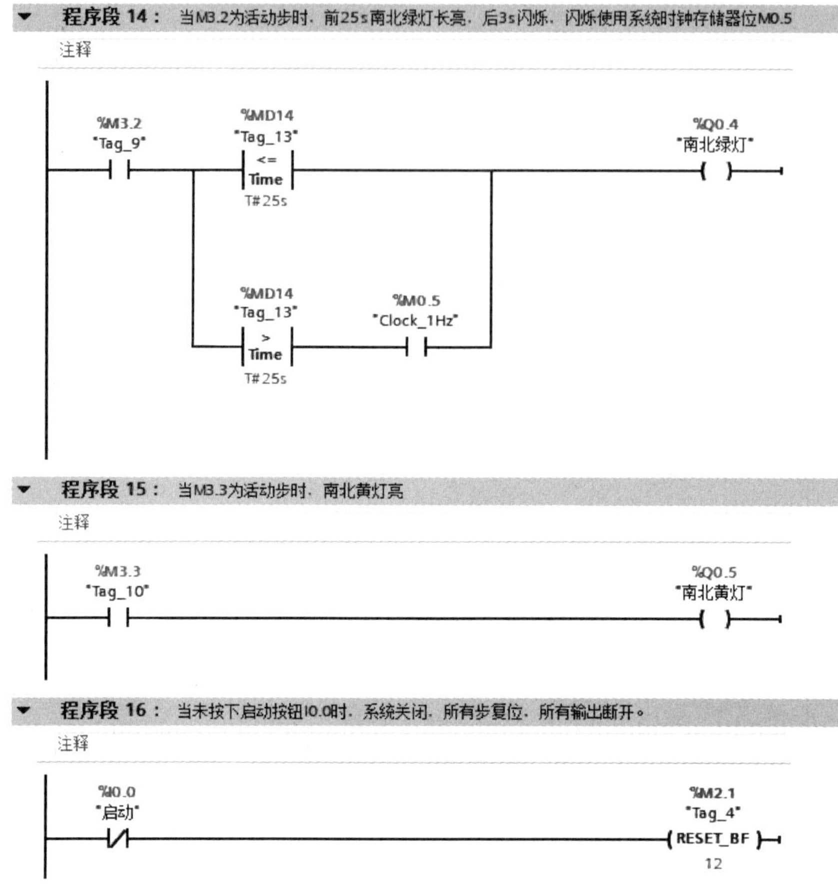

图 14-35　交通灯 PLC 控制系统梯形图（续）

【思考与练习】

1. 三台电动机的控制，要求按时间原则（相隔 5 s）实现顺序起动和停止。起动顺序为 M1→M2→M3，停止顺序为 M3→M2→M1，试采用顺序功能图设计法编程实现。

2. 舞台红、绿、黄三色灯的控制，要求红灯先亮，2 s 后绿灯亮，再过 3 s 后黄灯亮，待红、绿、黄灯全亮 3 min 后，全部灯灭，试采用顺序功能图设计法编程实现。

【项目测评】

本项目目标达成度测评采用项目考核与个人考核相结合的方式，具体考核细则见表 14-3。考核成绩达到 70 分，就可以认定该学生达成了本项目的预期学习目标。

表 14-3　项目目标达成度测评评分办法

考 核 目 标	考 核 方 法	成绩占比（%）
目标 1	雨课堂测试	10
目标 2	课内外作业	30
目标 3	项目实践	50
目标 4	考勤、课堂表现评分	10

【素质拓展】

养成循序渐进的做事风格

顺序控制是指按照生产工艺预先规定的顺序，各个执行机构自动地有秩序地进行操作，在工业生产和日常生活中应用十分广泛，例如搬运机械手的运动控制、包装生产线的控制等。生活中很多方面都存在顺序的概念，如井然有序、循序渐进等。俗话说："万物有理，四时有序。"这里的"序"指的是事物发展、变化、步骤，是客观规律的体现。反映在实际工作之中，就是要求我们在做事之前要先明确清楚条理后再做。当你没有理清来龙去脉时，做起事来总会感觉一头雾水。当你一旦掌握了事情的条理后，一切都会水到渠成。

项目15 步进电动机驱动的工作台PLC控制系统设计与调试

【学习目标】

（1）熟知步进电动机的类型、工作原理与使用方法；熟知高速脉冲输出指令和运动控制指令的类型、功能与使用方法等。

（2）能够正确绘制步进电动机PLC控制系统的电气原理图，并进行安装接线。

（3）能够利用运动控制指令编写步进电动机PLC控制程序，并进行调试。

（4）在项目实施过程中，养成良好的职业素养，体现良好的工匠精神。

【项目要求】

用S7-1200 PLC与TIA软件完成步进电机驱动的工作滑台控制系统的设计与调试（实物图如图15-1所示）。具体控制要求：工作台由步进电动机带动滚珠丝杠进行传动（丝杠转动一圈，工作台前进或后退4 mm）。当按下按钮SB1时，工作台回原点；按下按钮SB2，步进电动机起动并正转，工作台前进，抬起按钮SB2，步进电动机停止运动，实现正向点动控制；当按下按钮SB3，步进电动机起动并反转，工作台后退，当抬起按钮SB3，步进电动机停止运动，实现反向点动。当按下按钮SB4时，可调节工作台的移动速度为20 mm/s。当工作台位置超出左右限位时，步进电动机停止运行。

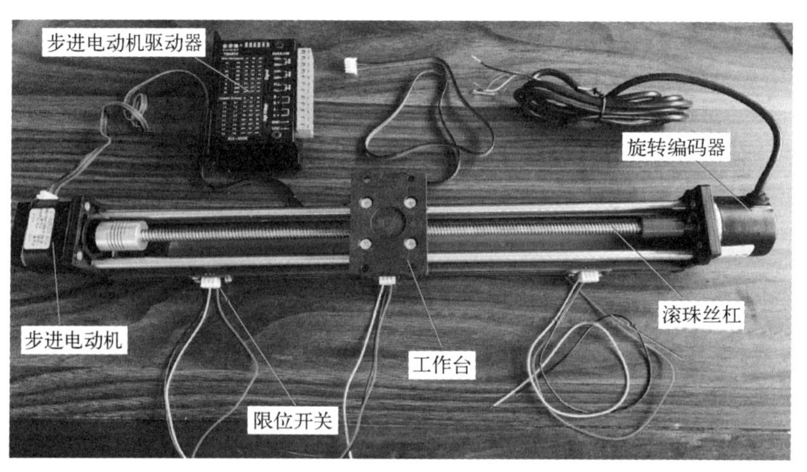

图15-1 步进电动机驱动的工作台实物图

【项目分析】

要完成上述任务，首先需要对步进电动机、驱动器、限位传感器等有所认知；其次需要了解 PLC 控制系统设计的关键步骤，如 I/O 点的分配、PLC 控制原理图的绘制、PLC 梯形图的设计与下载，了解 PLC 高速脉冲输出指令和运动控制指令的使用方法；再次需要根据控制原理图进行硬件接线，并理解其工作原理；最后需要能够使用 TIA 博途软件进行程序编制、下载、调试等。

【实践条件】

（1）安装有 TIA 博途软件的计算机。
（2）步进电动机与驱动器。
（3）步进电动机驱动的工作滑台。
（4）控制按钮等低压电器元件。

【项目实施】

任务 15.1 步进电动机与驱动器认知

在工业自动化中，步进电动机的应用非常广泛。例如工业机器人、3D 打印机、计算机硬盘等都有步进电动机的身影，如图 15-2 所示。步进电动机是一种把电脉冲信号转换成机械角位移或直线位移的一种控制电动机。电动机一般是连续旋转的，而步进电动机的转动是一步一步进行的。每输入一个脉冲电信号，步进电动机就转动一个角度。通过改变脉冲频率和数量，即可实现调速和控制转动的角位移或线位移大小，具有较高的定位精度，其最小步距角可达 0.75°。通过控制脉冲个数可以很方便地控制步进电动机转过的角位移，且步进电动机的误差不积累，可以达到准确定位的目的。还可以通过控制频率改变步进电动机的转速和加速度，达到任意调速的目的，因此步进电动机可以广泛应用于各种开环控制系统中。

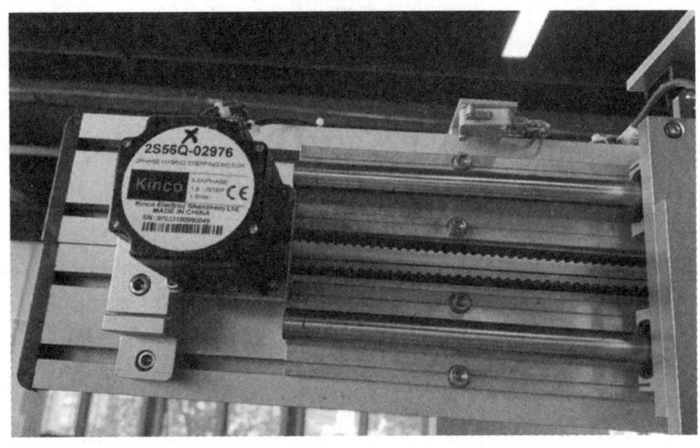

图 15-2 步进电动机驱动的机械臂

15.1.1 步进电动机的分类和工作原理

步进电动机由定子、转子和定子绕组构成，如图 15-3 所示。按照定子和转子的结构不同，步进电动机通常可分为三种类型，即反应式步进电动机（VR）、永磁式步进电动机（PM）和混合式步进电动机（HB），如图 15-4 所示。

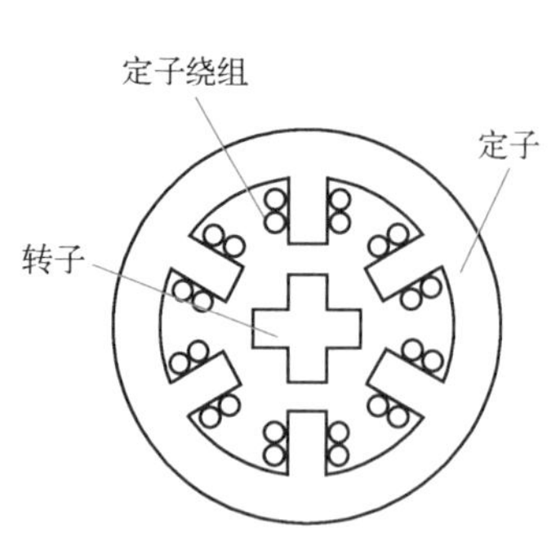

图 15-3　步进电动机的结构组成

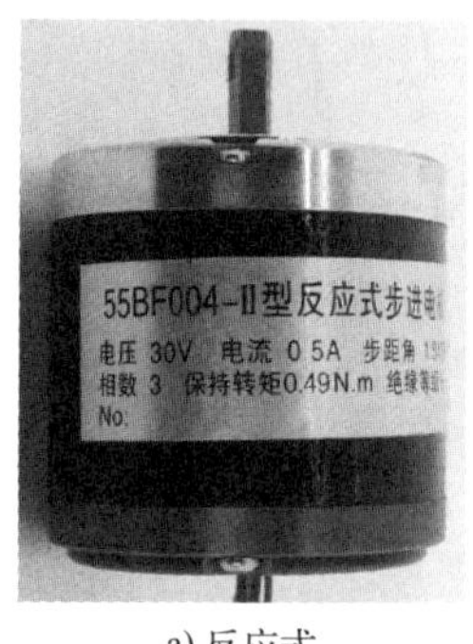

a) 反应式

b) 永磁式

c) 混合式

图 15-4　三种结构步进电动机外观结构

（1）反应式步进电动机

反应式步进电动机的定子和转子均由软磁材料制成，是一种利用磁阻的变化产生反应转矩的步进电动机，因此又称为可变磁阻式步进电动机。反应式步进电动机转子上均匀分布着很多小齿，定子齿有多个励磁绕组，其几何轴线依次分别与转子齿轴线错开，如图 15-5a 所示。市场上一般以二、三、四、五相的反应式步进电动机居多。三相反应式步进电动机定子的每对极上都绕有一对绕组，构成一相绕组，共三相，称为 A、B、C 三相。反应式步进电动机的特点是结构简单、成本低，定子上有绕组，转子由软磁材料组成，转子无绕组；定、转子开小齿，步距角小，可达 1.2°，但动态性能差、效率低、发热大，可靠性难保证。

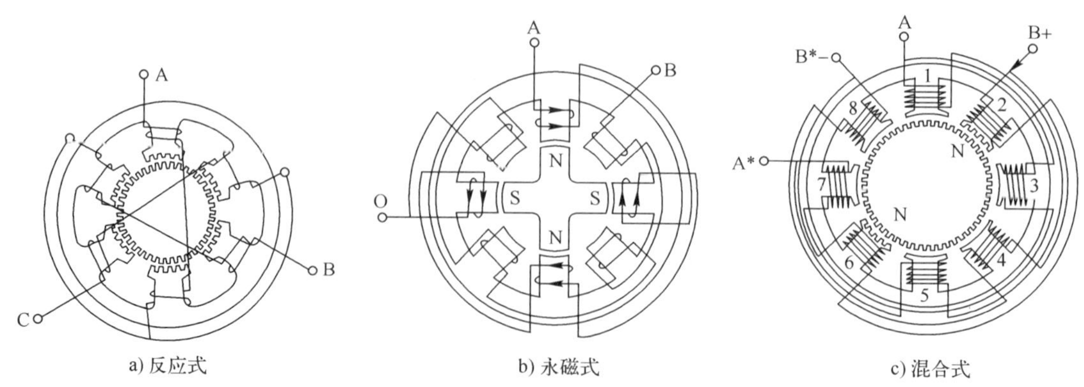

a) 反应式　　b) 永磁式　　c) 混合式

图 15-5　三种不同结构步进电动机结构示意图

（2）永磁式步进电动机

永磁式步进电动机的定子采用冲压方式加工成爪型齿极，转子采用径向多极充磁的永磁磁钢材料制成，故因此得名，如图 15-5b 所示。永磁式步进电动机分为 2 相、4 相，步进角有以下几种：5.625°、7.5°、11.25°、15°。永磁式步进电动机的特点是转子为永磁材料，转子的极数等于每相定子极数，不开小齿，步距角较大，力矩较大。

（3）混合式步进电动机

混合式步进电动机是综合了永磁式和反应式的优点而设计的步进电动机，是目前最常用的步进电动机，如图 15-5c 所示。它又分为两相、三相和五相，两相步进角一般为 1.8°，三相步进角一般为 1.2°，而五相步进角一般为 0.72°。混合式步进电动机的转子本身具有磁性，因此在同样的定子电流下产生的转矩要大于反应式步进电动机，且其步距角通常也较小。但混合转子的结构较复杂、转子惯量大，其快速性要低于反应式步进电动机。混合式步进电动机的特点是转子为永磁式、两段，开小齿，转矩大、动态性能好、步距角小，但结构复杂，成本较高。

15.1.2　步进电动机的工作原理

步进电动机是利用电磁铁原理，将脉冲信号转换成线位移或角位移的电动机。每来一个电脉冲，电动机转动一个角度，带动机械移动一小段距离。以三相反应式步进电动机为例，其定子上有六个磁极，每个磁极上都装有控制绕组，每两个相对的磁极构成一相。转子上均匀分布有四个齿，转子齿上没有绕组，如图 15-6 所示。

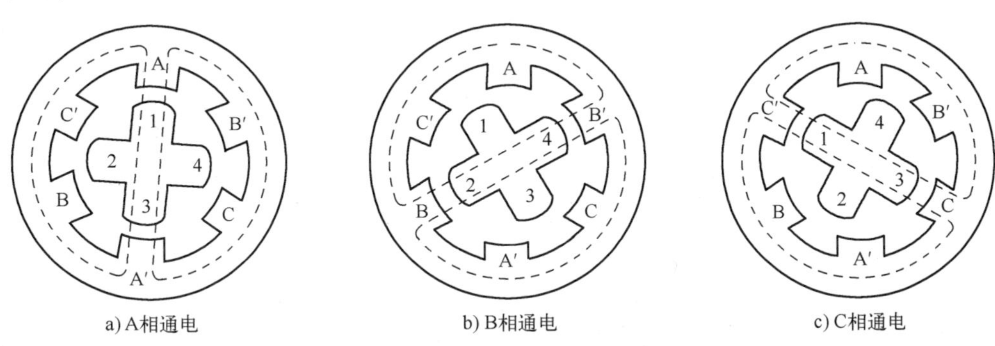

图 15-6　三相反应式步进电动机工作原理

三相反应式步进电动机的工作原理为：当 A 相控制绕组通电，B、C 相不通电时，A 相绕组产生磁场。受磁场作用，转子齿 1 与 A 对齐、齿 3 与 A′对齐。当 B 相通电，A、C 相不通电时，转子齿 2 与 B 对齐、齿 4 与 B′对齐，此时转子逆时针转动 30°。当 C 相通电，A、B 相不通电，齿 3、齿 1 分别与 C、C′对齐，此时转子又逆时针转动 30°。再当 A 相通电，B、C 相不通电时，齿 4 与 A 对齐，转子又逆时针转动 30°。这样经过 A、B、C、A 分别通电状态，齿 4 移到 A 相，电动机转子逆时针转过一个齿距，如果不断地按 A、B、C、A、…通电，电动机就每步（每脉冲）逆时针旋转 30°，如按 A、C、B、A、…通电，电动机就顺时针旋转。由此可见：电动机的位置和速度与导电次数（脉冲数）和频率成一一对应关系，而方向由导电顺序决定。不过，出于对力矩、平稳、噪声及减少角度等方面考虑，往往采用 A-AB-B-BC-C-CA-A 这种导电状态，这样将原来每步 30°改变为 15°。甚至通过二相电流不同的组合，使其 30°变为 7.5°或 0.9°等，这就是电动机细分驱动的基本理论依据。

15.1.3　步进电动机的特点

步进电动机具有以下几个基本特点：

1）易于实现数字控制。步进电动机的输出角位移与输入脉冲数成正比。步进电动机的转速与输入脉冲频率成正比。步进电动机的转动方向可以通过改变绕组通电相序来实现。简单来说，步进电动机就是来一个脉冲，转一个步距角，角位移量或线位移量与电脉冲数成正比；控制脉冲频率，可控制电动机转速；改变脉冲顺序，可改变转动方向。

2）具有自锁能力。当停止输入脉冲时，只要某些相的控制绕组仍保持通电状态，电动机就可以保持在该固定位置上，从而使步进电动机实现停车时转子固定。

3）抗干扰能力强。步进电动机的工作状态不易受到电源电压波动等各种干扰因素影响。

4）步距角误差不会长期累积。步进电动机每转一周都有固定的步数，因此当转子转过 360°后又恢复到原来位置，累积误差将变为零。

15.1.4　步进电动机驱动器

步进电动机的驱动电源主要由脉冲发生器、脉冲分配器和脉冲放大器（也称为功率放大器）三部分组成，如图 15-7 所示。脉冲信号发生器准确地输出一定数量和频率的脉冲，通过环形脉冲分配器按一定的顺序分配给步进电动机各相绕组，再利用功率放大器对环形分配器的输出信号进行功率放大，得到驱动步进电动机控制绕组所需要的脉冲电流和脉冲波形，从而使步进电动机的转角、转速及转动方向得到控制。

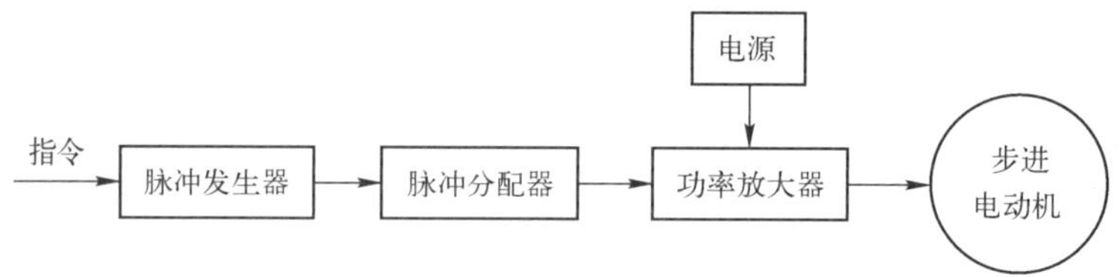

图 15-7　步进电动机驱动器结构组成

目前，随着步进电动机的广泛应用，其驱动器也已逐渐发展为系列化和模块化。不同厂家生产的步进电动机驱动器虽然标准并不统一，但其结构和工作原理基本相同。图 15-8 为普菲德步进电动机驱动器 TB6600。其驱动电压为 DC 9～42 V，适合驱动 6 或 8 引出线、电流在 4A 以下、外径 42/57 mm 型号的二相混合式步进电动机。TB6600 是一种高性能的、易于使用的步进电动机驱动器，适用于多种应用场合，如印刷机械、雕刻机、数控车床、包装机械等领域。TB6600 驱动器的特点是它有大电流、低噪声、高精度等优点，且具有过电流、过热、过电压、欠电压、短路保护等多种保护功能。

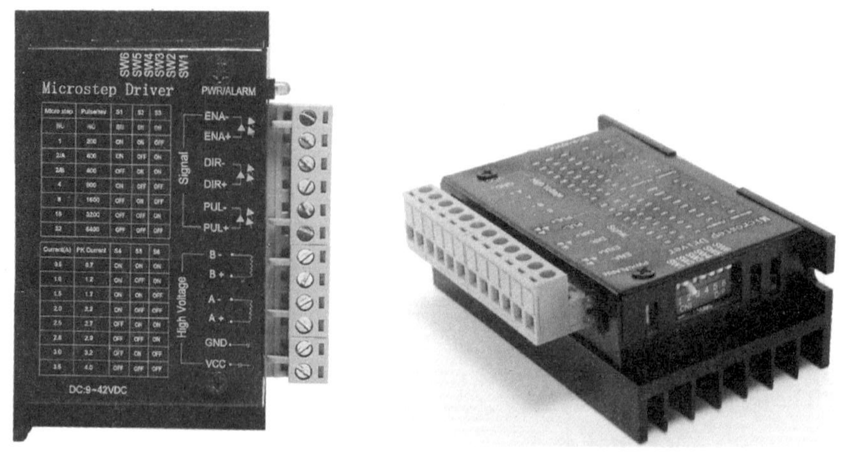

图 15-8　普菲德步进电动机驱动器 TB6600

普菲德步进电动机驱动器 TB6600 操作面板如图 15-9 所示。图中 SW1～SW6 为细分与电流设定拨码开关，开关向下为 ON；PWR/ALARM 为电源/故障指示灯；ENA+、ENA-是控制电动机使能的信号输入端，可以通过 ENA 来控制步进电动机的起动与停止；DIR+、DIR-是控制步进电动机运转方向的信号输入端，当 DIR 高电平时为正转，低电平时为反转；PUL+、PUL-是控制步进电动机旋转的脉冲信号输入端。B+、B-、A+、A-为步进电动机输出接口，VCC 与 GND 为驱动电源输入端。操作面板上有步进电动机细分设定与电流设定参照表，供用户设置参考。

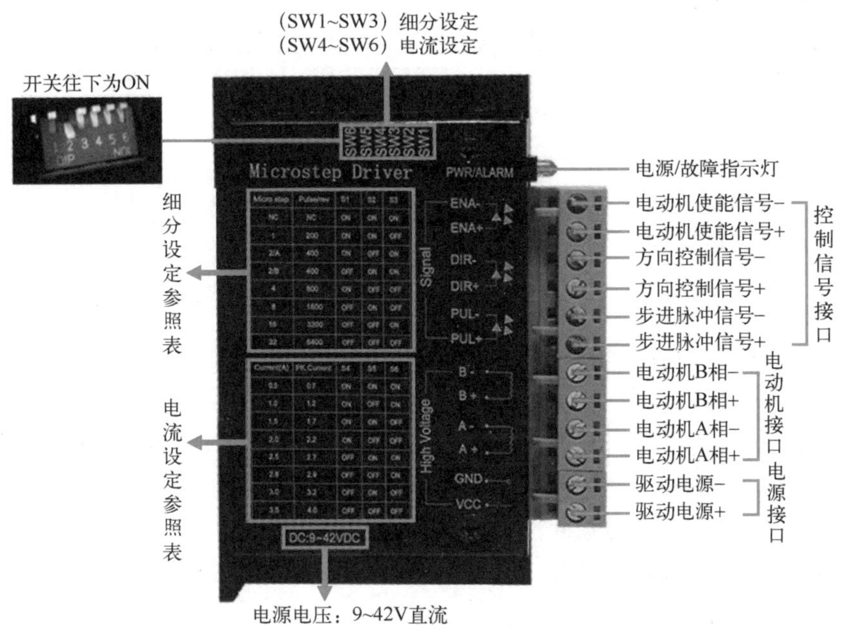

图 15-9　普菲德步进电动机驱动器 TB6600 操作面板说明

普菲德步进电动机驱动器 TB6600 接线时有共阳极接法和共阴极接法，如图 15-10 所示。

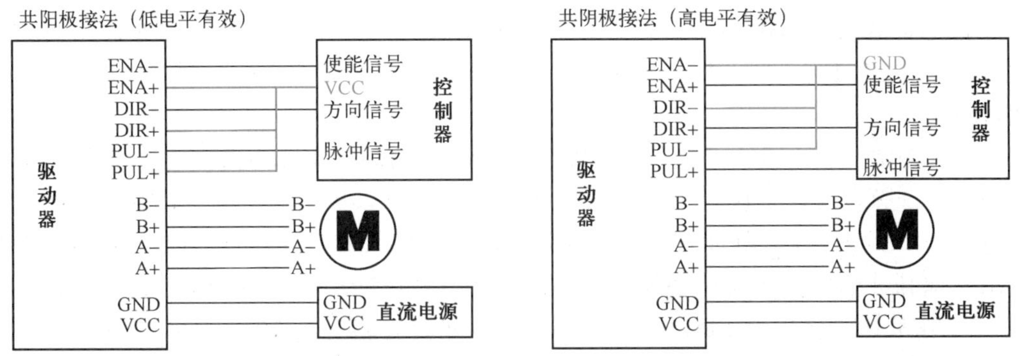

图 15-10　普菲德步进电动机驱动器 TB6600 接线图

1）电源的接线：将直流电源的正极接在 TB6600 的 VCC 接口，负极接在 GND 接口。

2）步进电动机的接线：将步进电动机的 A+、A-和 B+、B-分别接在 TB6600 的 A+、A-和 B+、B-接口上。注意，这里的顺序非常重要，连接反了将会导致电动机旋转方向翻转。

3）PLC 控制信号的接线：根据 TB6600 的连接方式来接线，DIR 接在方向信号端口上，PUL 接在脉冲信号端口上，ENA 使能信号可以不接。

普菲德步进电机驱动器 TB6600 的细分设定和电流设定见表 15-1。拨码开关 SW1～SW3 为细分设定按钮，可以设定步进电动机每转的步数，如当 SW1=OFF，SW2=SW3=ON 时，步进电动机每转的步数是 400。拨码开关 SW4～SW6 可以设定步进电动机的输出相电流，如当 SW4=SW6=ON，SW5=OFF 时，步进电动机的输出相电流是 1.0 A。

表 15-1　细分拨码开关（SW1～SW3）设定与输出电流拨码开关（SW4～SW6）设定表

细分	脉冲/转	S1	S2	S3	电流/A	S4	S5	S6	备注
NC	NC	ON	ON	ON	0.5	ON	ON	ON	拨码开关向下为 ON，向上为 OFF
1	200	ON	ON	OFF	1.0	ON	OFF	ON	
2/A	400	ON	OFF	ON	1.5	ON	ON	OFF	
2/B	400	OFF	ON	ON	2.0	ON	OFF	OFF	
4	800	ON	OFF	OFF	2.5	OFF	ON	ON	
8	1600	OFF	ON	ON	2.8	OFF	OFF	ON	
16	3200	OFF	OFF	ON	3.0	OFF	ON	OFF	
32	6400	OFF	OFF	OFF	3.5	OFF	OFF	OFF	

细分设置说明：以二相四线混合步进电动机为例，其固有步距角为 1.8°，当 TB6600 细分设定为 4 时，驱动器接收到一个脉冲，步进电动机转动 0.45°(1.8°/4)，即当 PLC 发送 800 个脉冲时，步进电动机转动一圈。同理，当细分设定为 32 时，驱动器接收到一个脉冲，步进电动机转动 0.05625°(1.8°/32)，即当 PLC 发送 6400 个脉冲时，步进电动机转动一圈。

本项目中，步进电动机每转脉冲设置为 400，故需要设置 SW1=OFF，SW2=SW3=ON，步进电动机的输出相电流是 1.0 A，故需要设置 SW4=SW6=ON，SW5=OFF。

任务 15.2　高速脉冲输出指令与运动控制指令认知

S7-1200 PLC 可以通过特定的数字量输出端子输出高速脉冲序列，用于驱动步进电动机、伺服电动机等负载实现精确控制，该方式广泛应用在运动控制中。高速脉冲输出有两种方式：宽度可调的脉冲输出 PWM（Pulse-Width Modulation）和脉冲序列输出 PTO（Pulse-Train Output）。

在一个周期中，脉冲宽度（高电平的宽度）与脉冲周期之比称为占空比。PWM 可以提供一串周期固定、脉宽（占空比）可调的脉冲输出；PTO 可以提供一串占空比固定 50%、周期可调的脉冲输出。可将每个脉冲发生器指定为 PWM 或 PTO，但不能同时指定为 PWM 和 PTO。

应用高速脉冲输出控制时，必须使用晶体管输出型 PLC，以满足高速脉冲输出的需要。每个 S7-1200 晶体管输出型 PLC 中的 CPU 最多可配置（组态）4 路 PTO/PWM 发生器，可使用 CPU 本机或信号板 SB 中的数字量输出端子输出 PTO 或 PWM 脉冲。PTO 输出占用 2 个输出点（脉冲和方向）；PWM 脉冲占用 1 个输出点（脉冲），另一个未用的输出点可用作其他功能。被组态为 PTO/PWM 的输出点不能再作为普通端子使用。PTO/PWM 的默认输出端子见表 15-2。CPU 集成的 Q0.0～Q0.3 输出 PTO 的最大频率为 100 kHz 或输出 PWM 的最小周期为 10 μs。CPU 集成的 Q0.4～Q0.7 输出 PTO 的最大频率为 20 kHz 或输出 PWM 的最小周期为 50 μs。用信号板 SB 的 Q4.0～Q4.3 可以输出 PTO 的最大频率为 200 kHz 或输出 PWM 的最小周期为 5 μs。

表 15-2　PTO/PWM 的默认输出端子

PTO	类型	脉冲	方向	最大频率/kHz	PWM	类型	脉冲	最小周期/μs
PTO1	CPU 输出	Q0.0	Q0.1	100	PWM1	CPU 输出	Q0.0	10
	SB 输出	Q4.0	Q4.1	200		SB 输出	Q4.0	5
PTO2	CPU 输出	Q0.2	Q0.3	100	PWM2	CPU 输出	Q0.2	10
	SB 输出	Q4.2	Q4.3	200		SB 输出	Q4.2	5
PTO3	CPU 输出	Q0.4	Q0.5	20	PWM3	CPU 输出	Q0.4	50
	SB 输出	Q4.0	Q4.1	200		SB 输出	Q4.1	5
PTO4	CPU 输出	Q0.6	Q0.7	20	PWM4	CPU 输出	Q0.6	50
	SB 输出	Q4.2	Q4.3	200		SB 输出	Q4.3	5

15.2.1　高速脉冲输出指令

高速脉冲输出指令的类型及功能说明见表 15-3。

表 15-3　S7-1200 PLC 高速脉冲指令及其功能说明

指令类型	指令形式	指令功能
脉冲序列指令 CTRL_PTO	CTRL_PTO EN　ENO REQ　DONE PTO　BUSY FREQUE　ERROR STATUS	以预定频率输出脉冲序列，并反馈脉冲输出状态
脉宽调制指令 CTRL_PWM	CTRL_PWM EN　ENO PWM　BUSY ENABLE　STATUS	控制 PWM 输出，并反馈脉冲输出状态

(1) 脉冲序列指令 CTRL_PTO

在 TIA 博途编程软件程序编辑器中，依次展开右边指令下的“扩展指令”→“脉冲”，可以找到“CTRL_PTO”和“CTRL_PWM”指令。将“CTRL_PTO”指令拖入程序编辑器中，在弹出的“调用选项”对话框中创建默认的背景数据块“CTRL_PTO_DB”，然后将其拖入程序段中，结果如图 15-11b 所示。

a) 扩展指令

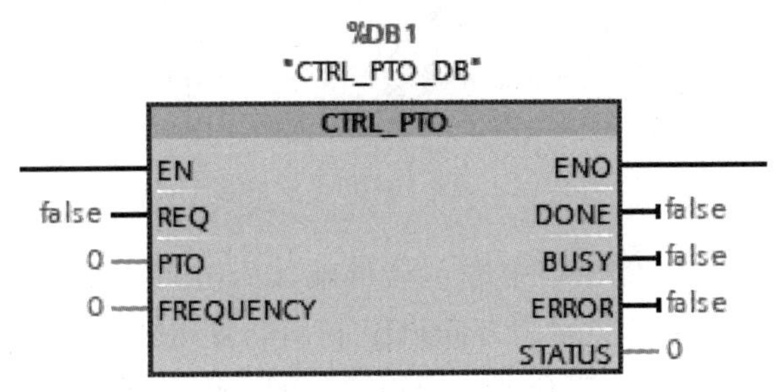

b) 高速脉冲输出指令

图 15-11　高速脉冲输出指令

CTRL_PTO 指令的输入参数 EN 为指令使能端，ENO 为使能输出端，PTO 为脉冲发生器的硬件标识符；FREQUENCY 为待输出的脉冲序列频率，单位为 Hz；REQ 为输出频率更改请求，数据类型为 Bool。当 REQ 设置为 1 时，将 PTO 输出频率设置为 FREQUENCY 的输入值；FREQUENCY 的输入值为 0 时，无脉冲输出。当 REQ 设置为 0 时，脉冲发生器的输出无变化。

使用 CTRL_PTO 指令时，需要进行 PTO 输出组态。其操作步骤如下：

1）首先新建一个项目，添加新设备 CPU1214C DC/DC/DC。在项目树的“PLC_1”下，双击“设备组态”选项，打开设备视图。单击设备视图中 1 号槽中的 PLC，从下方的对话框中单击“属性”，将“常规”下的“脉冲发生器（PTO/PWM）”→“PTO1/PWM1”展开，单击下面的“常规”选项卡，勾选“启用该脉冲发生器”前的复选框，如图 15-12 所示。

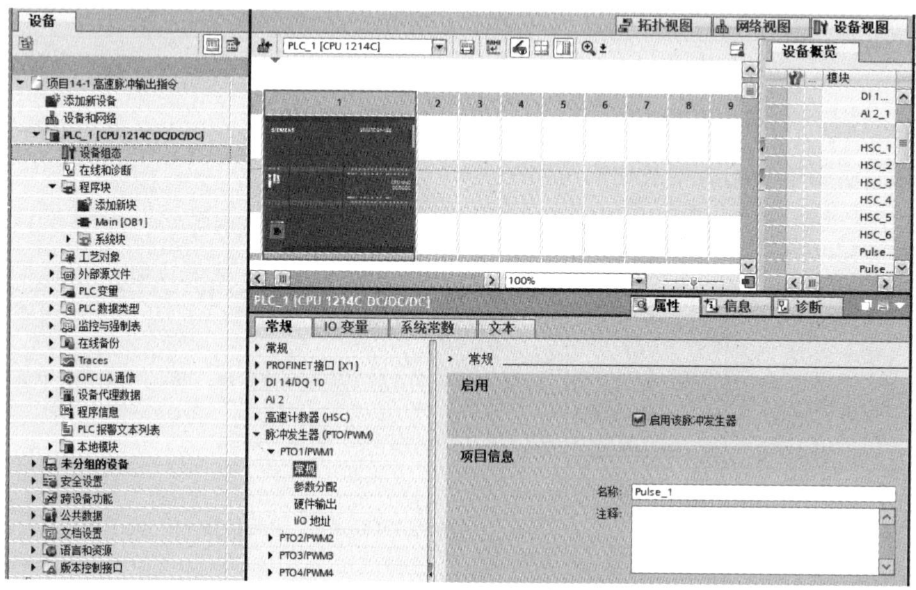

图 15-12 脉冲发生器“常规”选项对话框

2）单击左侧窗口中的“参数分配”选项，在右侧窗口中“信号类型”中选择“PTO（脉冲 A 和方向 B”，如图 15-13 所示。

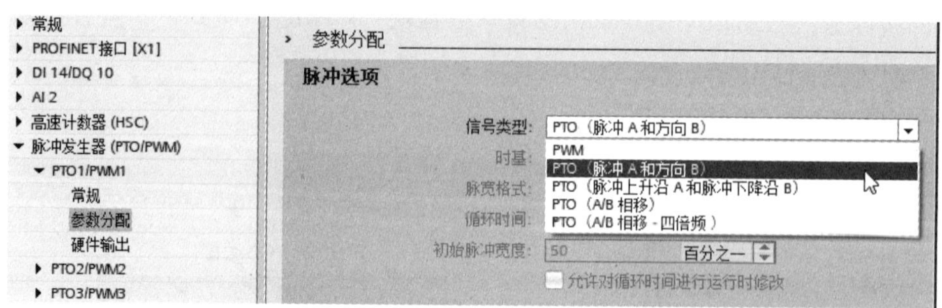

图 15-13 脉冲发生器“参数分配”选项对话框

3）单击左侧窗口中的“硬件输出”选项，在右侧窗口中脉冲输出端口接受默认值输出 Q0.0，取消勾选“启用方向输出”前的复选按钮，如图 15-14 所示。

组态结束后，可在 Main[OB1]中输入指令调用程序，如图 15-15 所示。该程序段所实现的功能是：当 I0.0 接通时，从 Q0.0 输出 1000 Hz 的脉冲；当 I0.1 接通时，从 Q0.0 输出 2000 Hz 的脉冲。

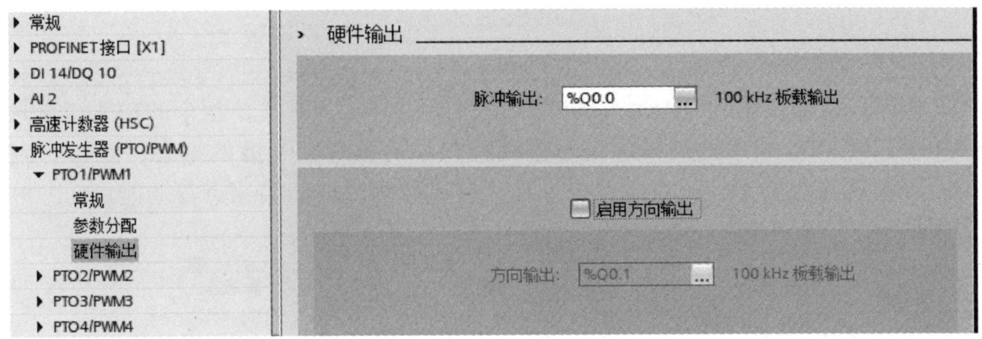

图 15-14　脉冲发生器“硬件输出”选项对话框

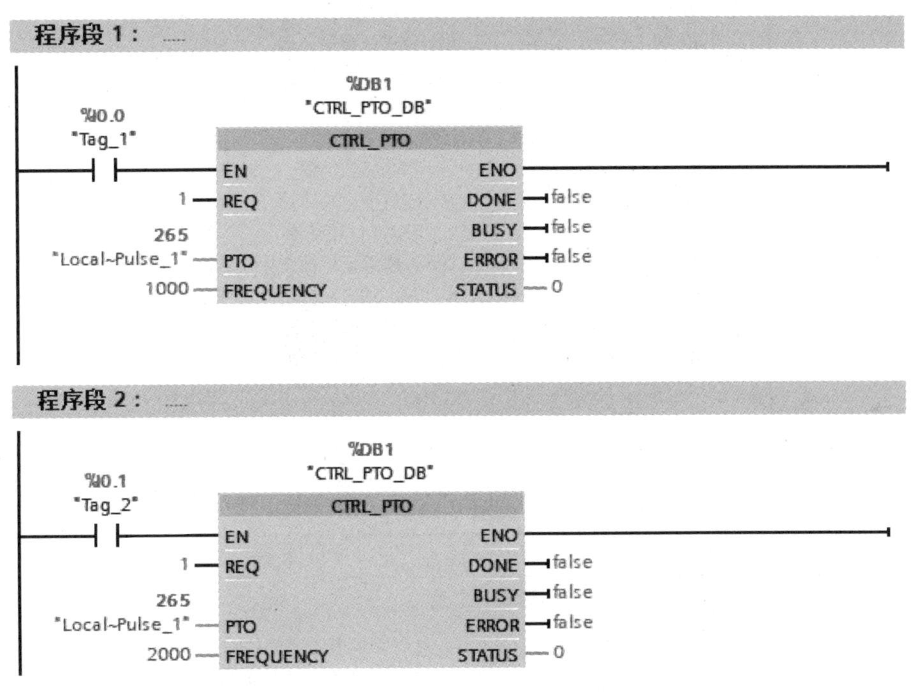

图 15-15　CTRL_PTO 指令应用实例

（2）脉宽调制指令 CTRL_PWM

在 TIA 博途编程软件程序编辑器中，依次展开右边指令下的“扩展指令”→“脉冲”，可以找到“CTRL_PTO”和“CTRL_PWM”指令。将“CTRL_PWM”指令拖入程序编辑器中，在弹出的“调用选项”对话框中创建默认的背景数据块“CTRL_PWM_DB”，然后将其拖入程序段中，结果如图 15-16 所示。

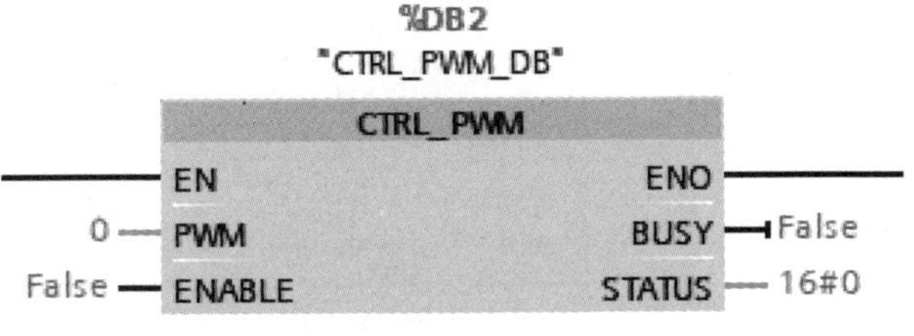

图 15-16　CTRL_PWM 脉宽调制指令

CTRL_PWM 指令的输入参数 PWM 为脉冲发生器的硬件标识符；输入参数 ENABLE 为使能脉冲输出。当 ENABLE 设置为 1 时，允许脉冲输出；当 ENABLE 设置为 0 时，禁止脉冲输出。

使用 CTRL_PWM 指令时，同样需要进行 PWM 输出组态，其操作步骤与 CTRL_PTO 指令类似，这里不再赘述。

15.2.2 运动控制指令

S7-1200 PLC 运动控制（Motion Control）指令如图 15-17 所示，指令的功能与符号说明见表 15-4。S7-1200 PLC 采用轴的概念进行运动控制，通过对轴参数的组态，并与对应的指令配合使用，可实现绝对位置、相对位置、点动、转速控制及自动回原点等功能。

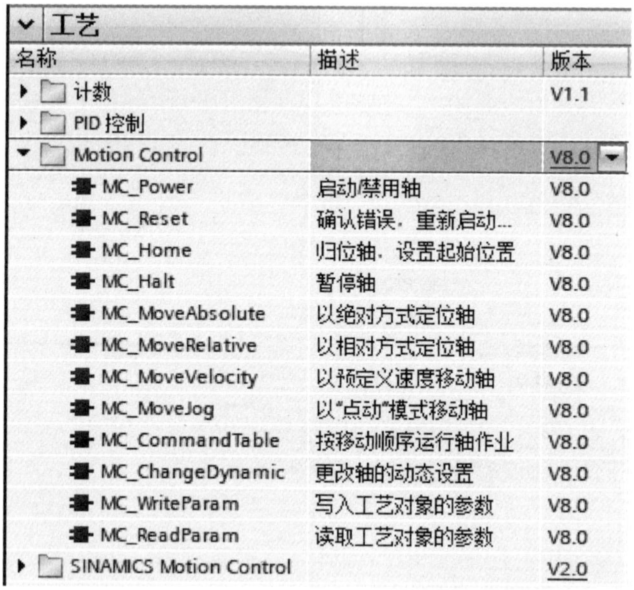

工艺		
名称	描述	版本
计数		V1.1
PID 控制		
Motion Control		V8.0
MC_Power	启动/禁用轴	V8.0
MC_Reset	确认错误，重新启动...	V8.0
MC_Home	归位轴，设置起始位置	V8.0
MC_Halt	暂停轴	V8.0
MC_MoveAbsolute	以绝对方式定位轴	V8.0
MC_MoveRelative	以相对方式定位轴	V8.0
MC_MoveVelocity	以预定义速度移动轴	V8.0
MC_MoveJog	以"点动"模式移动轴	V8.0
MC_CommandTable	按移动顺序运行轴作业	V8.0
MC_ChangeDynamic	更改轴的动态设置	V8.0
MC_WriteParam	写入工艺对象的参数	V8.0
MC_ReadParam	读取工艺对象的参数	V8.0
SINAMICS Motion Control		V2.0

图 15-17 运动控制（Motion Control）指令

表 15-4 S7-1200 PLC 运动控制指令及其功能、符号说明

指令类型	指令形式	指令功能及符号说明
启用或禁用轴指令 MC_Power	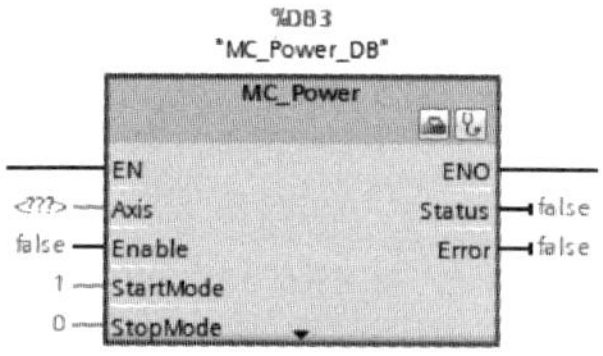 %DB3 "MC_Power_DB" MC_Power：EN、Axis(<???>)、Enable(false)、StartMode(1)、StopMode(0)；ENO、Status(false)、Error(false) （正常模式） 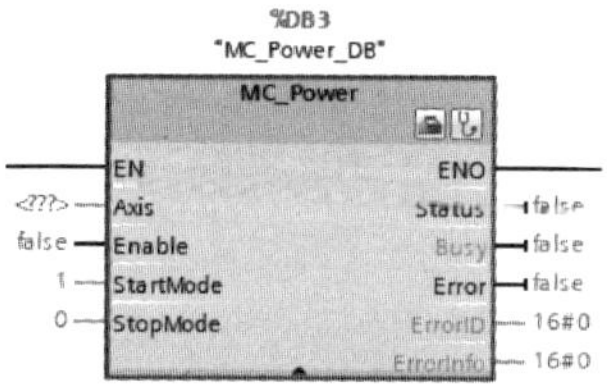 %DB3 "MC_Power_DB" MC_Power：EN、Axis(<???>)、Enable(false)、StartMode(1)、StopMode(0)；ENO、Status(false)、Busy(false)、Error(false)、ErrorID(16#0)、ErrorInfo(16#0) （扩展模式）	功能：启用或禁用运动控制轴。 ① EN：MC_Power 指令的使能端。 ② Axis：轴名称。 ③ Enable：轴使能端。Enable=0：根据组态的“StopMode”中断当前所有作业。停止并禁用轴； Enable=1：如果组态了轴的驱动信号，则将接通驱动器的电源。 ④ StopMode：轴停止模式。StopMode=0：紧急停止；StopMode=1：立即停止；StopMode=2：带有加速度变化率控制的紧急停止。 ⑤ ENO：使能输出。 ⑥ Status：轴的使能状态。 ⑦ Busy：标记指令是否处于活动状态。 ⑧ Error：标记指令是否产生错误。 ⑨ ErrorID：当指令产生错误时，用 ErrorID 表示错误号。 ⑩ ErrorInfo：当指令产生错误时，用 ErrorInfo 表示错误信息
错误确认指令 MC_Reset	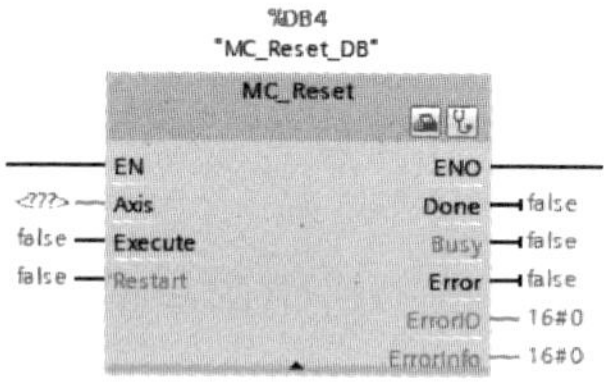 %DB4 "MC_Reset_DB" MC_Reset：EN、Axis(<???>)、Execute(false)、Restart(false)；ENO、Done(false)、Busy(false)、Error(false)、ErrorID(16#0)、ErrorInfo(16#0)	功能：对导致轴停止出现的运行错误和组态错误进行确认复位。 ① EN：该指令的使能端。 ② Axis：轴名称。 ③ Execute：指令的启动位，用上升沿触发。 ④ Restart：当 Restart=0 时，用来确认错误；当 Restart=1 时，将轴的组态从装载存储器下载到工作存储器（只有在禁用轴时才能执行该指令）

（续）

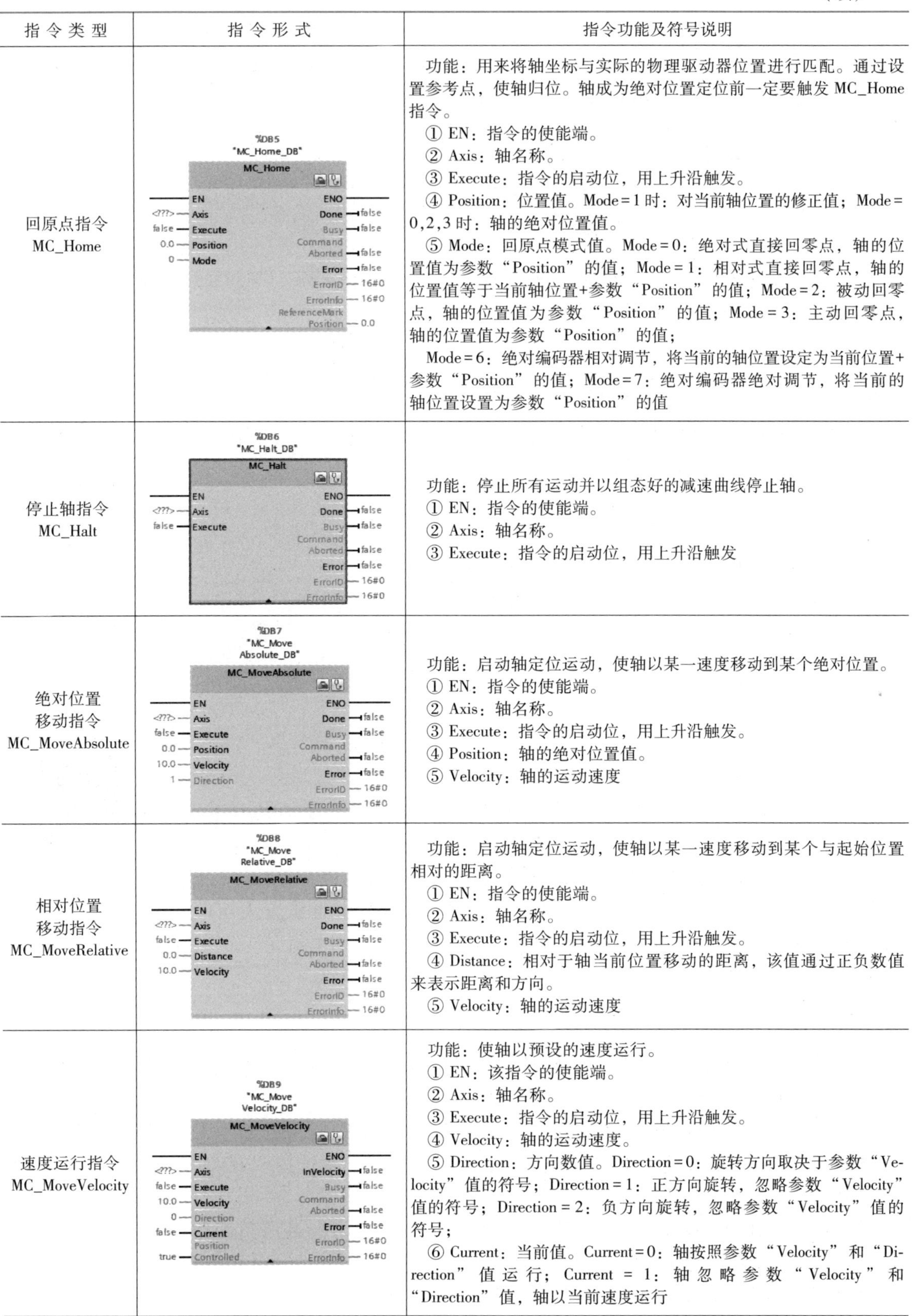

指令类型	指令形式	指令功能及符号说明
回原点指令 MC_Home	%DB5 "MC_Home_DB" MC_Home EN — ENO <???> — Axis　Done — false false — Execute　Busy — false 0.0 — Position　CommandAborted — false 0 — Mode　Error — false ErrorID — 16#0 ErrorInfo — 16#0 ReferenceMarkPosition — 0.0	功能：用来将轴坐标与实际的物理驱动器位置进行匹配。通过设置参考点，使轴归位。轴成为绝对位置定位前一定要触发 MC_Home 指令。 ① EN：指令的使能端。 ② Axis：轴名称。 ③ Execute：指令的启动位，用上升沿触发。 ④ Position：位置值。Mode=1 时：对当前轴位置的修正值；Mode=0,2,3 时：轴的绝对位置值。 ⑤ Mode：回原点模式值。Mode=0：绝对式直接回零点，轴的位置值为参数“Position”的值；Mode=1：相对式直接回零点，轴的位置值等于当前轴位置+参数“Position”的值；Mode=2：被动回零点，轴的位置值为参数“Position”的值；Mode=3：主动回零点，轴的位置值为参数“Position”的值； Mode=6：绝对编码器相对调节，将当前的轴位置设定为当前位置+参数“Position”的值；Mode=7：绝对编码器绝对调节，将当前的轴位置设置为参数“Position”的值
停止轴指令 MC_Halt	%DB6 "MC_Halt_DB" MC_Halt EN — ENO <???> — Axis　Done — false false — Execute　Busy — false CommandAborted — false Error — false ErrorID — 16#0 ErrorInfo — 16#0	功能：停止所有运动并以组态好的减速曲线停止轴。 ① EN：指令的使能端。 ② Axis：轴名称。 ③ Execute：指令的启动位，用上升沿触发
绝对位置 移动指令 MC_MoveAbsolute	%DB7 "MC_Move Absolute_DB" MC_MoveAbsolute EN — ENO <???> — Axis　Done — false false — Execute　Busy — false 0.0 — Position　CommandAborted — false 10.0 — Velocity　Error — false 1 — Direction　ErrorID — 16#0 ErrorInfo — 16#0	功能：启动轴定位运动，使轴以某一速度移动到某个绝对位置。 ① EN：指令的使能端。 ② Axis：轴名称。 ③ Execute：指令的启动位，用上升沿触发。 ④ Position：轴的绝对位置值。 ⑤ Velocity：轴的运动速度
相对位置 移动指令 MC_MoveRelative	%DB8 "MC_Move Relative_DB" MC_MoveRelative EN — ENO <???> — Axis　Done — false false — Execute　Busy — false 0.0 — Distance　CommandAborted — false 10.0 — Velocity　Error — false ErrorID — 16#0 ErrorInfo — 16#0	功能：启动轴定位运动，使轴以某一速度移动到某个与起始位置相对的距离。 ① EN：指令的使能端。 ② Axis：轴名称。 ③ Execute：指令的启动位，用上升沿触发。 ④ Distance：相对于轴当前位置移动的距离，该值通过正负数值来表示距离和方向。 ⑤ Velocity：轴的运动速度
速度运行指令 MC_MoveVelocity	%DB9 "MC_Move Velocity_DB" MC_MoveVelocity EN — ENO <???> — Axis　InVelocity — false false — Execute　Busy — false 10.0 — Velocity　CommandAborted — false 0 — Direction　Error — false false — Current　ErrorID — 16#0 true — PositionControlled　ErrorInfo — 16#0	功能：使轴以预设的速度运行。 ① EN：该指令的使能端。 ② Axis：轴名称。 ③ Execute：指令的启动位，用上升沿触发。 ④ Velocity：轴的运动速度。 ⑤ Direction：方向数值。Direction=0：旋转方向取决于参数“Velocity”值的符号；Direction=1：正方向旋转，忽略参数“Velocity”值的符号；Direction=2：负方向旋转，忽略参数“Velocity”值的符号； ⑥ Current：当前值。Current=0：轴按照参数“Velocity”和“Direction”值运行；Current=1：轴忽略参数“Velocity”和“Direction”值，轴以当前速度运行

（续）

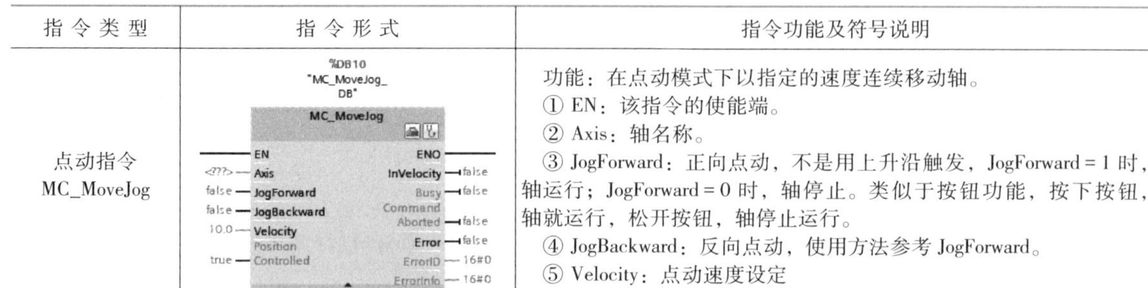

指令类型	指令形式	指令功能及符号说明
点动指令 MC_MoveJog	%DB10 "MC_MoveJog_DB" MC_MoveJog EN — ENO <???> — Axis　InVelocity — false false — JogForward　Busy — false false — JogBackward　CommandAborted — false 10.0 — Velocity　Error — false true — PositionControlled　ErrorID — 16#0 ErrorInfo — 16#0	功能：在点动模式下以指定的速度连续移动轴。 ① EN：该指令的使能端。 ② Axis：轴名称。 ③ JogForward：正向点动，不是用上升沿触发，JogForward = 1 时，轴运行；JogForward = 0 时，轴停止。类似于按钮功能，按下按钮，轴就运行，松开按钮，轴停止运行。 ④ JogBackward：反向点动，使用方法参考 JogForward。 ⑤ Velocity：点动速度设定

另外，更改动态参数指令 MC_ChangeDynamic、写参数指令 MC_WriteParam、读参数指令 MC_ReadParam、按运动顺序运行轴指令 MC_CommandTable 等指令功能及参数说明可参考其他书籍。

任务 15.3　步进电动机驱动 PLC 控制系统设计与调试

采用轴控制面板对步进电动机进行运动控制调试，包括点动控制、速度调节控制、回原点、定位控制等。

15-3-1　步进电动机 PLC 控制接线讲解（带片头）

15.3.1　输入/输出（I/O）信号分配

输入/输出（I/O）信号分配表见表 15-5。

表 15-5　步进电动机驱动 PLC 控制输入/输出（I/O）信号分配表

输入元件	输入信号	作　用	输出元件	输出信号	作　用
无			PUL+	Q0.0	轴 1 脉冲输出
无			DIR+	Q0.1	轴 1 方向输出

15.3.2　绘制 PLC 控制原理图，并进行安装接线

15-3-2　步进电动机 PLC 控制组态与调试（带片头）

当选择 CPU1214C DC/DC/DC 型号 PLC 时，步进电动机驱动 PLC 控制原理图如图 15-18 所示。

按照图 15-18 所示电路对 PLC、驱动器和步进电动机进行接线。接线完成后，用拨码开关设置脉冲与电流大小。步进电动机每转脉冲设置为 400，故需要设置 SW1=OFF，SW2=SW3=ON，步进电动机的输出相电流是 1.0 A，故需要设置 SW4=SW6=ON，SW5=OFF。

15.3.3　轴运动控制组态

1）打开 TIA 博途编程软件，创建新项目 15-2，打开设备组态窗口，添加 PLC_1 [CPU1214C DC/DC/DC]。

2）单击项目树 PLC 文件夹下的“工艺对象”左边箭头，展开“工艺对象”目录。在“新增对象”中添加新对象名称“轴_1”，然后在“类型”中选择“TO_PositioningAxis”位置运动，单击“确定”按钮，如图 15-19 所示。

3）依次打开项目树中 PLC_1 下“工艺对象”→“轴_1”→“组态”，如图 15-20 所示。双击“组态”对象，按下列步骤为“轴_1”进行组态。

步骤 1：单击基本参数中“常规”选项，弹出对话框如图 15-21 所示。在对话框中选择驱动器下方的“PTO（Pulse Train Output）”。位置单位为“mm”。

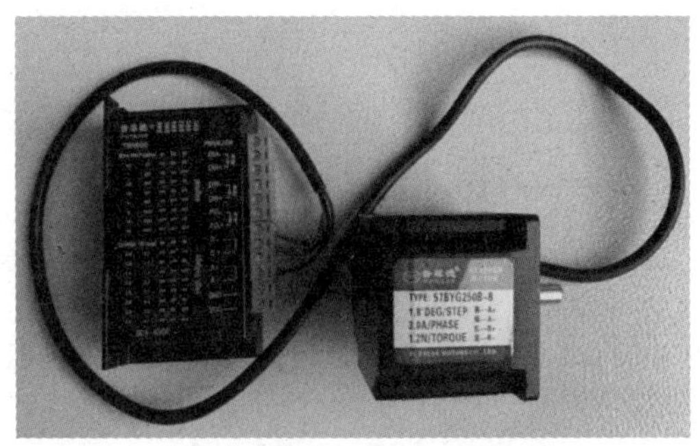

a) 实验所用步进电动机及驱动器

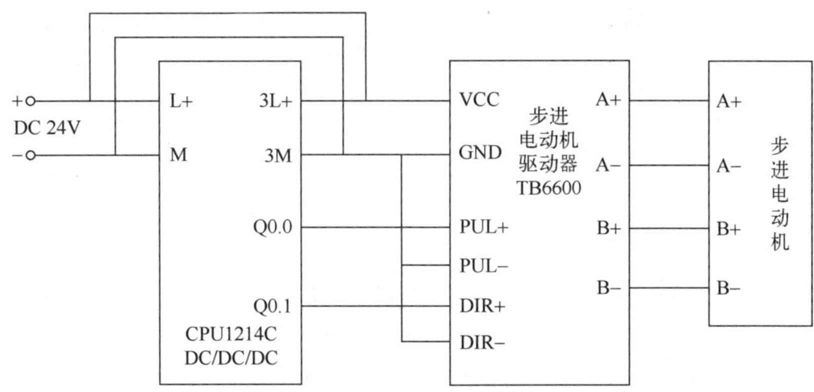

b) 步进电动机PLC控制原理图

图 15-18　步进电动机 PLC 控制

图 15-19　"新增对象"对话框

PLC_1 [CPU 1214C DC/DC/DC]
设备配置
在线和诊断
程序块
工艺对象
添加新对象
轴_1 [DB1]
组态
调试
诊断

图 15-20　项目树中轴"组态"界面

驱动器三种控制方式的区别如下：

1）PTO（Pulse Train Output）：S7-1200 PLC 通过发送 PTO 脉冲的方式控制驱动器，可以是脉冲+方向、A/B 正交，也可以采用正/反脉冲的方式。

2）模拟驱动装置接口：S7-1200 PLC 通过输出模拟量来控制驱动器。

3）PROFIdrive：S7-1200 PLC 通过基于 PROFIBUS/PROFINET 的 PROFIdrive 方式与支持

PROFIdrive 的驱动器连接，进行运动控制。

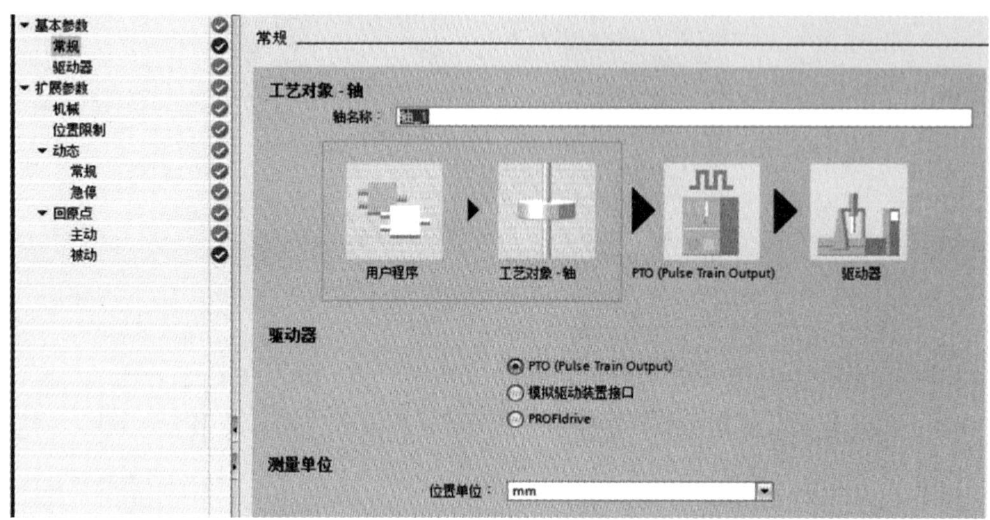

图 15-21　轴“组态”界面中“常规”选项对话框

PTO 控制方式是所有版本的 S7-1200 CPU 都支持的控制方式，该控制方式属于开环控制，由 CPU 向轴驱动器发送高速脉冲以及方向信号来控制轴的运行。

步骤 2：单击基本参数中的“驱动器”选项，弹出如图 15-22 所示对话框。在硬件接口中，选择脉冲发生器为“Pulse_1”，信号类型选择“PTO（脉冲 A 和方向 B）”，输出点自动选择，其中脉冲输出为 Q0.0，方向输出为 Q0.1。

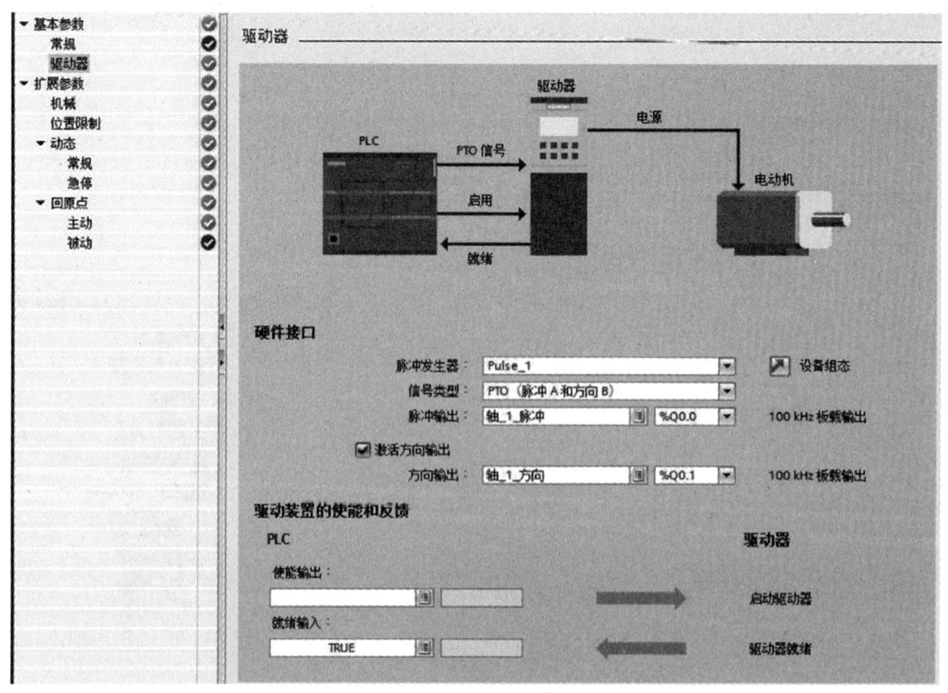

图 15-22　轴“组态”界面中“驱动器”选项对话框

步骤 3：单击扩展参数下的“机械”选项，弹出如图 15-23 所示对话框。设置电动机每转的脉冲数为 400，电动机每转的负载位移为 4.0。这里所设置的电动机每转的脉冲数和负载位移量需要与实际的工作滑台滚珠丝杠相匹配。

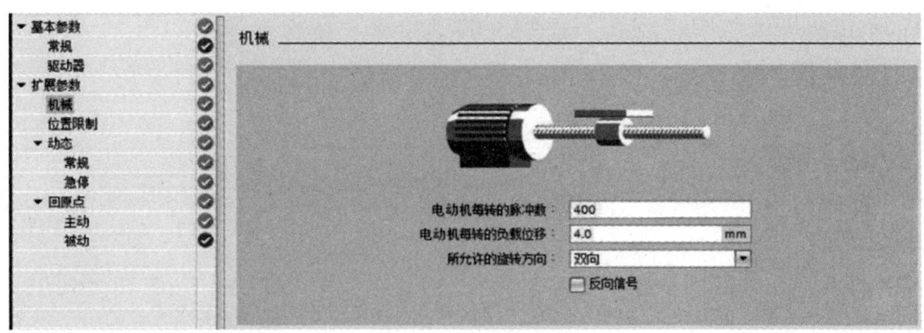

图 15-23　轴“组态”界面中“机械”选项对话框

步骤 4：单击扩展参数下的“位置限制”选项，弹出如图 15-24 所示对话框，此处按默认值设置即可。

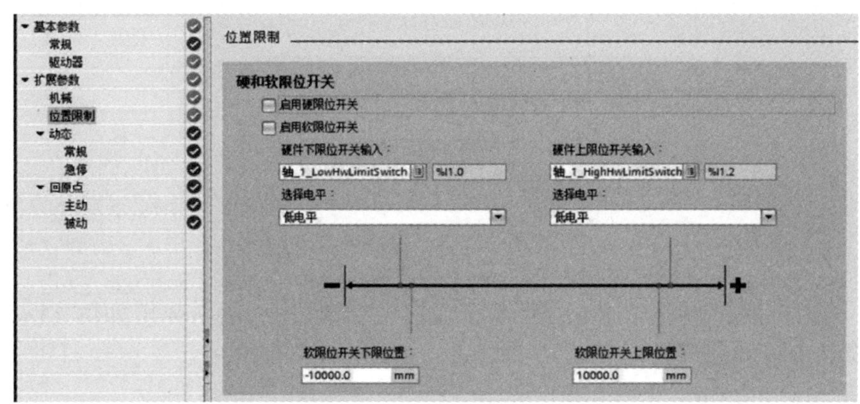

图 15-24　轴“组态”界面中“位置限制”选项对话框

步骤 5：单击扩展参数中“动态”参数下的“常规”选项，弹出如图 15-25 所示对话框。按默认值设置加减速时间。

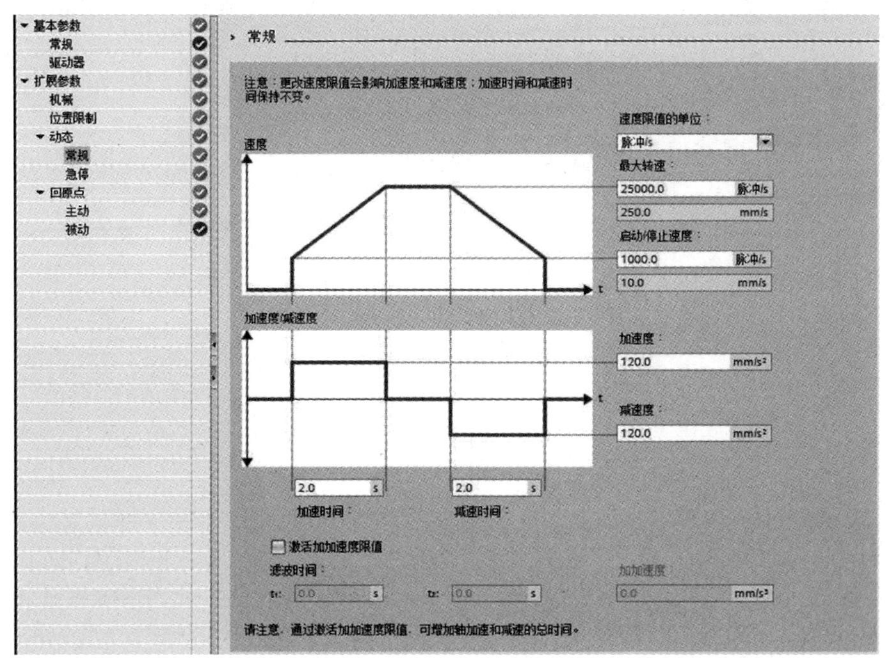

图 15-25　轴“组态”界面中扩展参数中“动态”参数下的“常规”选项对话框

步骤 6：单击扩展参数中“动态”参数下的“急停”选项，弹出如图 15-26 所示对话框。将急停减速时间设置为 0. 1 s。

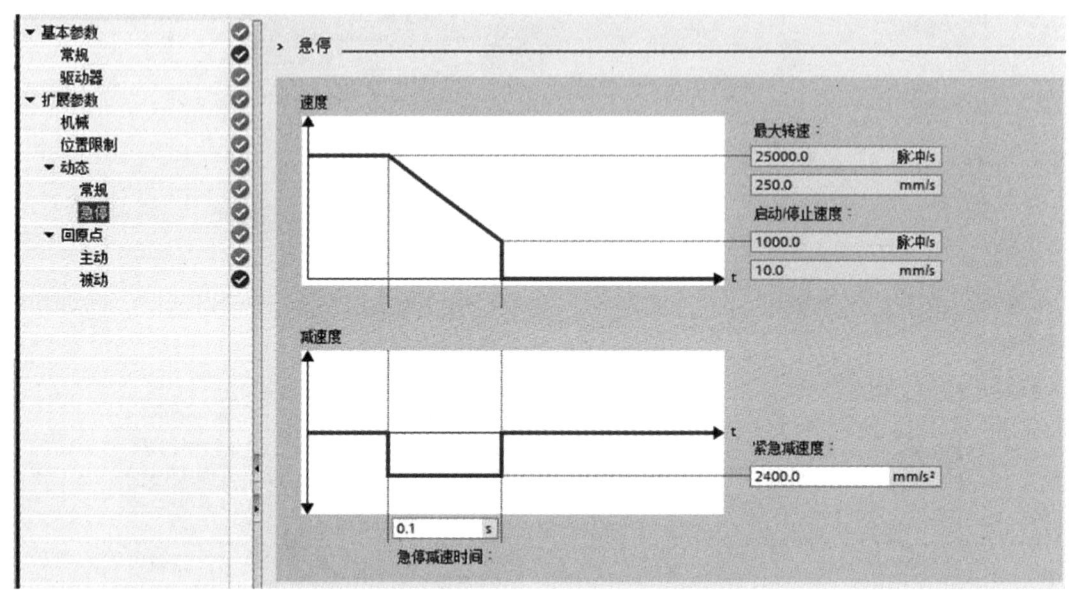

图 15-26　轴“组态”界面中扩展参数中“动态”参数下的“急停”选项对话框

步骤 7：单击扩展参数中“回原点”参数下的“主动”选项，弹出如图 15-27 所示对话框。此处按默认值设置即可。

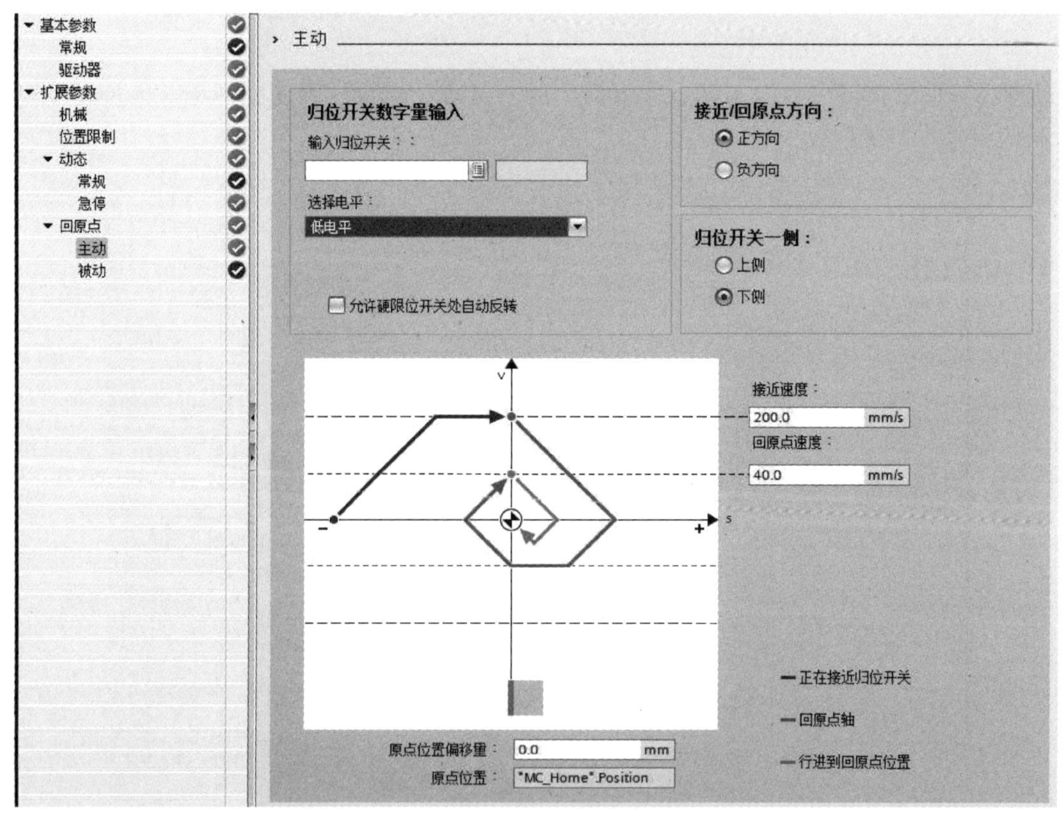

图 15-27　轴“组态”界面中扩展参数中“回原点”参数下的“主动”选项对话框

15.3.4　工艺对象“轴”调试

在对工艺“轴”进行组态后，可将 PLC 的硬件配置和软件组态全部下载到实体 PLC 中，如图 15-28 所示。注意：下载时需要选中项目树“设备”下的“PLC_1[CPU 1214C DC/DC/DC]”，程序下载的图标才能使用。

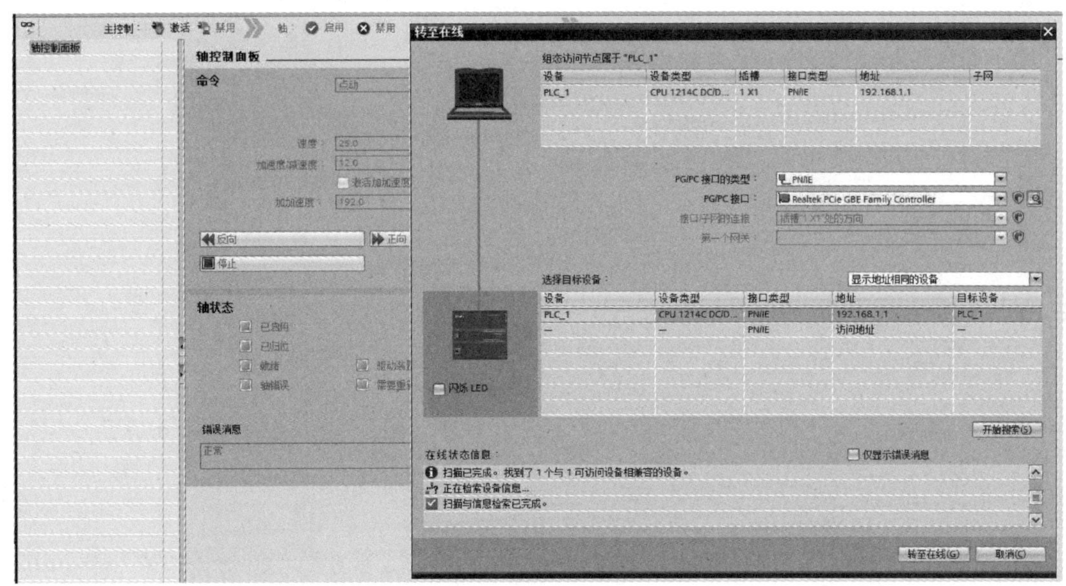

图 15-28　程序下载对话框

当程序下载完成后，在界面标题栏中单击“转至在线”，然后选择“工艺对象”中“轴_1”下的“调试”选项，使用轴控制面板来调试步进电动机及驱动器，以测试轴的实际运行功能，如图 15-29 所示。

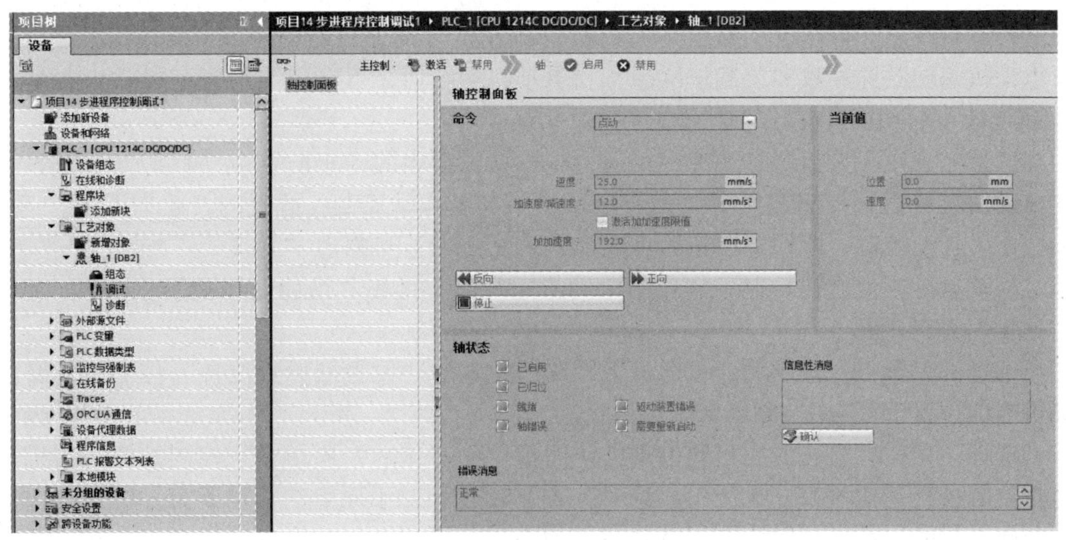

图 15-29　轴“调试”控制面板

在轴控制面板中，选择“主控制：”后的“激活”按钮，此时会跳出提示窗口，即提醒用户在采用主控制前，先要确认是否已经采取了适当的安全预防措施。同时设置一定的监视时间，如 3000 ms，如果未动作，则轴处于未启用状态，需重新“启用”。在安全提示后，调试窗口中“轴:”后面的“启用”按钮激活。用户可以直接单击“启用”按钮。此时就会出现所有的命令和状态信息都是可见的，而不是灰色的。用户可在“命令”后面的选择项中分别选择“点动”“速度设定值”“定位”和“回原点”进行调试，如图 15-30 所示。

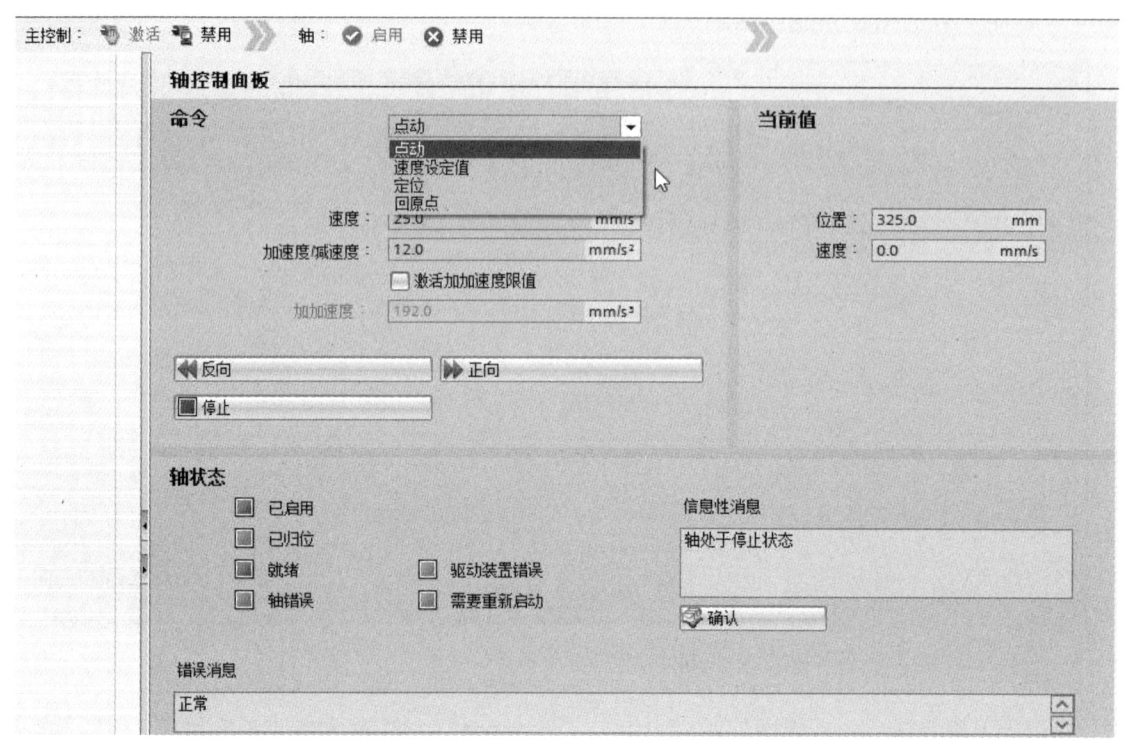

图 15-30　轴控制面板中四种“命令”选项

当选择“点动”选项时，可通过轴操作面板中的“正向”或“反向”控制按钮对步进电动机进行运动控制。可修改“速度”“加速度/减速度”的值对点动运行速度进行控制。在设置了电动机每转的脉冲数和负载位移后，当电动机运行时，可在“当前值”栏目中看到“位置”和“速度”值的变化。

当选择“速度设定值”选项时，可通过轴操作面板中的“正向”或“反向”控制按钮对步进电动机进行运动控制，如图 15-31 所示。不同于点动控制，此处的“正向”或“反向”控制按钮为长动控制，即松开按钮后，电动机仍在运行。可修改“速度”“加速度/减速度”的值对长动运行速度进行控制。同样当电动机运行时，可在“当前值”栏目中看到“位置”和“速度”值的变化。

当选择“回原点”选项时，可通过轴操作面板中的“设置回原点位置”控制按钮将步进电动机当前位置设置为 0，如图 15-32 所示。

当选择“定位”选项时，可通过轴操作面板中的“绝对”“相对”控制按钮对步进电动机进行位置控制，如图 15-33 所示。绝对位置控制是相对于原点的移动距离控制。在绝对位置控制前，需要先通过“回原点”选项进行原点位置设置。相对位置控制是相对于当前位置的移动距离控制。“目标位置/行进路径”中的值可正可负。

完成调试后，需要在轴控制面板中，分别单击“轴:”后的“禁用”按钮和“主控制:”后的“禁用”按钮，关闭轴调试命令。

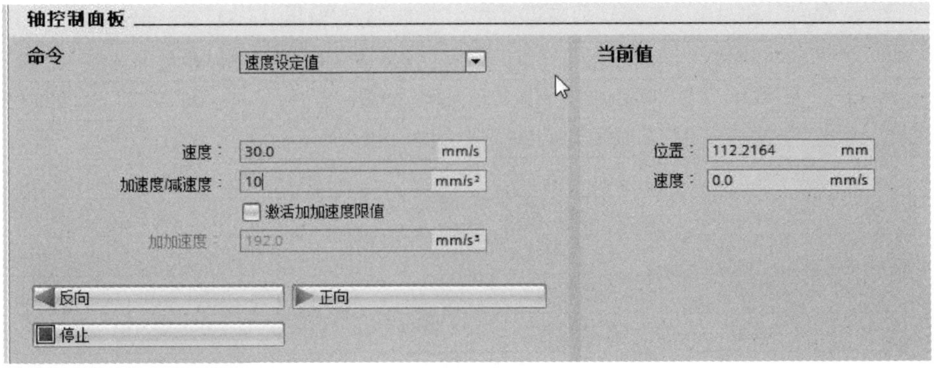

图 15-31　“速度设定值”控制面板

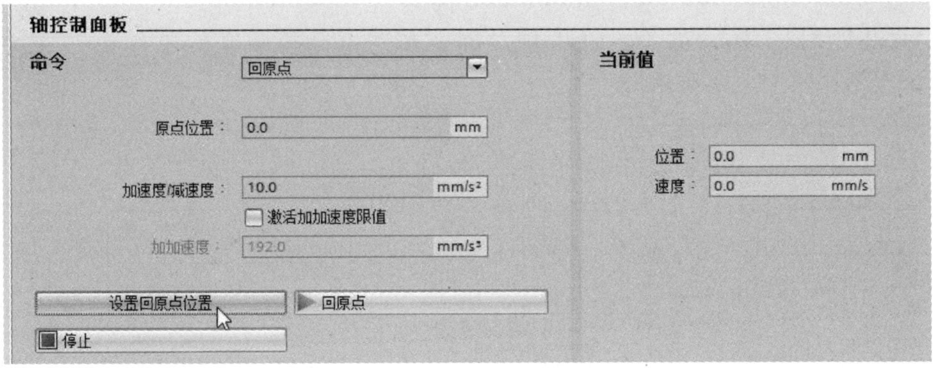

图 15-32　“回原点”控制面板

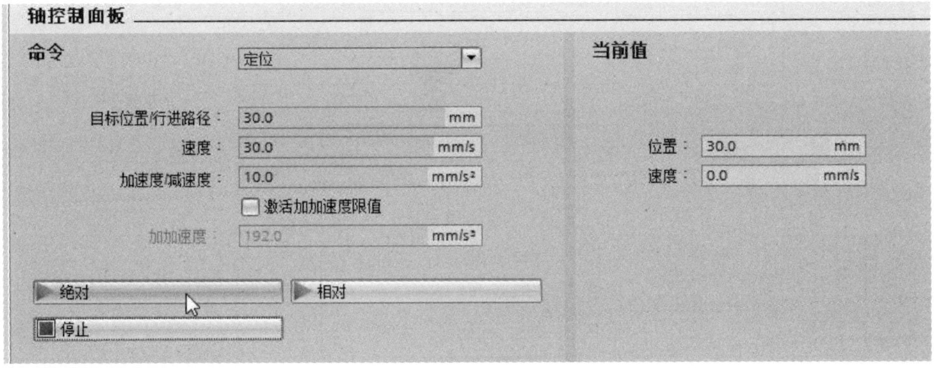

图 15-33　“定位”控制面板

任务 15.4　步进电动机驱动的工作台 PLC 控制系统设计与调试

15.4.1　PLC 选型及输入/输出（I/O）信号分配

15-4-1　步进电动机驱动的工作台控制接线讲解（带片头）

根据前面的控制要求，本项目要求控制一台步进电动机，只有 7 个输入信号和 2 个输出信号，要求能够产生高速脉冲输出，因此可选择 CPU1212C DC/DC/DC 型号 PLC 或其他晶体管型号 PLC。本项目选用 CPU1214C DC/DC/DC 型号 PLC。该 PLC 有 14 个数字量输入端口和 10 个数字量输出端口，能够满足设计要求。输入/输出（I/O）信号分配表见表 15-6。

表 15-6 步进电动机驱动的工作台 PLC 控制输入/输出（I/O）信号分配表

输入元件	输入信号	作用	输出元件	输出信号	作用
SB1	I0.0	回原点按钮	PUL+	Q0.0	轴 1 脉冲输出
SB2	I0.1	正向点动按钮	DIR+	Q0.1	轴 1 方向输出
SB3	I0.2	反向点动按钮			
SB4	I0.3	速度控制按钮			
SQ1	I1.1	原点行程开关			
SQ2	I1.0	左限位行程开关			
SQ3	I1.2	右限位行程开关			

15.4.2 绘制 PLC 控制原理图，并进行安装接线

15-4-2 步进电动机驱动的工作台 PLC 控制组态与调试（带片头）

当选择 CPU1214C DC/DC/DC 型号 PLC 时，步进电动机驱动的工作台 PLC 控制原理图如图 15-34 所示。

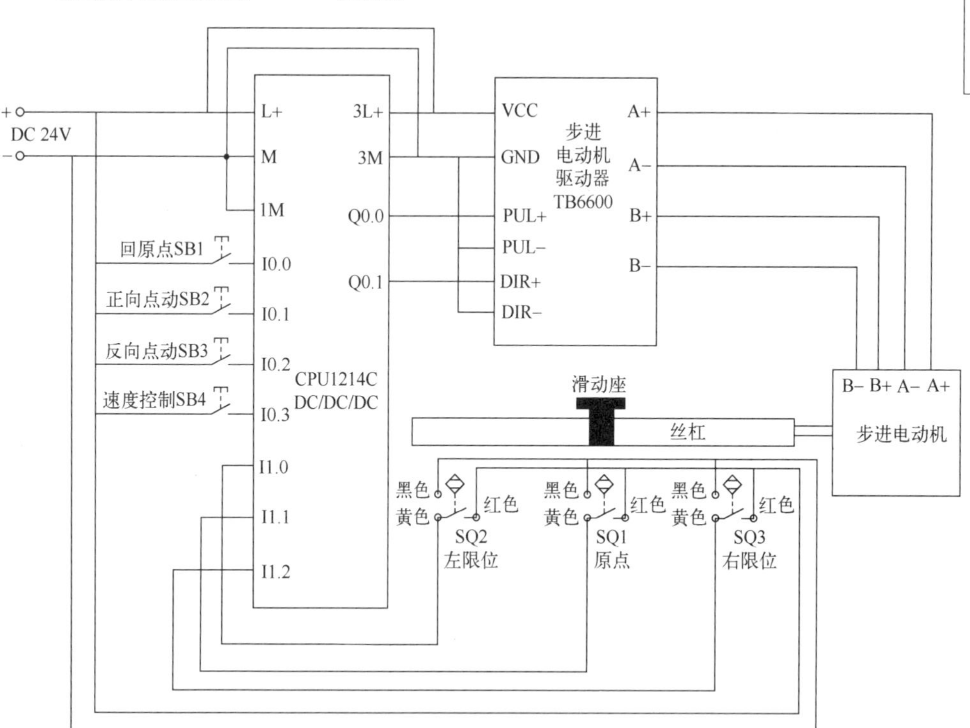

a) 控制原理图

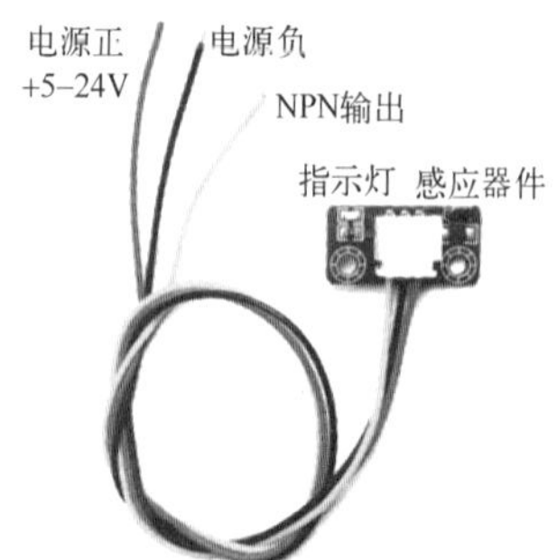

b) 传感器接线方法（红色线接24V电源正极，黑色线接0V，黄色线接PLC输入端口）

图 15-34 步进电动机驱动的工作台 PLC 控制原理图

按照图 15-34 所示电路对 PLC、驱动器、传感器和步进电动机进行接线。接线完成后，用拨码开关设置脉冲与电流大小。步进电动机每转脉冲设置为 400，故需要设置 SW1=OFF，SW2=SW3=ON，步进电动机的输出相电流是 1.0 A，故需要设置 SW4=SW6=ON，SW5=OFF。

15.4.3　轴运动控制组态

1）打开 TIA 博途编程软件，创建新项目，打开设备组态窗口，添加 PLC_1［CPU1214C DC/DC/DC］。

15-4-3　步进电动机驱动的工作台 PLC 控制程序调试（带片头）

2）单击项目树 PLC 文件夹下的“工艺对象”左边箭头，展开“工艺对象”目录。在“新增对象”中添加新对象名称“轴_1”，然后在“类型”中选择“TO_PositioningAxis”位置运动，单击“确定”按钮。

3）依次打开项目树中 PLC_1 下“工艺对象”→“轴_1”→“组态”。双击“组态”对象，按下列步骤为“轴_1”进行组态。

步骤 1：单击基本参数中“常规”选项，弹出对话框如图 15-21 所示。在对话框中选择驱动器下方的“PTO（Pulse Train Output）”。位置单位为“mm”。

步骤 2：单击基本参数中的“驱动器”选项，弹出如图 15-22 所示对话框。在硬件接口中，选择脉冲发生器为“Pulse_1”，信号类型选择“PTO（脉冲 A 和方向 B）”，输出点自动选择，其中脉冲输出为 Q0.0，方向输出为 Q0.1。

步骤 3：单击扩展参数下的“机械”选项，弹出如图 15-23 所示对话框。设置电动机每转的脉冲数为 400，电动机每转的负载位移为 4.0。这里所设置的电动机每转的脉冲数和负载位移量需要与实际的工作滑台滚珠丝杠相匹配。

步骤 4：单击扩展参数下的“位置限制”选项，弹出如图 15-35 所示对话框。勾选“启用硬限位开关”。在“硬件下限位开关输入”中选择“I1.0”（I1.0 为左限位开关），并按〈Enter〉键确认。在“硬件上限位开关输入”中选择“I1.2”（I1.2 为右限位开关），并按〈Enter〉键确认。“选择电平”类型均为“低电平”。在碰到硬件限位开关时，轴将使用急停减速斜坡停止。此时需要人工将故障消除后，才可以再次恢复电动机运动。

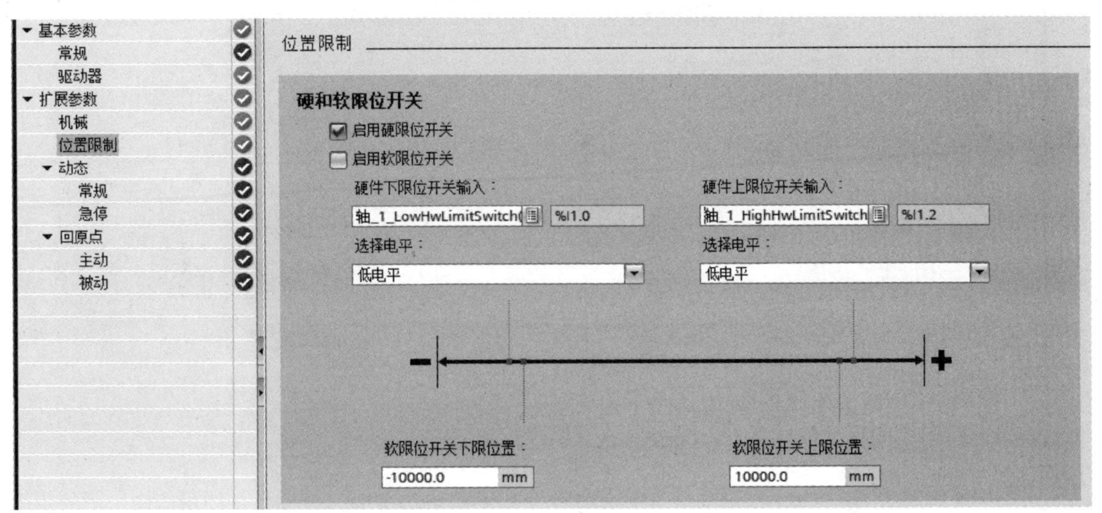

图 15-35　轴“组态”界面中扩展参数下的“位置限制”选项对话框

步骤 5：单击扩展参数中“动态”参数下的“常规”选项，弹出如图 15-36 所示对话框。按默认值设置加减速时间。

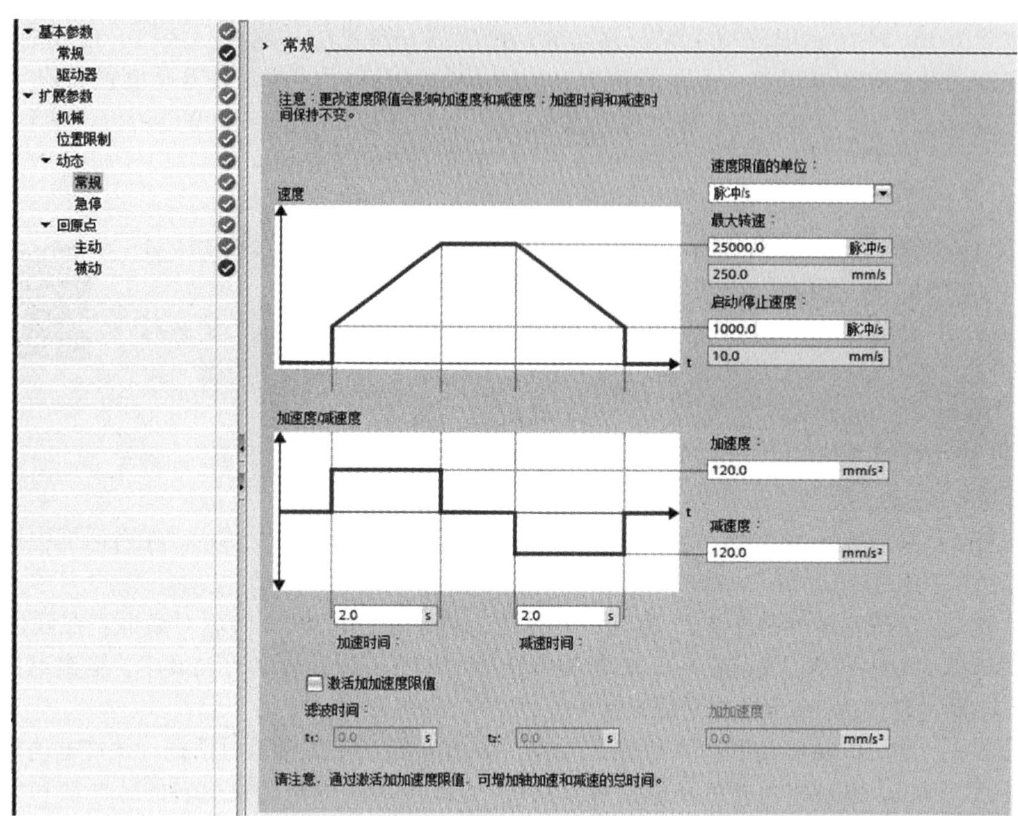

图 15-36 轴“组态”界面中扩展参数中“动态”参数下的“常规”选项对话框

步骤 6：单击扩展参数中“动态”参数下的“急停”选项，弹出如图 15-37 所示对话框。将急停减速时间设置为 0.1 s。

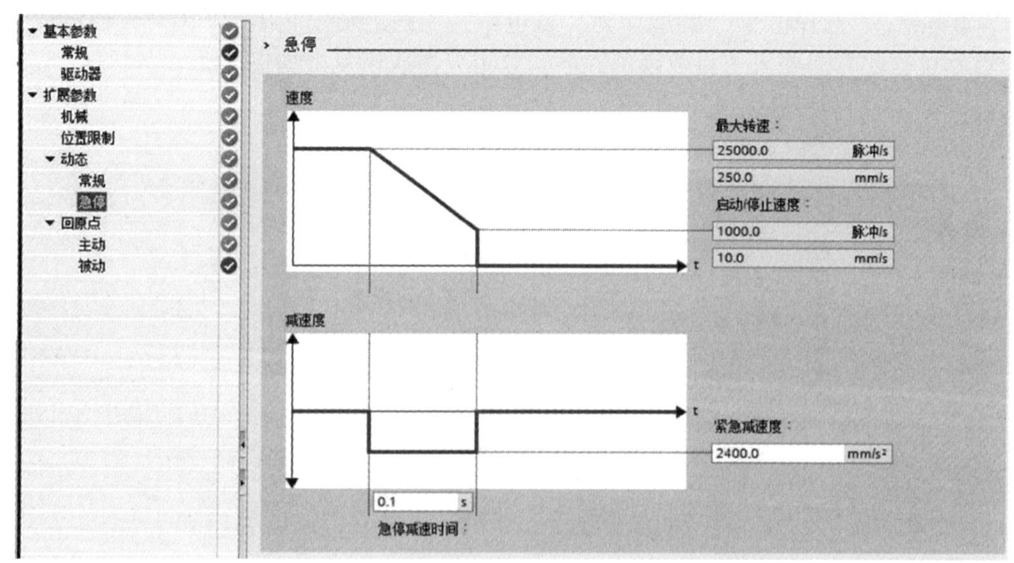

图 15-37 轴“组态”界面中扩展参数中“动态”参数下的“急停”选项对话框

步骤 7：单击扩展参数中“回原点”参数下的“主动”选项，弹出如图 15-38 所示对话框。设置“输入归位开关”为“%I1.1”，选择电平为“低电平”。勾选“允许硬限位开关处自动反转”，这样在轴碰到原点前，碰到硬限位开关，系统认为原点在反方向。若没有激活该功能，则当工作台碰到硬件限位开关，则在回原点过程中，会因为错误而被取消，并紧急停止。接近/回原点方向，设置为“正方向”或“负方向”均可，此处设置为“正方向”。归位开关一侧，设置为“上侧”与“下侧”均可，此处设置为“下侧”。接近速度为进入原点区域的速度，此处设置为 200 mm/s。回原点速度为进入原点区域的速度，此处设置为 40 mm/s。原点位置偏移量为原点位置与实际位置有差值时，可在此重新输入距离原点的偏移量，此处设置为 0。

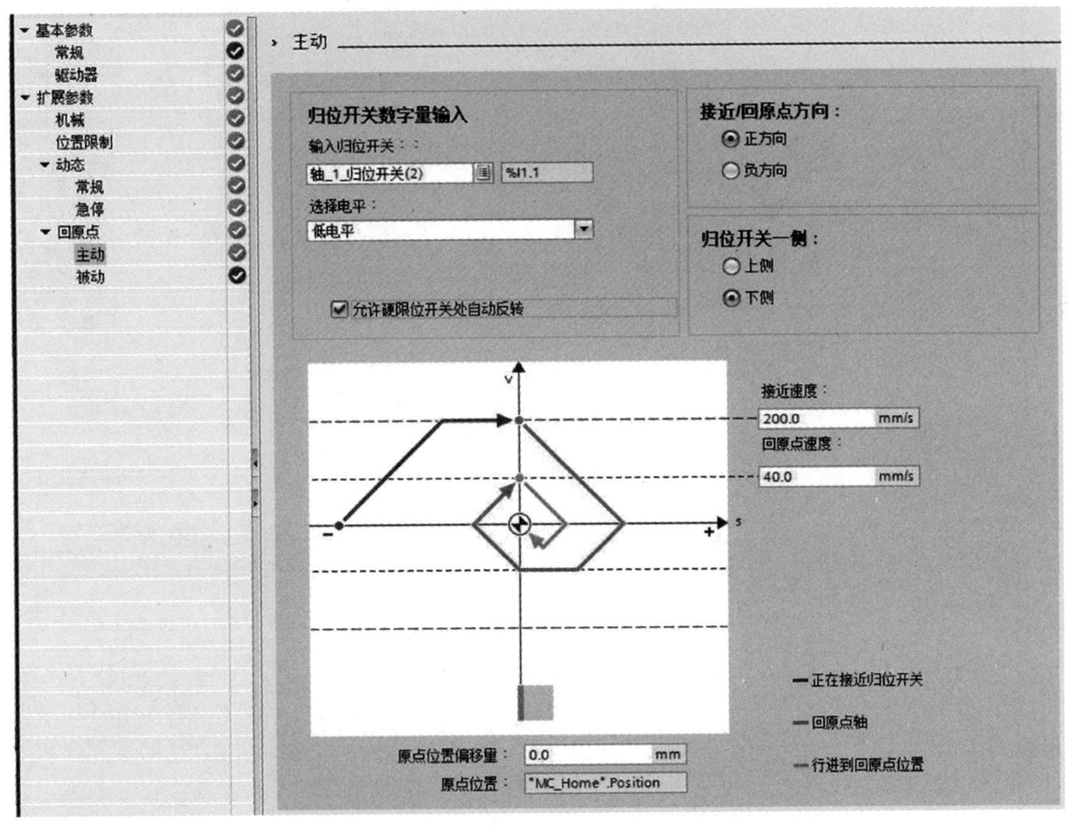

图 15-38　轴“组态”界面中扩展参数中“回原点”参数下的“主动”选项对话框

15.4.4　工艺对象“轴”调试

在对工艺“轴”进行组态后，可将 PLC 的硬件配置和软件组态全部下载到实体 PLC 中。当程序下载完成后，然后在界面标题栏中单击“转至在线”，然后选择“工艺对象”中“轴_1”下的“调试”选项，使用轴控制面板来调试步进电动机及驱动器，以测试轴的实际运行功能，如图 15-39 所示。在轴控制面板中，选择“主控制:”后的“激活”按钮，此时会跳出提示窗口，即提醒用户在采用主控制前，先要确认是否已经采取了适当的安全预防措施。同时设置一定的监视时间，如 3000 ms，如果未动作，则轴处于未启用状态，需重新“启用”。在安全提示后，调试窗口中“轴:”后面的“启用”按钮激活。用户可以直接单击“启用”按钮。此时就会出现所有的命令和状态信息都是可见的，而不是灰色的。用户可在“命令”后面的选择项中分别选择“点动”“速度设定值”“定位”和“回原点”进行调试，如图 15-40 所示。“回原点”操作调试时，需要先将电动机停留在零点负方向上。在调试过程中，务必要注意工作台的工作状态，避免超行程导致撞击事件发生。如果发生碰撞事件，需要及时切断电源。

注意：在用程序进行步进电动机控制的情况下，无法用轴控制面板进行调试。

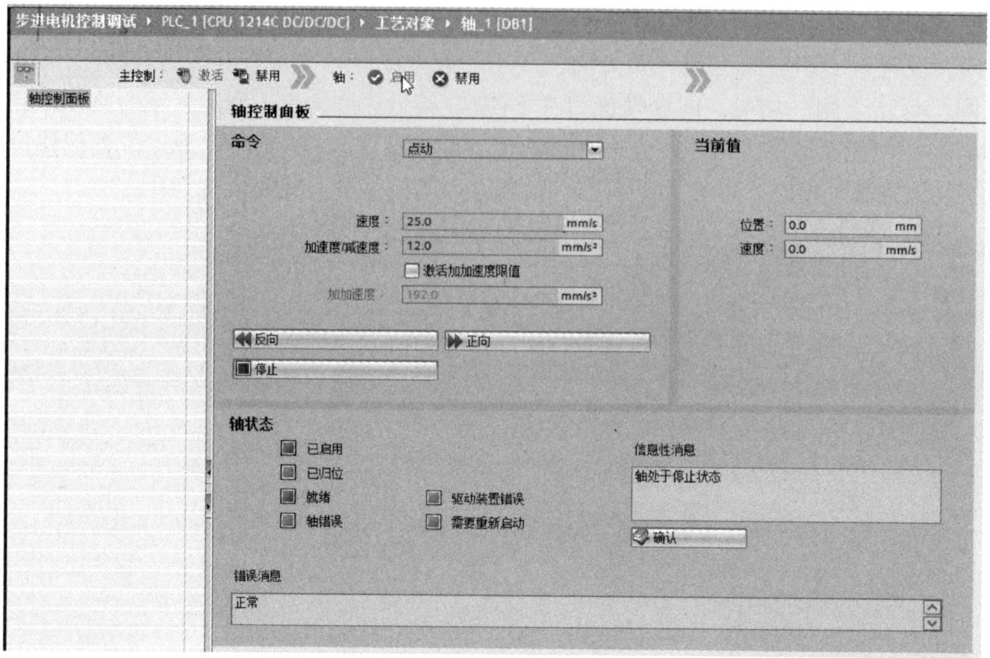

图 15-39　轴调试控制面板

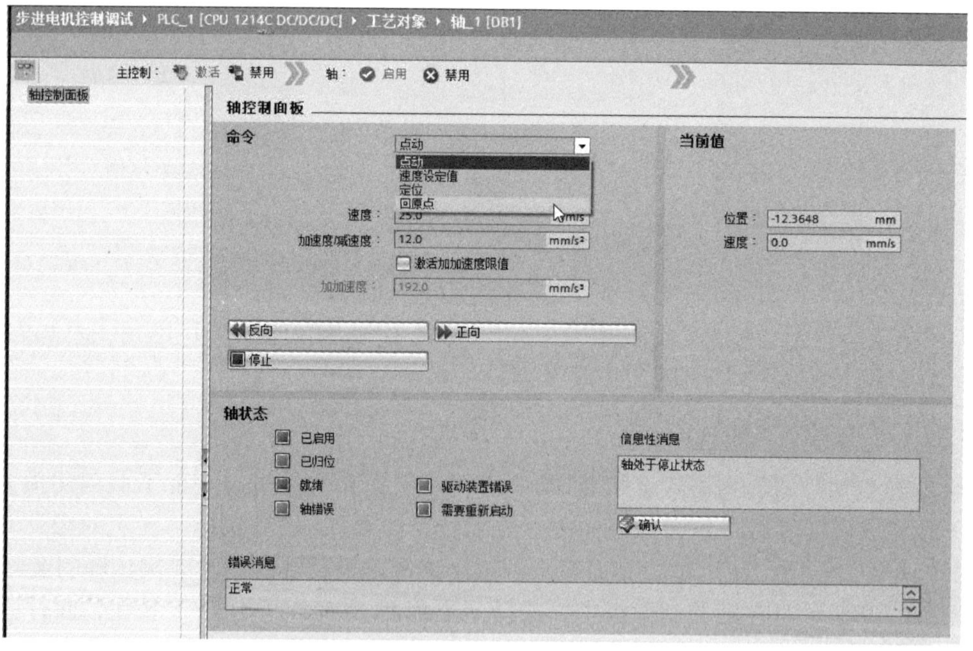

图 15-40　轴控制面板中“命令”选项

15.4.5　轴运动控制程序设计

工艺对象“轴”调试完成后，可利用程序进行工作台控制调试。所编写的程序如图 15-41 所示。程序段 1 是调用运动控制指令 MC_Power 启用或禁用“轴_1”。程序段 2 是调用 MC_Home 指令回原点。程序段 3 是调用 MC_MoveJog 指令进行点动控制，当按下 I0.1 时，工作台以 10 mm/s 的速度向左运动；当按下 I0.2 时，工作台以 10 mm/s 的速度向右运动。程序段 4 是调用 MC_MoveVelocity 指令进行运行速度设置。当按下 I0.3 时，工作台的速度变为 20 mm/s。

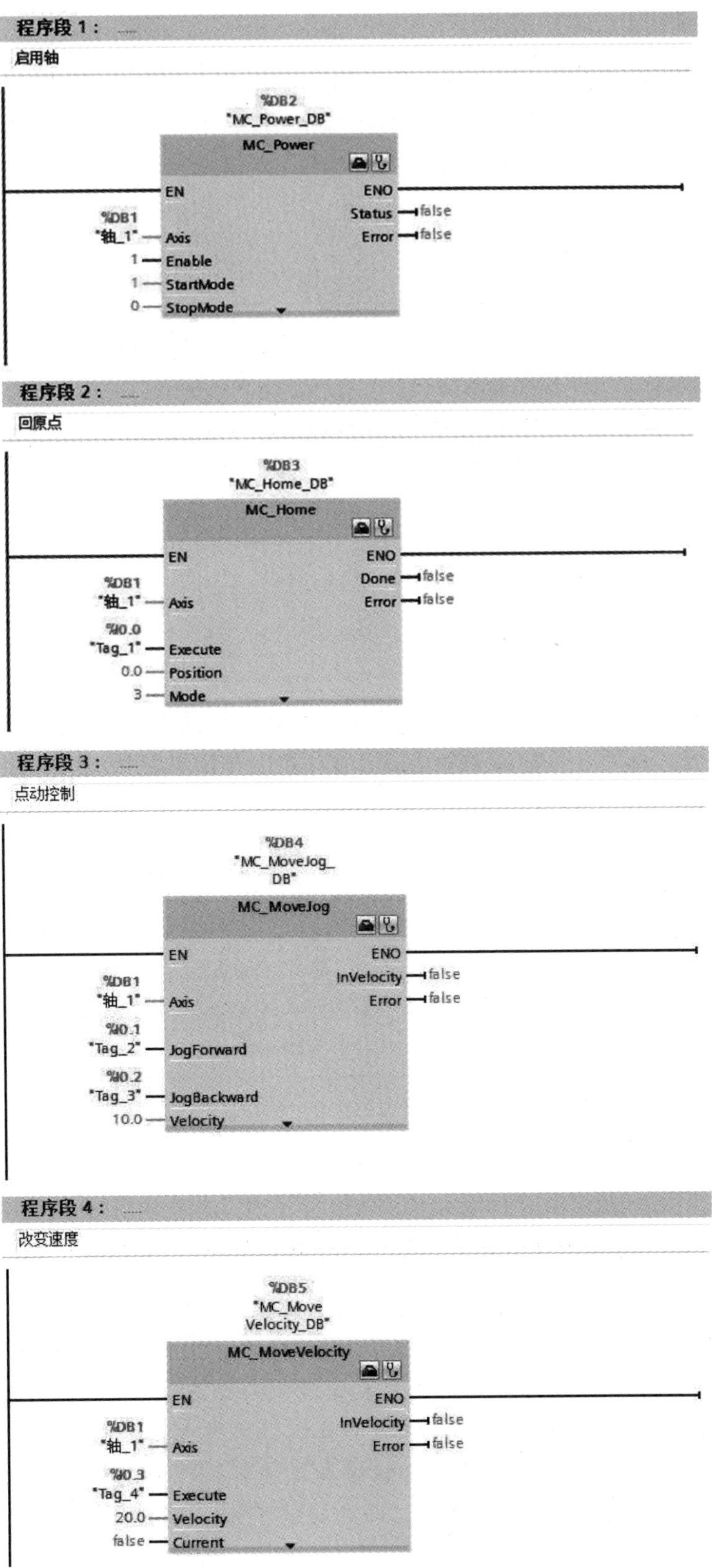

图 15-41　工作台点动控制程序

15.4.6 程序控制的工作台移动调试

在对工艺“轴”进行组态及程序编制完成后，可将 PLC 的硬件配置和软件组态全部下载到实体 PLC 中。当程序下载完成后，可用按钮进行工作台点动控制。即当按下 I0.1 时，工作台以 10 mm/s 的速度向左运动；当按下 I0.2 时，工作台以 10 mm/s 的速度向右运动等。

【思考与练习】

1. PTO 与 PWM 两种高速脉冲输出有何不同?
2. 通过轴控制面板对项目中所涉及的步进电动机进行控制调试。
3. 分别通过轴控制面板和程序方式对项目中所涉及的步进电动机驱动的工作台进行控制调试。
4. 通过编程对步进电动机进行运动控制，自行设计控制过程。
5. 通过编程对步进电动机驱动的工作台进行移动控制，要求当按下正转起动按钮时，工作台以 10 mm/s 的速度往前移动到+50 mm 处；当按下反转起动按钮时，工作台以 20 mm/s 的速度往后移动-50 mm 处；当按下回原点按钮时，工作台以 10 mm/s 的速度回到原点位置。当按下停止按钮时，工作台停止。

【项目测评】

本项目目标达成度测评采用项目考核与个人考核相结合的方式，具体考核细则见表 15-7。考核成绩达到 70 分，就可以认定该学生达成了本项目的预期学习目标。

表 15-7 项目目标达成度测评评分办法

考核目标	考核方法	成绩占比（%）
目标 1	雨课堂测试	20
目标 2	课内外作业	10
目标 3	项目分组操作考核×个人参与度	60
目标 4	考勤、课堂表现评分	10

【素质拓展】

步进电动机的后起之秀——雷赛智能 Leadshine

深圳市雷赛智能控制股份有限公司是智能装备运动控制领域的全球知名品牌和行业领军企业。自 1997 年成立以来，雷赛智能一直以“聚焦客户关注的挑战和压力、提供有竞争力的运动控制产品与服务、持续为客户创造最大价值”为企业使命，以“成就客户、共创共赢”为企业经营理念，聚焦于步进电动机驱动系统、伺服电动机驱动系统、运动控制卡、运动控制 PLC 等系列精品的研发、生产、销售和服务。经过多年的产品创新和应用服务，雷赛已成为全球产销规模领先的运动控制产品和解决方案提供商。在电子、半导体、物流、新能源、机器人、机床、医疗等行业获得上万家优秀设备厂家的长期使用，产品远销美国、德国、印度等 60 多个国家。

项目 16 带旋转编码器的工作台 PLC 控制系统设计与调试

【学习目标】

（1）熟知旋转编码器的类型、工作原理与使用方法；熟知高速计数器指令的类型、功能与使用方法等。

（2）能够正确绘制带旋转编码器的步进电动机驱动的工作滑台 PLC 控制系统的电气原理图，并进行安装接线。

（3）能够利用高速计数器指令编写带旋转编码器的步进电动机驱动的工作滑台 PLC 控制程序，并进行调试。

（4）在项目实施过程中，养成良好的职业素养，体现良好的工匠精神。

【项目要求】

用 S7-1200 PLC 与 TIA 软件完成带旋转编码器的步进电动机驱动的工作滑台控制系统的设计与调试（如项目 15 图 15-1 所示）。具体控制要求：工作台由步进电动机带动滚珠丝杠进行传动（丝杠转动一圈，工作台前进或后退 4 mm）。与滚珠丝杠同轴安装有增量型旋转编码器，该编码器每转输出 600 个 A/B 相正交脉冲。控制要求如下：按下正向起动按钮 SB1，步进电动机起动并正转，工作台前进 80 mm 后停止。当按下反向起动按钮 SB2 时，步进电动机起动并反转，工作台后退 100 mm 后停止。在电动机转动过程中，需要对电动机实时移动距离进行测量。当按下停止按钮 SB2 时，电动机立即停止。

【项目分析】

要完成上述任务，首先需要对步进电动机、驱动器、旋转编码器等有所认知；其次需要了解 PLC 控制系统设计的关键步骤，如 I/O 点的分配、PLC 控制原理图的绘制、PLC 梯形图的设计与下载，了解 PLC 高速计数器指令的使用方法；再次需要根据控制原理图进行硬件接线，并理解其工作原理；最后需要能够使用 TIA 博途软件进行程序编制、下载、调试等。

【实践条件】

（1）安装有 TIA 博途软件的计算机。

（2）带旋转编码器的步进电动机。

（3）带旋转编码器的步进电动机驱动的工作滑台。

（4）控制按钮等低压电器元件。

【项目实施】

任务 16.1　旋转编码器认知

在工业自动化控制过程中，经常需要对电动机的实时速度进行测量，以实现更精确的控制。电动机转速的测量方法有测速发电机测速、旋转编码器测速、漏磁转速测量法测速等。由于旋转编码器具有体积小、重量轻、功能全、分辨率高、耗能低、性能稳定、使用寿命长等特点，成为一种常用的电动机转速测量方法。旋转编码器是集光机电技术于一体的速度位移传感器。它通过光电转换，把输出轴的角位移、角速度等机械量转换成相应的电脉冲以数字量输出，多用在需要精确旋转位置及速度的场合，如工业控制、机器人、专用镜头、打印机、扫描仪等。图 16-1 所示为市面上一些常见的旋转编码器。

图 16-1　市面上一些常见的旋转编码器实物图

16.1.1　旋转编码器的结构和工作原理

旋转编码器主要由旋转轴、外壳、指针、刻度盘、编码盘、编码头、光电检测元件、调节器等部分组成，其中外壳通常由金属或塑料材料制成，指针和刻度盘可以显示旋转编码器的角度和方向，编码盘是由许多小孔组成的圆盘，光电检测元件可以检测旋转编码器的角度和方向，调节器用于调整旋转编码器的精度和灵敏度等。光电式旋转编码器的工作原理如图 16-2 所示。当旋转编码器旋转轴带动光栅盘旋转时，经发光元件发出的光被光栅盘狭缝切割成断续光线，并被接收元件接收产生初始信号。该信号经后继整形电路处理后，输出脉冲信号。

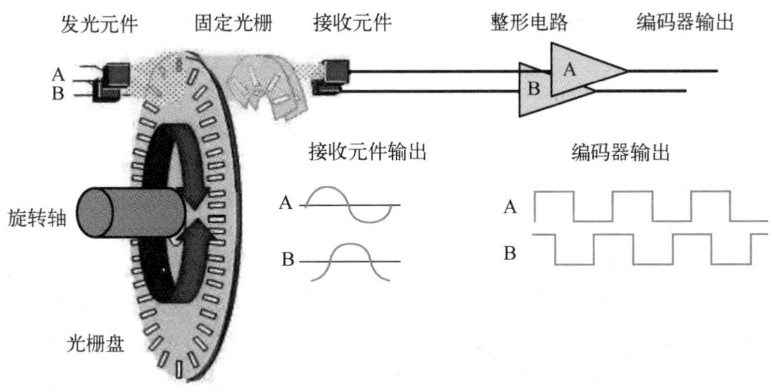

图 16-2　光电式旋转编码器工作原理图

16.1.2　旋转编码器的分类

旋转编码器按照工作原理可分为光电式、磁电式和触点电刷式等；按照编码方式可分为绝对式编码器、增量式编码器、混合式编码器和正弦波编码器等；按照信号电压来分，可分为 24 V 编码器和 5 V 编码器；按照信号采集方式可分为单倍频编码器和四倍频编码器。

在以上各种编码器类型中，24 V 增量式光电编码器是最常用的一种。本项目主要以这类编码器为例进行介绍。

增量式编码器也称作相对型编码器（Relative Encoder），利用检测脉冲的方式来计算转速及位置，可输出有关旋转轴运动的信号，一般会由其他设备或电路进一步转换为速度、距离、每分钟转速或位置的信号。

增量式编码器有两个主要输出，分别称为 A 和 B，两个输出是正交输出，相位差为 90°。增量式编码器的单圈脉冲数（PPR）为其旋转一圈时会输出的方波数，如 PPR 为 600 表示旋转一圈时 A 和 B 都会输出 600 个方波，但先后顺序不同。光电式增量型编码器可以有较高的单圈脉冲数，例如 2500~10000。有些旋转编码器除了 A 相及 B 相外还有一个输出，一般称为 Z 相，每旋转一圈 Z 相会有一个方波信号输出，可以用来判断转轴的绝对位置。若旋转编码器只有单独一相的输出，仍然可以判断转轴的转速，只是不能判断旋转的方向。

增量式旋转编码器输出 A 相、B 相和 Z 相分别代表的含义：编码器轴每旋转一圈，A 相和 B 相都发出相同的脉冲个数，但是 A 相和 B 相之间存在一个 90°（电气角的一个周期为 360°）的电气角相位差，可以根据这个相位差来判断编码器旋转的方向是正转还是反转。正转时，A 相超前 B 相 90°先进行相位输出，反转时，B 相超前 A 相 90°先进行相位输出（如图 16-3 所示）。编码器每旋转一圈，Z 相只在一个固定的位置发出一个脉冲，所以可以作为复位相或零位相来使用。

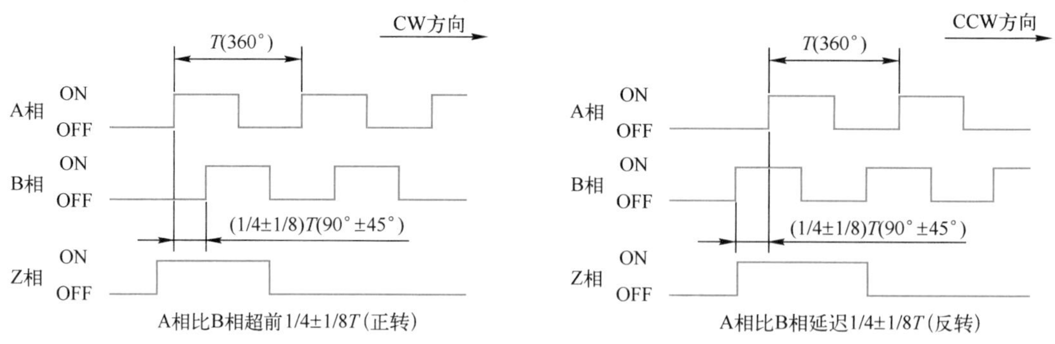

图 16-3　增量式旋转编码器的 A、B 和 Z 相的关系图

任务 16.2　高速计数器指令与中断指令认知

S7-1200 PLC 提供了 CTU、CTD、CTUD 三个通用的计数器指令。但是这些通用指令的计数频率受 PLC 扫描周期的限制。PLC 的 CPU 每循环扫描一次，读取一次输入信号的状态，其工作频率一般只有几十赫兹。如果输入信号的通断频率超过了 CPU 的扫描频率，则输入信号有可能无法被 CPU 检测到，造成计数脉冲的丢失。为了能够检测到高频的输入信号，PLC 采用了高速计数器（High Speed Counter，HSC）来对发生速率高于程序循环执行速率的事件进行计数。

1. 高速计数器的工作模式和硬件输入点

S7-1200 PLC 的 CPU 本体和扩展信号板总共提供了 6 个高速计数器 HSC1~HSC6，其独立于 CPU 的扫描周期进行计数。可测量的单相脉冲频率最高为 100 kHz，双相或 A/B 相最高为 30 kHz，除用来计数外还可用来进行频率测量。高速计数器可用于连接增量式旋转编码器，用户通过对硬件组态和调用相关指令来使用此功能。S7-1200 PLC 高速计数器支持五种工作模式，分别为具有内部方向控制的单向计数器、具有外部方向控制的单相计数器、具有两路脉冲输入的双相增/减计数器、A/B 相正交脉冲输入计数器、监控 PTO 输出计数器。每种高速计数器都可以使用或不使用复位输入。当复位输入为 1 状态时，高速计数器的实际计数值被清除，直到复位输入变为 0 时，才能启动计数功能。

高速计数器硬件输入点（使用 PLC CPU 本机）和工作模式见表 16-1。当使用 HSC1 高速计数器时，若工作模式选择“单相计数，外部方向控制”，则可采用 I0.0 为计数脉冲，I0.1 为方向信号，I0.3 为复位信号。

表 16-1　高速计数器硬件输入点（使用 PLC CPU 本机）和工作模式

描述		输入点			功能
HSC	HSC1	I0.0	I0.1	I0.3	
	HSC2	I0.2	I0.3	I0.1	
	HSC3	I0.4	I0.5	I0.7	
	HSC4	I0.6	I0.7	I0.5	
	HSC5	I1.0	I1.1	I1.2	
	HSC6	I1.3	I1.4	I1.5	
工作模式	单相计数，内部方向控制	计数脉冲		复位	计数或测频
	单相计数，外部方向控制	计数脉冲	方向	复位	计数或测频
	双相计数，两路时钟输入	加计数脉冲	减计数脉冲	复位	计数或测频
	A/B 相正交计数	A 相脉冲	B 相脉冲	Z 相脉冲	计数或测频
	监视 PTO 输出	计数脉冲	方向		计数

2. 高速计数器的功能

高速计数器提供了四种功能。

1）计数：对输入脉冲根据方向控制的状态进行递增或递减计数。

2）频率测量：高速计数器可以选择 3 种频率测量周期来测量频率值，分别为 0.01 s、0.1 s 和 1 s。频率测量周期决定了多长时间计算或报告一次新的频率测量值。测量的结果是根据信号脉冲计数值和测量周期计算出的频率。

3）周期测量：使用扩展指令 CTRL_HSC_EXT，可以按指定的时间周期，用硬件中断模式测量出被测信号周期数和精确到 μs 的时间间隔，从而计算出被测信号的周期。

4）运动控制：用于运动控制计数对象，不适用于 HSC 指令。

3. 高速计数器的组态

用户在使用高速计数器之前，应对高速计数器进行组态，设置高速计数器的计数模式，其工作流程描述如下。

1）打开 PLC 的设备视图，选中其中的 CPU，如图 16-4 所示。单击巡视窗口中的“属性”卡，选择左边的“高速计数器（HSC）”，单击“HSC1”，如图 16-5 所示。在“常规”下的“启用”选项中，勾选“启用该高速计数器”复选框。

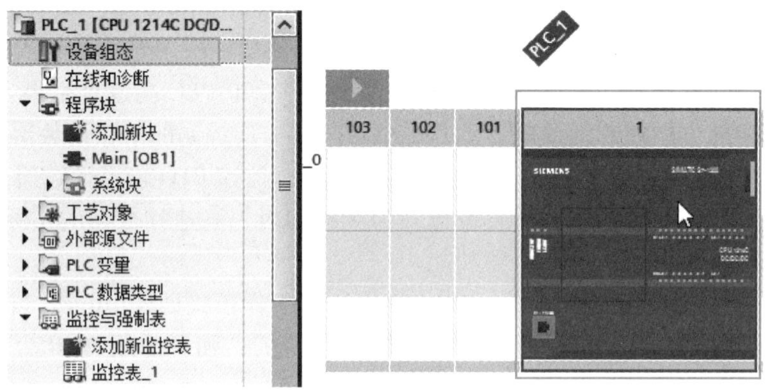

图 16-4 选择设备组态中的 CPU

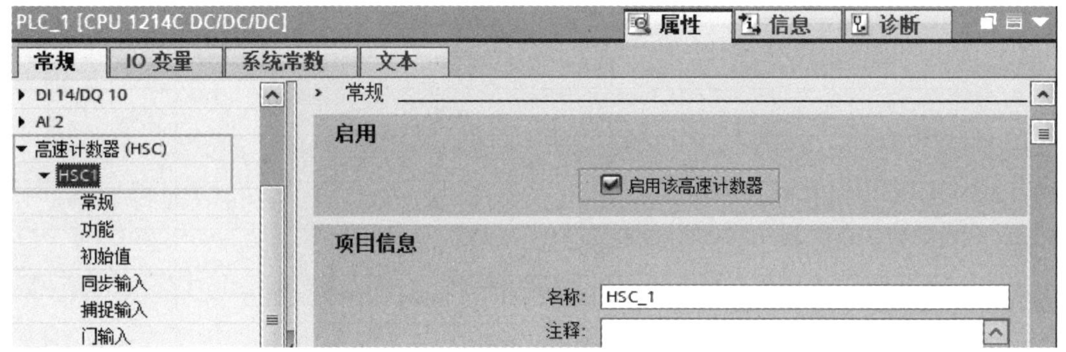

图 16-5 选择“高速计数器（HSC）”组态界面

2）单击左边窗口中的“功能”选项，出现如图 16-6 所示组态界面。在该界面下，用户可选择“计数类型”“运行模式”“计数方向取决于”“初始计数方向”等选项。其中“计数类型”下拉列表中有“计数”“频率”“周期”“Motion Control”四个选项。“运行模式”下拉列表中有“单相”“两相位”“A/B 计数器”和“AB 计数器四倍频”四个选项。“计数方向取决于”下拉列表中有“用户程序（内部方向控制）”“输入（外部方向控制）”两个选项。“初始计数方向”下拉列表中有“加计数”“减计数”两个选项。

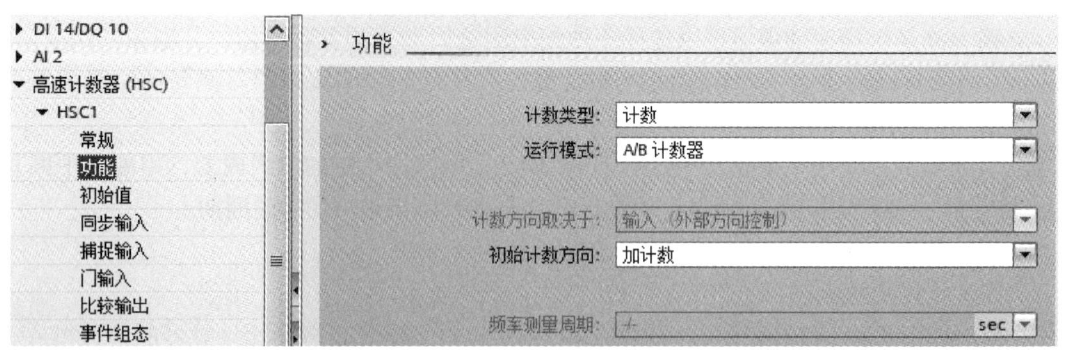

图 16-6 “功能”选项组态界面

3）单击左边窗口中的“初始值”选项，出现如图 16-7 所示组态界面。在其中可以设置“初始计数器值”“初始参考值”和“初始参考值 2”。

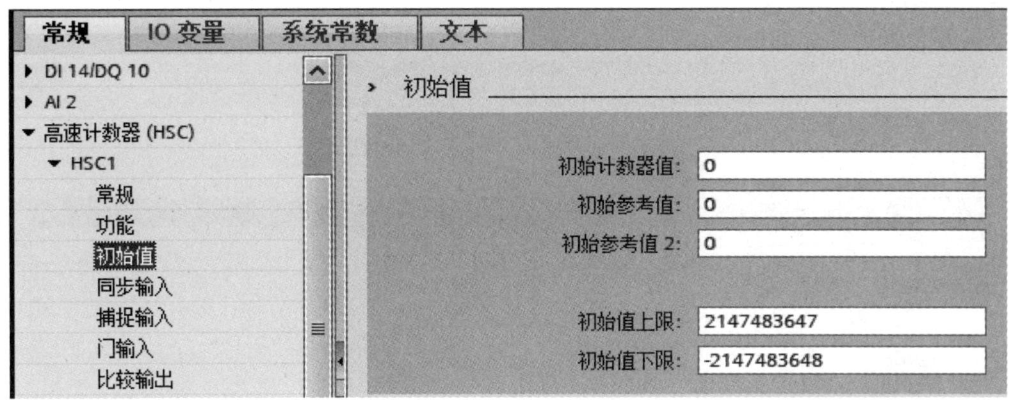

图 16-7　“初始值”选项组态界面

4）单击左边窗口中的“同步输入”选项，出现如图 16-8 所示组态界面。勾选“使用外部同步输入”前的复选框，表示使用了外部复位输入。从下面的“同步输入的信号电平”下拉列表中可以选择“高电平有效”“低电平有效”“上升沿”“下降沿”“上升沿和下降沿”，表示采用何种方式触发复位信号。

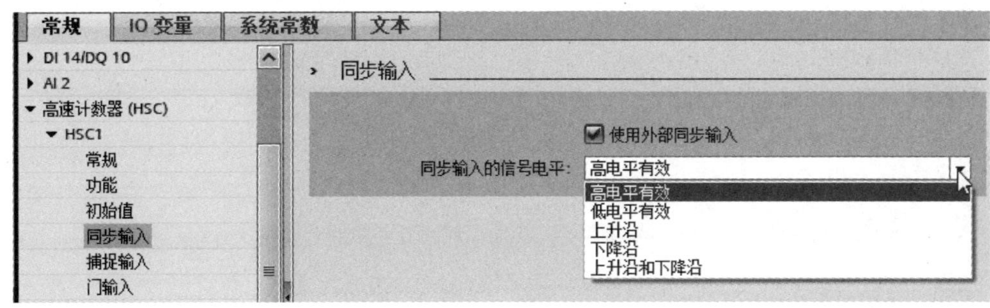

图 16-8　“同步输入”选项组态界面

5）单击左边窗口中的“事件组态”选项，出现如图 16-9 所示组态界面。勾选“为计数器值等于参考值这一事件生成中断”复选框，可以激活中断事件“计数器值等于参考值 0”。当选择“计数器值等于参考值 0”选项时，可以单击“硬件中断”右边的…按钮，在弹出的对话框中（如图 16-10 所示），单击“新增”按钮，弹出“添加新块”对话框（如图 16-11 所示）。系统默认添加“Hardware interrupt”组织块，单击对话框中的“确定”按钮。此时系统会跳转到中断程序输入界面，在其中可输入中断程序，如图 16-12 所示。

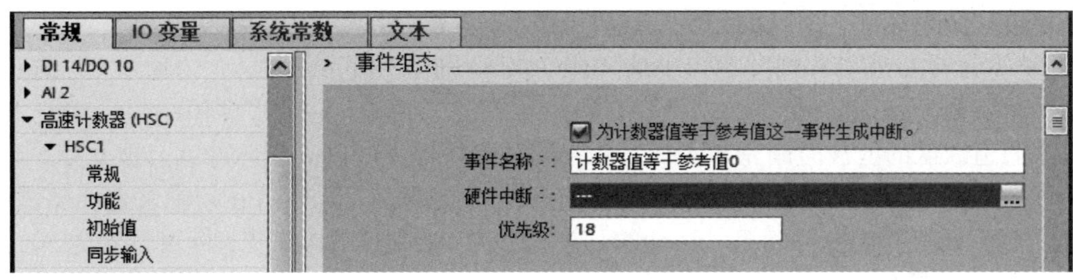

图 16-9　“事件组态”选项组态界面

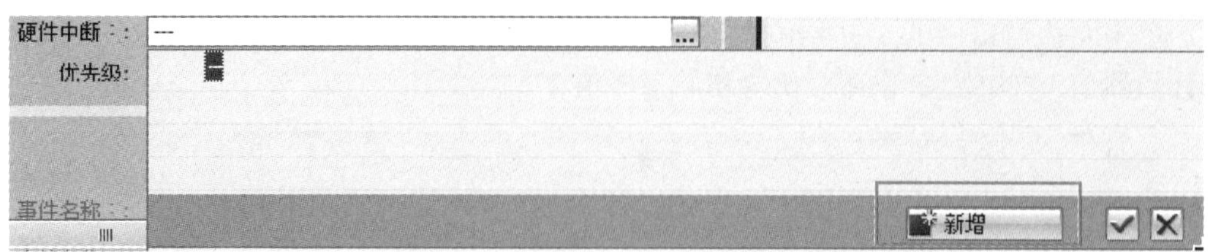

图 16-10　“硬件中断”选择对话框

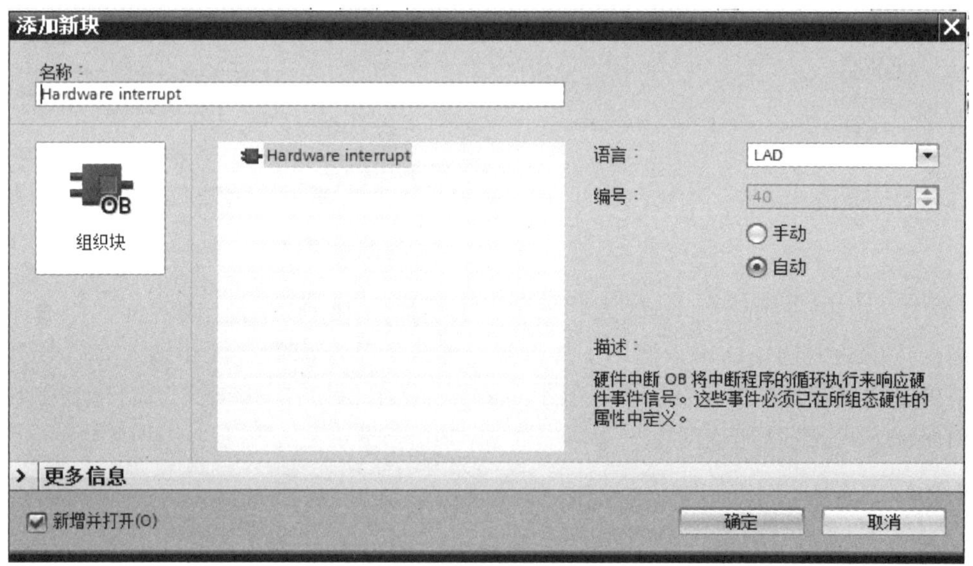

图 16-11　“添加新块”对话框

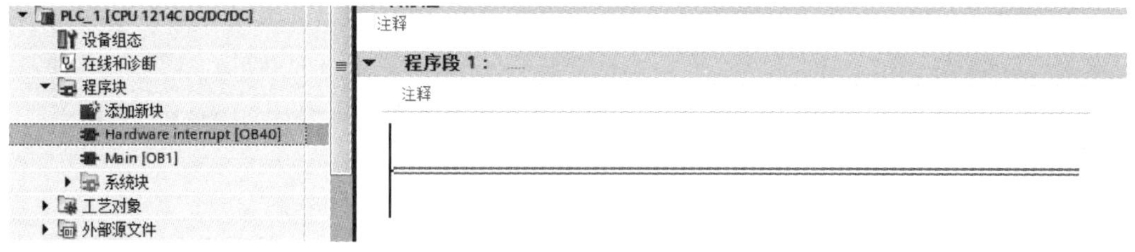

图 16-12　“Hardware interrupt[OB40]”中断程序输入区

6）单击“PLC_1”下面的“设备组态”退回到“属性”页面。单击左边窗口中的“硬件输入”选项，出现如图 16-13 所示组态界面。在其中可以设置该高速计数器使用的时钟发生器输入、方向输入和同步输入的输入点。输入点后面可以看到可用的最高频率。

7）单击左边窗口中的“I/O 地址”选项，出现如图 16-14 所示组态界面。在其中可以修改起始地址和结束地址。默认的起始地址为 ID1000。

8）依次选择左边“常规”窗口中的“DI 14/DQ 10”“数字量输入”“通道 0”选项，出现如图 16-15 所示组态界面。单击将输入滤波器设为“10microsec”（即 10 μs）。CPU 和信号板的输入通道默认的滤波时间是 6.4 ms，如果滤波时间偏大，则高频脉冲就会被滤掉。因此对于高速计数器来说，应减少输入滤波时间。用户可以根据输入脉冲信号频率来选择滤波时间，如 HSC1 使用 I0.0 作为脉冲输入，脉冲的最高频率为 100 kHz，其滤波时间可设置为 10 μs。

4. 高速计数器指令

S7-1200 PLC 提供了 CTRL_HSC_EXT 与 CTRL_HSC 两个高速计数器指令。其中 CTRL_

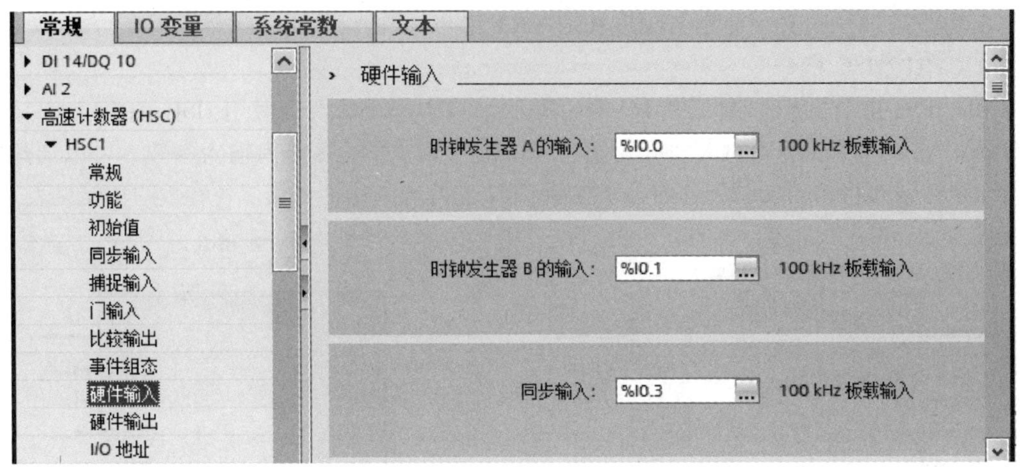

图 16-13　“硬件输入”选项组态界面

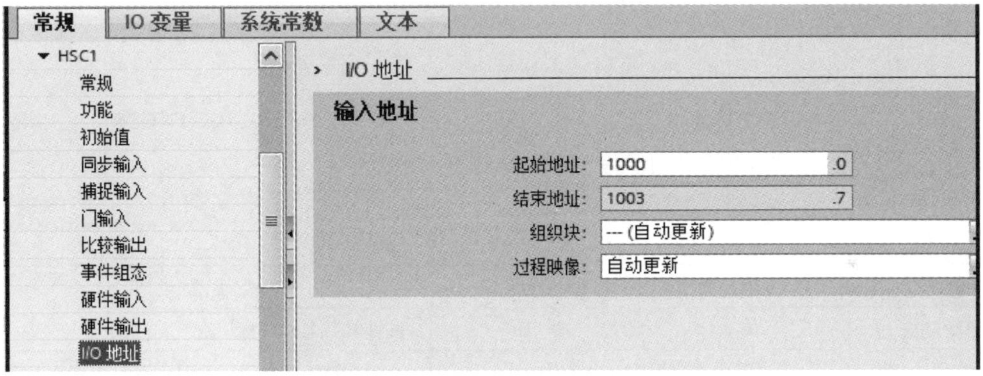

图 16-14　“I/O 地址”选项组态界面

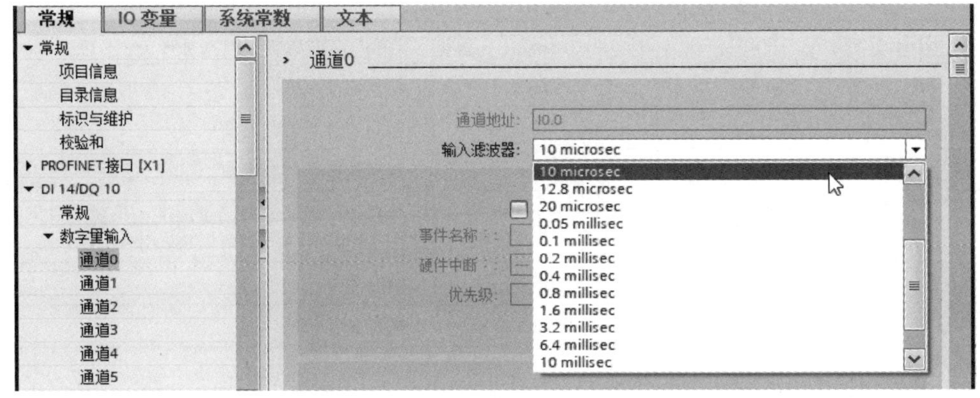

图 16-15　“输入滤波器”设置组态界面

HSC_EXT 指令支持所有功能，例如门功能、同步功能、捕捉功能、计数、频率测量、周期测量、修改参数等，而 CTRL_HSC 指令是从 S7-1200 V1.0 版本就开始支持的旧指令，只支持修改计数方向、参考值、当前值、频率测量周期等参数的功能。如果只需要计数或者测量频率以及硬件门、复位计数值为零、比较输出等基本功能，而其他功能都不使用，可以只组态，然后去读取相应计数器地址即可，无须调用指令。如果除基本功能以外，还需要修改计数方向、参考值、当前值、频率测量周期等参数，可以使用旧指令 CTRL_HSC，该指令使用更为简单。如果有更多功能需求，则必须使用 CTRL_HSC_EXT 指令。

（1）CTRL_HSC 指令

CTRL_HSC 指令的梯形图如图 16-16a 所示。CTRL_HSC 指令使用 HSC、DIR、CV、RV、PERIODE、NEW_DIR、NEW_CV、NEW_RV、NEW_ PERIODE 等作为输入参数，可以通过对参数进行设置并通过将新值加载到计数器来控制 CPU 支持的高速计数器。各参数的功能见表 16-2。

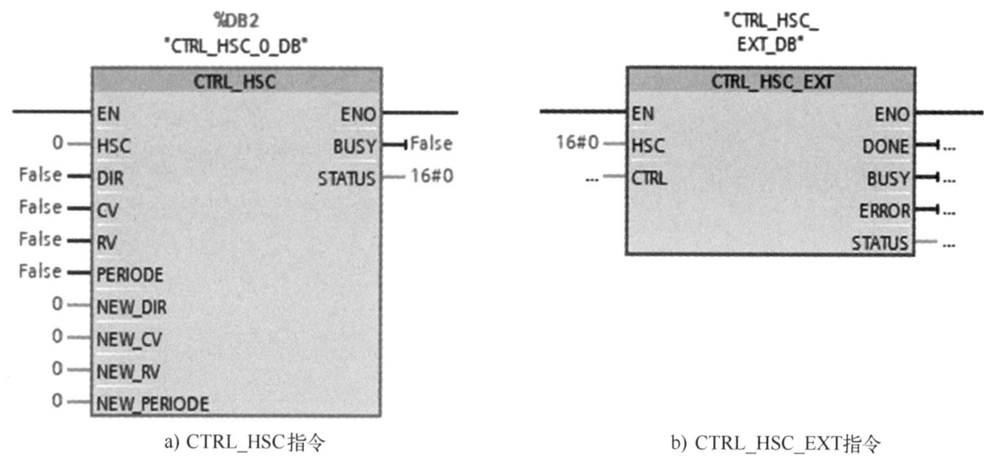

a) CTRL_HSC指令　　b) CTRL_HSC_EXT指令

图 16-16　两种高速计数器指令

表 16-2　CTRL_HSC 指令参数功能

参数	输入/输出类型	数 据 类 型	参 数 说 明
HSC	IN	Hw_Hsc	高速计数器硬件标识符
DIR	IN	Bool	True：使能新方向
CV	IN	Bool	True：使能新起始值
RV	IN	Bool	True：使能新参考值
PERIODE	IN	Bool	True：使能新频率测量周期
NEW_DIR	IN	Int	新方向 1：=正向；-1 ：=反向
NEW_CV	IN	DInt	新高速计数器起始值
NEW_RV	IN	DInt	新高速计数器参考值
NEW_PERIODE	IN	Int	新高速计数器频率测量周期，只能是以下三个数值之一：1000=1 s，100=0.1 s，10=0.01 s
BUSY	OUT	Bool	始终为 0
STATUS	OUT	Word	执行条件代码

（2）CTRL_HSC_EXT 指令

CTRL_HSC_EXT 指令的梯形图如图 16-16b 所示。CTRL_HSC_EXT 指令使用数据类型为 HSC_Count（计数）、HSC_Period（周期）或 HSC_Frequency（频率）的变量作为输入参数，使用系统定义的全局背景数据块数据结构存储计数器数据。通过改变全局背景数据块中的相关参数来对高速计数器进行控制。指令中输入参数 HSC 为高速计数器的硬件地址，可以选择 HW_HSC 数据类型的 Local~HSC_1 至 Local~HSC_6。输入输出参数 CTRL 为系统数据块 SFB，作为输入和返回数据。根据计数要求可以选择 HSC_Count（计数）、HSC_Period（周期）或 HSC_Frequency（频率）数据类型的数据。

任务 16.3　带编码器的步进电动机测速 PLC 控制系统设计与调试

16.3.1　控制要求

当按下正向起动按钮时，步进电动机正向转动；当按下反向起动按钮时，步进电动机反向转动；当按下停止按钮时，步进电动机停止。在电动机转动时，要求对电动机转速进行测量。

16-3-1　带编码器的步进电动机测速 PLC 控制系统接线（带片头）

16.3.2　PLC 选型及输入/输出（I/O）信号分配

根据前面的控制要求，本项目要求控制一台步进电动机（步进电动机的型号同项目 15），因此需要 PLC 能够产生高速脉冲输出。任务要求对电动机转速进行测量，因此需要用到旋转编码器。本项目选用了欧姆龙 E6B2-CWZ5B 增量式旋转编码器，该编码器为 PNP 开路集电极输出编码器，具有 5 条引线，其中 3 条是脉冲输出线，1 条是 COM 端线，1 条是电源线。根据步进电动机与旋转编码器的接线要求，以及系统的控制要求，本项目需要用到 5 个输入端口和 2 个输出端口，因此可以选用 CPU1214C DC/DC/DC 型号 PLC。输入/输出（I/O）信号分配表见表 16-3。

16-3-2　带编码器的步进电动机测速 PLC 控制系统调试（带片头）

表 16-3　步进电动机驱动的工作台 PLC 控制输入/输出（I/O）信号分配表

输入元件	输入信号	作用	输出元件	输出信号	作用
SB1	I1.0	正向起动按钮	PUL+	Q0.0	轴 1 脉冲输出
SB2	I1.1	反向起动按钮	DIR+	Q0.1	轴 1 方向输出
SB3	I1.2	停止按钮			
A	I0.0	A 相输入			
B	I0.1	B 相输入			

16.3.3　绘制 PLC 控制原理图及安装接线

当选择 CPU1214C DC/DC/DC 型号 PLC 时，带 PNP 型编码器的步进电动机测速 PLC 控制原理图如图 16-17 所示。

按照图 16-17 所示电路对 PLC、驱动器、编码器和步进电动机进行接线。将旋转编码器的棕色和蓝色接线连接到 24 V 直流电源的正极和负极，A 相输出（黑色）连接到 PLC 的 I0.0，B 相输出（白色）连接到 PLC 的 I0.1。因步进电动机不需要复位，故 Z 相输出（橙色）可以不接。步进电动机的接线方式同项目 15。接线完成后，用拨码开关设置脉冲与电流大小。步进电动机每转脉冲设置为 400，故需要设置 SW2=OFF，SW1=SW3=ON，步进电动机的输出相电流是 1.0 A，故需要设置 SW4=SW6=ON，SW5=OFF。

16.3.4　轴运动控制组态

1）打开 TIA 博途编程软件，创建新项目“带编码器的步进电动机测速”，打开设备组态窗口，添加 PLC_1[CPU1214C DC/DC/DC]。

2）单击项目树 PLC 文件夹下的“工艺对象”左边箭头，展开“工艺对象”目录。在“新增对象”中添加新对象名称“轴_1”，然后在“类型”中选择“TO_PositioningAxis”位置运动，单击“确定”按钮。

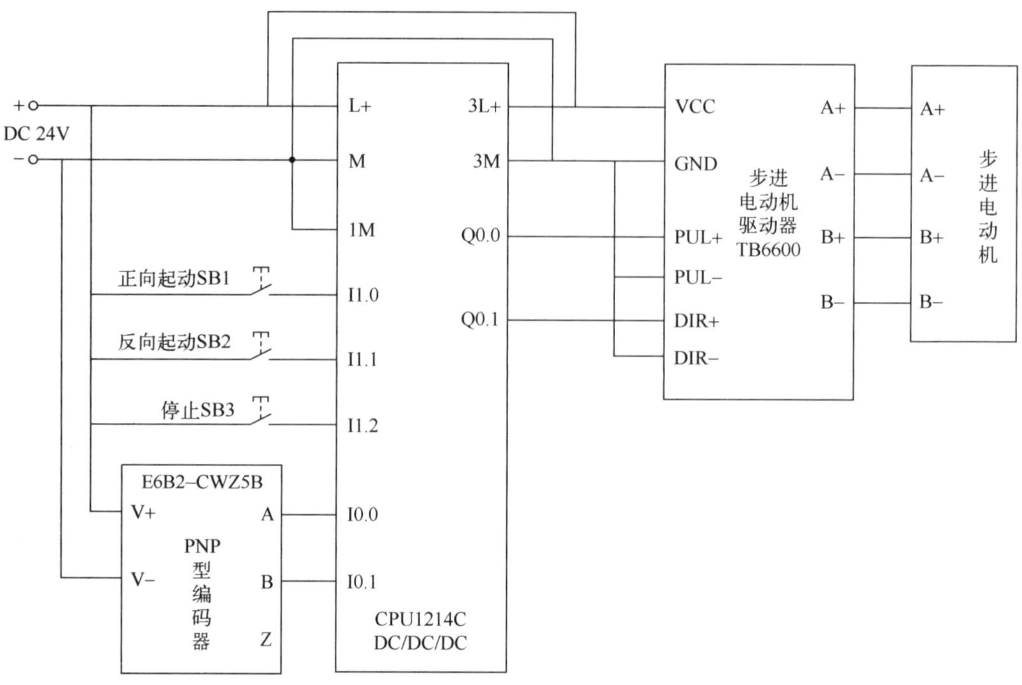

图 16-17 带编码器的步进电动机测速 PLC 控制原理图

3）依次打开项目树中 PLC_1 下“工艺对象”→“轴_1”→“组态”。双击“组态”对象，按下列步骤为“轴_1”进行组态。

步骤 1：单击基本参数中“常规”选项。在弹出的对话框中选择驱动器下方的“PTO (Pulse Train Output)”。位置单位为“mm”。

步骤 2：单击基本参数中的“驱动器”选项。在硬件接口中，选择脉冲发生器为“Pulse_1”，信号类型选择“PTO（脉冲 A 和方向 B）”，输出点自动选择，其中脉冲输出为 Q0.0，方向输出为 Q0.1。

步骤 3：单击扩展参数下的“机械”。设置电动机每转的脉冲数为 400，电动机每转的负载位移为 4.0。这里所设置的电动机每转的脉冲数和负载位移量需要与实际的工作滑台滚珠丝杠相匹配。

步骤 4：单击扩展参数下的“位置限制”选项，此处按默认值设置即可。

步骤 5：单击扩展参数中“动态”参数下的“常规”选项，按默认值设置加减速时间。

步骤 6：单击扩展参数中“动态”参数下的“急停”选项，将急停减速时间设置为 0.1 s。

步骤 7：单击扩展参数中“回原点”参数下的“主动”选项，此处按默认值设置即可。

16.3.5 高速计数器的组态

1）单击巡视窗口中的“属性”选项卡，选择左边的“高速计数器（HSC）”，单击“HSC1”。在“常规”下的“启用”选项中，勾选“启用该高速计数器”复选框。

2）单击左边窗口中的“功能”选项卡，在该界面下，选择“计数类型”为“频率”，工作模式为“A/B 计数器”，计数方向为“输入（外部方向控制）”，初始计数方向为“加计数”，频率测量周期选择“1.0sec”（即 1 s）。

3）依次展开“DI 14/DQ 10”→“数字量输入”，单击“通道 0”（通道地址：I0.0），选择输入滤波器为“10microsec”（即 10 μs）。

16.3.6　测速控制程序设计

根据控制要求，编写的速度测量控制程序 Main[OB1]如图 16-18 所示。E6B2-CWZ5B 增量式旋转编码器每转输出 1000 个脉冲。电动机转速=(HSC1 输出频率×60)/1000。当电动机运转时，将 HSC1 所测得的频率（ID1000）先乘以 60，换算为每分钟所测的频率，然后除以 1000（编码器每转输出的脉冲数），结果即为电动机的转速，单位为 r/min。

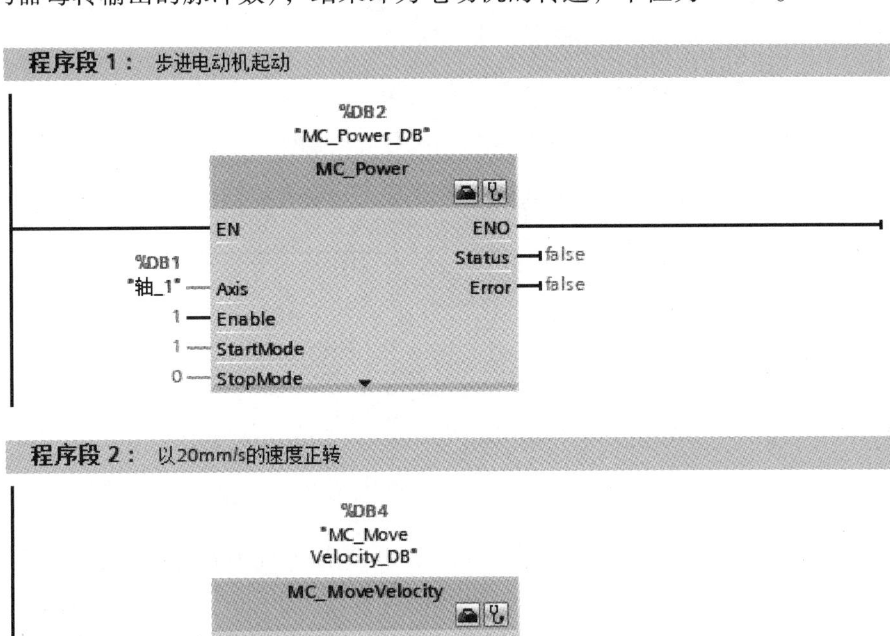

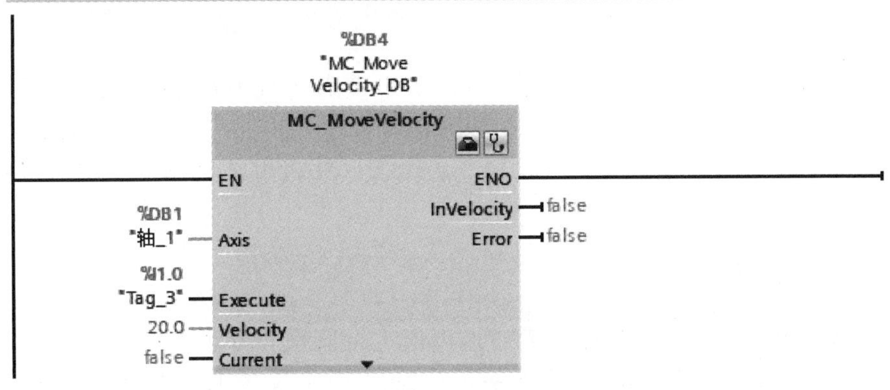

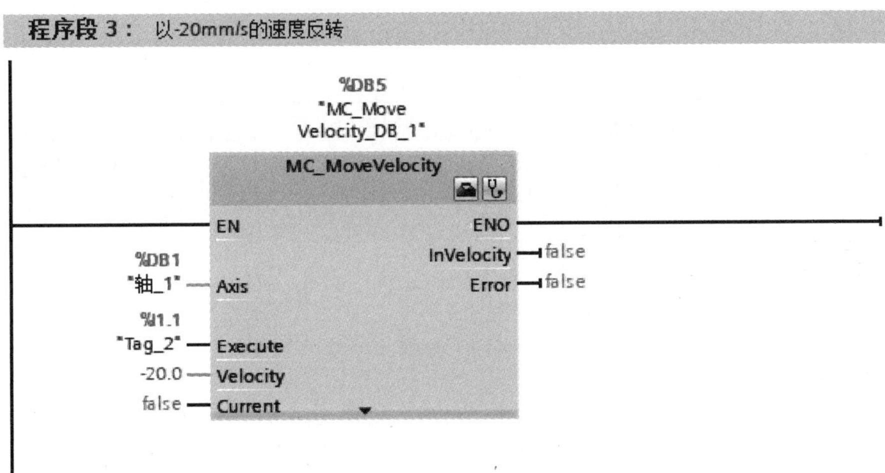

图 16-18　步进电动机转速测量控制程序

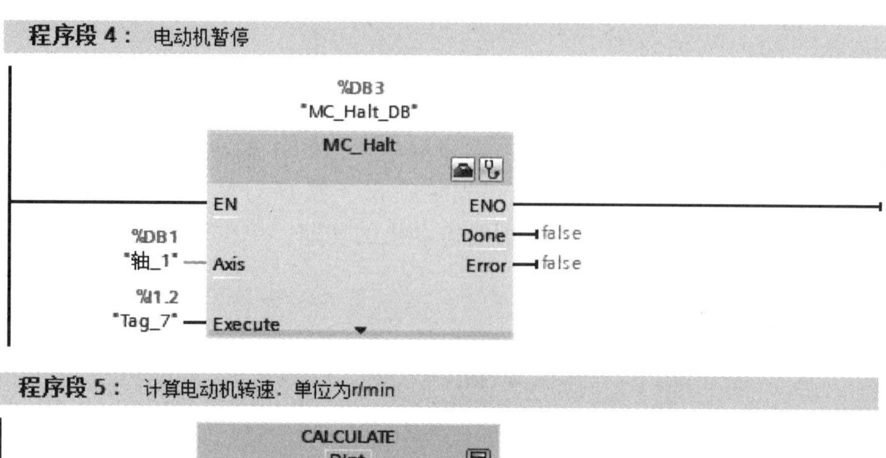

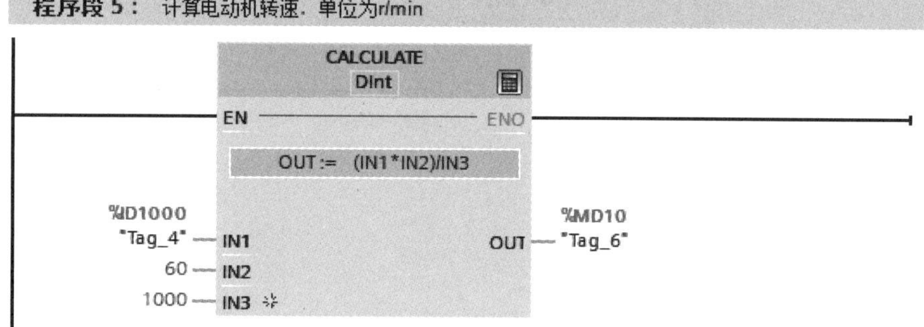

图 16-18 步进电动机转速测量控制程序（续）

程序段 1 为步进电动机上电起动；程序段 2 为当检测到 I1.0 的上升沿时，步进电动机以 20 mm/s 的速度正转运行；程序段 3 为当检测到 I1.1 的上升沿时，步进电动机以-20 mm/s 的速度反转运行；程序段 4 为当检测到 I1.2 的上升沿时，步进电动机停止；程序段 5 为电动机转速计算。

16.3.7 电动机转速测量调试

在电动机转动过程中，可通过监控表对速度值进行监视。方法是展开项目树下的“监控与强制表”，双击“添加新监控表”，添加一个“监控表_1”。在该监控表中添加高速计数器 HSC1 的绝对地址 ID1000 和电动机转速 MD10，并将其显示格式改为“带符号十进制”，如图 16-19 所示。

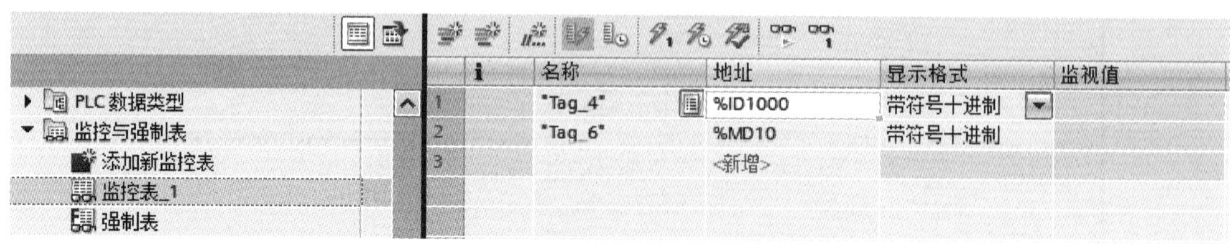

图 16-19 数据监控表

在对步进电动机和高速计数器进行组态及程序编制完成后，可将 PLC 的硬件配置和软件组态全部下载到实体 PLC 中。方法是单击项目树下的“PLC_1”，将其下载到 PLC 中。当程序下载完成后，可用按钮进行步进电动机测速控制。即当按下 I1.0 时，工作台以 20 mm/s 的速度正转；当按下 I1.1 时，工作台以-20 mm/s 的速度反转，当按下 I1.2 时，电动机停止。在电动机运行过程中，可通过单击监控表工具栏中的全部监视按钮查看变量的值，如图 16-20 所示。

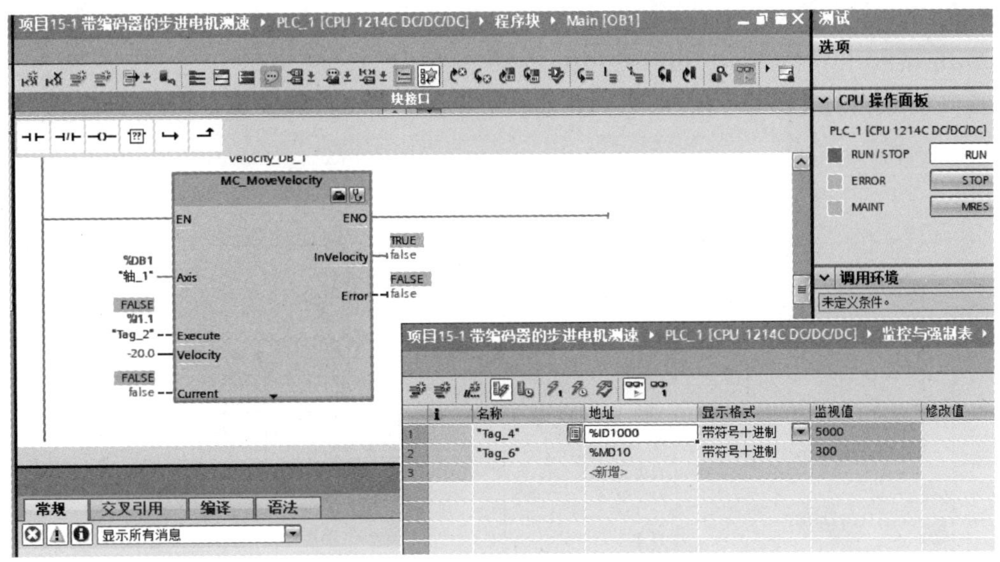

图 16-20　程序运行状态与数据监控

图中 MD10 显示速度值为 300 r/min，这是由于当步进电动机运转速度设置为 20 mm/s 时，其对应的工作台螺距为 4 mm/r，故电动机的转速为 5 r/s，最终可换算成 300 r/min。可见步进电动机的设定值与实际运行值相一致。

任务 16.4　工作台移动实时测距 PLC 控制系统设计与调试

16.4.1　控制要求

16-4-1　工作台移动实时测距 PLC 控制系统接线（带片头）

按下正向起动按钮 SB1，步进电动机正转，工作台向前移动。按下反向起动按钮 SB2，步进电动机反转，工作台向后移动。当按下停止按钮 SB3 时，电动机立即停止。在电动机转动过程中，需要对工作台移动距离进行实时测量。

16.4.2　PLC 选型及输入/输出（I/O）信号分配

16-4-2　工作台移动实时测距 PLC 控制系统调试（带片头）

本项目选用了 ZT3806-600-N-5-24 V 增量式旋转编码器，该编码器为 NPN 开路集电极输出编码器，具有 4 条引线，其中 2 条是脉冲输出线，1 条是 COM 端线，1 条是电源线。步进电动机选用型号同项目 15。根据步进电动机与旋转编码器的接线要求，以及系统的控制要求，本项目需要用到 4 个输入端口和 2 个输出端口，因此可以选用 CPU1214C DC/DC/DC 型号 PLC。输入/输出（I/O）信号分配表见表 16-4。

表 16-4　步进电机驱动的工作台 PLC 控制输入/输出（I/O）信号分配表

输入元件	输入信号	作用	输出元件	输出信号	作用
SB1	I1.0	正向起动按钮	PUL+	Q0.0	轴 1 脉冲输出
SB2	I1.1	反向起动按钮	DIR+	Q0.1	轴 1 方向输出
SB3	I1.2	停止按钮			
A	I0.0	A 相输入			
B	I0.1	B 相输入			

16.4.3　绘制 PLC 控制原理图及安装接线

当选择 CPU1214C DC/DC/DC 型号 PLC 时，工作台移动实时测距 PLC 控制原理图如图 16-21 所示。

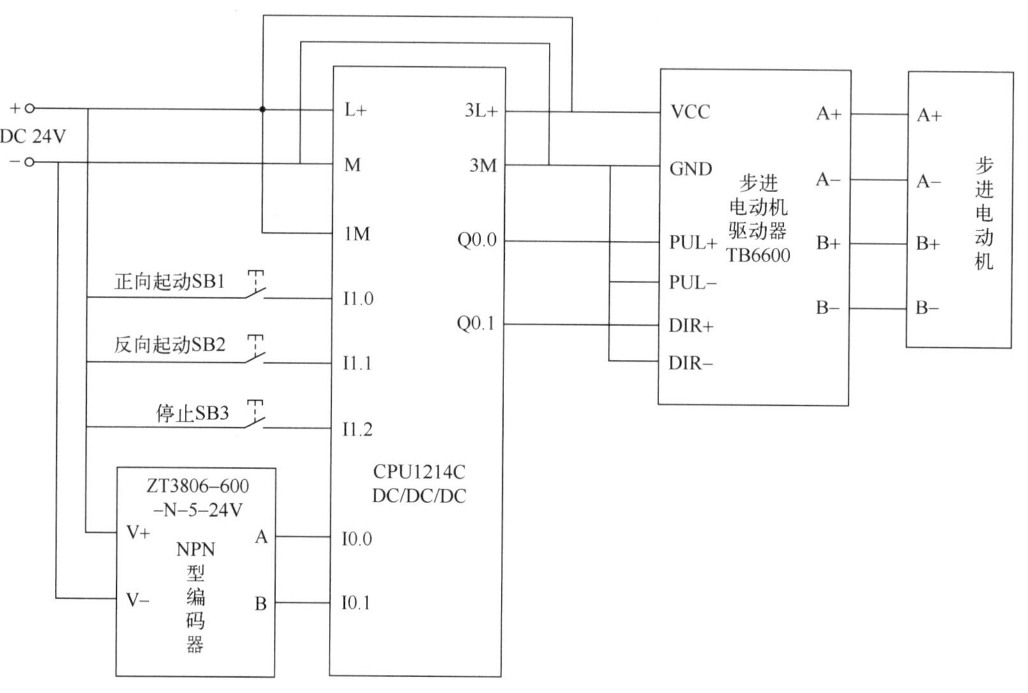

图 16-21　工作台移动实时测距 PLC 控制原理图

按照图 16-21 所示电路对 PLC、驱动器、编码器和步进电动机进行接线。将旋转编码器的棕色和蓝色接线连接到 24 V 直流电源的正极和负极，A 相输出（黑色）连接到 PLC 的 I0.0，B 相输出（白色）连接到 PLC 的 I0.1。这里需要注意的是，对于 NPN 型输出编码器，需要将 PLC 的输入公共端 1M 接 24 V 直流电源的正极。步进电动机的接线同项目 15。接线完成后，用拨码开关设置脉冲与电流大小。

16.4.4　高速计数器的组态

1）打开 TIA 博途编程软件，创建新项目“工作台移动实时测距”，打开设备组态窗口，添加 PLC_1[CPU1214C DC/DC/DC]。

2）单击巡视窗口中的“属性”选项卡，选择左边的“高速计数器（HSC）”，单击“HSC1”。在“常规”下的“启用”选项中，勾选“启用该高速计数器”复选框。

3）单击左边窗口中的“功能”选项卡，在该界面下，选择“计数类型”为“计数”，工作模式为“A/B 计数器”，计数方向为“输入（外部方向控制）”，初始计数方向为“加计数”。

4）依次展开“DI 14/DQ 10”→“数字量输入”，单击“通道 0”，选择输入滤波器为“10microsec”（即 10 μs）。

16.4.5　轴工艺的组态

步进电动机轴工艺组态同前。

16.4.6　距离测量控制程序设计

根据控制要求，编写的距离测量控制程序 Main[OB1]如图 16-22 所示。ZT3806-600-N-5-24 V 增量式旋转编码器每转输出 600 个脉冲。工作台移动距离=分辨率(4/600)×HSC1 输出脉冲数。当电动机运转时，丝杠的螺距 4 mm 除以编码器每转输出的脉冲数 600，即为分辨率(一个脉冲移动的距离为 4/600 mm)，再乘上 HSC1 所测得的脉冲数（ID1000），结果即为工作台移动的距离，单位为 mm。

程序段 1 为步进电机上电起动；程序段 2 为当检测到 I1.0 的上升沿时，步进电动机以 20 mm/s 的速度正转，工作台正向移动 80 mm 后停止；程序段 3 为当检测到 I1.1 的上升沿时，步进电动机以 20 mm/s 的速度反转，工作台反向移动 100 mm 后停止；程序段 4 为当检测到 I1.2 的上升沿时，步进电动机停止；程序段 5 将 ID1000 的双整数值转换成实数值后存放在 MD10 中；程序段 6 为工作台移动距离计算，结果放在 MD100 中。

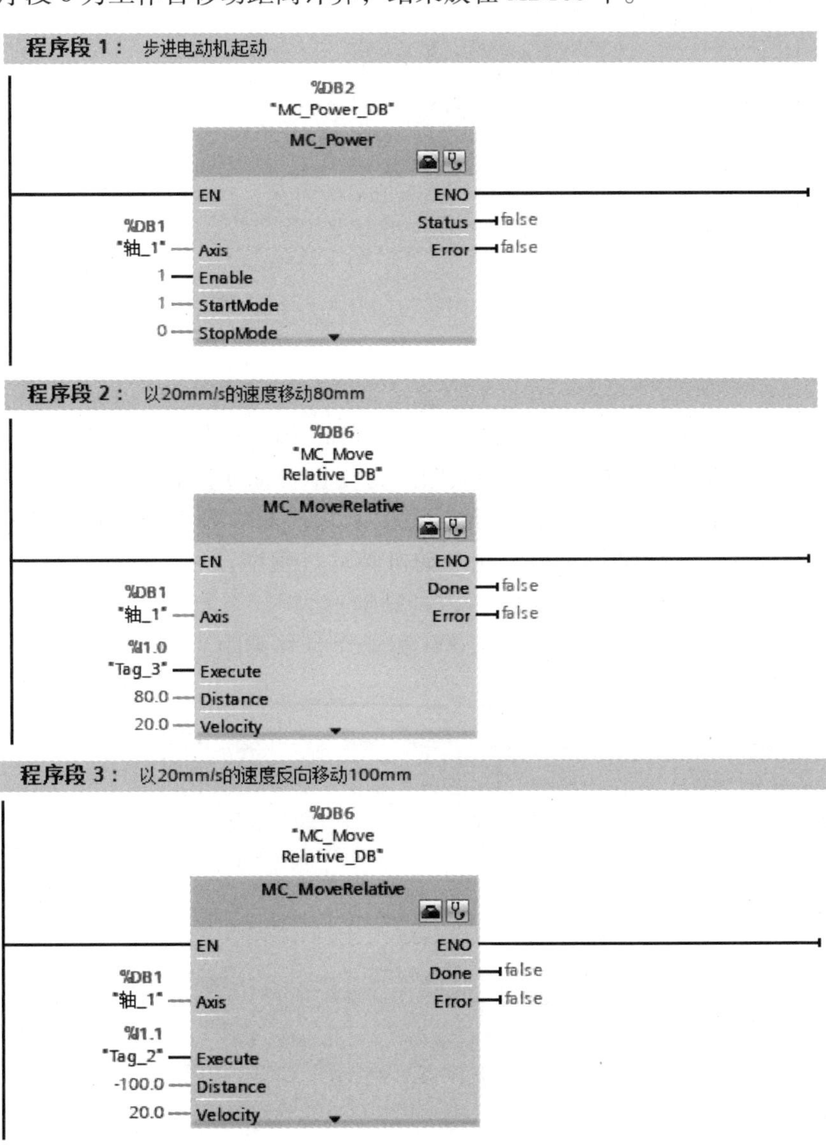

图 16-22　工作台移动距离实时测量控制程序

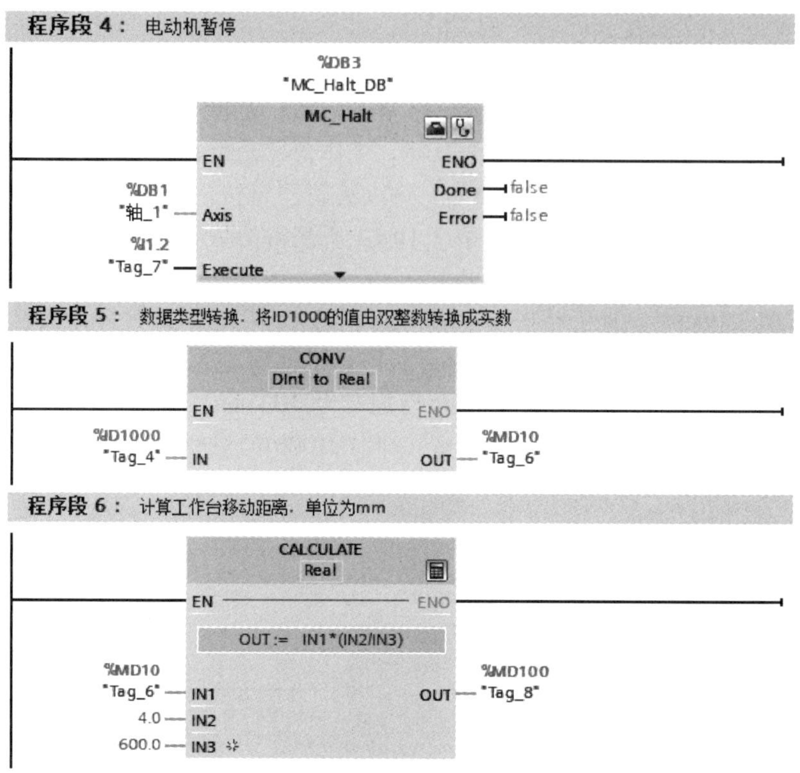

图16-22　工作台移动距离实时测量控制程序（续）

16.4.7　工作台移动调试

在对高速计数器进行组态及程序编制完成后，可将PLC的硬件配置和软件组态全部下载到实体PLC中。当程序下载完成后，可用按钮进行工作台移动控制。即当按下I1.0时，工作台以20mm/s的速度正转移动80mm；当按下I1.1时，工作台以20mm/s的速度反向移动100mm，当按下I1.2时，电动机停止。在电动机转动过程中，可进行移动距离监视。方法是展开项目树下的“监控与强制表”，双击“添加新监控表”，添加一个“监控表_1”。在该监控表中添加高速计数器HSC1的绝对地址ID1000和工作台移动距离MD100，并将其显示格式改为“带符号十进制”，如图16-23所示。

i	名称	地址	显示格式	监视值	修改值
1	"Tag_4"	%ID1000	带符号十进制	12269	
2	"Tag_8"	%MD100	浮点数	81.79333	
3		<新增>			

图16-23　程序运行状态与数据监控

在工作台未移动前，ID1000 和 MD100 的值均为 0，当按下 I1.0 后，工作台实际移动了 81.79333 mm 才停止，这与设定值 80 mm 存在一定误差。

【思考与练习】

1. 高速计数器与普通计数器的区别是什么?
2. S7-1200 PLC 的高速计数器有哪几种工作模式?
3. 对项目中的电动机转速和工作台移动距离控制程序进行调试。

【项目测评】

本项目目标达成度测评采用项目考核与个人考核相结合的方式，具体考核细则见表 16-5。考核成绩达到 70 分，就可以认定该学生达成了本项目的预期学习目标。

表 16-5　项目目标达成度测评评分办法

考核目标	考核方法	成绩占比（%）
目标 1	雨课堂测试	20
目标 2	课内外作业	10
目标 3	项目分组操作考核×个人参与度	60
目标 4	考勤、课堂表现评分	10

【素质拓展】

国内技术领先的运动控制产品供应商——固高科技

固高科技于 1999 年由香港科技大学的李泽湘、高秉强、吴宏三位机器人、微电子和运动控制领域的国际知名学者和专家所创办，是亚太地区首家拥有自主知识产权，专业从事运动控制及智能制造核心技术研究与开发的高科技企业，是国内外全互联智能制造综合解决方案提供商之一。固高科技专注于运动控制、伺服驱动、多维感知、工业现场网络和工业软件五个方向的核心技术研究，通过深入的国内外合作、产学研相结合、积极培育系统集成商等创新商业模式，将固高科技的运控技术及产品广泛应用于微电子、机器人、数控机床、电子加工、检测、印刷、包装及生产自动化等工业控制领域。

综合实践篇

项目 17　PLC 控制系统设计与应用实践

【学习目标】

（1）熟知 PLC 控制系统的设计原则、设计内容及设计步骤。

（2）能够根据设计要求正确绘制 PLC 控制系统的电气原理图，并进行安装接线。

（3）能够根据设计要求正确编制 PLC 控制程序，并进行触摸屏组态。

（4）能够在 PLC 控制系统联机调试过程中，提高分析解决问题能力和团队协作能力。

（5）在项目实施过程中，养成良好的职业素养，体现良好的工匠精神。

【项目要求】

以小组为单位，根据课程设计或课程实训的时间长短，应用 S7-1200 PLC、TP700 触摸屏等实验设备有选择地完成以下 PLC 控制系统设计与调试任务，并编写设计说明书。

【项目实施】

任务 17.1　PLC 控制系统设计原则与设计步骤

在现代控制系统中，PLC 控制系统有研制周期短，可靠性高，抗干扰能力强，设计、安装、接线、调试工作量小，对工作环境要求低，故障率低，维护方便等一系列优点，已成为国内外自动机和自动线的首选控制方案。对于任何一种 PLC 控制系统的设计，都要以满足生产设备或生产过程的工艺要求，以提高生产效率和产品质量为前提，并保证系统安全、文档、可靠运行。

17.1.1　PLC 控制系统的设计原则

设计 PLC 控制系统时，应遵循以下原则：

1）实现设备、生产机械、生产工艺的全部动作及功能。

2）满足设备对产品的加工质量以及生产效率的要求。

3）确保系统安全、稳定、可靠地工作。

4）尽可能地简化控制系统的结构，降低生产成本。

5）充分提高自动化强度，减轻劳动力。

6）改善操作性能，方便日后检修。

17.1.2　PLC 控制系统的设计内容

PLC 控制系统的设计，一般包含以下几项内容：

1）分析控制对象，明确设计任务和要求。

2）选择 PLC 型号及所需的输入/输出模块。

3）编制 PLC 输入/输出分配表，绘制 PLC 输入/输出端子接线图。

4）根据系统的控制要求设计 PLC 控制程序。

5）进行人机交互界面设计。

6）设计操作台、电气柜及非标准电器元部件。

7）编写设计说明书和使用说明书。

17.1.3 PLC 控制系统的设计步骤

PLC 控制系统的设计一般包括系统规划、硬件设计、软件设计、系统调试和技术文件编制五个基本步骤。

（1）系统规划

系统规划是设计的第一步，包括确定控制方案与总体设计两个部分。确定控制系统方案时，应该首先明确控制对象所需要实现的动作与功能，然后详细分析被控对象的工艺过程及工作特点，了解被控对象机、电、液之间的配合，提出被控对象对 PLC 控制系统的控制要求，确定控制方案。

（2）硬件设计

PLC 控制系统的硬件设计主要包括 I/O 地址分配、系统主回路和控制回路的设计、PLC 输入输出电路的设计、控制柜或操作台电气元件安装布置设计等。在此阶段，设计人员需要根据总体方案完成电气原理图、元器件布置图、安装接线图等基本图样的设计工作；需要编制完整的电气元件目录与配套件清单，提供给采购供应部门购买相关的元器件。另外还需要完成用于安装电气元件的控制柜、操作台等零部件的设计等。

（3）软件设计

软件设计首先应根据系统总体要求和控制系统的具体情况，确定程序的基本结构，如采用线性化，或模块化与结构化等；然后绘制控制流程图或顺序功能图；最后根据控制流程图或顺序功能图设计梯形图。简单控制系统可用经验设计法，复杂系统可用顺序控制设计法等。

（4）系统调试

系统调试分为仿真调试和联机调试。在软件设计完成后一般先进行仿真调试。仿真调试可以通过仿真软件来代替 PLC 硬件，在计算机上调试程序。若有 PLC 硬件，可以用按钮模拟 PLC 实际输入信号，再通过输出模块上输出位对应的指示灯，观察输出信号是否满足设计要求。仿真调试完成后，可将程序下载到设备中进行联机调试。在联机调试时，一般主电路需要断电，只对控制电路进行调试。通过现场联机调试，可对新发现的问题进行解决或对某些需要改进的控制功能进行完善。

（5）技术文件编制

在设备调试成功后，需要根据调试的最终结果整理出完整的技术文件，以便存档或提供给用户。常见编制的技术文件有 PLC 的硬件接线图、PLC 编程元件表，以及设备操作说明书等。

任务 17.2 多种液体自动混合 PLC 控制系统设计

17.2.1 三种液体自动混合装置的结构组成

三种液体自动混合实验装置如图 17-1 所示。装置外框由铝型材搭建而成，上方的三个储存液体的容器由亚克力板组建而成。非接触式液位传感器监测容器内液体的位置，温度传感器监测容器内液体的温度，电磁阀控制液体的进出，搅拌器实现容器内液体的搅拌混合的功能，加热棒实现液体加热的功能。装置通过模拟实际操作情况，每个小水箱下方设有出水口，每个出水口上装有一个电磁阀。当接收到出水指令时，电磁阀打开，水流通过水管进入亚克力水箱之中，当水位被非接触式液位传感器检测到时，信号反馈给 PLC，通过 PLC 控制电磁阀失电，停止放水。当水位到达最高液位时，PLC 输出信号，控制电动机起动和加热棒加热。当温度控制器上显示加热温度已到达时，输入信号经 PLC 输出给下方电磁阀，亚克力水箱开始排水，排完水后电磁阀失电，停止排水，开始下一个循环。

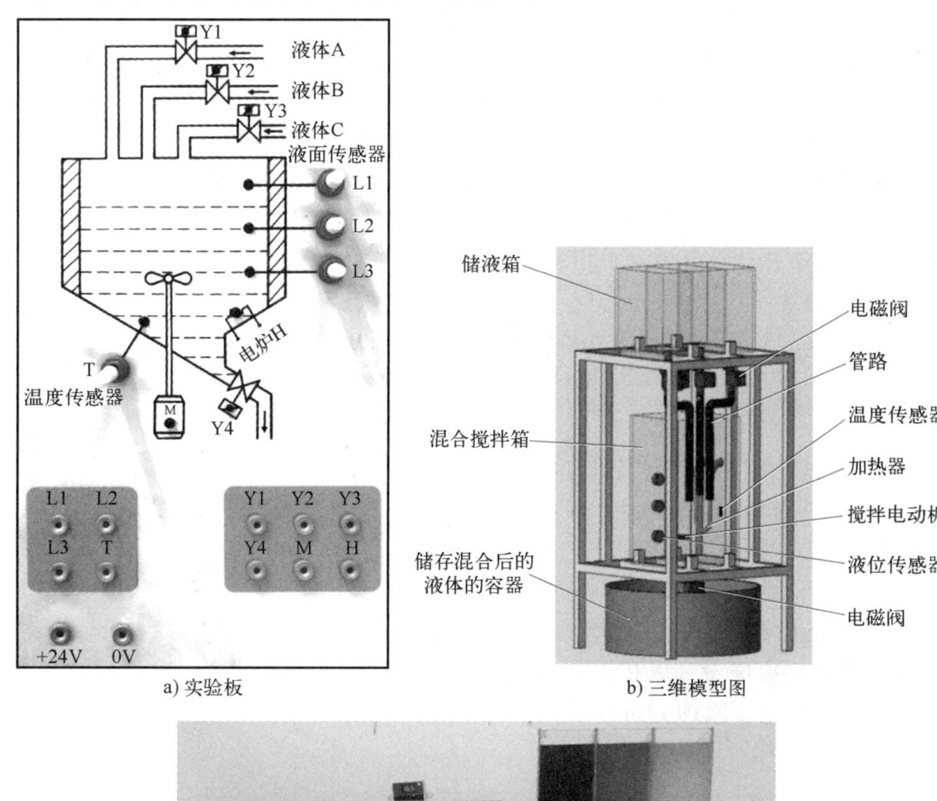

a) 实验板　　b) 三维模型图

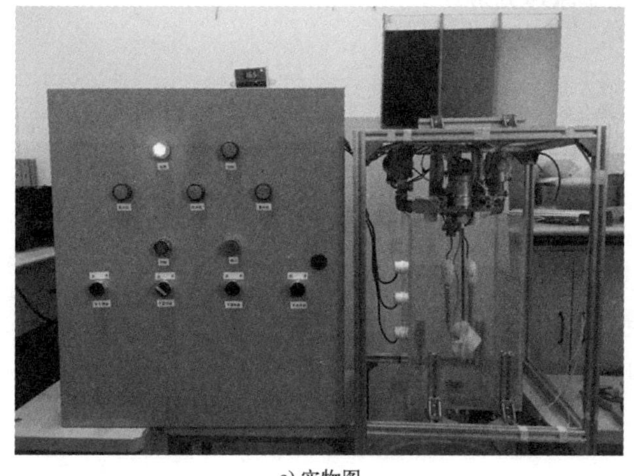
c) 实物图

图 17-1　三种液体自动混合实验装置

17.2.2　三种液体自动混合 PLC 控制的硬件条件

安装有 TIA 博途软件的计算机 1 台、S7-1200 PLC 1 个、TP700 触摸屏 1 个、自动混合实验装置 1 个、编程电缆若干。

17.2.3　三种液体自动混合装置的控制要求

该装置有自动与手动两种工作状态，其控制要求描述如下。

(1) 自动工作状态

1）初始状态下液体混合装置的容器是空的，各个电磁阀 Y1～Y4 均处于关闭状态，非接触式液位传感器 L1～L3 处于断开状态，搅拌器 M 处于关闭状态。

2）按下起动按钮 SB1 后，Y1＝ON；液体 A 开始流入容器。当液面达到 L3 时，L3＝ON；使 Y1＝OFF，Y2＝ON。此时，液体 B 开始流入容器。当液体到达 L2 时，L2＝ON；使 Y2＝OFF，Y3＝ON；此时，液体 C 开始流入容器。当液体到达 L1 时，Y3＝OFF，M＝ON；此时，搅拌器开始运作。定时 10 s 后，电动机 M 停止搅拌，加热棒 H 开始对混合液体加热，当液体温度达到预先设定好的温度时，温度传感器 T＝ON，加热棒 H 停止加热工作，电磁阀 Y4 打开，此时混合后的液体开始排出，当液面下降到 L3 处时，L3 由 ON 变成 OFF（L1、L2 已变为 OFF），再过 40 s 后，容器放空，Y4 关闭，开始下一周期。

3）按下停止按钮 SB2，完成整个过程后再停止。

(2) 手动工作状态

通过操作面板上的旋转开关来手动控制四个电磁阀的通断。

17.2.4　三种液体自动混合装置的设计要求

三种液体自动混合装置的设计要求如下：

1）分析理解该实验装置的控制要求。

2）正确选用 PLC 型号，确定输入、输出设备。

3）进行 PLC I/O 点分配，并绘制分配表与 PLC 控制原理图等。

4）设计 PLC 控制程序，并进行调试。

5）采用 TP700 触摸屏设计人机交互界面，并进行组态。

6）进行控制系统工作原理分析。

7）撰写设计说明书。

任务 17.3　多车道十字路口交通灯 PLC 控制系统设计

17.3.1　多车道十字路口交通灯的结构组成

多车道十字路口交通灯如图 17-2 所示。每个方向的交通灯一般有直行、左转、右转共三组方向灯，每组方向灯均有红、黄、绿三色灯。另外还有一个倒计时显示屏，用于显示红灯与绿灯最后的 9 s 倒计时时间。

17.3.2　多车道十字路口交通灯的控制要求

控制要求：实地考察类似十字路口交通灯的运行情况，试用 PLC 对其进行控制。要求弄清楚每盏灯的运行时间及运行规律。在十字路口实地考察时需要注意交通安全。

17.3.3　多车道十字路口交通灯 PLC 控制的硬件条件

安装有 TIA 博途软件的计算机 1 台、TP700 触摸屏 1 个、S7-1200 PLC 1 个、编程电缆若干。

a) 十字路口交通灯实物照片

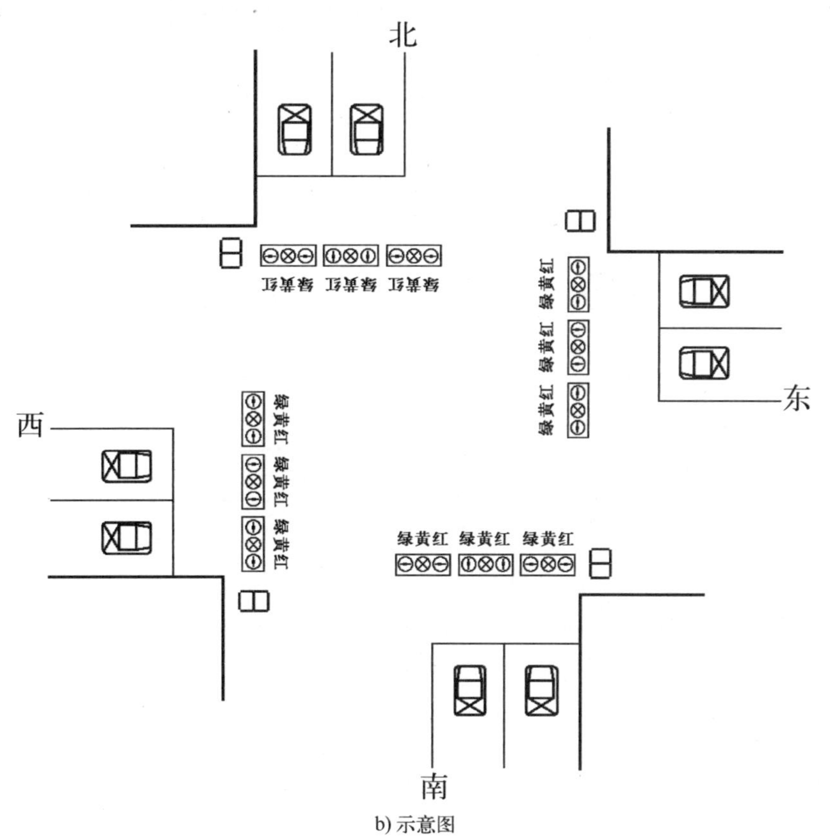

b) 示意图

图 17-2　多车道十字路口交通灯

17.3.4　多车道十字路口交通灯的设计要求

多车道十字路口交通灯的设计要求如下：

1）分析多车道十字路口交通灯的控制要求。

2）正确选用 PLC 型号，确定输入、输出设备。

3）进行 PLC I/O 点分配，并绘制分配表与 PLC 控制原理图等。

4）设计 PLC 控制程序，并进行调试。

5）采用 TP700 触摸屏设计人机交互界面，并进行组态。

6）进行控制系统工作原理分析。

7）撰写设计说明书。

任务 17.4 四层电梯 PLC 控制系统设计

17.4.1 四层电梯的结构组成

四层电梯 PLC 控制实验板如图 17-3 所示。该控制板有 6 个外呼按钮、4 个内呼按钮、4 个平台信号灯、2 个上下行指示灯，以及相应的接口等。

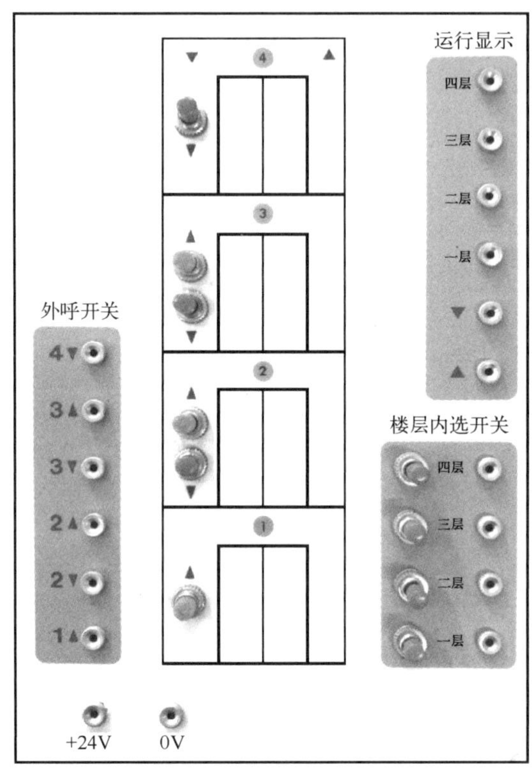

图 17-3 四层电梯 PLC 控制实验板

17.4.2 四层电梯 PLC 控制的硬件条件

安装有 TIA 博途软件的计算机 1 台、S7-1200 PLC 1 个、TP700 触摸屏 1 个、实验板 1 个、编程电缆与导线若干。

17.4.3 四层电梯的控制要求

控制要求：观察四层电梯的运行过程，试用 PLC 对其进行控制。要求只考虑外呼信号、内呼信号及呼叫指示，不考虑开门关门及楼层数字显示。若有连续呼叫信号，则轿厢在某一层停留 5 s 后再响应其他呼叫信号。

17.4.4 四层电梯的设计要求

四层电梯的设计要求如下：

1）分析理解该实验装置的控制要求。

2）正确选用 PLC 型号，确定输入、输出设备。

3）进行 PLC I/O 点分配，并绘制分配表与 PLC 控制原理图等。

4）设计 PLC 控制程序，并进行调试。

5）采用 TP700 触摸屏设计人机交互界面，并进行组态调试。

6）进行控制系统工作原理分析。

7）撰写设计说明书。

任务 17.5　变频调速 PLC 控制系统设计

17.5.1　PLC 变频调速的控制要求

控制要求：采用触摸屏与 PLC 控制变频器，使三相交流异步电动机的转速按照如图 17-4 所示的电动机转速运行曲线运行。

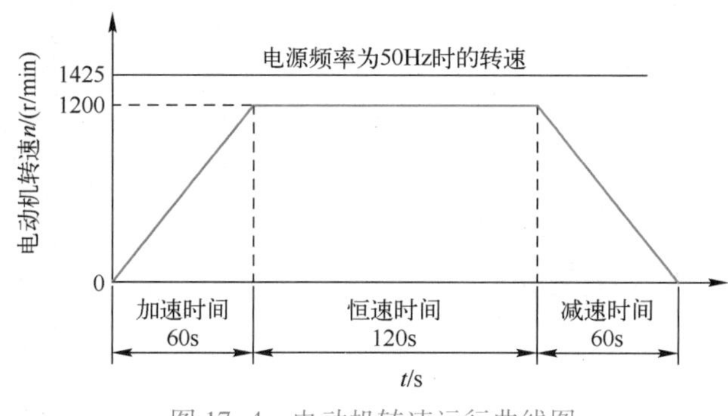

图 17-4　电动机转速运行曲线图

17.5.2　PLC 变频调速的硬件条件

安装有 TIA 博途软件的计算机 1 台、S7-1200 PLC 1 个、TP700 触摸屏 1 个、SINAMICS G120 变频器 1 个、三相交流异步电动机 1 台、编程电缆若干。

17.5.3　变频调速的设计要求

变频调速的设计要求如下：

1）分析理解控制系统的设计要求。

2）变频器参数设置。

3）正确选用 PLC 型号，确定输入、输出设备。

4）进行 PLC I/O 点分配，并绘制分配表与 PLC 控制原理图等。

5）设计 PLC 控制程序，并进行调试。

6）采用 TP700 触摸屏设计人机交互界面，并进行联机调试。

7）进行控制系统工作原理分析。

8）撰写设计说明书。

任务 17.6　气动钢丝绳攀爬机器人 PLC 控制系统设计

17.6.1　气动钢丝绳攀爬机器人的结构

气动钢丝绳攀爬机器人由机械结构和控制系统两部分组成。机械部分采用分体式结构，由上部装置和下部装置两部分构成，如图 17-5 所示。两装置主体结构均由气缸构成，通过驱动气缸实现机器人夹紧、移动和导向功能。上部装置由伸缩气缸、伸缩杆、V 型夹紧气爪、导向气爪、气爪安装板等部分组成。下部装置由伸缩气缸主体、两个夹紧气爪及气缸安装板所组成。通过改变气缸直径的大小和夹紧气爪的行程，可实现机器人在不同直径钢丝绳上带不同负载进行攀爬作业。通过调节节流阀进出气大小，可控制机器人的攀爬速度。机器人控制系统采用 PLC 进行控制，通过电磁阀的通断电实现气缸的伸缩与松紧，从而控制机器人沿钢丝绳上行、下行和悬停等动作。

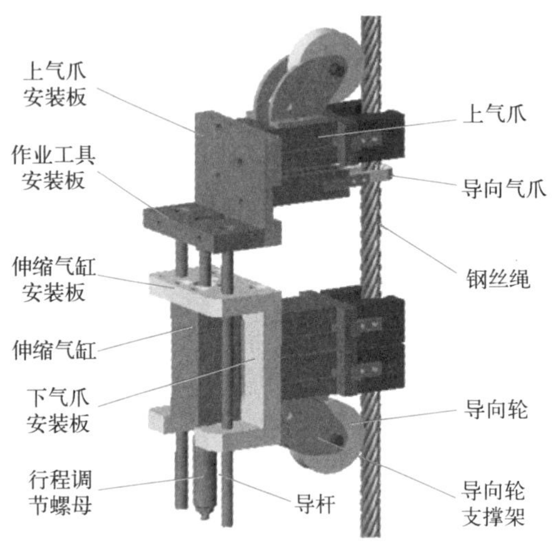

图 17-5 气动钢丝绳攀爬机器人三维结构与实物图

17.6.2 气动钢丝绳攀爬机器人 PLC 控制系统的控制要求

气动钢丝绳攀爬机器人通过 PLC 控制气动元件动作实现机器人的攀爬动作。其基本动作过程描述如下：

1）初始状态。机器人各夹紧气爪和导向气爪均呈张开状态，伸缩气缸处于缩回状态，如图 17-6a 所示。这样可以由人工将机器人安放在钢丝绳上。然后按下起动按钮，控制各气爪处于夹紧与导向状态，机器人被牢牢固定在钢丝绳上。

2）上行状态。上气爪放松，下气爪夹紧→伸缩气缸伸出，上部装置上行→上气爪夹紧，下气爪松开→伸缩气缸缩回，下部装置上行→下气爪夹紧，上气爪放松→……如此循环，直至机器人运行到钢丝绳顶端。导向气爪在工作过程中一直处于夹紧状态，防止机器人在行走过程中脱离钢丝绳。具体分解动作如图 17-6b~h 所示。

3）下行状态。上气爪夹紧，下气爪放松→伸缩气缸伸出，下部装置下行→下气爪夹紧，上气爪松开→伸缩气缸缩回，上部装置下行→上气爪夹紧，下气爪放松→……如此循环，直至机器人运行到钢丝绳底端。

4）悬停状态。当按下停止按钮时，机器人在确保下部装置两个夹紧气爪呈夹紧状态时停在钢丝绳上。

5）结束状态。按下复位按钮，全部夹紧气爪和导向气爪松开，气缸呈缩回状态，此时可以由人工将机器人卸下钢丝绳。

6）断电状态。当系统遭遇断电时，由于二位五通电磁阀具有自锁功能，上部夹紧气爪和下部夹紧气爪中至少有一个处于夹紧状态，避免机器人快速下降而摔坏。此时由操作人员通过手动放气方式引导机器人缓慢下滑，从而保证机器人安全回收。

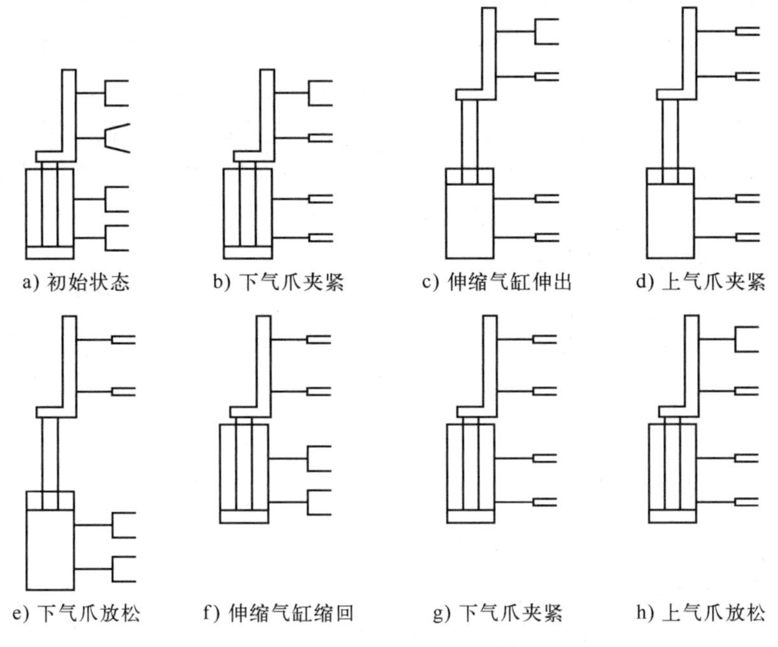

图 17-6　机器人上行工作状态分解图

钢丝绳攀爬机器人的气动控制系统由过滤器、调压阀、调速阀、气缸、电磁阀等元件组成。气源由空气压缩机产生；过滤器对压缩空气进行清洁过滤；调压阀用于调节气压的大小，一般调节范围为 0~0.7 MPa；调速阀用于调节气缸进出气的大小，从而控制气缸伸缩的速度；电磁阀用于控制气缸的动作；气缸用于控制机器人上下两部分动作，以及钢丝绳的夹紧和放松等动作。

钢丝绳攀爬机器人的气动控制原理图如图 17-7 所示。压缩空气从空压机产生后，通过单

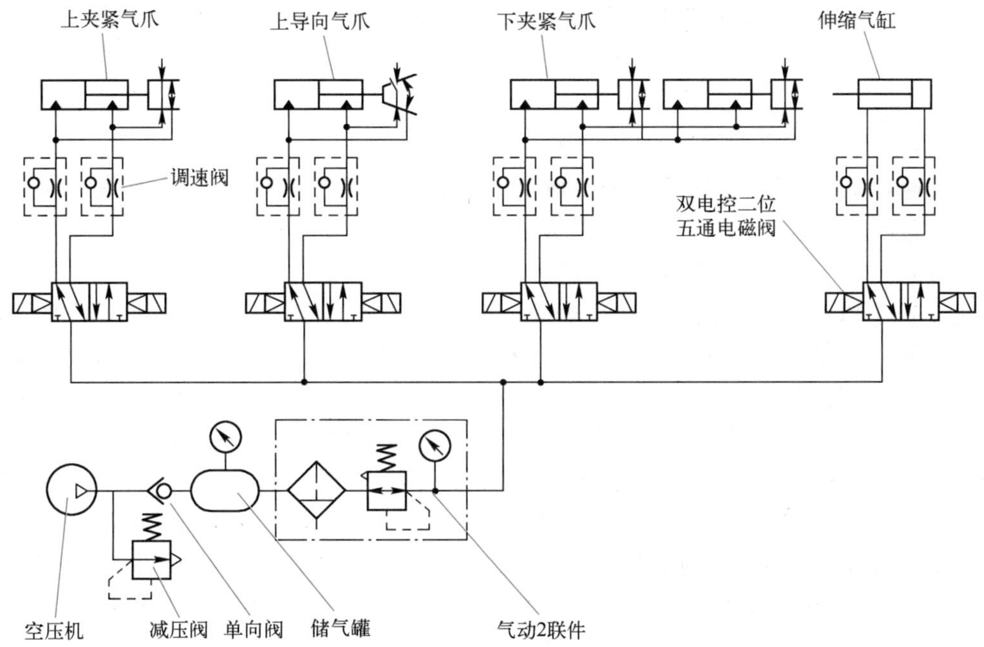

图 17-7　气动控制原理图

向阀、储气罐、气动 2 联件、汇流板后分成四路。第一路为上气爪控制回路，经二位五通电磁阀、调速阀，到达上夹紧气爪处。通过电磁阀的换向，实现上气爪的夹紧与放松控制；第二路为上导向气爪控制回路，到达导向气爪处，实现导向气爪的夹紧与放松控制；第三路为下气爪控制回路，到达两个下夹紧气爪处，实现两个下气爪的同时夹紧与松开控制；第四路为伸缩气缸控制回路，到达伸缩气缸处，实现伸缩气缸的伸出与缩回控制。

控制要求：刚开始时，系统根据按钮的输入状态确定是执行手动状态还是自动状态。如果是手动控制，则执行相应的手动控制程序。如果是自动控制，则系统根据按钮的输入状态判断是上行还是下行。如果是上行，则执行上行的相关动作；如果是下行，则执行下行相关动作，直到机器人到达顶部或底部为止。

17.6.3 气动钢丝绳攀爬机器人 PLC 控制的硬件条件

安装有 TIA 博途软件的计算机 1 台、S7-1200 PLC 1 个、气动钢丝绳攀爬机器人 1 台、气动控制系统 1 套、编程电缆若干。

17.6.4 气动钢丝绳攀爬机器人 PLC 控制系统的设计要求

气动钢丝绳攀爬机器人 PLC 控制系统的设计要求如下：

1）分析理解气动钢丝绳攀爬机器人的控制要求。

2）正确选用 PLC 型号，确定输入、输出设备。

3）进行 PLC I/O 点分配，并绘制分配表与 PLC 控制原理图等。

4）设计 PLC 控制程序，并进行调试。

5）采用 TP700 触摸屏设计人机交互界面，并进行联机调试。

6）进行控制系统工作原理分析。

7）撰写设计说明书。

任务 17.7 智能交通灯 PLC 控制系统设计

17.7.1 智能交通灯实验装置的结构

智能交通灯 PLC 实验装置如图 17-8 所示。整个装置以一块有机玻璃为基底，其上按照真实道路情况绘制交通通道与人行横道，并安装有 28 盏交通信号灯、4 个数码管、2 个车辆检测传感器、电源、PLC、触摸屏等模块。

智能交通灯 PLC 实验装置的工作原理为：接通电源后，打开电源开关，此时触摸屏显示出主界面。通过手指单击界面上的“菜单”项，弹出菜单窗口，在其中单击“工作模式选择”项，触摸屏进入“工作模式选择窗口”，在其中可单击选择各种工作模式（如“智能模式”），选择完后单击“返回”按钮，系统返回到主界面。单击主界面中的启动按钮，系统即进入智能工作模式，此时车流传感器处于工作状态，当有车辆经过时，主界面上的两个车辆检测数据值会显示具体的数目。当车辆检测周期到时（初始设置为 2 min），两个方向的红绿灯会随着两个方向的车流量改变而改变。时间显示部分，触摸屏倒计时显示的是两位数据，而交通灯处显示的是一位数据。如果选择的是“正常工作模式”，则红绿灯会按固定周期进行循环工作。工作周期也可以通过单击相应的数值输入按钮进行调整。

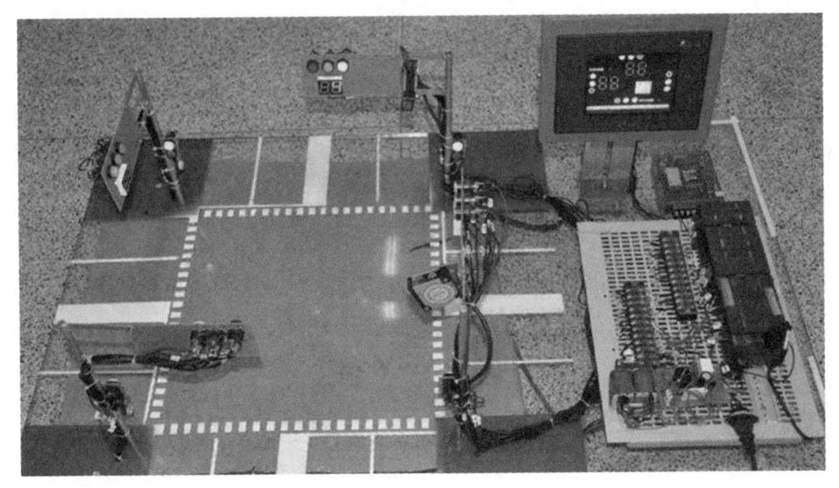

图 17-8　智能交通灯 PLC 控制实验装置实物图

17.7.2　智能交通灯 PLC 控制系统的控制要求

智能交通灯 PLC 控制系统有智能工作模式、常规工作模式、夜间工作模式和紧急工作模式四种工作模式，各模式可通过触摸屏进行切换，也可根据系统时间进行自动切换。

系统首先读取 PLC 的时间，然后判断当前时间是否处在白天段还是夜晚段。如果处在白天段则系统自动进入智能工作模式；如何处在夜晚段则进入夜间工作模式。在智能工作模式或夜间工作模式期间，如果声音传感器检测到有紧急车辆通过时，则系统暂停原先的工作模式，快速进入紧急工作模式，并开始计时，15 s 后待车辆通过，则系统回到原先的工作模式继续工作。在任何一种工作模式下，均可通过触摸屏来手动修改工作模式，进入相应的处理环节。

1）智能工作模式下，系统通过设置在每个方向的交通灯上方的车流检测传感器，检测一定时间内该方向的车流数量。由于南北向共用一个车辆检测传感器，东西向共用一个车辆检测传感器，因此实际测得的车流量为两个方向车流量之和。系统然后根据两个方向的车流比值确定该方向绿灯点亮的时间。当车流值改变时，相应红绿灯点亮的时间也会随着改变。

2）常规工作模式与智能工作模式相类似。只不过东西向和南北向绿灯点亮时间设定值由用户进行设定，同时可以通过触摸屏手动修改。

3）夜间工作模式。在早晨六点钟以前及晚上八点钟以后，系统进入夜间工作模式，此时两个方向的黄灯以 1 s 周期进行闪烁，提醒车辆注意，同时倒计时数码显示自动停止工作。

4）紧急工作模式下，系统利用每条道路上设置的声音检测传感器，检测特种车辆的到来，如救护车、消防车、警车等。当任何一个方向的声音传感器检测到信号时，系统立即进入紧急工作模式，此时两个方向的红灯以 1 s 周期进行闪烁，提示有紧急车辆需要通过。同时倒计时数码显示自动停止工作。待紧急车辆通过时（此处设置为 15 s），系统退出紧急工作模式，回到原先的工作模式继续工作。

17.7.3　智能交通灯 PLC 控制的硬件条件

安装有 TIA 博途软件的计算机 1 台、S7-1200 PLC 1 个、智能交通灯 PLC 控制实验装置 1 个、编程电缆若干。

17.7.4 智能交通灯 PLC 控制系统的设计要求

智能交通灯 PLC 控制系统的设计要求如下：

1）分析理解智能交通灯的控制要求。

2）正确选用 PLC 型号，确定输入、输出设备。

3）进行 PLC I/O 点分配，并绘制分配表与 PLC 控制原理图等。

4）设计 PLC 控制程序，并进行调试。

5）采用 TP700 触摸屏设计人机交互界面，并进行联机调试。

6）进行控制系统工作原理分析。

7）撰写设计说明书。

附　　录

附录 A　电气图常用符号表

名称		图形符号（GB/T 4728.13—2022）	文字符号（新标准）（GB/T 20939—2007）	文字符号（旧标准）（GB/T 7159—1987）
隔离开关		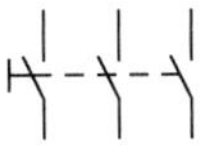	QB	QS
断路器		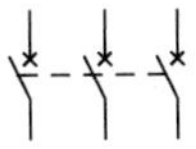	QA	QF
按钮	常开按钮		SF	SB
	常闭按钮			
	复合按钮	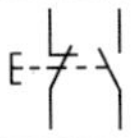		
	急停按钮	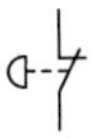		
选择开关		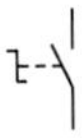	SF	SA
行程开关	常开触点		BG	SQ
	常闭触点			
接近开关	常开触点	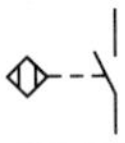	BG	SQ
	常闭触点	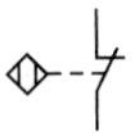		
接触器	线圈	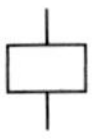	QA	KM
	主触点	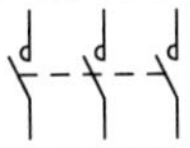		
	常开触点			
	常闭触点			

（续）

名称		图形符号（GB/T 4728. 13—2022）	文字符号（新标准）（GB/T 20939—2007）	文字符号（旧标准）（GB/T 7159—1987）
热继电器	热元件	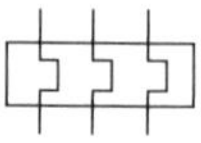	BB	FR
	常开触点	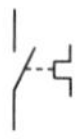		
	常闭触点	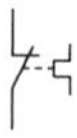		
时间继电器	通电延时线圈	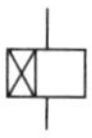	KF	KT
	断电延时线圈	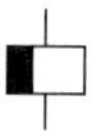		
	延时闭合常开触点			
	延时断开常闭触点			
	延时闭合常闭触点			
	延时断开常开触点			
中间继电器	线圈	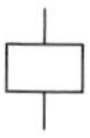	QA	KA
	常开触点			
	常闭触点			
熔断器			FA	FU
速度继电器	常开触点	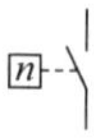	BS	KS
	常闭触点			
信号灯			EA	HL
照明灯			EA	EL
电铃			PB	HA
蜂鸣器			PB	HZ

（续）

名称	图形符号（GB/T 4728.13—2022）	文字符号（新标准）（GB/T 20939—2007）	文字符号（旧标准）（GB/T 7159—1987）
三相电动机	M 3~	MA	M
自耦变压器		TM	TA

附录 B　电气控制项目操作考核表（样例）

<table>
<tr><td>项目名称</td><td colspan="6">项目 2　具有双重互锁的电动机正反转控制电路的设计、安装与调试</td><td>项目得分</td><td></td></tr>
<tr><td rowspan="2">组号</td><td rowspan="2"></td><td rowspan="2">成员分工</td><td>技术员</td><td>质检员</td><td>接线员 1</td><td>接线员 2</td><td colspan="2">调试员</td></tr>
<tr><td></td><td></td><td></td><td></td><td colspan="2"></td></tr>
<tr><td>学习目标</td><td colspan="8">1. 能够准确分析具有双重互锁的正反转控制电路的工作原理。
2. 能够根据电动机正反转控制电路的电气原理图绘制出其安装接线图。
3. 能够根据电动机正反转控制电路的电气原理图或接线图进行元器件的安装与调试。
4. 能够分析电路的故障原因，并能用万用表对电路进行检查与排除。
5. 在项目实施过程中，养成良好的职业素养，具备良好的团队合作能力、表达沟通能力，以及守时、安全、卫生意识与材料节省意识</td></tr>
<tr><td rowspan="3">构思（C）（10 分）得分：</td><td colspan="2">1. 主电路的设计构思（3 分）</td><td colspan="6"></td></tr>
<tr><td colspan="2">2. 控制电路的设计构思（5 分）</td><td colspan="6"></td></tr>
<tr><td colspan="2">3. 保护环节的设计构思（2 分）</td><td colspan="6"></td></tr>
<tr><td rowspan="3">设计（D）（30 分）得分：</td><td colspan="2">电气原理图设计（7 分）</td><td colspan="6">（请使用铅笔和尺子绘图，并标上完整的线号）</td></tr>
<tr><td colspan="2">电气原理图分析（8 分）</td><td colspan="6"></td></tr>
<tr><td colspan="2">电气接线图设计（15 分）</td><td colspan="6"></td></tr>
<tr><td rowspan="3">实施（I）（50 分）得分：</td><td>考核内容</td><td colspan="2">技能要求</td><td>分值</td><td colspan="2">评分细则</td><td>岗位</td><td>得分</td></tr>
<tr><td>元器件检测</td><td colspan="2">会正确使用仪器仪表检测元器件</td><td>5</td><td colspan="2">漏检元器件，一个扣 1 分，扣完为止</td><td>质检员</td><td></td></tr>
<tr><td>配线与安装</td><td colspan="2">能够按照电气原理图进行主、控制电路配电板的配线以及整台设备的电气安装工作，做到布线合理，接线紧固美观；线头无裸露；按钮操作方便</td><td>20</td><td colspan="2">1. 不按设计的原理图或接线图接线，扣 10 分；
2. 按钮颜色接错的，每个扣 2 分；
3. 主电路、控制电路线路电线粗细不区分，扣 3 分；
4. 电动机、电源、按钮、行程开关不经过端子排，每个扣 2 分</td><td>接线员 1、2</td><td></td></tr>
</table>

（续）

<table>
<tr><td></td><td>考核内容</td><td>技能要求</td><td>分值</td><td>评分细则</td><td>岗位</td><td>得分</td></tr>
<tr><td rowspan="5">实施
（I）
（50 分）
得分：</td><td>线路检查</td><td>通电试车前，熟练使用仪器仪表检查线路</td><td>5</td><td>没有检查线路，造成短路等故障使得熔丝烧掉或元件损坏的，扣 5 分</td><td rowspan="2">调试员</td><td rowspan="2"></td></tr>
<tr><td>线路操作</td><td>能够按照项目内容要求操作线路</td><td>2</td><td>操作顺序错误 1 次扣 1 分，扣完为止</td></tr>
<tr><td>通电试车与故障排除</td><td>在保证人身安全的前提下，通电试车一次成功</td><td>8</td><td>1. 第一次试车不成功扣 2 分；
2. 第二次试车不成功扣 4 分；
3. 损坏元器件扣 8 分</td><td rowspan="3">小组协作</td><td rowspan="3"></td></tr>
<tr><td>安全生产</td><td>遵守安全文明生产规程，工具、元器件等摆放整齐</td><td>2</td><td>工具、元器件摆放不整齐，扣 2 分；发生安全事故，整个项目按 0 分处理</td></tr>
<tr><td>时间分配</td><td>在规定时间内完成任务</td><td>8</td><td>按照完成速度计分，第一名得 8 分、后面依次递减 1 分。超过规定完成时间此项不得分</td></tr>
<tr><td>运作
（O）
（5 分）
得分：</td><td colspan="6">项目总结报告
（提示：项目报告应包括项目的操作流程、项目实施过程中碰到的问题及解决方法、本项目涉及的知识点总结、项目的心得体会收获、反思等。）</td></tr>
<tr><td>口试
成绩
（5 分）
得分：</td><td colspan="6">考核内容：元器件认知、原理图认知与分析；　　考核方式：抽签答辩
评分标准（5 分）：能够根据各元器件的标牌说出该元器件的名称和功能；能够说出电气原理图中所用元器件符号的中文名称与作用；能够准确分析电路的工作原理。
评分标准（4 分）：能够较准确地根据各元器件的标牌说出该元器件的名称和功能；能够较准确说出电气原理图中所用元器件符号的中文名称与作用；能够较准确地分析电路的工作原理。
评分标准（3 分）：基本能根据各元器件的标牌说出该元器件的名称和功能；基本能够说出电气原理图中所用元器件符号的中文名称与作用；基本能够分析电路的工作原理。
其余根据学生回答情况酌情减分</td></tr>
</table>

附录 C　PLC 项目操作考核表（样例）

<table>
<tr><td>项目名称</td><td colspan="6">项目 10　星-三角减压起动 PLC 控制系统的设计、安装与调试</td><td>项目得分</td><td></td></tr>
<tr><td rowspan="2">组号</td><td rowspan="2"></td><td rowspan="2">成员分工</td><td>技术员 1</td><td>技术员 2</td><td>接线员 1</td><td>接线员 2</td><td colspan="2">质检员</td></tr>
<tr><td></td><td></td><td></td><td></td><td colspan="2"></td></tr>
<tr><td>学习
目标</td><td colspan="8">1. 理解并记忆定时器指令的功能及使用方法。
2. 熟知 PLC 控制系统设计的基本步骤。
3. 会使用编程软件和仿真软件进行梯形图程序的输入与仿真调试。
4. 会分析 PLC 控制系统的设计要求和分配输入/输入点，并能够正确绘制电气接线图。
5. 能够根据电动机星-三角减压起动 PLC 控制电路的电气原理图进行元器件的安装与调试。
6. 能够分析电路的故障原因，并能用万用表对电路进行检查与排除。
7. 在项目实施过程中，养成良好的职业素养，具备良好的团队合作能力、表达沟通能力，以及守时、安全、卫生意识与材料节省意识</td></tr>
<tr><td>构思
（C）
（10 分）
得分：</td><td colspan="2">PLC 控制系统元器件选型与 I/O 口分配
（10 分）</td><td colspan="6"></td></tr>
</table>

（续）

<table>
<tr><td rowspan="4">设计
（D）
（30 分）
得分：</td><td>PLC 控制系统
原理图设计
（5 分）</td><td colspan="5"></td></tr>
<tr><td>PLC 控制系统
接线图设计
（10 分）</td><td colspan="5"></td></tr>
<tr><td>PLC 控制系统
程序设计
（10 分）</td><td colspan="5"></td></tr>
<tr><td>PLC 控制工作
原理分析
（5 分）</td><td colspan="5"></td></tr>
<tr><td rowspan="6">实施
（I）
（50 分）
得分：</td><td>考核项目</td><td>考核要求</td><td>配分</td><td>评分标准</td><td>岗位</td><td>得分</td></tr>
<tr><td>元器件检测</td><td>会正确使用仪器仪表检测元器件</td><td>5</td><td>漏检元器件，一个扣 1 分，扣完为止</td><td>质检员</td><td></td></tr>
<tr><td>系统安装</td><td>1. 按 I/O 口接线图在模拟配线板正确安装；
2. 元件在配线板上布置要合理；
3. 安装要准确紧固；
4. 配线要紧固、美观</td><td>20</td><td>1. 不按 PLC 控制 I/O 接线图接线，每处扣 2 分；
2. 按钮颜色接错的，每个扣 2 分；
3. 主电路、控制电路线路电线粗细不区分，扣 3 分；
4. 电动机、电源、按钮、行程开关等不经过端子排，每个扣 2 分</td><td>接线员
1、2</td><td></td></tr>
<tr><td>系统调试</td><td>1. 能正确地将所编程序输入 PLC；
2. 按照被控设备的动作要求进行模拟调试，达到设计要求</td><td>15</td><td>1. 不会软件编程与仿真调试，扣 5 分；
2. 不会程序下载与监控，扣 2 分；
3. 1 次试车不成功扣 2 分；2 次试车不成功扣 4 分；3 次试车不成功扣 10 分；
4. 通电前请仔细检查 PLC 接线，烧坏 PLC 要照价赔偿</td><td>技术员</td><td></td></tr>
<tr><td>安全生产</td><td>遵守安全文明生产规程，工具、元器件等摆放整齐</td><td>2</td><td>工具、元器件摆放不整齐，扣 2 分；发生安全事故，整个项目按 0 分处理</td><td rowspan="2">小组
合作</td><td></td></tr>
<tr><td>时间分配</td><td>在规定的时间完成任务</td><td>8</td><td>按照完成速度计分，第一名得 8 分、后面依次递减 1 分。超过规定完成时间此项不得分</td><td></td></tr>
<tr><td>运作
（O）
（5 分）
得分：</td><td colspan="6">项目总结报告</td></tr>
<tr><td>口试
成绩
（5 分）
得分：</td><td colspan="6">考核内容：工作原理分析；　　考核方式：抽签答辩
评分标准（5 分）：能够准确分析控制系统的工作原理。
评分标准（4 分）：能够较准确地分析控制系统的工作原理。
评分标准（3 分）：基本能够分析控制系统的工作原理。
其余根据学生回答情况酌情减分</td></tr>
</table>

参考文献

[1] 程国栋，吴玮．电气控制及 S7-1200 PLC 应用技术［M］．西安：西安电子科技大学出版社，2021.

[2] 赵春生．西门子 S7-1200 PLC 从入门到精通［M］．北京：化学工业出版社，2021.

[3] 侍寿永，王玲．西门子 PLC、变频器与触摸屏技术及综合应用［M］．北京：机械工业出版社，2023.

[4] 向晓汉．西门子 SINAMICS V90 伺服驱动系统从入门到精通［M］．北京：化学工业出版社，2022.

[5] 周文军，胡宁峪，叶远坚．西门子 S7-1200/1500 PLC 项目化教程［M］．广州：华南理工大学出版社，2020.

[6] 黄永红．电气控制与 PLC 应用技术［M］．2 版．北京：机械工业出版社，2019.

[7] 陈立香，高文娟，张天洪，等．西门子 S7-1200 PLC 应用技能实训［M］．北京：中国电力出版社，2019.

[8] 李方园．微课学 S7-1200/1500 PLC 编程［M］．北京：机械工业出版社，2021.

[9] 廖常初．S7-1200 PLC 编程及应用［M］．4 版．北京：机械工业出版社，2021.

[10] 文杰．深入理解西门子 S7-1200 PLC 及实战应用［M］．北京：中国电力出版社，2020.

[11] 贾超．现代电器及 PLC 控制技术：S7-1200［M］．北京：化学工业出版社，2023.

[12] 梁岩，梁雪，王泓潇．电气控制与 S7-1200 PLC 应用技术［M］．北京：机械工业出版社，2022.

[13] 郑海春．电气控制与 S7-1200 PLC 应用技术教程［M］．北京：机械工业出版社，2023.

[14] 西门子（中国）有限公司．SINAMICS_V90 操作说明书［Z］．2015.

[15] 西门子（中国）有限公司．SINAMICS V90_PN_操作说明［Z］．2022.

[16] 西门子（中国）有限公司．SINAMICS V90，SINAMICS V-ASSISTANT 在线帮助［Z］．2022.

[17] 西门子（中国）有限公司．G120_CU250S2_BA13_0415_PI_chs［Z］．2015.

[18] 西门子（中国）有限公司．IOP_BA19_0216_eng［Z］．2016.

[19] 方贵盛，张港，郑高安．气动步进蠕动式水闸钢丝绳攀爬机器人研制［J］．液压与气动，2021（2）：170-176.

[20] FANG G S. Design and implement of automatic control system of the campus ringer［J］. Applied mechanics and materials. 2013（241-243）：1113-1117.

[21] 方贵盛，王云凤，陈剑兰．智能交通灯 PLC 控制实验装置研制［J］．实验室研究与探索，2012（11）：204-208.